深度学习模式与实践

[美] 安德鲁·费利奇(Andrew Ferlitsch)　著

李轩涯　卢苗苗　刘安安　　　　译

U0387709

清華大學出版社

北　京

北京市版权局著作权合同登记号 图字：01-2023-0462

Andrew Ferlitsch
Deep Learning Patterns and Practices
EISBN: 978-1-61729-826-4

图书在版编目(CIP)数据

深度学习模式与实践 / (美) 安德鲁·费利奇(Andrew Ferlitsch) 著；李轩涯，卢苗苗，刘安安译. —北京：清华大学出版社，2023.4
书名原文：Deep Learning Patterns and Practices
ISBN 978-7-302-63063-0

Ⅰ.①深… Ⅱ.①安…②李…③卢…④刘… Ⅲ.①机器学习—研究 Ⅳ.①TP181

中国国家版本馆 CIP 数据核字(2023)第 044092 号

责任编辑：王　军
装帧设计：孔祥峰
责任校对：成凤进
责任印制：杨　艳

出版发行：清华大学出版社
　　　　网　　址：http://www.tup.com.cn, http://www.wqbook.com
　　　　地　　址：北京清华大学学研大厦 A 座　　　　邮　　编：100084
　　　　社 总 机：010-83470000　　　　　　　　　邮　　购：010-62786544
　　　　投稿与读者服务：010-62776969, c-service@tup.tsinghua.edu.cn
　　　　质 量 反 馈：010-62772015, zhiliang@tup.tsinghua.edu.cn
印 装 者：三河市春园印刷有限公司
经　　销：全国新华书店
开　　本：170mm×240mm　　　　印　　张：24.5　　　　字　　数：566 千字
版　　次：2023 年 6 月第 1 版　　　印　　次：2023 年 6 月第 1 次印刷
定　　价：128.00 元

产品编号：094716-01

译 者 序

作为近几年人工智能领域的主要研究方向之一，深度学习主要通过构建深度卷积神经网络和采用大量样本数据作为输入，最终得到一个具有强大分析能力和识别能力的模型。深度学习可以是有监督的、半监督的或无监督的。深度学习架构(例如深度神经网络、深度信念网络、递归神经网络和卷积神经网络)已应用于计算机视觉、语音识别、自然语言处理、机器翻译等领域并取得初步成效。

随着深度学习的发展，了解计算机编程语言以及掌握计算机组成原理等知识已成为必备技能。本书中的所有代码示例都是用 Python 编写的，因此读者需要有一定的 Python 基础。此外，作者使用了 TensorFlow 2.x 框架，其中包含了 Keras 模型 API。本书将详细介绍开创性深度学习模型的设计模式，并且将这些组件组合在一起，以帮助读者深入理解深度学习模式。

本书的内容通俗易懂，对于从经典人工智能到狭义人工智能的进展以及机器学习的基本步骤均有介绍。谢燕蔚、杨博、杨龙、王德涵共同完成了本书的校对工作，在此表示感谢。希望本书的出版能为更多深度学习领域的从业者提供参考和借鉴。

序　言

在谷歌工作时，我的职责之一是指导软件工程师使用机器学习。对此，我已有很多经验，包括为私立编程学校和大学研究生创建在线教程、会议、研讨会展示、专题研讨会和课程作业，但我一直在寻找新的方法进行更有效的教学。

加入谷歌之前，我作为首席研究科学家在一家日本 IT 公司工作了 20 年，但从未从事过深度学习的工作。如今看到的几乎所有东西都是 15 年前我们在创新实验室里做的；不同的是，我们需要一个能容纳很多科学家的空间和庞大的预算。令人难以置信的是，经过深度学习，事情发生了飞速变化。

早在 20 世纪末，我就在使用小型结构化数据集，其中包含了来自世界各地的地理空间数据。同事们称我为数据科学家，但没人知道数据科学家到底是什么样的人。然后大数据出现了，但我不了解大数据工具和框架，为此不得不努力学习大数据背后的工具和概念。

之后机器学习出现在大数据集上，如线性/逻辑回归和 CART 分析。但自几十年前研究生毕业后，我就再也没有使用过统计学，因此不得不重新学习这门学科。紧接着深度学习出现了，我不知道神经网络的理论和框架，于是又开始努力学习深度学习的理论和其他框架。

致　谢

我要感谢 Manning 出版社提供帮助的人：策划编辑 Frances Lefkowitz、项目编辑 Deirdre Hiam、文稿编辑 Sharon Wilkey、校对编辑 Keri Hales 以及评审编辑 Aleksandar Dragosavljević。

感谢本书所有的评审者：Ariel Gamino、Arne Peter Raulf、Barry Siegel、Brian R. Gaines、Christopher Marshall、Curtis Bates、Eros Pedrini、Hilde Van Gysel、Ishan Khurana、Jen Lee、Karthikeyarajan Rajendran、Michael Kareev、Muhammad Sohaib Arif、Nick Vazquez、Ninoslav Cerkez、Oliver Korten、Piyush Mehta、Richard Tobias、Romit Singhai、Sayak Paul、Sergio Govoni、Simone Sguazza、Udendran Mudaliyar、Vishwesh Ravi Shrimali 和 Viton Vitanis，你们的建议使本书变得更出色。

感谢所有分享过个人见解的 Google Cloud AI 的同事，你们的见解使本书更多的读者受益。

前　言

本书读者对象

欢迎阅读本书。本书主要面向软件工程师、机器学习工程师以及初级、中级和高级数据科学家。本书的结构较为合理，相信每一位读者都能有所收获并进一步了解深度学习。

本书也可以说是专为具有一定水平的机器学习工程师和数据科学家设计的。对于那些追求数据科学方向的人，我建议你们补充学习统计学相关的内容。此外，本书还要求读者至少了解 Python 的基础知识。

本书组织结构

本书分为 3 个部分：基础知识、设计模式以及用于生产训练和部署的设计模式。

第 I 部分"深度学习基础知识"为读者提供重温深度学习的机会，包括对卷积神经网络的介绍，以及对当今所有领域的主流概念和术语的讨论，涉及计算机视觉、自然语言处理和结构化数据。

第 II 部分"基本设计模式"介绍模型的设计模式。第 5~7 章介绍现代设计模式以及如何将它们应用于许多当前和以前最先进的深度学习模型。其中介绍了过程重用设计模式，这是人工设计模型的主流方法。

- 第 5 章介绍卷积神经网络的过程设计模式，以及具有恒等链接的残差块的开发，它类似于自然语言理解的 Transformer 模型中的注意力机制。
- 第 6 章进一步介绍卷积神经网络的过程设计模式，以及研究人员如何用宽层替代深层。其中展示了 ResNeXt，它实现了与深层相当的准确度。该章还探讨了宽卷积神经网络与结构化数据的宽深度和 TabNet 模型发展之间的关系。
- 第 7 章介绍可替代连接模式，以在层中更深或更宽，提高准确度，减少参数数量，并且提高模型内中间潜在空间的信息增益。
- 第 8 章研究移动卷积神经网络的独特设计思考和特殊约束。由于这些设备的内存限制，因此必须在内存大小和准确度之间进行权衡。该章将介绍这些权衡的进展、优缺点，以及为适应这些权衡导致的移动网络的设计与大型模型设计的不同之处。

- 第 9 章介绍用于无监督学习的自动编码器。作为独立的模型，自动编码器的实际应用范围非常狭窄。但是，自动编码器的出现促进了预训练模型的发展。这些模型可以更好地泛化到分布外服务。该章还探讨了自动编码器可类比为自然语言理解中的嵌入。

第III部分"使用管线"介绍了生产管线的设计模式和实践。

- 第 10 章介绍超参数调优，包括手动和自动方式。其中讨论指定搜索空间的设计决策、优缺点和最佳实践，以及搜索空间的模式。

- 第 11 章讨论迁移学习，并且介绍处理类似和不同任务的权重迁移和调优的概念和方法。

- 第 12~14 章从高层次上介绍生产管线。第 12 章和第 13 章深入研究数据方面。第 12 章介绍数据分布，这是详细介绍统计信息的唯一一章节。第 13 章和第 14 章的内容从数据端转到部署端。这两章介绍构建生产管线的数据端和训练端的概念和最佳实践。

关 于 作 者

我非常确信是我的全部经历使我成为讲解深度学习概念的最佳人选之一。事实上，本书第一次出版时，我已近 60 岁。我拥有丰富的知识和经验，这些知识和经验在今天的工作中非常有价值。1987 年，我获得了人工智能领域的高级学位，专攻自然语言处理。当大学毕业时，我以为我会转行写有声读物，因为那时正处于人工智能的寒冬。

在早期的职业生涯中，我选择了其他方向。起初，我是政府大型计算机安全方面的专家。随着越来越精通操作系统内核的设计和编码，我成为 UNIX 的核心开发人员，也是当今重量级 UNIX 内核的贡献者之一。在那些年里，我参与了共享软件开发(在开源之前)，并且是 WINNIX 的创始人。WINNIX 是一个共享软件程序，它与商业 MKS 工具包竞争，在 DOS 环境中运行 UNIX shell 和命令。

之后，我开发了低级对象代码工具。20 世纪 90 年代初，我成为大规模并行计算机的安全级计算和编译/汇编专家。我开发了 MetaC，它提供了用于传统操作系统和高度安全的大规模并行计算机的操作系统内核的工具。

20 世纪 90 年代末，我成为日本夏普公司的一名研究科学家。之后几年，我又成为该公司在北美的首席研究科学家。在 20 年的时间里，夏普基于我的研究提交了超过 200 项美国专利申请，其中 115 项获得批准。我的专利涉及太阳能、电话会议、成像、数字互动标记和自动驾驶汽车等领域。此外，2014 至 2015 年间，我被公认为开放数据和数据本体论领域的世界领先专家并成立了 opengeocode 组织。

2017 年 3 月，在一位朋友的鞭策下，我研究了"深度学习是什么"。这对我来说很自然。我具有大数据背景，曾是一名成像科学家和研究科学家，拥有人工智能的学历，从事自动驾驶汽车的研究，一切似乎都在同一个方向上。因此，我迈出了这一步。

2018 年夏天，谷歌云人工智能团队向我发出邀约。那年 10 月我正式加入谷歌。这是一次很棒的经历。如今，我与谷歌和谷歌企业客户中的很多人工智能专家合作，讲课、指导、建议和解决挑战，使深度学习在大规模生产中运作。

关于封面插图

本书封面插图的标题为 Indien，意思为来自印度的男子。这幅插图选自 Jacques Grasset de Saint-Sauveur(1757—1810)所著的一本关于各国服饰的合集，名为 *Costumes de Différents Pays*，于 1784 年在法国出版。其中每一幅插图都是手工绘制和着色的。Jacques Grasset de Saint-Sauveur 的收藏品种类丰富，生动地展示了 200 年前世界上的不同城镇和地区在文化上的多样性。人们彼此隔绝，讲不同的方言和语言。在街上或乡下，只要看他们的衣着，就很容易辨认出他们来自哪里以及他们的职业或生活状况。

从那时起，人们的着装方式发生了变化，当时那些丰富的地区差异也逐渐消失。现在很难区分不同大陆的居民，更不用说区分不同城镇、地区或国家的居民了。也许我们已经用文化多样性换取了更为多样化的个人生活，当然也换取了更加多样化和快节奏的科技生活。

在一个很难区分计算机类书籍差异的时代，Manning 利用这种基于两个世纪前地区生活丰富的多样性而设计的书籍封面来歌颂计算机行业的创造性，使 Jacques Grasset de Saint-Sauveur 的画作重焕光彩。

目　　录

第 I 部分

深度学习基础知识

本部分介绍构建深度学习模型的基础知识。首先介绍深度神经网络(DNN)的基本原理和步骤,通过图表说明这些步骤并展示相关代码段。我们将详细描述每个步骤,然后引导完成编码。之后介绍卷积神经网络(CNN)的原理和步骤,引导你了解早期最先进的ConvNet、VGG 和 ResNet 背后的开创性设计模式。本部分将讲解如何对每一个模型架构进行编码,完整的代码可通过开源的 GitHub 存储库进行访问。

一旦完成对 CNN 的编码,下一步便是训练。本部分最后介绍训练 CNN 模型的基础知识。

第 *1* 章

现代机器学习的设计

本章主要内容
- 从经典人工智能到尖端方法的演变
- 设计模式在深度学习中的应用
- 将过程重用设计模式应用于神经网络建模

深度学习最近的革新是在宏观层面而不是微观层面，在此介绍一种我在谷歌云人工智能(Google Cloud AI)团队工作时创建的一种模型合并方法。在该方法中，模型被分解为可组合的单元，这些单元共享和调整组件，从而使用相同的初始数据实现不同的目标。组件以各种连接模式互连，其中每个组件通过设计学习模型之间的通信接口，从而不需要后端应用程序。

此外，模型合并可用于训练物联网(IoT)设备以丰富数据，将物联网传感器从静态学习设备转变为动态学习设备——这种技术被称为模型融合。合并提供了将人工智能大规模投入生产的手段，其操作复杂性在 2017 年是无法想象的，而在当时人工智能才刚投入生产。

以租赁市场为例，由于有涉及定价、房屋条件和便利设施等各个方面的可视化房地产数据，其操作复杂性可见一斑。通过使用模型合并，可创建一个视觉分析管线，连接各个模型组件，使每个组件处理其中一个方面。最终得到一个系统，可以自动地学习确定房屋条件、便利设施和市场吸引力以及相应合理的租赁价格等信息。

模型合并鼓励工程师将模型视为设计模式或模板，这些模式或模板可用于创建单个组件。因此，如果你希望使用这种方法，则需要了解其他工程师为解决类似问题而开发的关键模型和系统的设计。

为帮助你获得更深入的理解，本书将介绍开创性深度学习模型的设计模式，讲述将这些组件组合在一起来开发、训练、部署和服务更大的深度学习系统的设计或系统架构。即使你从未处理过大型企业合并的问题，熟练掌握这些模型和架构的底层设计也会帮助你改进自己创建的任何深度学习系统的工程化水平。

1.1　关注适应性

本书面向经验较少的深度学习工程师和数据科学家，第 I 部分介绍基本的深度神经网络(DNN)、卷积神经网络(CNN)和残差神经网络(ResNet)的设计，还将介绍简单训练管线的架构。全书都是关于这些网络和架构的内容，会更多地介绍它们是如何运作的，重点是设计模式和原则。这里主要展示基本的深度学习组件设计，第 II 部分介绍的所有模型都将适用于这些组件。

如果你精通基础知识，那么可以直接阅读第 II 部分，该部分介绍了深度学习发展中的开创性模型。本书提供关于每个模型设计的详细信息，以便你可以处理它们并提出解决方案，帮你解决可能遇到的人工智能挑战。这些模型基本上是按开发时间顺序介绍的，因此第 II 部分也可以说是一个深度学习发展史，重点是从一个模型到下一个模型的演变。

如果企业生产正转向模型开发的自动学习，你可能想知道检查这些人工设计的、以前最先进的(State Of The Art，SOTA)模型的价值。然而，其中许多模型仍然被用作库存模型，特别是用于迁移学习。其他模型根本就没有被投入生产，但对新的发现仍有意义。

用于生产的模型开发仍然是自动和人工设计学习的结合，这对于专有需求或优势来说往往至关重要。但人工设计并不意味着从头开始；通常情况下，你会从一个库存模型开始进行调整。为有效地做到这一点，你需要了解该模型是如何运作的和它为什么会以这种方式运作，需要知道其设计的基本概念以及你将从其他 SOTA 模型中学习的替代性构建块的优缺点。

本书第 III 部分深入探讨用于生产的训练和部署的设计模式。虽然并非所有读者都会部署我关注的企业系统，但我觉得这些信息与所有人都相关。当你需要跳出框架思考问题时，熟悉各种类型、各种大小的系统可以帮助你解决问题。对基本概念和设计了解得越多，你的能力和适应性就越强。

这种适应性可能是本书中最有价值的内容。生产涉及大量的灵活部分，会有源源不断的"破坏性麻烦"被扔进系统中。如果工程师或数据科学家只是死记硬背一套框架中的可复制步骤，他们将如何处理即将遇到的各种任务并解决各种突如其来的问题？老板们追求的不只是技能和经验，他们想知道你在技术上的适应能力。

假设你在进行面试，你在技能和工作经验方面得分很高，并且完成了机器学习编码的挑战。然后面试官会给你抛出一个意想不到或不寻常的问题。他们这样做是为了观察你应对挑战的思维方式，了解你会应用哪些概念及其背后的推理，同时考查你如何评估各种解决方案的优缺点以及你的调试能力。这就是适应性，我希望深度学习的开发者和数据科学家能从本书中学到这种能力。

1.1.1　计算机视觉引领潮流

我主要在计算机视觉领域讲授这些概念，因为设计模式最初是在计算机视觉中发展起来的，但也适用于自然语言处理(NLP)、结构化数据、信号处理等领域。如果把时间倒退到 2012 年之前，会发现所有领域中的机器学习大多使用经典的基于统计的方法。

众多专家学者——像斯坦福大学的李飞飞和多伦多大学的 Geoffrey Hinton——都是将神经网络应用于计算机视觉的先驱。李飞飞及其学生们一起编制了 ImageNet 计算机视觉数据集，以推进计算机视觉的研究。ImageNet 与 PASCAL 数据集共同成为 2010 年度 ILSVRC 竞赛的基础。早期竞赛作品采用传统的图像识别/信号处理方法。

2012 年，同样是来自多伦多大学的 Alex Krizhevsky 将卷积层引入深度学习模型 AlexNet。该模型以压倒性的优势赢得 ILSVRC 竞赛。AlexNet 模型是由 Hinton 和 Ilya Sutskever 共同设计的，开启了深度学习领域的新篇章。他们的论文 "ImageNet Classification with Deep Convolutional Neural Networks" (http://mng.bz/1ApV)中展示了如何设计神经网络。

2013 年，纽约大学的 Matthew Zeiler 和 Rob Fergus 通过将 AlexNet 微调为 ZFNet 赢得比赛。这种建立在彼此成功基础上的模式仍在继续。牛津大学的视觉几何团队扩展了 AlexNet 设计原则，赢得了 2014 年的竞赛。2015 年，微软研究院的何恺明等人进一步扩展了 AlexNet/VGG 设计原则并引入了新设计模式，同样赢得了竞赛。他们的模型 ResNet 以及论文 "Deep Residual Learning for Image Recognition" (https://arxiv.org/abs/1512.03385) 掀起了探索 CNN 设计空间的热潮。

1.1.2　超越计算机视觉：NLP、NLU 和结构化数据

在使用计算机视觉的深度学习开发设计原则和设计模式的早期，自然语言理解(NLU) 和结构化数据模型的发展相对滞后，仍拘泥于经典方法。它们使用经典的深度学习框架，例如用于文本输入的自然语言工具包(NLTK)，以及用于结构化数据输入的基于决策树的经典算法(如随机森林)。

随着 RNN 和长短期记忆(LSTM)以及门控循环单元(GRU)层的引入，NLU 领域取得了进展。2017 年，随着用于自然语言的 Transformer 设计模式的引入以及 Ashish Vaswani 等人撰写的论文 "Attention Is All You Need" (https://arxiv.org/abs/1706.03762)的发布，这一领域取得了飞跃进展。谷歌 AI 内部的一个深度学习研究组织 Google Brain 很早就在 ResNet 中采用了一种类似的注意力机制。同样，结构化数据的设计模式随着 Wide & Deep Learning for Recommender Systems(https://arxiv.org/abs/1606.07792)中所述的宽度和深度模型模式的引入而得到发展，该篇文章由谷歌研究院的 Heng-Tze Cheng 等人于 2016 年撰写。

我在专注于计算机视觉来讲授设计模式的演变和前沿技术时，会在适当的地方提到 NLU 和结构化数据的相应进展。本书中的许多概念适用于不同的领域和数据类型。例如，第 2~4 章涵盖了通用基础知识，第III部分除一章外的所有章节介绍的概念都不特定于具体模型和数据类型。

第II部分涵盖了很多有趣的章节，其中介绍了一个关于超越计算机视觉的示例。例如，第 5 章比较 NLU 的 Transformer 模型中的注意力机制与具有恒等链接的残差块的开发。第 6 章探讨宽 CNN 与结构化数据的宽深度和 TabNet 模型发展之间的关系。第 9 章解释了自动编码器相当于 NLU 中的嵌入，第 11 章讨论了迁移学习的步骤与 NLU 和结构化数据类似。

通过拓展计算机视觉、NLP 和结构化数据中的示例，你应该能将概念、方法和技术应用到相关领域。

1.2　机器学习方法的演变

要理解现代方法，首先需要了解人工智能和机器学习的现状以及它们是如何实现的。本节介绍在当今生产环境中运行的几种顶级方法和设计模式，包括智能自动化、机器设计、模型融合和模型合并。

1.2.1　经典人工智能与狭义人工智能

这里简要介绍经典人工智能和现代狭义(弱)人工智能之间的区别。在经典人工智能(也称为语义人工智能)中，模型被设计为基于规则的系统，用来解决数学方程无法解决的问题。该系统被设置为模仿行业或领域专家。图 1-1 直观展示了该方法。

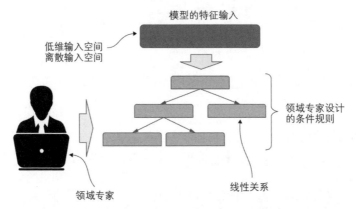

图 1-1　在经典人工智能方法中，领域专家通过设计规则来模拟其专业知识

经典人工智能在低维输入空间中运行良好(例如具有少量不同的输入)；有一个输入空间可分成离散的部分，如类别或 bin；并且在离散空间和输出之间保持了很强的线性关系。领域专家设计了一套基于输入和状态转换的规则，用于模拟专家的专业知识。然后，程序员将这些规则转换为基于规则的系统，通常采用"如果 A 和 B 为真，那么 C 为真"的形式。

这样的系统非常适合预测葡萄酒的质量和口感这样的问题，它只需要一小部分规则。例如，对于葡萄酒选择器，输入可能是午餐或晚餐，也可能是主菜、场合以及是否包括甜点。但经典人工智能无法扩展到更大的问题；其准确度会急剧下降，因此需要不断完善规则以避免下降。设计规则的领域专家之间意见的不一致是导致不准确的另一个原因。

在狭义人工智能(也称为统计人工智能)中，模型可以根据大量数据进行训练，从而减少对领域专家的需求。该模型使用统计学原理来学习输入数据分布中的模式(也称为抽样分布)。然后，这些模式可以高准确度地应用于训练中未看到的样本。当使用由代表较大总体的大量数据组成的抽样分布(即总体分布)进行训练时，可以在不受经典人工智能约束的情况下对问题进行建模。换句话说，狭义人工智能可以很好地处理输入空间中的高维度(意味着大量不同的输入)，也可以处理离散和连续的混合输入。

下面比较基于规则的系统与狭义人工智能，将两者均应用于预测房屋的销售价格。基于规则的系统通常只考虑少量的输入，例如地块大小、建筑面积、卧室数量、浴室数量和房产税。这样的系统可以预测所有住房价格的中间价，但不能预测任何一套住房的中间价，因为房产与价格之间的关系是非线性的。

在此，首先讨论线性和非线性关系之间的区别。在线性关系中，可由一个变量的值预测另一个变量的值。例如，假设有函数 $y=f(x)$，将其定义为 $2×x$。对于任何值 x，可以 100%的置信度预测 y 的值。在非线性关系中，只能通过任意值 x 上的概率分布来预测 y 值。

以住房为例，用 $y=f(x)$ 表示"销售价格=建筑面积×每平方米建筑面积的价格"。现实情况是，许多其他变量影响每平方米建筑面积的价格并存在不确定性。换句话说，房屋的建筑面积与售价之间存在非线性关系，而建筑面积本身只能预测售价的概率分布。

在狭义人工智能中，大幅增加了学习非线性的输入数量，例如增加了房屋建造年份、改造许可证授予时间、建筑类型、屋顶和墙面材料、学区信息、就业机会、平均收入、邻居以及犯罪情况、附近的公园、公共交通和道路状况。这些附加变量有助于模型以高置信度学习概率分布。值来自固定集合的输入(如建筑结构)是离散的，而来自无界范围的输入(如平均收入)是连续的。

通过学习边界将输入进行分段(如果这些分段与输出具有强线性关系)，狭义人工智能模型能够很好地处理对输出(预测)具有高度非线性关系的输入。这些类型的模型基于统计学，需要大量数据。由于它们擅长解决由一个领域内有限范围的任务组成的狭义问题，因此被称为狭义人工智能。狭义模型不太擅长推广到范围广泛的问题。图 1-2 阐释了狭义人工智能方法。

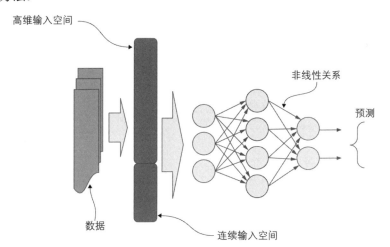

图 1-2 在狭义人工智能中，模型通过在代表较大总体的大型数据集上进行训练来学习成为领域专家

了解经典人工智能和狭义人工智能之间差异的另一种方法是随着深度学习不断推进到贝叶斯理论误差极限，观察这两种模型中的错误率降低情况。贝叶斯将该理论误差极

限描述为一个进展序列, 如图 1-3 所示。

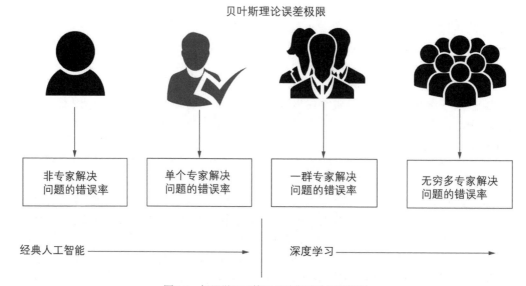

图 1-3 机器学习已接近贝叶斯理论误差极限

首先,非专家解决问题的错误率是多少? 然后,单个专家解决问题的错误率是多少(这类似于语义人工智能)? 如果有一群专家解决这个问题, 错误率会是多少? 最后是无穷多专家解决问题的错误率是多少?

大量计算机视觉和自然语言处理任务中的深度学习已达到一群专家解决问题的错误率, 远超过传统的软件应用程序和专家系统。2020 年, 研究人员和企业机器学习工程师开始研究贝叶斯理论误差极限范围内的生产系统。

1.2.2 计算机学习的未来

随着计算机学习的变化, 我们从人工智能转向智能自动化, 然后转向机器设计、模型融合和模型合并。下面定义这些现代进展。

1. 智能自动化

正如刚才看到的, 早期人工智能即经典人工智能, 它主要基于规则, 需要领域专家。这使得我们可以编写软件程序, 开始将通常人工完成的任务实现自动化。之后, 在狭义人工智能中, 我们将统计学应用于学习, 消除了对领域专家的需求。

下一个重大进展是智能自动化(Intelligent Automation, IA)。在这种方法中, 模型学习一种(接近)最佳的方法来使流程自动化, 与人工或计算机自动化的方法相比, 其性能和准确度都更高。

通常, IA 系统作为一个管线流程运行。累积信息、转换和状态转移是管线中各个点的模型输入。每个模型的输出或预测用于执行下一个信息转换和/或决定下一个状态转移。通常情况下, 每个模型都是独立训练和部署的, 并作为微服务, 后端应用程序驱动整个管线流程。

　　IA 的一个示例是自动从病历中提取患者信息，这些信息来自不同的来源和格式，包括模型从未训练过的来源。2018 年，我致力于在医疗领域设计此类系统。如今，众多的一站式方案提供商提供此类系统，如谷歌的 Cloud Healthcare API(https://cloud.google.com/healthcare)。

　　2019 年，大量规模化公司开始全面实现人工智能的产品化。这一年，我参加了很多与谷歌大客户相关的会议。我们现在用商业术语谈论人工智能。这些技术概念已演变为商业概念。

　　在这些会议中，我们不再提人工智能，取而代之的是 IA，以此消除流程的神秘性。我们让客户描述他们希望应用人工智能的过程中的每个步骤(人工和计算机辅助)。假设其中一步的成本为 10 万美元。在过去，我们倾向于跳到该步，直接应用人工智能，从而获得"丰厚回报"。现在假设另一步只花费 1 美分，但每天发生 100 万次，即每天 1 万美元或每年 365 万美元。我们可以用一种模型来取代很容易实现的目标，这种模型能够学习自动化这一步骤的最佳方法，并且每年的运营成本为 4 万美元，不需要 365 万美元这样的巨额费用。

　　这就是智能自动化。程序员无须编写预先设计的算法来实现自动化，而是引导模型智能地学习最佳算法。图 1-4 展示了如何将 IA 应用于索赔处理管线中的单个步骤。

　　让我们全面查看这条管线中发生的事情。在步骤 1 中，扫描与索赔相关的文档并将其输入 IA 管线。在步骤 2 中，自然语言分类模型取代先前文档操作员随后查看每个扫描文档并对其进行标记的做法，该模型已针对索赔处理任务进行过训练。

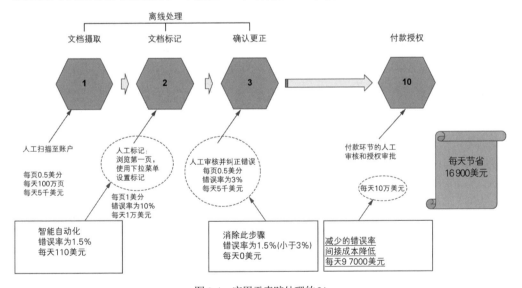

图 1-4　应用于索赔处理的 IA

　　这种替代有几个优点。首先，消除了人工成本。除了计算机相对于人的速度提高之外，该过程还可以采用分布式，以便并行处理大量文档。

其次，正确标记文档类别的错误率大大低于人工错误率。让我们思考其中的原因。每个操作员可能具有不同的训练水平和经验，且准确度差异很大。此外，人的疲劳也会导致错误。假设有一千名训练有素的操作员查看同一个文档，然后使用多数投票方法来标记文档。我们预计错误率将逐步降低，接近于 0。

这正是模型所做的工作：它接受了大量文档训练，这些文档由大量训练有素的操作员人为地进行标记。一旦经过训练，模型的性能就相当于一组经过训练的操作员的水平。

在人工版本的步骤 3 中，专家操作员将检查标记，以进一步减少错误。在 IA 流程中，这一步骤并未被取消，但随着步骤 2 的错误大幅减少，操作员的工作量显著减少。

IA 下游流程继续减少/消除人工操作成本并进一步降低错误率。一旦进入最后一步，经过训练的行业专家(Subject-Matter Expert，SME)将对付款的授权(或非授权)进行最终审查。现在，SME 审查的信息具有更高的准确度，人的主观决策更可靠，进一步降低了做出错误主观决策的成本。

目前，我们在行业内已不再使用机器学习这个术语，取而代之的是机器设计，类似计算机辅助设计(CAD)。我们将 CAD 应用于过于复杂的甚至无法设计出次优解决方案的问题。这些系统具备构建要素、数学知识和专家系统规则，SME 引导 CAD 系统找到一个好的次优解决方案。

在机器设计中，系统学习构建要素、数学知识和规则，机器学习工程师指导机器设计找到最佳解决方案。通过转向机器设计，我们将高价值的人力资源释放出来，用于解决下一个具有挑战性的问题，加快其技术进步，并且为企业的每位员工带来更高的投资回报率。

2. 机器设计

在深度学习之前，SME 设计软件程序，以在复杂度较高的部分软件和硬件中寻找良好的解决方案。通常情况下，这些程序是搜索优化和基于规则的技术的组合。

在机器设计中，模型学习一种(接近)最优的方法来设计和集成软件和硬件组件。这些系统在性能、准确度和复杂性方面都超过了 SME 在 CAD 程序帮助下设计的模型。人类设计师利用他们在现实世界中的专业知识来指导模型的搜索空间，从而寻找解决方案。

假设一家医院有两个 X 射线检查部门：一个部门有一台高成本的 X 射线机，另一个部门有一台低成本的 X 射线机。检查医师根据患者患肺炎的可能性选择将患者送往相应部门进行诊断。如果患肺炎的可能性很低或不太可能，医生会按照医院政策和降低保险公司成本的意愿，将患者送到拥有低成本 X 射线机的部门。如果检测结果确定性很高，或者患者患有肺炎的可能性很高，患者应该接受高成本的 X 射线检查。这是一个机器设计示例，用于通知超参数和架构搜索空间并在系统中引导管线，从而自动学习来自不同分布(本例中是医疗设备，即 X 射线机)的医学图像。

记住，如果使用两个 X 射线设备的累积 X 射线和诊断测定来训练模型，则数据中存在偏差。模型没有从数据中学习，反而可能无意中学习了这两种医疗设备的独特特征——这是一种视图透视偏差。模型中视图透视问题的经典例子是确定狗与狼，这种情况下，模型无意中因为要辨别狼而学习了辨别雪，因为狼所有用于训练的照片都是在冬季拍摄的。

在机器设计中，除训练模型外，系统还学习对抗模型(也称为代理)的最佳训练管线。如果你想更深入地研究这个问题，可参考论文 "An Adversarial Approach for the Robust Classification of Pneumonia from Chest Radiographs(https://arxiv.org/pdf/2001.04051.pdf)"，该论文与此内容相关。

3. 模型融合

模型融合是开发更精确、成本更低的预测性维护和故障检测系统(如物联网传感器中使用的系统)过程中的下一个进展。从传统意义上讲，非常昂贵的设备和基础设施(例如工厂机器、飞机和区域电力基础设施)都有内置物联网传感器。这些连续的感官数据将被馈送到由专家设计的基于规则的算法中。

这些传统系统的问题在于，它们容易受到高环境变量的影响，进而影响其可靠性。例如，在电力行业，输电线路在每个杆塔上都有传感器，用于监测杆塔之间线路阻抗的异常情况。由于风、影响导电性的温度变化以及水分积聚等次要因素，线路连接上的应力会导致阻抗波动。

模型融合通过使用具有更高操作成本的机器学习模型来生成标签数据以转换专家设计的系统，从而提高物联网系统的可靠性。继续沿用前面的示例，今天的电力行业使用无人机和经过计算机视觉训练的深度学习模型定期检查输电线路。这一过程非常准确，操作成本也更高。

因此，它用于为低成本传感器系统创建的阻抗传感器数据生成标签数据。然后，以高操作成本生成的标签数据用于训练另一个模型，阻抗传感器(低成本系统)随后使用该模型实现类似的可靠性。

4. 模型合并

在深度学习之前，应用程序被构建为运行在后端服务器上的单片应用程序或使用分布式微服务的服务器上的核心主干设备。在模型合并中，模型实质上成为整个应用程序，直接共享模型组件和输出，并且学习模型之间的通信接口。所有这些都不需要庞大的后端应用程序或微服务。

以房地产行业的模型管线为例，它使用对房屋和公寓楼照片的视觉分析来确定租金价格。集合中的模型链接在一起，每个模型根据特定特征进行训练；它们一起自动确定租赁条件、租赁设施和市场吸引力，并且提出相应的定价。

与更传统的 IA 相比，后者流程管线中的每个步骤都是一个独立的部署模型实例，将原始图像或转换和状态作为输入，所有这些都由专家设计的基于规则的后端应用程序控制。相反，在模型合并中，模型实例彼此直接通信。每个模型都学习了执行其特定任务(例如确定条件)的最佳方法；模型(家庭、房间和设施模型)之间的最佳通信路径和表征；以及确定状态变化(房产条件)的最佳方法。

2021 年，我预计在企业层面，生产将转向模型合并。我们仍在试图找出如何使其顺利运作。在合并前，将部署多个模型来执行不同的任务，开发人员将构建一个后端应用程序来进行表述性状态转移(REST)或微服务调用。我们仍然为应用程序的逻辑以及应用程序和模型之间的接口和数据通信编写了代码。图 1-5 是我在 2019 年末为体育转播设计的模型合并的示例。

让我们查看这个过程。首先，合并接收实时视频，即合并是连续实时处理视频。视频被实时解析为一组帧的时间序列。每帧都是比赛的图像，例如准备击球的棒球运动员。每一帧首先由一组共享卷积层处理，卷积层在下游任务之间生成一个公共内部编码。也就是说，不是每个下游任务(模型)都从相同的输入图像开始并将其处理为内部编码，而是对输入图像进行一次编码并在下游重用编码。这可以加快模型的响应速度并缩小其在内存中所占的空间大小。

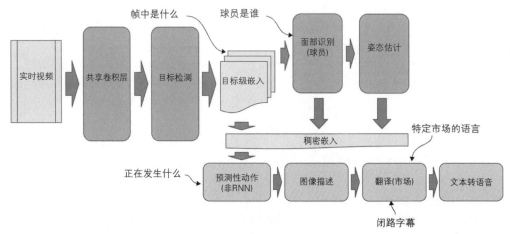

图 1-5 应用于体育转播的模式合并

接下来，生成的公共编码将经过目标检测模型，该模型已将公共编码作为输入而不是输入图像进行训练，从而减少了目标检测的大小并提高了其速度。例如，目标检测经过训练，可以识别物体，包括人、球员装备、体育馆和场地。对于它在每帧中识别的每个目标，将输出目标级嵌入——这是一种低维表示(例如缩小尺寸的编码)——以及上游输入帧中的空间坐标。

这些目标级嵌入现在成为另一组下游任务的输入。接下来会看到分类为人物的嵌入被传递到面部识别模型，该模型已针对嵌入和原始图像进行了训练。例如，训练该模型来识别球员、官员、裁判、教练和保安并相应地标记嵌入。然后将特定于球员的目标嵌入传递给姿态估计模型，该模型可查找人体关键点并对每帧中已识别的人的姿态进行分类，例如球员 A 处于击球姿态。

接着，目标级嵌入(球员、装备、体育场等)与球员特定姿态组合成信息丰富的稠密嵌入。所有这些丰富的信息被传递到另一个模型来预测球员的动作，例如球员 A 在投手丘上，准备击球。然后将该预测动作再传递给一个模型，该模型将该动作转换为覆盖在实况转播上的闭路字幕文本。

假定该体育赛事会在全球范围内转播并且被说各种语言的观众收看。图像描述模型的输出(例如英语)将传递给另一个执行特定于每个市场的语言翻译功能的模型。在每个市场中，转译的文本被转换为实时报道的语音。

如你所见,模型已从单个任务预测和独立部署发展到执行多个任务、共享模型组件并集成以形成解决方案的模型(例如在医疗文档处理和体育转播示例中)。描述这些集成模型解决方案的另一种方式是作为服务管线。管线由连接的组件组成:一个组件的输出是另一个组件的输入,每个组件都是可配置和可替换的,并且具有版本控制和历史记录。在如今的生产机器学习中,通过使用管线可以扩展到整个端到端管线。

1.3　设计模式的好处

2017 年以前,所有领域的大多数神经网络模型版本都是以批处理脚本风格编写的。随着人工智能研究人员和经验丰富的软件工程师越来越多地参与到研究和设计中,我们开始看到模型编码的变化,这些模型反映了重用软件工程原则和设计模式。

设计模式意味着构建和编码模型的最佳实践,此类模型可在广泛的情况下重新应用,例如针对图像数据的图像分类、目标检测和跟踪、面部识别、图像分割、超分辨率和风格迁移;针对文本数据的文档分类、情感分析、实体提取和汇总;以及针对非结构化数据的分类、回归和预测。

深度学习设计模式的发展推动了模型合并、模型融合和机器设计,其中模型组件可以重用和调整。这些模型组件的设计模式使研究人员和其他深度学习实践者能够跨越所有模型和数据类型,从而为应用程序增量开发模型组件和最佳实践。这种知识共享加速了设计模式的开发和模型组件的重用,使得深度学习能够部署到广泛的生产应用程序中。

本书介绍的许多过去的 SOTA 模型展现了已融入当今现代生产的知识和概念。尽管其中许多模型最终停止使用,但理解它们背后的知识、概念和构建块组件对于理解和实践当今大规模的深度学习至关重要。

神经网络模型最早的设计模式之一是过程重用,它同时被计算机视觉、NLU 和结构化数据所采用。与软件应用程序一样,我们将过程重用模型设计成反映数据流并能分解为可重用功能的组件。

无论是过去还是现在,使用过程重用设计模式的益处颇多。首先,它简化了在体系结构图中表示模型的任务。在使用正式的设计模式之前,每个研究小组都在其发表的论文中发明了自己的模型体系结构表示方法。设计模式还定义了如何表示模型结构和流。通过采用一致且精练的方法简化了架构图的表示。其次,其他研究人员和机器学习工程师更容易理解模型架构。此外,从标准模式开始运作可暴露设计的内部运作,这反过来会使得模型更易于修改,也更易于排除故障和调试。

2016 年,相关研究论文开始介绍组件流——通常指 stem、学习器和任务。2016 年之前,研究论文将其模型呈现为庞大而僵化的架构。这些结构使研究人员很难证明新概念改善了模型的任何单个部分。这些组件包含重复的流模式,最终出现了可配置组件的概念。这些重复的流模式随后被其他研究人员在其模型架构的设计中重用和细化。虽然模型组件在 NLU 和结构化数据中的应用滞后,但到了 2017 年,相关研究论文已经开始对其进行介绍。如今,无论是何种模型类型和领域,都可以看到模型设计包含 3 个类似的主要模型组件。

将模型分解为组件的设计模式的一个早期版本是 SqueezeNet(https://arxiv.org/pdf/1602.07360.pdf)，它使用基于元参数的可配置组件。元参数(描述了如何配置模型组件)的引入有助于规范化表示、设计和实现可配置组件的方式。基于可配置组件设计模型不仅为研究人员提供了方法来衡量单一组件基础上的性能提升，同时可尝试各种组件配置。这种设计方法是开发应用软件时的标准做法，其好处之一是提高了代码重用性。

过程重用模式是第一个并且也是最基本的可重用设计，因此它们是本书的重点。后来，工厂和抽象工厂模式被引入机器设计中。工厂设计模式使用 SOTA 构建块作为工厂和目标，从而搜索符合要求的最佳设计。抽象工厂模式向下抽象为另一个级别并搜索最佳工厂，然后使用该工厂搜索最佳模型。

本书将介绍基础设计：第 I 部分介绍基本的 DNN 和 CNN 架构，第 II 部分介绍针对过程重用编写的开创性模型，第 III 部分介绍现代生产管线。

1.4　本章小结

- 深度学习已从经典人工智能演变为狭义人工智能，通过使用人工智能解决具有高维输入的问题。
- 深度学习已从实验性模型演变为可重用和重构的用于数据训练、部署和服务的管线方法。
- 在企业级前沿，机器学习从业者正在使用模型合并、模型融合和机器设计。
- 过程重用设计模式是构建块，并且在企业级仍然处于领先位置。

第2章

深度神经网络

本章主要内容
- 分解神经网络和深度神经网络的结构
- 在训练过程中使用前馈和反向传播学习模型权重
- 在 TF.Keras 的序贯式和函数式 API 中编码神经网络模型
- 了解各种类型的模型任务
- 使用策略防止过拟合

本章首先介绍神经网络相关的基础知识，然后介绍如何使用 TF.Keras 轻松地对深度神经网络(DNN)进行编码。TF.Keras 有两种神经网络编码风格：序贯式 API 和函数式 API。下面使用这两种风格编写示例。

本章还将介绍模型的基本类型。每个模型类型(例如回归和分类)学习不同类型的任务。要学习的任务决定了要设计的模型类型。此外将介绍权重、偏差、激活和优化器的基础知识，以及它们如何提高模型的准确度。

本章最后将编写一个图像分类器，同时介绍训练时过拟合的问题，以及用丢弃(dropout)解决过拟合的早期方法。

2.1 神经网络基础

我们从神经网络的基础知识入手。首先介绍神经网络的输入层，然后介绍如何将输入层连接到输出层，接着介绍如何将隐藏层添加到中间以形成深度神经网络。此后介绍层是如何由节点组成的、节点做什么工作，以及层是如何相互连接以形成完全连接的神经网络的。

2.1.1 输入层

神经网络的输入层采用数字，所有输入数据都转换为数字。一切都是数字。文本变成数字,语音变成数字,图片变成数字,已经是数字的内容仍是数字。

神经网络将数字作为向量、矩阵或张量。这些只是数组中维数的名称。向量是一维数组,例如数字列表。矩阵是二维数组,例如黑白图像中的像素。张量是 3 个或更多维度的任意数组(例如一组矩阵,其中每个矩阵都有相同维度)。图 2-1 说明了这些概念。

说到数字,你可能听说过归一化或标准化之类的术语。在标准化中,数字被转换为以零均值为中心,均值的每一侧有标准差。像 scikit-learn(https://scikit-learn.org)和 NumPy (https://numpy.org)这样的包有库调用,可以为你执行此操作。标准化基本上就是一个按钮,它甚至不需要调整,因此没有参数设置。

说到软件包,你将大量使用 NumPy。什么是 NumPy,它为什么如此流行?鉴于 Python 的解释性质,其处理大型数组的能力很差,例如数以千计、万计和百万计的数组很难处理。这样的数组就是张量。

某一天,一位 C 语言程序员想到用低级 C 语言编写一个处理超大数组的高性能实现,然后添加一个外部 Python 包装器,于是 NumPy 诞生了。如今,NumPy 已是一个包含许多有用方法和属性的库,例如 shape 属性,它告诉你数组的形状(或维度);where()方法,它允许你在超大数组上执行类似 SQL 的查询。

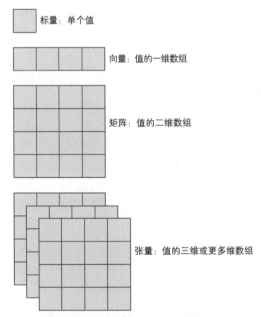

图 2-1 深度学习中的数组类型

所有 Python 机器学习框架(例如 TensorFlow 和 PyTorch)都将在输入层接收一个 NumPy 多维数组作为输入。说到 C 语言或 Java 语言等,神经网络的输入层就像编程语言中传递给函数的参数。

首先安装 Python 包。假设你已经安装了 Python 的 3.x 版本(www.python.org/downloads/)。无论是直接安装,还是将其作为大型软件包(如 Anaconda,可访问 www.anaconda.com/

products/enterprise)的一部分安装,都可以使用名为 pip 的命令行工具。此工具用于通过一次命令调用安装需要的任何 Python 包。可以使用 pip install,然后输入包的名称。它会转到 Python 包索引(Python Package Index,PyPI),即 Python 包的全局存储库,然后下载和安装包。这很容易实现。

我们想下载和安装 TensorFlow 框架和 NumPy 包。很简单,转到命令行并发出以下命令。

```
pip install tensorflow
pip install numpy
```

TensorFlow 2.0 内置了 Keras,推荐的模型 API 现在称为 TF.Keras。TF.Keras 基于面向对象的编程,具有一组类和相关方法及属性。

假设有一个住房数据集。每行有 14 列数据。1 列表示房屋的销售价格,称为标签。其他 13 列是关于房子的信息,例如建筑面积和房产税。它们都用数字表示,称为特征。我们要做的是学习从特征预测(或估计)标签。

在我们没有这些计算能力和机器学习框架之前,数据分析师通过人工操作或运用 Microsoft Excel 电子表格中的公式,使用一定数量的数据和大量的线性代数来完成这些工作。然而这里使用 Keras 和 TensorFlow。

首先从 TensorFlow 导入 Keras 模块,然后实例化一个 Input 类对象。对于此类对象,定义输入的形状或维数。在本例中,输入是一个由 13 个元素组成的一维数组(向量),每个元素对应一个特征。

```
from tensorflow.keras import Input

Input(shape=(13,))
```

在 Notebook 中运行这两行代码时,会得到以下输出。

```
<tf.Tensor 'input_1:0' shape=(?, 13) dtype=float32>
```

此输出显示 Input(shape=(13,))的计算结果,生成一个名为 input_1:0 的张量对象。此命名在你以后调试模型时非常有用。shape 中的"?"显示输入对象中的 13 个元素每个都具有无穷多个条目(示例或行)。也就是说,在运行时,它会将 13 个元素的一维向量的数量绑定到你传入的示例(行)的实际数量,即(迷你)批大小。dtype 显示元素的默认数据类型,在本例中为 32 位浮点数(单精度)。

2.1.2　深度神经网络简介

深度学习中的"深度"究竟是什么?深度的意思是神经网络在输入层和输出层之间有一个或多个层。正如你稍后将看到的,通过深度研究隐藏层,研究人员已经能够获得更高的准确度。

让我们在深度层中将有向图可视化。根节点是输入层,终端节点是输出层。它们之间的层称为隐藏层或深度层。因此,四层 DNN 架构如下所示。

- 输入层

- 隐藏层
- 隐藏层
- 输出层

首先，假设每一层(输出层除外)中的每个神经网络节点都是相同类型。然后假设每层上的每个节点都连接到下一层上的每个其他节点，这被称为全连接神经网络(FCNN)，如图 2-2 所示。例如，如果输入层有 3 个节点，而下一个(隐藏)层有 4 个节点，则第一层上的每个节点将连接到下一层上的所有 4 个节点，总共有 12 个连接(3×4)。

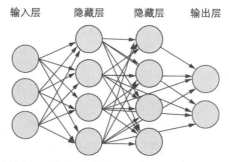

图 2-2　深度神经网络在输入层和输出层之间有一个或多个隐藏层。这是一个完全连接的网络，
因此每个级别的节点都彼此连接

2.1.3　前馈网络

DNN 和 CNN(详见第 3 章)被称为前馈神经网络。前馈是指数据在一个方向上从输入层到输出层依次通过网络移动，类似于过程化编程中的函数。输入作为参数在输入层中传递，函数(在隐藏层中)根据输入执行一组有序的操作，然后输出结果(输出层)。

当用 TF.Keras 编写前馈网络时，你将在博客和其他教程中看到两种不同的风格。下面简要介绍这两种风格，以便当你看到一种风格的代码段时，可以将其转换为另一种风格。

2.1.4　序贯式 API 方法

对于初学者来说，序贯式 API 方法更易于阅读和遵循，但灵活性较差。从本质上讲，可以使用 Sequential 类对象创建一个空前馈神经网络，然后每次"添加"一层，直到输出层。在以下示例中，省略号表示伪代码。

```
from tensorflow.keras import Sequential          创建一个空模型

model = Sequential()     ◀──────────────
model.add( ...the first layer... )
model.add( ...the next layer... )                用于按顺序添加
model.add( ...the output layer... )              层的占位符
```

或者，在实例化 Sequential 类对象时，按照顺序将层指定为列表作为参数传递。

```
model = Sequential([ ...the first layer...,
                     ...the next layer...,
```

```
...the output layer...
])
```

因此，你可能会问，何时使用 add()方法，而不是在 Sequential 对象的实例化中指定为列表？两种方法产生相同的模型和行为，因此这是个人偏好的问题。为清晰起见，我倾向于在教学和演示材料中使用更详细的 add()方法。但如果是为生产编写代码，我会使用稀疏列表方法，因为更容易实现可视化和编辑代码。

2.1.5　函数式 API 方法

函数式 API 方法更高级，允许你构建流中非顺序的模型，例如分支、跳过链接和多个输入和输出(2.4 节将介绍多个输入和输出是如何运作的)。可以分别构建层，然后将它们绑定在一起。后一步让你可以自由地以创造性的方式连接层。基本上，对于前馈神经网络，你可以创建层，将其绑定到另一层或多个层，然后在 Model 类对象的最终实例化中将所有层拉到一起。

构建输入层　　　　　　　　　　　　　　　　　　　　　　　　　构建隐藏层并将
　　　　　　　　　　　　　　　　　　　　　　　　　　　　　其绑定到输入层
```
input = layers.(...the first layer...)
hidden = layers.(...the next layer...)( ...the layer to bind to... )
output = layers.(...the output layer...)( /the layer to bind to... )
model = Model(input, output)
```
构建输出层并其绑　　　　　通过遵循从输入层到输出层的绑
定到隐藏层　　　　　　　　定来组装模型

2.1.6　输入形状与输入层

首先，输入形状和输入层可能会混为一谈。它们不是一回事。更具体地说，输入层中的节点数不需要与输入向量的形状匹配。因为输入向量中的每个元素都将传递给输入层中的每个节点，如图 2-3 所示。

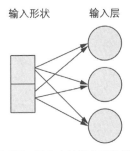

图 2-3　输入(形状)和输入层不同。输入中的每个元素都连接到输入层中的每个节点

例如，如果输入层是 10 个节点并使用前面的具有 13 个元素的输入向量的示例，那么在输入向量和输入层之间将有 130 个连接(10×13)。

输入向量中的元素和输入层中的节点之间的每个连接具有一个权重，并且输入层中的每个节点具有偏差。输入向量和输入层之间的每个连接以及层与层之间的连接可被视为向前发送一个信号，表明它认为输入值对模型预测的贡献有多大。我们需要测量这个信号的强度，这就是权重的作用。它是一个系数，与输入层的输入值和后续层的前一个值相乘。

现在，每一个连接都像 x-y 平面上的向量。理想情况下，我们希望每一个向量都在同一中心点(例如原点 0)与 y 轴相交，但它们没有相交。为了使向量彼此相对，偏差是每个向量相对于 y 轴上中心点的偏移量。

权重和偏差是神经网络在训练期间"学习"的内容。权重和偏差也称为参数。这些值在模型训练后保留在模型中。否则，此操作将不可见。

2.1.7 致密层

在 TF.Keras 中，FCNN 中的层称为致密层。致密层有 n 个节点并完全连接到前一层。

下面继续在 TF.Keras 中定义一个三层神经网络，例如使用序贯式 API 方法。输入层有 10 个节点并将具有 13 个元素的向量(13 个特征)作为输入，该向量连接到由 10 个节点组成的第二(隐藏)层，然后连接到只有 1 个节点的第三(输出)层。输出层只需要一个节点，因为它将输出一个实际值(例如房屋的预测价格)。本例中将使用神经网络作为回归器，这意味着神经网络将输出单个实数。

- 输入层=10 个节点。
- 隐藏层=10 个节点。
- 输出层=1 个节点。

对于输入层和隐藏层，选择任意数量的节点。拥有的节点越多，神经网络的学习能力就越好。但更多的节点意味着更大的复杂性以及更多的训练和预测时间。

在下面的代码示例中，有 3 个对类对象 Dense 的 add()调用。add()方法按照指定的顺序添加层。第一个(位置)参数是节点数，第一层和第二层中有 10 个，第三层中有 1 个。注意，在第一个 Dense 层中添加(关键字)参数 input_shape。这里将定义输入向量并在 Dense 层的单个实例化中将其连接到第一(输入)层。

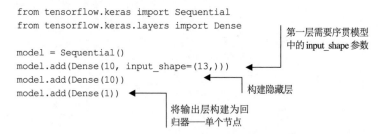

```
from tensorflow.keras import Sequential
from tensorflow.keras.layers import Dense


model = Sequential()
model.add(Dense(10, input_shape=(13,)))       第一层需要序贯模型
model.add(Dense(10))                          中的 input_shape 参数
model.add(Dense(1))
                                              构建隐藏层

                                              将输出层构建为回
                                              归器——单个节点
```

或者，在实例化 Sequential 类对象时，将层的顺序定义为列表参数。

```
from tensorflow.keras import Sequential
from tensorflow.keras.layers import Dense


model = Sequential([
```

```
Dense(10, input_shape=(13,)),
Dense(10),                        各层按序列指定
Dense(1)                          为列表
])
```

现在使用函数式 API 方法进行同样的操作。首先，通过实例化一个 Input 类对象来创建一个输入向量。Input 对象的(位置)参数是输入的形状，可以是向量、矩阵或张量。本例中有一个具有 13 个元素的向量，因此形状是(13,)。你应该已注意到后面的逗号。这是为了克服 Python 中的一个怪癖。如果没有逗号，(13)将作为表达式进行计算：整数值 13 由括号包围。添加逗号则告诉解释器这是一个元组(一组有序的值)。

然后通过实例化一个 Dense 类对象来创建输入层。Dense 对象的位置参数是节点数，在本例中是 10。注意紧跟着的特殊语法：(inputs)。Dense 对象是可调用的；实例化 Dense 返回的对象可以作为函数调用。因此这里调用它，这种情况下，函数接收输入向量(或层输出)作为一个(位置)参数来连接它；因此，传递 inputs，使输入向量绑定到 10 节点的输入层。

接下来，通过实例化另一个具有 10 个节点的 Dense 对象来创建隐藏层。将其作为可调用对象，完全连接到输入层。

然后通过实例化另一个具有 1 个节点的 Dense 对象来创建输出层。将其作为可调用对象，完全连接到隐藏层。

最后，通过实例化一个 Model 类对象，将输入向量和输出层的(位置)参数传递给它，把所有这些放在一起。记住，这两个层之间的所有其他层都已连接，因此在实例化 Model()对象时不需要指定它们。

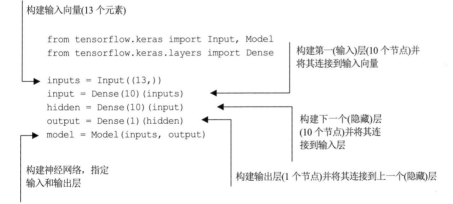

2.1.8　激活函数

当训练或预测(通过推断)时，层中的每个节点将向下一层中的节点输出一个值。我们有时不希望传递原值，而希望以特定的方式更改值。此过程称为激活函数。

思考一个返回结果的函数，如 return result。对于激活函数，不是返回 result，而是返回将结果值传递给另一个(激活)函数的结果，例如 return A(result)，其中 A()是激活函数。

从概念上讲，可以这样思考。

```
def layer(params):
    """ inside are the nodes """
    result = some_calculations
    return A(result)

def A(result):
    """ modifies the result """
    return some_modified_value_of_result
```

激活函数帮助神经网络更快更好地学习。默认情况下，如果未指定激活函数，则将一层中的值按原样(未更改)传递到下一层。最基本的激活函数是阶跃函数。如果该值大于0，则输出 1；否则输出 0。阶跃函数已经很久没有被使用了。

这里先讨论激活函数的用途。你可能听说过非线性这个词。它是指什么？对我来说，更重要的是，它不是什么？

在传统统计学中，我们在低维空间中工作，输入和输出之间具有很强的线性相关性。这种相关性可以计算为输入的多项式变换(当变换时，输入与输出具有线性相关性)。最基本的例子是直线的斜率，表示为 $y = mx + b$。在本例中，x 和 y 是直线的坐标，我们需要拟合 m(斜率)和 b(直线在 y 轴上的截距)。

在深度学习中，我们在高维空间中工作，输入和输出之间存在大量非线性关系。这种非线性关系意味着基于输入的多项式变换，输入与输出不相关。例如，假设房产税是房屋价值的固定百分比(r)。房产税可以用函数表示，该函数将税率乘以房屋价值。因此，价值(输入)和房产税(输出)之间存在线性(直线)关系。

$$tax = f(value) = r \times value$$

让我们查看测量地震的对数强度，其中增加 1 意味着释放的能量是原来的 10 倍。例如，4 级地震的强度是 3 级地震的 10 倍。通过将对数转换应用到输入能量，可得到能量和强度之间存在线性关系。

$$scale = f(power) = \log(power)$$

在非线性关系中，输入序列与输出具有不同的线性关系，在深度学习中，我们希望学习每个输入序列的分离点以及线性函数。例如，思考年龄与收入之间的非线性关系。一般来说，蹒跚学步的孩子没有收入，小学的孩子有零用钱，初中的青少年赚取零用钱加上做家务的钱，高中的青少年从工作中挣钱，然后当他们上大学时，收入降到 0。大学毕业后，收入逐渐增加，直到退休时才固定下来。我们可以将这种非线性建模为跨年龄的序列并学习每个序列的线性函数，如下所示。

income = F1(age) = 0   for age [0..5]

income = F2(age) = c1   for age [6..9]

income = F3(age) = c1 + (w1 $\times$ age)   for age [10..15]

income = F4(age) = (w2 $\times$ age)   for age [16..18]

income = F5(age) = 0   for age [19..22]

income = F6(age) = (w3×age)　　　　for age [23..64]

income = F7(age) = c2　　　　　　　for age [65+]

激活函数有助于在输入序列中发现非线性分离和相应的节点聚类，然后学习与输出的(近似)线性关系。大多数情况下，将使用 3 种激活函数：ReLU 函数、sigmoid 函数和 softmax 函数。

我们从 ReLU 函数开始，因为除模型的输出层外，它是最常用的。2.2 节和 2.3 节将介绍 sigmoid 函数和 softmax 激活函数。如图 2-4 所示，ReLU 函数按原样传递大于 0 的值；否则它将传递 0(无信号)。

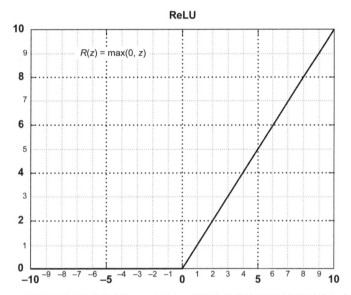

图 2-4　ReLU 函数将所有负值剪裁为 0。本质上，任何负值都等同于没有信号输入或者说 0 值

ReLU 通常在两层之间使用。早期的研究人员在两层之间使用不同的激活函数(例如双曲正切)，他们发现 ReLU 函数在训练模型时产生的效果最好。在本例中，我们在每个层之间添加一个 ReLU 函数。

```
from tensorflow.keras import Sequential
from tensorflow.keras.layers import Dense, ReLU

model = Sequential()
model.add(Dense(10, input_shape=(13,)))
model.add(ReLU())          ◀——  卷积是将 ReLU 激活函数
model.add(Dense(10))              添加到每个非输出层
model.add(ReLU())          ◀——
model.add(Dense(1))
```

现在查看模型对象内部结构。使用 summary()方法实现这一点。此方法对于可视化你构建和验证的层非常有用。它将按顺序显示各层的汇总。

```
model.summary()
Layer (type)                    Output Shape                  Param #
=================================================================
dense_56 (Dense)                (None, 10)                    140
_____
re_lu_18 (ReLU)                 (None, 10)                    0
_____
dense_57 (Dense)                (None, 10)                    110
_____
re_lu_19 (ReLU)                 (None, 10)                    0
_____
dense_58 (Dense)                (None, 1)                     11
=================================================================
Total params: 261
Trainable params: 261
Non-trainable params: 0
```

对于这个代码示例，可以看到汇总从一个包含 10 个节点的致密层(输入层)开始，然后是一个 ReLU 激活函数，接着是第二个包含 10 个节点的致密层(隐藏层)，再接着是一个 ReLU 激活函数，最后是一个包含 1 个节点的致密层(输出层)。因此，我们得到了所期望的结果。

接下来，查看汇总中的参数字段。输入层显示 140 个参数。这是如何计算的？我们有 13 个输入和 10 个节点，因此 13×10 是 130。140 来自哪里？输入和每个节点之间的每个连接都有一个权重，总计为 130。但每个节点都有一个额外的偏差。这是 10 个节点，因此 130 + 10 = 140。神经网络在训练期间将"学习"权重和偏差。偏差是一个已学习的偏移量，概念上相当于直线斜率中的 y 轴截距(b)。

$$y = b + mx$$

在下一个(隐藏)层中，可以看到 110 个参数。那是输入层的 10 个输出连接到隐藏层的 10 个节点(10×10)，加上隐藏层中节点的 10 个偏差，总共需要学习 110 个参数。

2.1.9 速记语法

TF.Keras 在指定层时提供了一种速记语法。实际上，你不需要像前面的示例中所做的那样在两层之间单独指定激活函数。相反，在实例化 Dense 层时，可将激活函数指定为(关键字)参数。

你可能会问，为什么不总是使用速记语法？正如第 3 章将介绍的，在如今的模型架构中，激活函数会在另一个中间层之后(批标准化)或之前(预激活批标准化)。下面的代码示例与前面的代码示例完全相同。

```
from tensorflow.keras import Sequential
from tensorflow.keras.layers import Dense

model = Sequential()
model.add(Dense(10, input_shape=(13,), activation='relu'))        ⟵ 激活函数在层中被指
model.add(Dense(10, activation='relu'))                              定为关键字参数
```

```
model.add(Dense(1))
```

在此模型上调用 summary()方法。

```
model.summary()
Layer (type)                     Output Shape           Param #
=================================================================
dense_1 (Dense)                  (None, 10)             140
_____
dense_2 (Dense)                  (None, 10)             110
_____
dense_3 (Dense)                  (None, 1)              11
=================================================================
Total params: 261
Trainable params: 261
Non-trainable params: 0
_____
```

这里，你没有看到两层之间的激活函数。为什么没有呢？原因在于 summary()方法显示输出的方式很奇怪，其实它们仍在那里。

2.1.10　使用优化器提高准确度

就像简单示例中所做的那样，一旦完成神经网络前馈部分的构建，就需要添加一些东西来训练模型。这是通过 compile()方法完成的。此步骤在训练期间添加反向传播。让我们定义和探讨这个概念。

每次通过神经网络前馈数据(或一批数据)时，它会根据实际值(称为标签)计算预测结果中的误差(称为损失)，并且使用该信息增量调整节点的权重和偏差。对于一个模型来说，这就是学习的过程。

如我所说，误差也称为损失，它可以用多种方法计算。由于将示例神经网络设计为回归器(这意味着输出即房价是一个真实值)，因此我们希望使用最适合回归器的损失函数。通常，对于这种类型的神经网络，使用均方误差方法计算损失。在 Keras 中，compile()方法采用一个(关键字)参数 loss，该参数用于指定如何计算损失。我们将传递值 mse(即均方误差)。

该过程的下一步是使用优化器将反向传播过程中的损失最小化。优化器基于梯度下降；可以选择梯度下降算法的不同变体。这些术语一开始可能很难理解。本质上，每次通过神经网络传递数据时，都会使用计算出的损失来决定改变层中权重和偏差的程度。目标是逐渐接近权重和偏差的正确值，以便准确预测或估计每个示例的标签。这种逐渐接近精确值的过程称为收敛。优化器的工作是计算权重的更新，以逐步接近精确值，从而达到收敛。

随着损失逐渐减少，会逐渐收敛。在损失稳定后，则达到收敛。结果是神经网络的准确度。在使用梯度下降之前，早期人工智能研究人员使用的方法可能需要在超级计算机上花费数年时间才能在一个具有一定复杂度的问题上找到收敛点。在使用梯度下降算法后，通过普通计算能力即可将时间减少到几天、几小时甚至几分钟。跳过数学问题，我们说梯度下降是数据科学家的"突破"，使得收敛到一个好的局部最优成为可能。

对于回归神经网络，可使用 rmsprop 方法(均方根属性)。

```
model.compile(loss='mse', optimizer='rmsprop')
```

现在已完成构建第一个可训练神经网络。在开始准备数据和训练模型之前，我们将介绍更多的神经网络设计。这些设计使用前面提到的两个激活函数：sigmoid 函数和 softmax 函数。

2.2   DNN 二元分类器

DNN 的另一种形式是二元分类器，也称为逻辑分类器。当使用二元分类器时，我们希望神经网络能够预测输入是否是某种东西。输出可以有两种状态或类：yes/no、true/false、0/1 等。

例如，假设有一个信用卡交易数据集，每笔交易都被标记为欺诈或非欺诈。记住，标签是我们想要预测的结果。

总的来说，除了单节点输出层的激活函数和损失/优化器方法外，我们迄今为止学到的设计方法没有改变。我们将在输出节点上使用一个 sigmoid 激活函数，而不是使用针对回归器的线性激活函数。如图 2-5 所示，sigmoid 函数挤压所有值，使其介于 0 和 1 之间。当值远离中心时，它们会迅速移到 0 和 1 的极值(渐近线)。

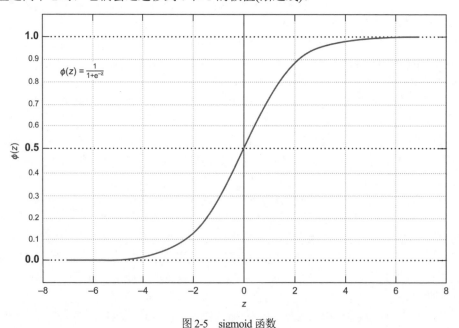

图 2-5   sigmoid 函数

现在，用前面讨论过的两种风格对其进行编码。从前面的代码示例开始，其中将激活函数指定为(关键字)参数。在本例中，向输出层 Dense 添加参数 activation='sigmoid'，以通过 sigmoid 函数传递来自最终节点的输出结果。

接下来，将损失参数改为 binary_crossentropy。这是通常在二元分类器中使用的损失函数。

```
from tensorflow.keras import Sequential
from tensorflow.keras.layers import Dense

model = Sequential()
model.add(Dense(10, input_shape=(13,), activation='relu'))
model.add(Dense(10, activation='relu'))
model.add(Dense(1, activation='sigmoid'))

model.compile(loss='binary_crossentropy',
              optimizer='rmsprop',
              metrics=['accuracy'])
```

sigmoid 函数用于二元分类

二元分类器中损失函数和优化器的常规约定

并不是所有激活函数都有自己的类，如 ReLU 函数。这是 TF.Keras 框架中的另一个怪癖。相反，名为 Activation 的类创建了任意受支持的激活函数。该参数是激活函数的预定义名称。在本例中，relu 表示 Relu 函数，而 sigmoid 表示 sigmoid 函数。以下代码与前面的代码相同。

```
from tensorflow.keras import Sequential
from tensorflow.keras.layers import Dense, Activation

model = Sequential()
model.add(Dense(10, input_shape=(13,)))
model.add(Activation('relu'))
model.add(Dense(10))
model.add(Activation('relu'))
model.add(Dense(1))
model.add(Activation('sigmoid'))

model.compile(loss='binary_crossentropy',
              optimizer='rmsprop',
              metrics=['accuracy'])
```

使用 Activation()方法指定激活函数

现在使用函数式 API 方法重写相同的代码。注意，我们反复使用变量 x。这是一种常见的做法。我们希望避免创建大量一次性使用的变量。因为我们知道在这种类型的神经网络中，每一层的输出都是下一层的输入(或激活函数)，所以除输入和输出外，一直使用 x 作为连接变量。

现在，你应该开始熟悉这两种方法。

```
from tensorflow.keras import Model, Input
from tensorflow.keras.layers import Dense, ReLU, Activation

inputs = Input((13,))
x = Dense(10)(inputs)
x = Activation('relu')(x)
x = Dense(10)(x)
x = Activation('relu')(x)
x = Dense(1)(x)
output = Activation('sigmoid')(x)
model = Model(inputs, output)
```

使用函数式 API 指定的激活函数

```
model.compile(loss='binary_crossentropy',
              optimizer='rmsprop',
              metrics=['accuracy'])
```

2.3　DNN 多类分类器

假设有一组身体测量值(例如身高和体重)以及与测量值相关的性别,我们希望预测某人是婴儿、幼儿、儿童、青少年还是成年人,并且希望模型能够从多个类或标签中进行分类或预测。本例中共有 5 个年龄类别。为此,可以使用另一种形式的 DNN,称为多类分类器。

我们可以看到,会有一些复杂的因素。例如,成年男性平均比成年女性高。但在儿童期,女孩往往比男孩高。我们知道,从平均情况看,与青少年相比,男性在成年早期体重会增加,但女性体重增加的可能性较小。因此,在预测女孩的儿童期、男孩的青少年期和女性的成年期时,应该预见到一些问题。

这些问题是非线性的例子,特征和预测之间的关系不是线性的。相反,这种关系可以被分解为脱节的线性段。这是神经网络擅长处理的问题类型。

下面添加第四个测量值,即鼻子表面积。例如,*Annals of Plastic Surgery* 中的一项研究(https://pubmed.ncbi.nlm.nih.gov/3579170/)表明,无论是男孩还是女孩,鼻子的表面积在 6~18 岁之间持续增长,并且基本上在 18 岁时停止增长。

现在我们有 4 个特征和一个由 5 个类组成的标签。我们将在下一个示例中将输入向量更改为4,以匹配特征的数量,并且将输出层更改为 5 个节点,以匹配类的数量。这种情况下,每个输出节点对应一个唯一的类(婴儿、幼儿等)。我们想训练神经网络,使每个输出节点输出一个介于 0 和 1 之间的值作为预测。例如,0.75 意味着节点 75%确信预测是相应的类。

每个输出节点将独立学习并预测有关其输入是否为相应类的置信度。但是,这个过程会导致一个问题:因为这些值是独立的,所以它们的总和不会达到 1(100%)。这就是 softmax 函数发挥作用的地方。该函数将获取一组值(输出层的输出)并将其压缩到 0~1 的范围内,同时确保所有值相加为 1。通过这种方式,获取具有最高值的输出节点,并且说出预测内容以及该预测的置信水平。因此,如果最高值为 0.97,可以说估计预测的置信度为97%。

图 2-6 是一个多类模型的示意图。在本例中,输出层有两个节点,每个节点对应预测不同的类。每个节点独立预测其认为输入是对应类的肯定性。然后,这两个独立的预测将传递到 softmax 激活函数,该激活函数将值压缩成总和为 1(100%)。在本例中,一个类的预测置信度为 97%,另一个类的预测置信度为 3%。

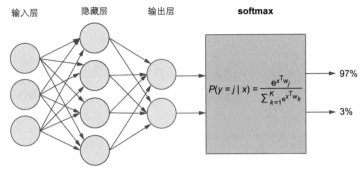

图2-6 将 softmax 激活函数添加到多类分类器的输出层有助于提高模型预测的置信水平

　　下面的代码显示了构建多类分类器 DNN 的示例。首先分别使用多个特征和多个类设置输入层和输出层。然后将激活函数从 sigmoid 函数更改为 softmax 函数。接下来将损失函数设置为 categorical_crossentropy。对于多类分类，这通常是推荐做法。除了用交叉熵计算多个概率分布的损失，我们不会深入研究交叉熵背后的统计信息。在二元分类器中，有两个概率分布并使用 binary_crossentropy 计算；在多类分类器中，使用 categorical_crossentropy 计算多个(两个以上)概率分布的损失。

　　最后使用一种流行且广泛使用的梯度下降变体，称为 Adam 优化器(adam)。Adam 结合了其他方法的几个方面，例如 rmsprop(均方根)和 adagrad(自适应梯度)以及自适应学习率。它通常被视为各种神经网络的最佳优化器。

```
from tensorflow.keras import Sequential
from tensorflow.keras.layers import Dense

model = Sequential()
model.add(Dense(10, input_shape=(4,), activation='relu'))
model.add(Dense(10, activation='relu'))
model.add(Dense(5, activation='softmax'))

model.compile(loss='categorical_crossentropy',
              optimizer='adam',
              metrics=['accuracy'])
```

具有 4 个特征的一维向量输入形状的输入层

在输出层，softmax 激活函数用于多类分类器

多类分类器中损失函数和优化器的常规约定

2.4　DNN 多标签多类分类器

　　现在查看如何预测每个输入中的两个或多个类(标签)。同样使用前面的例子来预测某人是婴儿、幼儿、儿童、青少年还是成年人。这一次，我们将从特征中删除性别，使其作为预测的标签之一。输入是身高、体重和鼻子表面积，输出为两类：年龄(婴儿、幼儿等)和性别(男性或女性)。预测示例可能如下所示。

　　[身高,体重,鼻子表面积]→神经网络→[儿童,女性]

　　为了从多个输入中预测两个或多个标签，我们将使用多标签多类分类器。为此，需

要对之前的多类分类器进行一些更改。在输出层上，输出类的数量是所有输出类别的总和。这种情况下，以前有 5 个输出，现在增加了两个性别输出，总共 7 个输出。我们还希望将每个输出类视为一个二元分类器，这意味着需要一个 yes/no 类型的答案，因此将激活函数更改为 sigmoid 函数。对于编译语句，模拟了本章中使用更简单的 DNN 所做的操作，并且将损失函数设置为 binary_crossentropy，将优化器设置为 rmsprop。每个步骤的实现如下所示。

```
from tensorflow.keras import Sequential
from tensorflow.keras.layers import Dense

model = Sequential()
model.add(Dense(10, input_shape=(3,), activation='relu'))    ◄── 输入向量就是身高、体重和
                                                                 鼻子表面积
model.add(Dense(10, activation='relu'))
model.add(Dense(7, activation='sigmoid'))    ◄── 将年龄和性别分类合并为
                                                 一个分类器输出
  ┌──► model.compile(loss='binary_crossentropy',
  │              optimizer='rmsprop',
  │              metrics=['accuracy'])
使用带有 binary_crossentropy 损失函数的 sigmoid 激活函数
独立预测每一类为(或接近)0 或 1
```

这种设计有潜在的问题吗？假设输出具有最高值(从 0 到 1)的两个类(标签)，即置信度最高的预测。如果在预测中神经网络预测儿童和青少年的置信度较高，而男性和女性的置信度较低，该怎么办？我们可以用一些后逻辑来解决这个问题，从前五个输出类(年龄)中选择最高置信度，然后从后两个类(性别)中选择最高置信度。换句话说，将 7 个输出类分为两个相应的类别，并且从每个类别中选择具有最高置信度的输出。

函数式 API 方法使我们能够在不添加任何后逻辑的情况下弥补此问题。在本例中，我们希望用两个并行输出层替换单个输出层，一个用于第一组类(年龄)，另一个用于第二组类(性别)。图 2-7 显示了此设置。

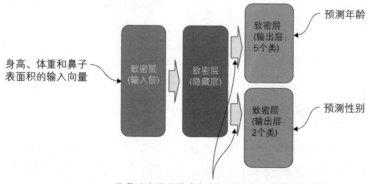

图2-7　具有两个平行输出层的多标签多分类器的输出层

在下面的代码示例中，只有最后的输出层与前面的代码清单不同。这里有两个并行层，而不是单个输出层。

然后，当我们将其与 Model 类放在一起时，传递的不是单个输出层，而是输出层列表：[output1,output2]。最后，由于每个输出层都进行独立的预测，因此可以将它们视为一个多类分类器，这意味着我们可以使用 categorical_crossentropy 作为损失函数，使用 adam 作为优化器。

这种多标签多分类器的设计也可以称为具有多个输出的神经网络，其中每个输出学习不同的任务。由于我们将对该模型进行训练，以进行多个独立预测，因此该模型也称为多任务模型。

```
from tensorflow.keras import Input, Model
from tensorflow.keras.layers import Dense

inputs = Input((3,))
x = Dense(10, activation='relu')(inputs)
x = Dense(10, activation='relu')(x)                  两个类别都有一个单
output1 = Dense(5, activation='softmax')(x)          独的输出层并获得相
output2 = Dense(2, activation='softmax')(x)          同输入的副本
model = Model(inputs, [output1, output2])

model.compile(loss='categorical_crossentropy',
          optimizer='adam',
          metrics=['accuracy'])
```

那么，对于多标签多类分类器，哪种设计是正确的(或更好)？这取决于应用程序。如果所有类都来自同一个类别(例如年龄)，则使用第一种模式，即单任务。如果类来自不同类别(例如年龄和性别)，则使用第二种模式，即多任务。本例中使用多任务模式，因为我们希望学习两个类别作为输出。

2.5　简单图像分类器

现在已经掌握了 DNN 的基本类型以及如何使用 TF.Keras 对其进行编码。接下来，构建第一个简单的图像分类模型。

神经网络用于计算机视觉中的图像分类。让我们从基础开始。如图 2-8 所示，对于小灰度图像，使用类似于已经描述的用来预测年龄的多类分类器的 DNN。这种类型的 DNN 已使用修改后的美国国家标准与技术研究院(MNIST)数据集广泛发布，该数据集是用于识别手写数字的数据集。数据集由大小为 28×28 像素的灰度图像组成。每个像素用 0~255 之间的整数值表示(0 为黑色，255 为白色，之间的值为灰色)。

不过，我们需要作一个改变。灰度图像是一个矩阵(二维数组)。可将矩阵视为大小为高度×宽度的网格，其中宽度表示列，高度表示行。然而，DNN 将向量作为输入，它是一个一维数组。那么我们能做什么呢？可以将二维矩阵展平为一维向量。

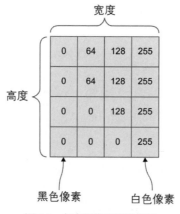

图 2-8 灰度图像的矩阵表示

2.5.1 展平

这里通过将每个像素作为一个特征来进行分类。以 MNIST 数据集为例，28×28 大小的图像将有 784 个像素，因此有 784 个特征。通过展平将矩阵(二维)转换为向量(一维)。

展平是将每一行按顺序放入向量的过程。因此，向量从第一行像素开始，接着是第二行像素，然后以最后一行像素结束。图 2-9 描述了将矩阵展平为向量。

图 2-9 将矩阵展平为向量

此时你可能会问，为什么需要将二维矩阵展平为一维向量？因为在 DNN 中，致密层的输入必须是一维向量。在第 3 章介绍 CNN 时，你将看到采用二维输入的卷积层的示例。

在下一个示例中，使用类 Flatten 在神经网络的开头添加一层来展平输入。其余的层和激活函数都采用针对 MNIST 数据集的典型设置。注意，Flatten 对象的输入形状是二维形状(28, 28)。此对象的输出将是(784,)形式的一维形状。

```
from tensorflow.keras import Sequential
from tensorflow.keras.layers import Dense, Flatten, ReLU, Activation
```

将二维灰度图像展平为一维向量，以输入 DNN

```
model = Sequential()
model.add(Flatten(input_shape=(28,28)))
model.add(Dense(512, activation='relu'))
model.add(Dense(512, activation='relu'))
model.add(Dense(10, activation='softmax'))

model.compile(loss='categorical_crossentropy',
              optimizer='adam',
              metrics=['accuracy'])
```

MNIST 通常作为输入层和 128、256 和 512 个节点之间的一个隐藏致密层

现在使用 summary()方法查看这些层。如你所见，汇总中的第一层是展平层，显示该

层的输出为 784 个节点。这就是我们想要的。另外还要注意网络在训练期间需要学习多少参数,这里将近 700 000。

```
model.summary()
Layer (type)                 Output Shape              Param #
=================================================================
flatten_1 (Flatten)          (None, 784)               0
_____
dense_69 (Dense)             (None, 512)               401920
_____
re_lu_20 (ReLU)              (None, 512)               0
_____
dense_70 (Dense)             (None, 512)               262656
_____
re_lu_21 (ReLU)              (None, 512)               0
_____
dense_71 (Dense)             (None, 10)                5130
_____
activation_10 (Activation)   (None, 10)                0
=================================================================
Total params: 669,706
Trainable params: 669,706
Non-trainable params: 0
```

2.5.2 过拟合和丢弃

在训练期间,数据集被分为训练数据和测试数据(也称为保留数据)。在神经网络的训练过程中,只使用训练数据。一旦神经网络达到收敛(第 4 章将详细讨论),训练将停止,如图 2-10 所示。

之后,为获得模型在训练数据上的准确度,训练数据再次进行前馈,而不启用反向传播,因此不存在学习。这也称为在推断或预测模式下运行经过训练的神经网络。在训练/测试拆分中,已被搁置且未用作训练一部分的测试数据再次前馈,而不启用反向传播以获得准确度。

为什么要从训练中拆分并保留测试数据?理想情况下,训练数据和测试数据的准确度相差无几。实际上,测试数据的准确度总是会低一点。这是有原因的。

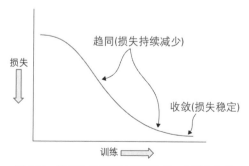

图 2-10 当损失的斜率达到稳定时,会发生收敛

一旦达到收敛，不断通过神经网络传递训练数据将导致神经元越来越多地记住训练样本，而不是泛化到训练过程中从未见过的样本。这就是所谓的过拟合。当神经网络过拟合到训练数据时，将获得较高的训练准确度，但测试/评估数据的准确度会大大降低。

即使没有经过收敛训练，也会出现一些过拟合。数据集/问题可能具有非线性(因此使用神经网络)。因此，单个神经元将以不等的速度收敛。当测量收敛性时，将查看整个系统。在此之前，一些神经元已经收敛，持续的训练将导致它们过拟合。这就是为什么测试/评估准确度总是比训练数据的准确度低一点。

为解决训练神经网络时的过拟合问题，可以使用正则化。这会在训练过程中添加少量随机噪声，以防止模型记住样本，并且在模型训练后更好地泛化到未见过的样本。

最基本的正则化类型称为丢弃。丢弃就像遗忘。当我们教小孩时，会使用死记硬背的方法，例如要求他们记住数字 1~12 的乘法表。我们让他们不断地反复，直到他们能以任意顺序背出完全正确的答案。但如果我们问他们"13 乘以 13 是多少"，他们可能会茫然地看着我们。此时，乘法表在他们的记忆中出现过拟合。每个乘法对的答案(即样本)都是在大脑的记忆细胞中固定的，它们无法传递 1~12 之外的知识。

随着孩子们长大，我们开始采用抽象方法。我们不是教孩子记住答案，而是教他们如何计算答案(尽管他们可能会犯计算错误)。在这第二个教学阶段，一些与死记硬背相关的神经元将死亡。这些神经元的死亡(意味着遗忘)与抽象相结合，使儿童的大脑能够概括并解决任意乘法问题(尽管有时他们会犯错误，即使是在 12×12 的乘法表中，也会出现一些错误的概率分布)。

神经网络中的丢弃技术模仿了这种转向抽象并用带有不确定性的概率分布进行学习的过程。在任何层之间可以添加一个丢弃层，在该层中指定要忽略的百分比(介于 0 和 1 之间)。节点本身不会被丢弃，但在训练期间，每个前馈上的随机选择不会向前传递信号。来自随机选择的节点的信号将被遗忘。例如，如果在每个数据前馈上指定 50%(0.5)的丢失率，则随机选择的一半节点将不会发送信号。

其优点是，我们将局部过拟合的影响最小化，同时不断训练神经网络以实现整体收敛。丢弃的常见做法是将值设置为 20%~50%。

在下面的代码示例中，在输入层和隐藏层中添加了 50%的丢弃率。注意，我们将其放在 ReLU 函数之前。由于丢弃将导致节点发出的信号变为 0，因此在激活函数之前还是之后添加 Dropout 层无关紧要。

```python
from tensorflow.keras import Sequential
from tensorflow.keras.layers import Dense, Flatten, ReLU, Activation, Dropout

model = Sequential()
model.add(Flatten(input_shape=(28,28)))
model.add(Dense(512))
model.add(Dropout(0.5))
model.add(ReLU())

model.add(Dense(512))
model.add(Dropout(0.5))
model.add(ReLU())
```

添加 **Dropout** 层
以防止过拟合

```
model.add(Dense(10))
model.add(Activation('softmax'))

model.compile(loss='categorical_crossentropy',
              optimizer='adam',
              metrics=['accuracy'])
```

2.6　本章小结

- 神经网络的输入和输入层不是同一回事,不需要相同的大小。输入是样本的特征,而输入层是学习预测相应标签的第一层权重和偏差。
- 深度神经网络在输入层和输出层之间有一个或多个层,称为隐藏层。以编程中的函数作为类比,输入层是函数的参数,输出层是函数的返回值,隐藏层是函数中将输入参数转换为输出返回值的代码。
- 神经网络是有向无环图,数据从输入层前馈到输出层。
- 像 ReLU 和 softmax 这样的激活函数会挤压层的输出信号,研究人员发现这有助于模型更好地学习。
- 优化器的作用是更新当前批损失的权重,以便后续批损失更小。
- 回归器使用线性激活函数来预测连续的实际值,如预测房屋的销售价格。
- 二元分类器使用 sigmoid 激活函数来预测二元状态:真/假、1/0、是/否。
- 多类分类器使用 softmax 激活函数从一组类中预测一个类,如预测一个人的年龄。
- 序贯式 API 很容易使用,但它由于不支持模型中的分支而受到限制。
- 对于生产模型而言,函数式 API 优于序贯式 API。
- 如果模型在训练期间记住训练样本,则会发生过拟合,这将阻止模型泛化到未训练过的样本。正则化方法在训练过程中注入少量的随机噪声,已证明可以有效地阻止记忆。

第 *3* 章

卷积神经网络和残差神经网络

本章主要内容
- 了解卷积神经网络的结构
- 构建 ConvNet 模型
- 设计和构建 VGG 模型
- 设计和构建残差网络模型

第 2 章介绍了深度神经网络(DNN)的基本原理,这是一种基于致密层的网络架构。我们还演示了如何使用致密层构建简单的图像分类器,并且讨论了尝试将 DNN 扩展到更大尺寸图像时的限制。引入采用卷积层进行特征提取和学习的神经网络(即卷积神经网络,CNN)使得为实际应用缩放图像分类器成为可能。

本章介绍早期 SOTA 卷积神经网络的设计模式及模式的演变。这里将按照演变顺序介绍 3 种设计模式。

- ConvNet
- VGG
- 残差网络

这 3 种设计模式都为现代 CNN 设计作出了贡献。ConvNet(其中 AlexNet 为早期示例)引入交替的特征提取和通过池化进行降维的模式,并且随着我们在层中的深入而依次增加过滤器的数量。VGG 将卷积分组到一个或多个卷积的块中并使用池化延迟降维,直到块结束。残差网络将块进一步分组,将降维延迟到组的末尾,并且使用特征池化和用于降维的池化,以及引入分支路径的概念(块之间用于特征重用的恒等链接)。

3.1 卷积神经网络

早期的卷积神经网络是一种神经网络,可视为由前端和后端两部分组成。后端是 DNN,前面已经介绍过。卷积神经网络这个命名来自前端,即卷积层。前端充当预处理器。DNN 后端进行分类学习。CNN 前端将图像数据预处理为 DNN 可学习的实用计算形式。CNN 前端进行特征学习。

图 3-1 描述了一个 CNN，其中卷积层充当从图像中学习特征的前端，然后将其传递给后端 DNN，以便从特征中进行分类。

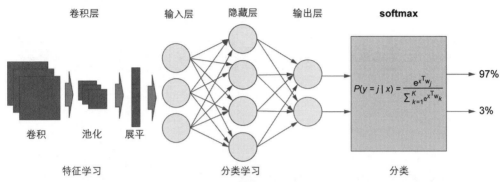

图 3-1 卷积层作为深度神经网络的前端，用于学习特征而不是学习像素

本节将介绍组装这些早期 CNN 的基本步骤和组件。虽然没有专门介绍 AlexNet，但它在 2012 年针对图像分类的 ILSVRC 竞赛中大获成功，这可以被视为研究人员探索和开发卷积设计的催化剂。AlexNet 前端的组装和设计原则被整合到最早的设计模式 ConvNet 中，以用于实际应用。

3.1.1 为什么在 DNN 的基础上对图像模型使用 CNN

一旦得到更大的图像尺寸，DNN 的像素数量在计算上变得非常昂贵，不便使用。假设有一个 1 MB 的图像，其中每个像素由一个字节(值为 0~255)表示。当为 1 MB 时，有 100 万像素。这将需要一个具有 100 万个元素的输入向量。假设输入层有 1024 个节点。仅在输入层，要更新和学习的权重数量就超过 10 亿(100 0000×1024)。这是一台超级计算机终身的计算能力。

如果将其与第 2 章的 MNIST 示例中输入层上的 784 像素×512 节点进行对比，后者意味着要学习 40 万个权重，比 10 亿要小得多。

下面的小节将研究 CNN 网络的组件如何解决图像分类中的权重(也称为参数)数量在计算上不切实际的问题。

3.1.2 下采样(调整大小)

为解决参数过多的问题，一种方法是通过称为下采样的过程来降低图像的分辨率。但如果将图像分辨率降低得太多，在某个时候可能会失去清晰区分图像内容的能力(它变得模糊和/或有瑕疵)。因此，第一步是将分辨率降低到仍能识别足够细节的水平。

日常计算机视觉的一个常规约定大约是 224×224 像素，我们通过调整大小来实现这一点。即使采用这个较低的分辨率、彩色图像的 3 个通道以及 1024 个节点的输入层，仍有 1.54 亿个权重需要更新和学习(224×224×3×1024)，如图 3-2 所示。

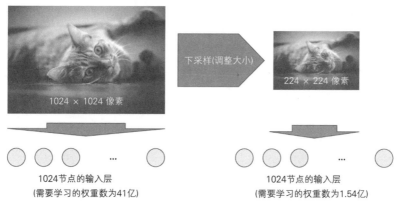

图 3-2　调整大小前后的输入层的参数数量(图像来自 Pixabay 和 Stockvault)

因此，在引入卷积层之前，神经网络无法对真实图像进行训练。首先，卷积层是神经网络的前端，它将图像从基于像素的高维图像转换为基于特征的低维图像。然后，维度大幅降低的特征可以作为 DNN 的输入向量。因此，卷积前端是图像数据和 DNN 之间的前端。

假设有足够的计算能力，只使用一个 DNN，在输入层学习 1.54 亿个权重(就像前面的例子一样)。像素的位置取决于输入层。因此，我们学习识别图片左侧的一只猫。然后把猫移到画面中间。现在必须学会从一组新的像素位置识别猫。可以把它移到右边，加上猫躺着、在空中跳跃等姿势。

学习从不同角度识别图像被称为平移不变性。对于像数字和字母这样的基本二维呈现效果，这是可行的(蛮力)，但对于其他一切，它都不起作用。早期的研究表明，当将初始图像展平为一维向量时，你将失去组成被分类目标(如猫)的特征的空间关系。即使你成功训练了 DNN，例如根据图片中间的像素识别一只猫，如果猫在图像中被移动，则不太可能识别该目标。

下面讨论卷积如何学习特征而不是像素以及为空间关系保留二维形状，从而解决这个问题。

3.1.3　特征检测

对于这些具备更高分辨率和更复杂的图像，我们通过检测和分类特征来进行识别，而不是对像素位置进行分类。想象一幅图像，是什么让你认出那里有什么？首先不是提问 "那是一个人、一只猫还是一座建筑物"，而是询问你为什么可将一个人与他们前面的建筑物区分开，或者将一个人与他们抱着的猫分开。事实上，你的眼睛正在识别低级特征，例如边缘、模糊区域和对比度。

如图 3-3 所示，这些低级特征被构建成轮廓，然后是空间关系。突然，人眼/大脑有能力识别鼻子、耳朵、眼睛，并且感知到那是一张猫脸或一张人脸。

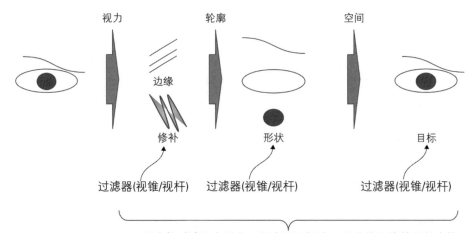

逐步将过滤器中的条目组合到目标中，从边缘和修补等基本体开始，然后使用轮廓组合成形状，最后将形状组合成目标

图3-3　人眼识别低级特征到高级特征的流程

在计算机中，卷积层执行图像中的特征检测任务。每个卷积由一组过滤器组成。这些过滤器是 N×M 的值矩阵，用于检测可能存在的特征。可把它们想象成小窗户。它们在图像上滑动，并且在每个位置对过滤器和该位置的像素值进行比较。这个比较是用一个矩阵点积来完成的，但我们这里将跳过统计数据。重要的是，此操作的结果将生成一个值，该值指示在图像中该位置可检测到特征的强度。例如，值 4 的强度大于值 1。

在神经网络出现之前，是由图像科学家人工设计这些过滤器。如今，过滤器和神经网络中的权重一起被学习。在卷积层中，指定过滤器的大小和数量。典型的过滤器大小为 3×3 和 5×5，最常见的是 3×3。过滤器的数量变化更大，但它们通常是 16 的倍数，例如浅层 CNN 为 16、32 或 64，深层 CNN 为 256、512 或 1024。

此外，还指定了一个步幅，即过滤器在图像上滑动的速率。例如，如果步幅为 1，则过滤器一次前进 1 个像素；因此，该过滤器将与 3×3 大小的过滤器(步幅为 2)中的前一步部分重叠。步幅为 3 的没有重叠。最常见的做法是使用步幅 1 和 2。学习过的每个过滤器生成一个特征图，该特征图指示在图像中特定位置检测到特征的强度，如图 3-4 所示。

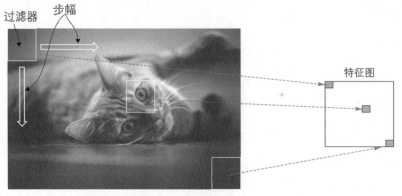

图3-4　在图像上滑动过滤器，以生成检测到的特征的特征图

过滤器可以在到达图像边缘时停止，也可以继续，直到最后一列被覆盖，如图 3-5 所示。前一种情况称为无填充，后一种情况称为填充。当过滤器部分越过边缘时，我们希望为这些假想像素提供一个值。典型值为 0 或与最后一列相同。

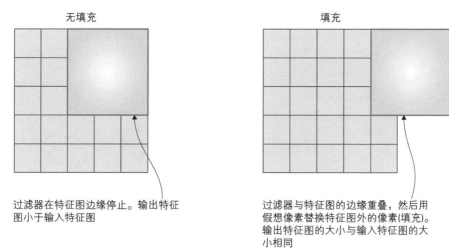

<table>
<tr><td>无填充</td><td>填充</td></tr>
</table>

过滤器在特征图边缘停止。输出特征图小于输入特征图

过滤器与特征图的边缘重叠，然后用假想像素替换特征图外的像素(填充)。输出特征图的大小与输入特征图的大小相同

图 3-5　过滤器停止的位置取决于填充

当有多个卷积层时，通常的做法是在较深的层上保持相同的过滤器数目或增加过滤器的数目，并且在第一层上使用的步幅为 1，在较深的层上使用的步幅为 2。过滤器的增加提供了一种方法，使得在粗糙特征内实现从粗糙特征检测到更细致的特征检测。步幅的增加抵消了保留数据大小的增加；此过程称为特征池化，其中特征图是下采样的。

CNN 使用两种类型的下采样：池化和特征池化。在池化中，使用固定的算法来减少图像数据的大小。在特征池化中，学习特定数据集的最佳下采样算法。

- 更多过滤器=>更多数据
- 更大步幅=>更少数据

接下来详细研究池化，3.2 节将深入研究特征池化。

3.1.4　池化

即使生成的每个特征图的大小通常等于或小于图像，但由于生成多个特征图(例如 16)，因此数据总量也会增加。下一步是减少数据总量，同时保留检测到的特征以及检测到的特征之间的相应空间关系。

这一步被称为池化，与下采样(或子采样)相同。在此过程中，使用特征图中的最大值(下采样)或平均像素均值(子采样)将特征图调整为更小的维度。在池化中，如图 3-6 所示，将要池化的区域大小设置为 N×M 的矩阵和步幅。通常的做法是 2×2 的池大小，步幅为 2。这将导致像素数据减少 75%，同时仍保持足够的分辨率，使得检测到的特征不会丢失。

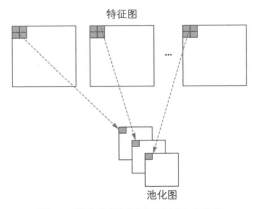

特征图

池化图

图 3-6　池化将特征图调整为更小的维度

另一种看待池化的方法是在信息获取的背景下。通过减少不需要的或信息量较小的像素(例如来自背景)，可以减少熵并使剩余的像素信息量更大。

3.1.5　展平

前面提到，深度神经网络将向量(一维数组)作为输入。在池化图的情况下，存在一个(或多个)二维矩阵列表，因此需要将它们转换为单个一维向量，然后该向量将成为 DNN 的输入向量。这个过程称为展平：将二维矩阵列表展平为单个一维向量。

这很简单。首先将第一个池化图的第一行作为一维向量的开始。然后取第二行并将其附加到末尾，再然后是第三行，以此类推。之后，继续第二个池化图并执行相同的操作，不断追加每一行，直到完成最后一个池化图。只要我们在池化图中遵循相同的排序，检测到的特征之间的空间关系将在图像中保持，以进行训练和推断(预测)，如图 3-7 所示。

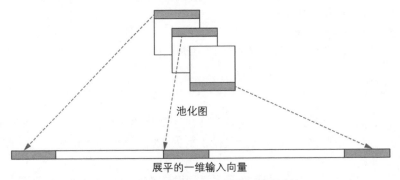

池化图

展平的一维输入向量

图 3-7　当池化图展平时，空间关系保持不变

例如，如果有 16 个 20×20 大小的池化图，每个池化图有 3 个通道(例如彩色图像中的 RGB 通道)，一维向量大小将为 16×20×20×3=19 200 个元素。

3.2　CNN 的 ConvNet 设计

现在从 TF.Keras 开始。假设一种与当今现实世界很类似的情况。你所在公司的应用程序支持人机界面，目前可以通过语音激活进行访问。你的任务是开发一个概念验证，演示如何扩展人机界面以包括手语，从而遵守相关法律。

你不可以通过使用任意标记的手语图像和图像增强来训练模型。数据、数据准备和模型设计必须与实际的自然场景下的部署相匹配。否则，除了导致令人失望的准确度外，模型可能会学习噪声，产生误报，从而导致意外的后果，并且容易受到黑客攻击。第 12 章对此作了更详细的介绍。

对于概念验证，将只显示识别英文字母(A~Z)的手势。此外，假设人将直接在摄像机前从固定角度签名。例如，我们不希望模型了解签名者的种族。因此，出于这类原因，颜色并不重要。

为使模型不学习颜色(噪声)，我们将在灰度模式下对其进行训练。以灰度设计模型来学习和预测(这一过程也称为推断)。我们想要模型学习手的轮廓。因此分两部分设计模型(卷积前端和 DNN 后端)，如图 3-8 所示。

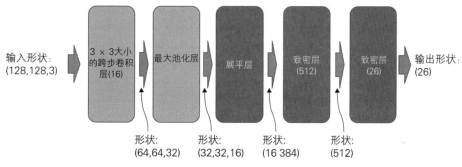

图 3-8　带有卷积前端和 DNN 后端的 ConvNet

下面的代码示例是用序贯式 API 方法编写的，格式很长；使用相应的方法指定激活函数(而不是在添加相应层时将其指定为参数)。

首先使用 Conv2D 类对象添加一个由 16 个过滤器组成的卷积层作为第一层。我们知道，过滤器的数量等于将生成的特征图的数量(在本例中为 16)。每个过滤器的大小为 3×3，由参数 kernel_size 指定，由参数 strides 指定步幅为 2。

注意，对于 strides，指定元组(2, 2)，而不是单个值 2。第一个数字是水平步幅，第二个数字是垂直步幅。这些水平和垂直值相同是一种常规约定；因此，我们通常说"步幅 2"而不是说"步幅 2×2"。

你可能会问，Conv2D 中的 2D 是什么？2D 表示卷积层的输入将是一堆矩阵(二维数组)。本章继续使用二维卷积，这是计算机视觉的一种常见做法。

现在计算该层的输出大小。如前所述，步幅为 1 时，每个输出特征图的大小将与图像相同。因为有 16 个过滤器，所以结果将是输入的 16 倍。但由于使用了步幅 2(特征池化)，每个特征图将减少 75%，因此总输出大小将是输入的 4 倍。

然后，来自卷积层的输出通过 ReLU 激活函数传递，后者使用 MaxPool2D 类对象传递到最大池化层。池化区域的大小为 2×2，由参数 pool_size 指定，同时用参数 strides 指定步幅为 2。池化层将把特征图减少 75%，使之成为池化特征图。

接下来计算池化层之后的输出大小。我们知道，输出的大小是输入的 4 倍。在额外减少 75%的情况下，输出大小与输入大小相同。那么我们在这里能得到什么？首先，训练一组过滤器来学习第一组粗糙特征(导致信息增益)，消除不必要的像素信息(减少熵)，并且学习对特征图进行下采样的最佳方法。

然后使用 Flatten 类对象将池化特征图展平为一维向量，以输入 DNN。注意参数 padding。可以说，在几乎所有情况下，你将使用 same 值；默认值是 valid，因此需要显式添加它。

最后，为图像选择一个输入大小。我们希望在不丢失识别手的轮廓所需的特征检测的情况下将尺寸减到最小。这种情况下，选择 128×128。Conv2D 类有一个怪癖：它总是需要指定通道的数量，而不是默认为 1 的灰度；因此将其指定为(128, 128, 1)而不是(128, 128)。

代码如下所示。

```
from tensorflow.keras.models import Sequential
from tensorflow.keras.layers import Dense, ReLU, Activation
from tensorflow.keras.layers import Conv2D, MaxPooling2D, Flatten

model = Sequential()                                              ← 将图像数据输入卷积层
model.add(Conv2D(16, kernel_size=(3, 3), strides=(2, 2), padding="same",
                 input_shape=(128, 128, 1)))
model.add(ReLU())
model.add(MaxPooling2D(pool_size=(2, 2), strides=(2, 2)))         ← 通过池化减少特征图的大小
model.add(Flatten())        ← 在输出层之前，二维特征图被展平为一维向量

model.add(Dense(512))
model.add(ReLU())
model.add(Dense(26))
model.add(Activation('softmax'))
model.compile(loss='categorical_crossentropy',
              optimizer='adam',
              metrics=['accuracy'])
```

使用 summary()方法查看模型中各层的详细信息。

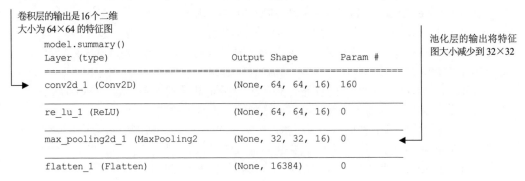

```
                                                          池化层的输出将特征
                                                          图大小减少到 32×32
卷积层的输出是 16 个二维
大小为 64×64 的特征图
    model.summary()
    Layer (type)                Output Shape          Param #
    ================================================================
→   conv2d_1 (Conv2D)           (None, 64, 64, 16)    160

    re_lu_1 (ReLU)              (None, 64, 64, 16)    0

    max_pooling2d_1 (MaxPooling2  (None, 32, 32, 16)   0

    flatten_1 (Flatten)         (None, 16384)         0
```

```
dense_1 (Dense)              (None, 512)         8389120

re_lu_2 (ReLU)              (None, 512)         0

dense_2 (Dense)             (None, 26)          13338

activation_1 (Activation)   (None, 26)          0
=================================================================
Total params: 8,402,618
Trainable params: 8,402,618
Non-trainable params: 0
```

512 节点的致密层的参数数量超过 800 万；展平层中的每个节点都连接到致密层中的每个节点

最后一个致密层有 26 个节点，每个字母对应一个节点

下面介绍如何读取 Output Shape 列。对于 Conv2D 输入层，输出形状显示(None, 64, 64,16)。元组中的第一个值是将在单个前馈上传递的示例数(批大小)。由于这是在训练时确定的，因此将其设置为 None，以表明在向模型馈送数据时它将被绑定。最后一个数字是过滤器的数量，我们将其设置为 16。中间的两个数字(64,64)是特征图的输出大小，这种情况下，每个为 64×64 个像素(总共有 16 个)。输出大小由过滤器大小(3×3)、步幅(2×2)和填充(相同)确定。指定的组合将导致高度和宽度减半，总大小减少 75%。

对于 MaxPooling2D 层，池化特征图的输出大小为 32×32。通过指定 2×2 的池化区域和步幅 2，池化特征图的高度和宽度将减半，总大小将减少 75%。

池化特征图的展平输出是一个大小为 16 384 的一维向量，计算为 16×(32×32)。可以查看这是否与之前计算的相同，即特征图的输出大小应该与输入大小相同。输入是 128×128，即 16 384，与 Flatten 层的输出大小相符。

然后将展平的池化特征图中的每个元素(像素)输入 DNN 输入层中的每个节点，该层有 512 个节点。因此，展平层和输入层之间的连接数为 16 384×512≈840 万。这是该层要学习的权重数，也是会发生大量计算的地方。

我们可以用序贯式方法的变体显示相同的代码示例。这里，在层的每个实例化中使用参数 activation 指定激活函数。

```python
from tensorflow.keras.models import Sequential
from tensorflow.keras.layers import Dense

from tensorflow.keras.layers import Conv2D, MaxPooling2D, Flatten

model = Sequential()

model.add(Conv2D(16, kernel_size=(3, 3), strides=(2, 2), padding="same",
                activation='relu', input_shape=(128,128, 1)))
model.add(MaxPooling2D(pool_size=(2, 2), strides=(2, 2)))
model.add(Flatten())

model.add(Dense(512, activation='relu'))
model.add(Dense(26, activation='softmax'))
```

```
model.compile(loss='categorical_crossentropy',
              optimizer='adam',
              metrics=['accuracy'])
```

现在以第三种方式展示相同的代码示例，即使用函数式 API 方法。在这种方法中，分别定义每一层，从输入向量开始，一直到输出层。在每一层使用多态性将实例化的类(层)对象作为可调用对象进行调用，并且传入前一层的对象以进行连接。

例如，对于第一个 Dense 层，当其作为可调用对象调用时，将 Flatten 层的层对象作为参数传递。这使得 Flatten 层和第一个 Dense 层完全连接(Flatten 层中的每个节点将连接到 Dense 层中的每个节点)。

通过池化减少特征图的大小

```
from tensorflow.keras import Input, Model          卷积层的输入向量需
from tensorflow.keras.layers import Dense           要指定通道数
from tensorflow.keras.layers import Conv2D, MaxPooling2D, Flatten

inputs = Input(shape=(128, 128, 1))
layer  = Conv2D(16, kernel_size=(3, 3), strides=(2, 2), padding="same",
                activation='relu')(inputs)
layer  = MaxPooling2D(pool_size=(2, 2), strides=(2, 2))(layer)    构建卷积层
layer  = Flatten()(layer)
layer = Dense(512, activation='relu')(layer)
outputs = Dense(26, activation='softmax')(layer)

model = Model(inputs, outputs)
```

3.3　VGG 网络

CNN 的 VGG 类型由牛津大学的视觉几何小组设计。其设计目的是参加国际 ILSVRC 比赛，以对 1000 类图像进行图像识别。在 2014 年的竞赛中，VGGNet 在图像定位任务中获得第一名，在图像分类任务中获得第二名。

AlexNet(及其对应的 ConvNet 设计模式)被视为卷积网络的鼻祖，而 VGGNet(及其相应的 VGG 设计模式)被视为基于卷积组将设计模式形式化的鼻祖。与前身 AlexNet 一样，它继续将卷积层视为前端，并且为分类任务保留一个大型 DNN 后端。VGG 设计模式背后的基本原则如下。

- 使用相同数量的过滤器将多个卷积分组为块。
- 逐步将块中的过滤器数量增加一倍。
- 将池化延迟到块的末尾。

在如今的背景下讨论 VGG 设计模式时，一开始可能会对组和块这两种术语产生混淆。在对 VGGNet 的研究中，作者使用了卷积组这个术语。随后，研究人员将分组模式细化，卷积组由卷积块组成。在如今的命名法中，VGG 组被称为一个块。

它的设计运用了一些易于学习的原则。卷积前端由一系列相同大小的卷积对(以及后来的三元组卷积)组成，然后是最大池化层。最大池化层将生成的特征图下采样 75%，然

后下一对(或 3 个)卷积层将学习的过滤器数量加倍。卷积设计背后的原理是，前几层学习粗糙特征，后面的层通过增加过滤器学习越来越精细的特征，层之间使用最大池化将特征图的大小(以及随后要学习的参数)增长最小化。最后，DNN 后端包含两个大小相同的致密隐藏层，每个层包含 4096 个节点，而最后一个致密输出层包含 1000 个节点用于分类。图 3-9 描述了 VGG 架构中的卷积组。

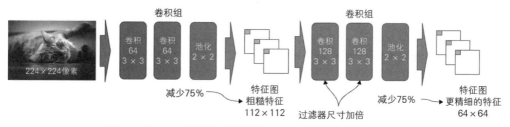

图 3-9　在 VGG 架构中，卷积被分组，而池化被延迟到组的末尾

最著名的版本是 VGG16 和 VGG19。比赛中使用的 VGG16 和 VGG19 以及它们经过训练的权重已经公开。由于它们经常用于迁移学习，因此人们使 ImageNet 的卷积前端预训练了 VGG16 或 VGG19 以及相应的权重，并且附加了一个新 DNN 后端，用于重新训练新类别的图像。图 3-10 是 VGG16 的架构图。

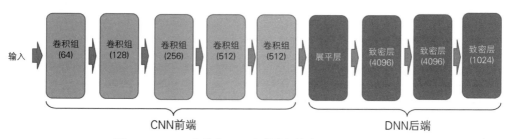

图 3-10　VGG16 架构由 VGG 组的卷积前端和 DNN 后端组成

接下来，以两种编码风格对 VGG16 进行编码：第一种是序贯流，第二种是使用重用函数复制层的公共块以及用于其特定设置的参数。我们不再将 kernel_size 和 pool_size 指定为关键字参数，而是将它们指定为位置参数。

```
from tensorflow.keras import Sequential
from tensorflow.keras.layers import Conv2D, MaxPooling2D, Flatten, Dense

model = Sequential()                                          第一个卷积块

model.add(Conv2D(64, (3, 3), strides=(1, 1), padding="same",
                 activation="relu", input_shape=(224, 224, 3)))
model.add(Conv2D(64, (3, 3), strides=(1, 1), padding="same",
                 activation="relu"))
model.add(MaxPooling2D((2, 2), strides=(2, 2)))              第二个卷积块,过滤
                                                             器数量加倍
model.add(Conv2D(128, (3, 3), strides=(1, 1), padding="same",
                 activation="relu"))
model.add(Conv2D(128, (3, 3), strides=(1, 1), padding="same",
```

```
                           activation="relu"))
model.add(MaxPooling2D((2, 2), strides=(2, 2)))

model.add(Conv2D(256, (3, 3), strides=(1, 1), padding="same",
                 activation="relu"))
model.add(Conv2D(256, (3, 3), strides=(1, 1), padding="same",
                 activation="relu"))
model.add(Conv2D(256, (3, 3), strides=(1, 1), padding="same",
                    activation="relu"))
model.add(MaxPooling2D((2, 2), strides=(2, 2)))

model.add(Conv2D(512, (3, 3), strides=(1, 1), padding="same",
                 activation="relu"))
model.add(Conv2D(512, (3, 3), strides=(1, 1), padding="same",
                 activation="relu"))
model.add(Conv2D(512, (3, 3), strides=(1, 1), padding="same",
                 activation="relu"))
model.add(MaxPooling2D((2, 2), strides=(2, 2)))

model.add(Conv2D(512, (3, 3), strides=(1, 1), padding="same",
                 activation="relu"))
model.add(Conv2D(512, (3, 3), strides=(1, 1), padding="same",
                 activation="relu"))
model.add(Conv2D(512, (3, 3), strides=(1, 1), padding="same",
                 activation="relu"))
model.add(MaxPooling2D((2, 2), strides=(2, 2)))

model.add(Flatten())
model.add(Dense(4096, activation='relu'))
model.add(Dense(4096, activation='relu'))

model.add(Dense(1000, activation='softmax'))

model.compile(loss='categorical_crossentropy',
              optimizer='adam',
              metrics=['accuracy'])
```

第三个卷积块,过滤器数量加倍

第四个卷积块,过滤器数量加倍

第五个(最终)卷积块

DNN 后端

用于分类(1000 类图像)的输出层

　　现在使用过程重用风格编写相同的 VGG16。在本例中,创建一个过程(函数)conv_block(),它构建卷积块并将块中的层数(2 或 3)和过滤器数(64、128、256 或 512)作为参数。注意,将第一个卷积层放在 conv_block 之外。第一层需要 input_shape 参数。我们将其编码为 conv_block 的标志,但由于它只会出现一次,因此不能重用。这里将其内联。

```
from tensorflow.keras import Sequential
from tensorflow.keras.layers import Conv2D, MaxPooling2D, Flatten, Dense

def conv_block(n_layers, n_filters):
    """
        n_layers : number of convolutional layers
        n_filters: number of filters
    """
    for n in range(n_layers):
        model.add(Conv2D(n_filters, (3, 3), strides=(1, 1), padding="same",
```

作为过程实现的卷积块

```
                         activation="relu"))
      model.add(MaxPooling2D(2, strides=2))
model = Sequential()
model.add(Conv2D(64, (3, 3), strides=(1, 1), padding="same",
                 activation="relu",
                 input_shape=(224, 224, 3)))
conv_block(1, 64)
conv_block(2, 128)
conv_block(3, 256)
conv_block(3, 512)
conv_block(3, 512)

model.add(Flatten())
model.add(Dense(4096, activation='relu'))
model.add(Dense(4096, activation='relu'))

model.add(Dense(1000, activation='softmax'))

model.compile(loss='categorical_crossentropy',
              optimizer='adam',
              metrics=['accuracy'])
```

由于需要 input_shape 参数,因此单独指定第一个卷积层

第一个卷积块的剩余部分

第二至第五个卷积块

可以尝试在两个示例上运行 model.summary(),其输出是相同的。

3.4 ResNet 网络

CNN 的 ResNet 类型由微软研究院设计,用于参加国际 ILSVRC 竞赛。2015 年,ResNet 在 ImageNet 和 COCO 竞赛的所有类别中均获得第一名。

上一节中介绍的 VGGNet 设计模式在经受梯度消失和爆炸问题之前,在模型架构分层的深度方面存在局限性。此外,在训练过程中,不同的层以不同的速率收敛可能导致发散。

残差网络的残差块设计模式组件的研究人员提出了一种新的层连接,称为恒等链接。恒等链接引入了最早的特征重用概念。在恒等链接出现之前,每个卷积块对先前的卷积输出进行特征提取,而不保留来自先前输出的任何知识。恒等链接可以看作当前和先前卷积输出之间的耦合,以重用从早期提取中获得的特征信息。伴随着 ResNet 的发展,谷歌等公司的研究人员通过 Inception v1(GoogLeNet)将卷积设计模式进一步细化为组和块。在这些设计改进的同时,引入了批标准化。

使用恒等链接和批标准化可以提供跨层的更高稳定性,减少梯度消失和爆炸以及层之间的发散,允许模型架构在层中更深入以提高预测准确度。

3.4.1 架构

ResNet 和该类型中的其他架构使用不同的层到层连接模式。到目前为止,我们讨论的模式(ConvNet 和 VGG)使用完全连接的层到层模式。

ResNet34 分别引入了新的块层和层连接模式、残差块和恒等连接。其中残差块由具

有两个相同卷积层的块组成，没有池化层。如图 3-11 所示，每个块都有一个恒等链接，该恒等链接在残差块的输入和输出之间创建一条平行路径。与 VGG 中一样，每个连续块将使过滤器的数量加倍。池化在块序列的末尾完成。

　　神经网络的一个问题是，当我们添加更深的层时(假设准确度提高)，它们的性能可能会下降。情况可能会变得更糟，而不是更好。出现这种情况有几个原因。随着我们的深入，添加的参数(权重)越来越多。参数越多，训练数据中的每个输入适合多余参数的位置就越多。神经网络不是泛化，而是简单地学习每个训练示例(死记硬背)。另一个问题是协变量偏移：随着我们的深入，权重的分布将变宽(进一步扩散)，导致神经网络更难收敛。前一种情况导致测试(保持)数据的性能下降，后一种情况导致训练数据的性能下降以及梯度消失或爆炸。

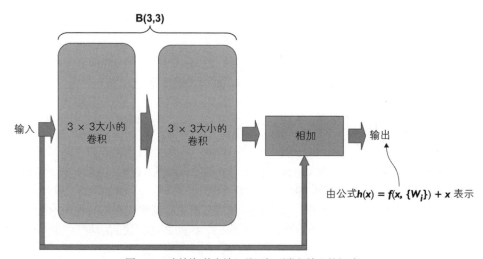

图 3-11　残差块(其中输入是添加到卷积输出的矩阵)

　　残差块使得神经网络能够以更深的层构建，而不会降低测试数据的性能。通过添加恒等链接，可将 ResNet 块视为 VGG 块。当块以 VGG 风格执行特征检测时，恒等链接保留下一个后续块的输入，因此下一个块的输入包括前一个特征的检测和输入。

　　通过保留过去(以前的输入)的信息，这种块设计允许神经网络比 VGG 对应的网络更深入，准确度更高。在数学上，可按如下所示表示 VGG 和 ResNet。对于这两种情况，学习一个 $h(x)$ 的公式，即测试数据的分布(例如标签)。对于 VGG，学习一个函数 $f(x, \{W\})$，其中 $\{W\}$ 表示权重。对于 ResNet，通过添加 "$+x$" 项来修改方程，这表示恒等链接。

- VGG：$h(x) = f(x, \{W\})$。
- ResNet：$h(x) = f(x, \{W\}) + x$。

　　下面的代码段显示了如何使用函数式 API 方法在 TF.Keras 中对残差块进行编码。变量 x 表示一层的输出，作为下一层的输入。在块的开头，保留前一块/层输出的副本作为变量 shortcut。然后，将前一个块/层的输出(x)穿过两个卷积层，每次将前一层的输出作为

下一层的输入。最后，将块的最后一个输出(保留在变量 x 中)与 x 的初始值(shortcut)相加
(矩阵加法)。这就是恒等链接，通常称为捷径。

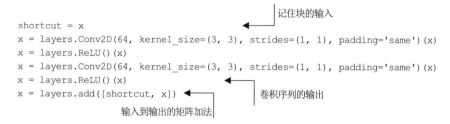

```
shortcut = x
x = layers.Conv2D(64, kernel_size=(3, 3), strides=(1, 1), padding='same')(x)
x = layers.ReLU()(x)
x = layers.Conv2D(64, kernel_size=(3, 3), strides=(1, 1), padding='same')(x)
x = layers.ReLU()(x)
x = layers.add([shortcut, x])
```

现在，使用过程化风格将整个网络放在一起。此外，需要添加 ResNet 的入口卷积层，
然后添加 DNN 分类器。

正如 VGG 示例中所做的那样，按照前面代码段中使用的模式，定义一个用于生成残
差块模式的过程(函数)。对于过程 residual_block()，传递块的过滤器数量和输入层(前一层
的输出)。

ResNet 架构将(224,224,3)向量作为输入，即 224(高度)×224(宽度)像素的 RGB 图像(3
个通道)。第一层是基本卷积层，由使用相当大的 7×7 大小的过滤器的卷积组成。然后，
通过最大池化层减少输出(特征图)的大小。

在初始卷积层之后是一组连续的残差块。每个连续组使过滤器数量加倍(类似于
VGG)。不过，与 VGG 不同的是，组之间没有会减少特征图大小的池化层。现在，如果
把这些模块直接连接起来，就会出现问题。下一个块的输入具有基于上一个块的过滤器
大小的形状(称为 X)。下一个块通过将过滤器加倍，将导致残差块的输出大小加倍(称为
2X)。恒等链接会尝试将输入矩阵(X)和输出矩阵(2X)相加。这时出现一个错误，表明我们
不能广播(对于加法操作)不同大小的矩阵。

对于 ResNet，这是通过在残差块的每个"加倍"组之间添加卷积块来解决的。如
图 3-12 所示，卷积块将过滤器加倍以重塑大小，并且将步幅加倍以将特征图大小减少
75%(执行特征池化)。

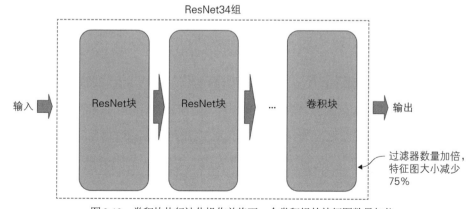

图 3-12　卷积块执行池化操作并将下一个卷积组的特征图数量加倍

最后一个残差块组的输出被传递到池化展平层(GlobalAveragePooling2D)，然后被传递到具有 1000 个节点(类数)的单个 Dense 层。

```python
from tensorflow.keras import Model
import tensorflow.keras.layers as layers        残差块作为一个过程

def residual_block(n_filters, x):          ◄
    """ Create a Residual Block of Convolutions
        n_filters: number of filters
        x        : input into the block
    """
    shortcut = x
    x = layers.Conv2D(n_filters, (3, 3), strides=(1, 1), padding="same",
                      activation="relu")(x)
    x = layers.Conv2D(n_filters, (3, 3), strides=(1, 1), padding="same",
                      activation="relu")(x)
    x = layers.add([shortcut, x])
    return x                      卷积块作为一个过程

def conv_block(n_filters, x):          ◄
    """ Create Block of Convolutions without Pooling
        n_filters: number of filters
        x        : input into the block
    """
    x = layers.Conv2D(n_filters, (3, 3), strides=(2, 2), padding="same",
                      activation="relu")(x)
    x = layers.Conv2D(n_filters, (3, 3), strides=(2, 2), padding="same",
                      activation="relu")(x)
输入张量     return x

  inputs = layers.Input(shape=(224, 224, 3))

  x = layers.Conv2D(64, kernel_size=(7, 7), strides=(2, 2), padding='same',
                    activation='relu')(inputs)
  x = layers.MaxPool2D(pool_size=(3, 3), strides=(2, 2), padding='same')(x)

  for _ in range(2):
      x = residual_block(64, x)

  x = conv_block(128, x)          ◄

  for _ in range(3):
      x = residual_block(128, x)

  x = conv_block(256, x)

  for _ in range(5):
      x = residual_block(256, x)

  x = conv_block(512, x)

      x = residual_block(512, x)

  x = layers.GlobalAveragePooling2D()(x)
```

第一个卷积层，其中池化特征图将减少 75%

具有 64 个过滤器的第一个残差块组

将过滤器的大小加倍并将特征图减少 75%(步幅为 2)，以适应下一个残差组

```
outputs = layers.Dense(1000, activation='softmax')(x)

model = Model(inputs, outputs)
```

现在运行 model.summary()。要学习的参数总数为 2100 万。这与具有 1.38 亿个参数的 VGG16 形成对比。因此，ResNet 架构的计算速度要快 6 倍。这种减少主要是通过建造残差块来实现的。注意，DNN 后端只是一个输出 Dense 层。实际上没有后端。前面的残差块组作为 CNN 前端进行特征检测，而后面的残差块进行分类。这样做与 VGG 不同，不需要若干完全连接的致密层(这会大幅增加参数的数量)。

与之前的池化示例不同(在该示例中，每个特征图的大小根据步幅的大小而减少)，GlobalAveragePooling2D 类似于一个超级版本的池化：每个特征图被一个值替换，在本例中，该值是对应特征图中所有值的均值。例如，如果输入是 256 个特征图，则输出将是大小为 256 的一维向量。在 ResNet 之后，深度卷积神经网络在最后一个池化阶段使用 GlobalAveragePooling2D 已成为普遍做法，这得益于大量减少进入分类器的参数数量，且不会显著损失表征能力。

另一个优势是恒等链接，在不需要降级的情况下，它提供了添加更深层的能力，以获得更高的准确度。

ResNet50 引入了一种称为瓶颈残差块的残差块变体。在这个版本中，具有两个 3×3 大小的卷积层的组被具有 1×1、3×3、1×1 大小的卷积层的组取代。第一个 1×1 大小的卷积执行降维，降低计算复杂度，而最后一个卷积恢复维度，将过滤器数量增加 4 倍。中间的 3×3 卷积被称为瓶颈卷积，就像现实生活中的瓶颈一样。如图 3-13 所示，瓶颈残差块能够实现更深入的神经网络，进一步降低计算复杂性，而不会退化。

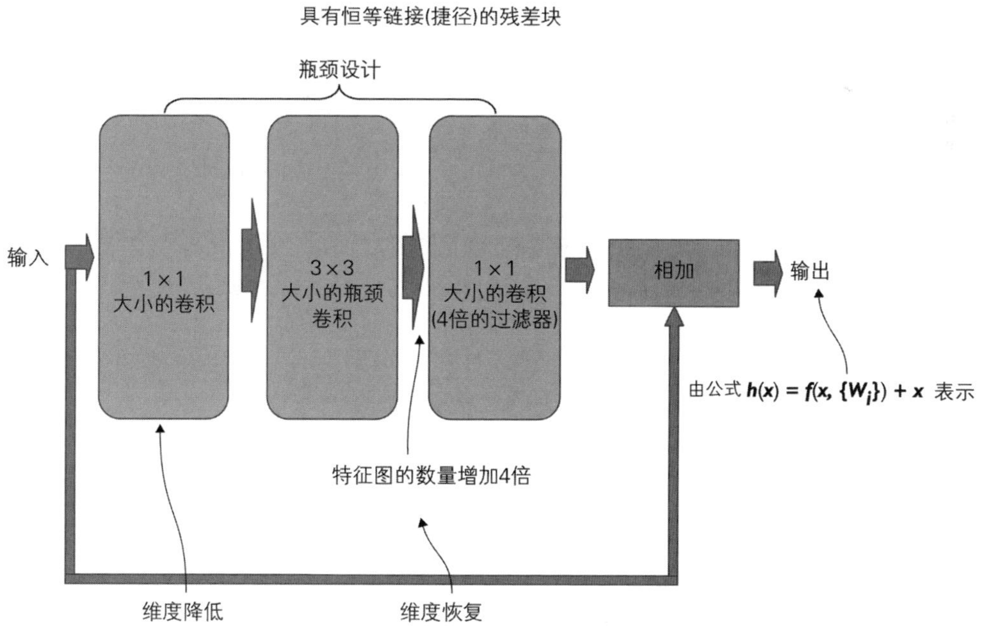

图 3-13　瓶颈设计使用 1×1 大小的卷积进行降维和维度扩展

以下是将瓶颈残差块作为可重用函数编写的代码段。

```
def bottleneck_block(n_filters, x):
    """ Create a Bottleneck Residual Block of Convolutions
        n_filters: number of filters
        x        : input into the block
    """
    shortcut = x
    x = layers.Conv2D(n_filters, (1, 1), strides=(1, 1), padding="same",
                        activation="relu")(x)
    x = layers.Conv2D(n_filters, (3, 3), strides=(1, 1), padding="same",
                        activation="relu")(x)
    x = layers.Conv2D(n_filters * 4, (1, 1), strides=(1, 1), padding="same",
                        activation="relu")(x)
    x = layers.add([shortcut, x])
    return x
```

用于降维的 1×1
大小的瓶颈卷积

用于特征提取的 3×3 大小的卷积

用于维度扩展的 1×1
大小的投影卷积

输入到输出的矩阵加法

残差块引入了表征能力和表征等价的概念。表征能力是衡量块作为特征提取器的能力的一个指标。表征等价是指在保持表征能力的同时将块分解为较低的计算复杂度。残差瓶颈块的设计被证明能够保持 ResNet34 块的表征能力，并且具有较低的计算复杂度。

3.4.2　批标准化

在神经网络中增加更深层的另一个问题是梯度消失。这实际上是关于计算机硬件的。在训练期间(反向传播和梯度下降的过程)，每一层的权重乘以非常小的数字，特别是小于 1 的数字。如我们所知，两个小于 1 的数字相乘会得到一个更小的数字。当这些微小的值通过更深层传播时，它们会不断变小。在某个点上，计算机硬件无法再表示该值，便称为梯度消失。

如果我们尝试对矩阵运算使用半精度浮点数(16 位浮点数)而不是单精度浮点数(32 位浮点数)，问题会进一步恶化。前者的优点是，权重(和数据)存储在一半的空间中，并且使用一般的经验法则，通过将计算量减少一半，可以在每个计算周期执行 4 倍的指令。当然，问题是，如果精度更小，会更快地遇到梯度消失的问题。

批标准化是一种应用于层输出的技术(在激活函数之前或之后)。在不涉及统计方面的情况下，它将在训练权重时使权重中的偏移标准化。这有几个优点：它(在一批中)使变化量更平滑，从而降低获得一个小到无法用硬件表示的数字的可能性。此外，通过缩小权重之间的偏移量，使用更高的学习率和减少总体训练时间，可以更快地收敛。在 TF.Keras 中，可使用 BatchNormalization 类将批标准化添加到层中。

在早期的实现中，批标准化采用的是后激活方式。它在卷积层和致密层之后发生。当时，关于批标准化应该在激活函数之前还是之后存在争议。这里的代码示例在激活函数之前和激活函数之后使用批标准化，分别在卷积层和致密层中。

```
from tensorflow.keras import Sequential
from tensorflow.keras.layers import Conv2D, ReLU, BatchNormalization, Flatten
from tensorflow.keras.layers import Dense

model = Sequential()
```

```
model.add(Conv2D(64, (3, 3), strides=(1, 1), padding='same',
                 input_shape=(128, 128, 3)))
model.add(BatchNormalization())
model.add(ReLU())

model.add(Flatten())

model.add(Dense(4096))
model.add(ReLU())

model.add(BatchNormalization())
```

激活前添加批标准化

激活后添加批标准化

3.4.3 ResNet50

ResNet50 是一个知名的模型，通常被重用为库存模型，例如用于迁移学习、作为目标检测中的共享层以及用于性能基准测试。该模型有 3 个版本：v1、v1.5 和 v2。

ResNet50 v1 规范了卷积组的概念。这是一组共享公共配置的卷积块，例如过滤器的数量。在 v1 中，将神经网络分解为多个组，每个组将前一组的过滤器数量加倍。

此外，删除了将过滤器数量加倍的单独卷积块的概念并将其替换为使用线性投影的残差块。每个组从一个残差块开始，使用恒等链接上的线性投影将过滤器数量加倍，而残差块将输入直接传递到矩阵加法运算的输出。此外，具有线性投影的残差块中的第一个 1×1 卷积使用步幅 2(特征池化)将特征图大小减少 75%(这种卷积也称为跨步卷积)，如图 3-14 所示。

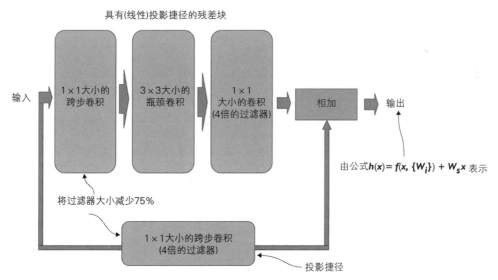

图 3-14 用 1×1 投影替换恒等连接，以匹配矩阵加法运算的卷积输出上的特征图数量

以下是使用瓶颈块并结合批标准化的 ResNet50 v1 的实现。

```
from tensorflow.keras import Model
```

```python
import tensorflow.keras.layers as layers

def identity_block(x, n_filters):
    """ Create a Bottleneck Residual Block of Convolutions
        n_filters : number of filters
        x         : input into the block
    """
    shortcut = x

    x = layers.Conv2D(n_filters, (1, 1), strides=(1, 1))(x)
    x = layers.BatchNormalization()(x)
    x = layers.ReLU()(x)

    x = layers.Conv2D(n_filters, (3, 3), strides=(1, 1), padding="same")(x)
    x = layers.BatchNormalization()(x)
    x = layers.ReLU()(x)

    x = layers.Conv2D(n_filters * 4, (1, 1), strides=(1, 1))(x)
    x = layers.BatchNormalization()(x)

    x = layers.add([shortcut, x])
    x = layers.ReLU()(x)

    return x
```
投影块作为一个过程
```python
def projection_block(x, n_filters, strides=(2,2)):
    """ Create Block of Convolutions with feature pooling
        Increase the number of filters by 4X
        x         : input into the block
        n_filters: number of filters
    """
```
匹配输出大小的捷径上
的1×1大小的投影卷积
```python
    shortcut = layers.Conv2D(4 * n_filters, (1, 1), strides=strides)(x)
    shortcut = layers.BatchNormalization()(shortcut)

    x = layers.Conv2D(n_filters, (1, 1), strides=strides)(x)
    x = layers.BatchNormalization()(x)
    x = layers.ReLU()(x)

    x = layers.Conv2D(n_filters, (3, 3), strides=(1, 1), padding='same')(x)
    x = layers.BatchNormalization()(x)
    x = layers.ReLU()(x)

    x = layers.Conv2D(4 * n_filters, (1, 1), strides=(1, 1))(x)
    x = layers.BatchNormalization()(x)

    x = layers.add([x, shortcut])
    x = layers.ReLU()(x)

    return x

inputs = layers.Input(shape=(224, 224, 3))

x = layers.ZeroPadding2D(padding=(3, 3))(inputs)
x = layers.Conv2D(64, kernel_size=(7, 7), strides=(2, 2), padding='valid')(x)
x = layers.BatchNormalization()(x)
x = layers.ReLU()(x)
```

```
x = layers.ZeroPadding2D(padding=(1, 1))(x)
x = layers.MaxPool2D(pool_size=(3, 3), strides=(2, 2))(x)

x = projection_block(64, x, strides=(1,1))

for _ in range(2):
    x = identity_block(64, x)

x = projection_block(128, x)

for _ in range(3):
    x = identity_block(128, x)

x = projection_block(256, x)

for _ in range(5):
    x = identity_block(256, x)

x = projection_block(512, x)

for _ in range(2):
    x = identity_block(512, x)

x = layers.GlobalAveragePooling2D()(x)

outputs = layers.Dense(1000, activation='softmax')(x)

model = Model(inputs, outputs)
```

第一组之后的每个卷积组
都以一个投影块开始

如图 3-15 所示，v1.5 引入了瓶颈设计的重构，进一步降低了计算复杂性，同时保持
了表征能力。具有线性投影的残差块中的特征池化(步幅=2)从第一个 1×1 大小的卷积移
到 3×3 大小的卷积，降低了计算复杂度，并且将 ImageNet 上的结果增加了 0.5%。

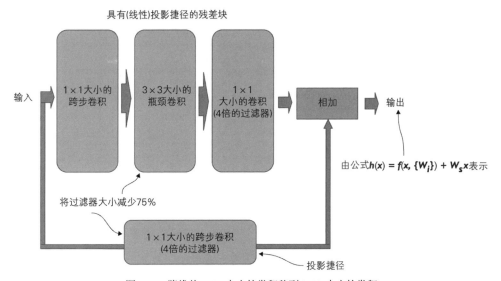

图 3-15   降维从 1×1 大小的卷积移到 3×3 大小的卷积

以下是具有投影链接的 ResNet50 v1 残差块的实现。

```
def projection_block(x, n_filters, strides=(2,2)):
    """ Create Block of Convolutions with feature pooling
        Increase the number of filters by 4X
        x           : input into the block
        n_filters : number of filters
    """
    shortcut = layers.Conv2D(4 * n_filters, (1, 1), strides=strides)(x)
    shortcut = layers.BatchNormalization()(shortcut)

    x = layers.Conv2D(n_filters, (1, 1), strides=(1, 1))(x)
    x = layers.BatchNormalization()(x)
    x = layers.ReLU()(x)

    x = layers.Conv2D(n_filters, (3, 3), strides=(2, 2), padding='same')(x)  ◀──
    x = layers.BatchNormalization()(x)
    x = layers.ReLU()(x)
                                                            使用步幅 2 将瓶颈移
                                                            到 3×3 大小的卷积
    x = layers.Conv2D(4 * n_filters, (1, 1), strides=(1, 1))(x)
    x = layers.BatchNormalization()(x)

    x = layers.add([x, shortcut])
    x = layers.ReLU()(x)
    return x
```

ResNet50 v2 引入了预激活批标准化(BN-RE-Conv)，其中批标准化和激活函数放置在相应的卷积层或致密层之前(而不是之后)。这现在已成为一种常见做法，以下是 v2 中具有恒等链接的残差块实现。

```
def identity_block(x, n_filters):
    """ Create a Bottleneck Residual Block of Convolutions
        n_filters: number of filters
        x               : input into the block
    """
    shortcut = x

    x = layers.BatchNormalization()(x)
    x = layers.ReLU()(x)
    x = layers.Conv2D(n_filters, (1, 1), strides=(1, 1))(x)

    x = layers.BatchNormalization()(x)
    x = layers.ReLU()(x)
    x = layers.Conv2D(n_filters, (3, 3), strides=(1, 1), padding="same")(x)

    x = layers.BatchNormalization()(x)
    x = layers.ReLU()(x)
    x = layers.Conv2D(n_filters * 4, (1, 1), strides=(1, 1))(x)

    x = layers.add([shortcut, x])
    return x
```

批标准化在卷积之前

3.5　本章小结

- 卷积神经网络可以描述为在深度神经网络中添加一个前端。
- CNN 前端的目的是将高维像素输入减少为低维特征表征。
- 特征表征的低维性使得对真实图像进行深度学习变得切实可行。
- 图像大小调整和池化用于减少模型中的参数数量，而不会丢失信息。
- 使用一组级联过滤器检测特征与人眼有相似性。
- VGG 将重复的卷积模式的概念形式化。
- 残差网络引入了特征重用的概念，演示了在与 VGG 相同的层数下获得更高准确度的能力，并且为了获得更高的准确度，可以深入层中。
- 批标准化允许模型在出现梯度消失或爆炸之前，在层中更深入以获得更高的准确度。

第 *4* 章

训练基础知识

本章主要内容
- 前馈和反向传播
- 拆分数据集和预处理数据
- 使用验证数据监控过拟合
- 使用检查点和早停法进行更经济的训练
- 使用超参数与模型参数
- 对位置和尺度不变性的训练
- 汇集和访问磁盘数据集
- 保存并恢复经过训练的模型

本章介绍训练模型的基础知识。在 2019 年之前,大多数模型都是根据这组基本步骤进行训练的,因此本章是基础介绍。

本章将介绍通过实验和试错法开发的方法、技术和最佳实践,从回顾前馈和反向传播开始。虽然这些概念和实践在深度学习之前就已经存在,但多年来的大量改进使模型训练变得切实可行。具体来说,就是拆分数据、馈送数据,然后在反向传播过程中使用梯度下降更新权重。这些技术改进提供了将模型训练到收敛的方法(在收敛点上,模型的预测准确度趋于稳定)。

另外,还开发了数据预处理和增强方面的其他训练技术,以推动向更高的水平收敛,并且帮助模型更好地泛化到未经训练的数据。进一步的改进通过超参数搜索和调整、检查点设置和早停法以及在训练期间从磁盘存储中抽取数据的更有效格式和方法,使训练更经济。所有这些技术结合在一起,使得深度学习在计算价值和经济价值上都适用于现实世界的应用。

4.1 前馈和反向传播

首先,从监督训练的概述开始。在训练模型时,通过模型向前馈送数据并计算预测结果的不正确程度(即损失)。然后，损失被反向传播以更新模型的参数，这就是模型学习的东西——参数值。

在训练模型时，先从训练数据开始，这些数据代表模型将部署到的目标环境。换句话说，这些数据是总体分布的抽样分布。训练数据由示例组成。每个示例有两个部分：特征(也称为自变量)和相应的标签(也称为因变量)。

这些标签也被称为真实值("正确答案")。我们的目标是训练一个模型，一旦部署并给定没有来自总体的标签的示例(该模型以前从未见过的示例)，该模型将被泛化，从而能够准确预测标签("正确答案")，即监督学习。这一步称为推断。

在训练期间，通过输入层(也称为模型底部)将不同批的训练数据(也称为样本)输入模型中。然后，当训练数据向前移到输出节点(也称为模型顶部)时，通过模型层中的参数(权重和偏差)变换它。在输出节点，测量与"正确"答案的距离(即损失)。然后，将损失反向传播到模型的各个层并更新参数，以便在下一批中更接近正确答案。

继续重复这个过程，直到达到收敛，这可被描述为"这是训练中所能得到的最准确的结果"。

4.1.1　馈送

馈送是从训练数据中按批抽取样本并通过模型进行前馈，然后计算输出损失的过程。批可以是随机选择的训练数据中的一个或多个示例。

批的大小通常是恒定的，称为(迷你)批大小。所有训练数据都分为若干批，通常每个示例只出现在一个批中。

所有的训练数据通过多次馈送到模型。每次馈送整个训练数据被称为一个时期。每个时期是按不同的随机排列顺序成批，即没有哪两个时期具有相同的示例顺序，如图 4-1 所示。

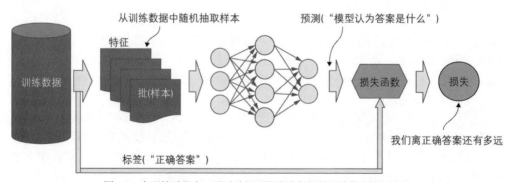

图 4-1　在训练过程中，通过神经网络将迷你批的训练数据进行前馈

4.1.2　反向传播

本节将探讨发现反向传播的重要性以及它现在的使用方式。

1. 背景知识

这里回顾相关背景，了解反向传播对深度学习成功的重要性。在早期的神经网络(如感知器和单层神经元)中，研究人员尝试了更新权重以获得正确答案的方法。

当他们只处理少量神经元和简单的问题时，合乎逻辑的第一个尝试就是进行随机更新。最终，随机的猜测会起作用。但这无法扩展到大量的神经元和现实世界的应用程序，因为做出正确的随机猜测可能需要数百万年的时间。

尝试的下一个逻辑步骤是使随机值与相对于预测的距离成比例。换句话说，距离越远，随机值的范围越大；距离越近，范围越小。现在，我们在现实世界的应用程序中猜测正确的随机值可能需要一千年的时间。

最终，研究人员用多层感知器(MLP)进行实验，使得随机值与相对于正确答案的距离(即损失)成比例的技术根本不起作用。他们发现，当网络层数较多时，这种技术的效果就像是在层与层之间掣肘。一层往"左手边"修正权值，在另一层则会把权值往"右手边"修改，从而效果抵消，基本起不到作用。

研究人员发现，虽然输出层权重的更新与预测中的损失有关，但早期层权重的更新与下一层的更新有关。因此，形成了反向传播。这时，研究人员不再使用随机分布来计算更新。他们作了很多尝试，没有任何改进，直到开发出梯度下降这种技术来更新权重(该技术不是根据下一层的变化量，而是相对于变化率)。

2. 基于批的反向传播

在每批训练数据通过模型前馈并计算损失后，损失通过模型反向传播。我们逐层更新模型的参数(权重和偏差)，从顶层(输出)开始，向底层(输入)移动。参数的更新方式是采用损失、当前参数值和对下一层所作更新的组合。

实现这一点的一般方法是基于梯度下降。优化器是梯度下降的一种实现，其任务是更新参数，以最大限度地减少后续批的损失(最大限度地接近正确答案)。图 4-2 说明了这一过程。

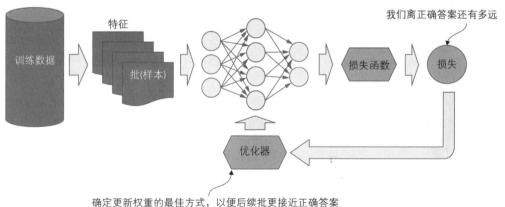

图 4-2 从迷你批计算的损失反向传播；优化器更新权重以最大限度地减少下一批的损失

4.2　拆分数据集

　　数据集是一组足够大和多样化的示例，能够代表所建模的总体(抽样分布)。当一个数据集符合这个定义并且被清理(没有噪声)，采用一种为机器学习训练做好准备的格式时，我们将其称为精选数据集。本书没有具体介绍数据集清理，因为这是一个庞大而多样的主题，其内容本身就可以成为一本书。本书中只涉及数据清理的部分内容。

　　目前有各种各样的精选数据集可用于学术和研究目的。一些著名的图像分类数据集包括 MNIST(第 2 章中介绍)、CIFAR-10/100、SVHN、Flowers 和 Cats vs. Dogs。MNIST 和 CIFAR-10/100 内置于 TF.Keras 框架中。TensorFlow Datasets(TFD)提供 SVHN、Flowers 和 Cats vs. Dogs。本节将使用这些数据集进行讲解。

　　一旦有了一个精选数据集，下一步就是把它分成用于训练的示例和用于测试(也称为评估或保留)的示例。我们使用数据集中作为训练数据的部分来训练模型。如果训练数据是一个良好的抽样分布(代表总体分布)，那么训练数据的准确度应反映另一种准确度，这种准确度是指将其部署到现实世界中对训练期间模型未看到的总体中的样本进行预测时的准确度。

　　但是，在部署模型之前，如何知道这是否正确？这就是测试(保留)数据的作用。将数据集的一部分放在一边，在模型训练完成后，用这部分数据对其进行测试，查看是否能获得与训练数据相当的准确度。

　　例如，假设完成训练时，针对训练数据的准确度为99%，而针对测试数据的准确度仅为70%。这其中出现了问题(例如过拟合)。那么，我们为训练和测试预留多少数据？过去的经验是二八分：80%用于训练，20%用于测试。如今这种情况已经改变，但我们将从这条经验法则出发并在后面的章节中讨论现代更新。

4.2.1　训练集和测试集

　　重要的是能够假设数据集足够大，如果将其分为 80%和 20%并且随机选择示例，则两个子数据集将是代表总体分布的良好抽样分布，模型将在部署后进行预测(推断)。图 4-3 说明了这一过程。

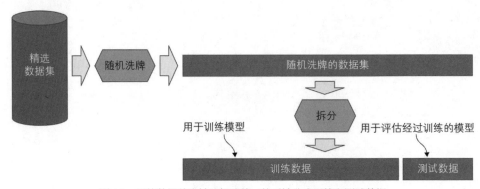

图 4-3　训练数据首先被随机洗牌，然后被分成训练和测试数据

让我们从使用精选数据集进行的逐步训练过程开始。在第一步中导入精选的 TF.Keras 内置 MNIST 数据集，如下面的代码所示。TF.Keras 内置数据集有一个 load_data()方法。该方法将数据集加载到内存中，这个数据集已随机洗牌并预拆分为训练和测试数据。训练和测试数据进一步分离为特征(本例中为图像数据)和相应的标签(数值 0~9)。我们通常将训练和测试的特征和标签分别称为(x_train, y_train)和(x_test, y_test)。

MNIST 是框架中的
内置数据集

```
from tensorflow.keras.datasets import mnist

(x_train, y_train), (x_test, y_test) = mnist.load_data()
print(x_train.shape, y_train.shape)
print(x_test.shape, y_test.shape)yp
```

内置数据集自动随机洗牌并
预拆分为训练和测试数据

MNIST 数据集包含 60 000 个训练示例和 10 000 个测试示例，在 0~9 的 10 个数字中均匀(平衡)分布。每个示例由 28×28 像素的灰度图像(单通道)组成。从以下输出中可以看到，训练数据(x_train, y_train)由 60 000 个大小为 28×28 的示例和相应的 60 000 个标签组成，而测试数据(x_test, y_test)由 10 000 个示例和标签组成。

```
(60000, 28, 28) (60000,)
(10000, 28, 28) (10000,)
```

4.2.2 独热编码

现在构建一个简单的 DNN 来训练精选数据集。在下一个代码示例中，首先使用 Flatten 层将输入的 28×28 的图像展平为一维向量，然后是两个隐藏的 Dense()层，每个层包含 512 个节点并且使用 relu 激活函数。最后，输出层是一个具有 10 个节点(每个节点代表一个数字)的 Dense 层。由于这是一个多类分类器，因此输出层的激活函数是 softmax 函数。

下面使用 categorical_crossentropy 作为损失函数，使用 adam 作为优化器，为多类分类器编译模型。

```
from tensorflow.keras import Sequential
from tensorflow.keras.layers import Flatten, Dense

model = Sequential()
model.add(Flatten(input_shape=(28, 28)))
model.add(Dense(512, activation='relu'))
model.add(Dense(512, activation='relu'))
model.add(Dense(10, activation='softmax'))
model.compile(loss='categorical_crossentropy',
              optimizer='adam',
              metrics=['acc'])
```

将二维灰度图像展平
为 DNN 的一维向量

图像被展平后的
DNN 的实际输入层

隐藏层

DNN 的输出层

使用此数据集训练此模型的最基本方法是使用 fit()方法。把训练数据(x_train, y_train)作为参数传递，其余的关键字参数设置为默认值。

```
model.fit(x_train, y_train)
```

运行上述代码时，将看到一条错误消息。

```
ValueError: You are passing a target array of shape (60000, 1) while using
as loss 'categorical_crossentropy'. 'categorical_crossentropy' expects
targets to be binary matrices (1s and 0s) of shape (samples, classes).
```

出了什么问题？这是我们选择的损失函数的一个问题。它将比较每个输出节点和相应输出期望值之间的差异。例如，如果答案是数字 3，则我们需要一个十元素向量(每个数字一个元素)，其中 3 的索引中是 1(100%概率)，其余索引中是 0(0%概率)。这种情况下，需要将标量值标签转换为具有 10 个元素的向量，对应的索引中是 1。这被称为独热编码，如图 4-4 所示。

现在对示例进行修正，首先从 TF.Keras 导入 to_categorical()函数，然后使用它将标量值标签转换为独热编码标签。注意，将值 10 传递给 to_categorical()函数，以指示独热编码标签的大小(类的数量)。

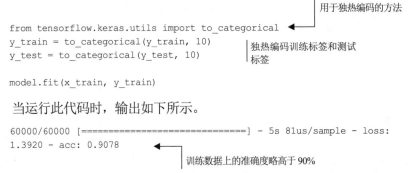

```
from tensorflow.keras.utils import to_categorical    用于独热编码的方法
y_train = to_categorical(y_train, 10)
y_test = to_categorical(y_test, 10)                  独热编码训练标签和测试标签

model.fit(x_train, y_train)
```

当运行此代码时，输出如下所示。

```
60000/60000 [==============================] - 5s 81us/sample - loss:
1.3920 - acc: 0.9078
```
训练数据上的准确度略高于 90%

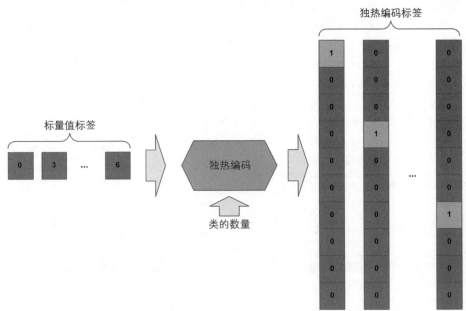

图4-4　独热编码标签的大小与输出类的数量相同

这是可行的,我们在训练数据上获得了90%的准确度,但可以简化这一步骤。compile()方法内置了独热编码。要启用它, 只需要将损失函数从 categorical_crossentropy 更改为 sparse_categorical_crossentry。在这种模式下,损失函数将接收标量值形式的标签,并且在执行交叉熵损失计算之前将其动态转换为独热编码标签。

在下面的示例中执行此操作并将关键字参数 epochs 设置为 10,以将整个训练数据馈送给模型 10 次。

```
from tensorflow.keras import Sequential
from tensorflow.keras.layers import Flatten, Dense

model = Sequential()
model.add(Flatten(input_shape=(28, 28)))
model.add(Dense(512, activation='relu'))
model.add(Dense(512, activation='relu'))
model.add(Dense(10, activation='softmax'))
model.compile(loss='sparse_categorical_crossentropy', optimizer='adam',
              metrics=['acc'])

from tensorflow.keras.datasets import mnist      将 MNIST 数据集加
(x_train, y_train), (x_test, y_test) = mnist.load_data()      ◄  载到内存中
                                                  训练 10 个时期的 MNIST
model.fit(x_train, y_train, epochs=10)      ◄    模型
```

在第 10 个时期后,训练数据上的准确度在 97% 左右。

```
Epoch 10/10
60000/60000 [==============================] - 5s 83us/sample - loss:
0.0924 - acc: 0.9776
```

4.3　数据归一化

这方面可以进一步改进。mnist()模块加载的图像数据为原始格式,每个图像都是一个 28×28 的整数(值为 0~255)矩阵。如果要在经过训练的模型中检查参数(权重和偏差),则这些参数是非常小的数字,通常为 - 1~1。当数据通过层进行前馈,并且一层的参数与下一层的参数进行矩阵相乘时,结果是一个非常小的数字。

前面示例的问题是,输入值大得多(最大 255),当它们在层中相乘时,最初会生成很大的数字。这将导致参数需要更长的时间来学习它们的最佳值(如果进行完全学习)。

4.3.1　归一化

通过将输入值压缩到一个较小的范围可以提高参数学习最优值的速度并增加收敛的机会(稍后讨论)。一种简单的方法是按比例将它们压缩到 0~1 的范围内,可以将每个值除以 255。

在下面的代码中,添加了通过将每个像素值除以 255 来使输入数据归一化的步骤。load_data()函数以 NumPy 格式将数据集加载到内存中。NumPy 是一个带有 Python 包装器

(CPython)的用 C 编写的高性能数组处理模块，当整个训练数据集都在内存中时，它可以高效地在模型训练期间馈送数据(第 13 章介绍了当训练数据集太大而无法放入内存时的方法和格式)。

NumPy 数组是在算术运算符上实现多态性的类对象。示例中展示了一个除法运算(x_train/255.0)。NumPy 数组重写除法运算符并实现广播操作，这意味着数组中的每个元素都将被 255.0 除。

默认情况下，NumPy 以双精度(64 位)进行浮点运算。TF.Keras 模型中的参数是单精度浮点数(32 位)。为提高效率，最后一步使用 NumPy 的 astype()方法将广播的除法结果转换为 32 位。如果不进行转换，来自输入-输入层的初始矩阵乘法将占用两倍机器周期(是 64×32 而不是 32×32)。

```
from tensorflow.keras import Sequential
from tensorflow.keras.layers import Flatten, Dense
import numpy as np

model = Sequential()
model.add(Flatten(input_shape=(28, 28)))
model.add(Dense(512, activation='relu'))
model.add(Dense(512, activation='relu'))
model.add(Dense(10, activation='softmax'))
model.compile(loss='sparse_categorical_crossentropy', optimizer='adam',
              metrics=['acc'])

from tensorflow.keras.datasets import mnist
(x_train, y_train), (x_test, y_test) = mnist.load_data()
x_train = (x_train / 255.0).astype(np.float32)      将像素数据归一化为0~1
x_test = (x_test / 255.0).astype(np.float32)

model.fit(x_train, y_train, epochs=10)
```

以下是运行上述代码的输出。这里将带有归一化输入的输出与之前的非归一化输入进行比较。在之前的输入中，在第 10 个时期后达到到 97%的准确度。在归一化输入中，仅在第 2 个时期后就达到相同的准确度，在第 10 个时期后几乎达到 99.5%的准确度。因此，当输入数据归一化时，我们学习得更快、更准确。

```
...
Epoch 2/10
60000/60000 [==============================] - 5s 84us/sample - loss:
0.0808 - acc: 0.9744
...
Epoch 10/10
60000/60000 [==============================] - 5s 81us/sample - loss:
0.0187 - acc: 0.9943
```

现在，对测试(保留)数据使用 evaluate()方法来评估模型，以查看模型针对训练时从未见过的数据的性能。evaluate()方法在推断模式下运行：测试数据通过模型向前馈送以进行预测，但没有反向传播。模型的参数不会更新。最后，evaluate()将输出损失和总准确度。

```
model.evaluate(x_test, y_test)
```

在下面的输出中，准确度约为 98%，而训练准确度为 99.5%。这是意料之中的。训练过程中总会出现一些过拟合的情况。我们所寻找的是训练和测试之间的非常小的差异，这里大约是 1.5%。

```
10000/10000 [==============================] - 0s 23us/sample - loss:
0.0949 - acc: 0.9790
```

4.3.2　标准化

除了前面示例中使用的归一化，还有多种方法可以压缩输入数据。例如，一些机器学习从业者更喜欢将输入值压缩在 -1 和 1(而不是 0 和 1)之间，以便值以 0 为中心。以下代码是一个示例实现，它将每个元素除以最大值的一半(在本例中为 127.5)，然后从结果中减去 1。

```
x_train = ((x_train / 127.5) - 1).astype(np.float32)
```

将值压缩在 -1 和 1 之间是否比压缩在 0 和 1 之间产生更好的结果？我在研究文献或自身体验中都没有看到任何表明差异的东西。

除了要知道最大值外，此方法和前面的方法不需要对输入数据进行任何预分析。另一种被称为标准化的技术可以提供更好的结果。但是，它需要对整个输入数据进行预分析(扫描)，以找到其均值和标准差。然后将数据集中在输入数据的完整分布的均值处，并且将值压缩在正负 1 个标准差之间。当输入数据作为 NumPy 多维数组存放在内存中时，以下代码使用 NumPy 方法 np.mean() 和 np.std() 实现标准化。

计算像素数据的均值

```
import numpy as np
mean = np.mean(x_train)                    计算像素数据的标准差
std = np.std(x_train)
x_train = ((x_train - mean) / std).astype(np.float32)      使用均值和标准差对像素
                                                           数据进行标准化
```

4.4　验证和过拟合

本节将演示一个过拟合的案例，然后说明如何在训练期间检测过拟合，以及如何解决该问题。这里简单回顾过拟合的含义。通常情况下，为获得更高的准确度，我们会构建越来越大的模型。缺点是模型会死记硬背部分或全部示例。模型学习示例，而不是学习从示例中泛化，以准确预测在训练期间从未见过的示例。极端情况下，模型可以达到 100% 的训练准确度，但在测试中具有随机准确度(对于 10 个类，这将是 10% 的准确度)。

4.4.1　验证

假设训练模型需要几个小时。你真的想等到训练结束后再对测试数据进行测试以了解模型是否过拟合？当然不是。相反，我们会留出一小部分训练数据，称其为验证数据。

　　我们不使用验证数据来训练模型，而是在每个时期后使用该数据来估计在测试数据上的可能结果。与测试数据一样，验证数据在不更新模型参数(推断模式)的情况下通过模型向前馈送，我们会测量损失和准确度。图4-5 展示了这一过程。

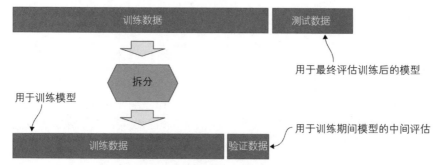

图 4-5　在每个时期，验证数据用于估计在测试数据上的可能准确度

　　如果数据集非常小，并且使用更少的数据进行训练会产生负面影响，则可以使用交叉验证。这里不是指在一开始就留出一部分模型永远不会训练的数据，而是在每个时期进行随机拆分。在每个时期开始时，随机选择验证示例用于验证测试，而不是用于训练。但由于选择是随机的，一些或所有示例将出现在其他时期的训练数据中。如今的数据集都很大，很少看到需要这种技术。图4-6 演示了数据集的交叉验证拆分。

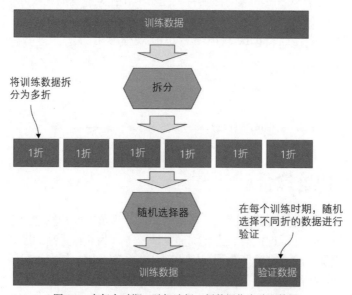

图 4-6　在每个时期，随机选择 1 折数据作为验证数据

　　下面训练一个简单的 CNN 对来自 CIFAR-10 数据集的图像进行分类。这里的数据集是一个微小图像数据集的子集，大小为 32×32×3。它包括 60 000 个训练图像和 10 000 个测试图像，涵盖 10 个类别：飞机、汽车、鸟、猫、鹿、狗、青蛙、马、船和卡车。

在简单的 CNN 中，有一个卷积层，它由 32 个核大小为 3×3 的过滤器组成，然后是一个跨步最大池化层。接着将输出展平并传递到最终输出致密层。图 4-7 展示了这一过程。

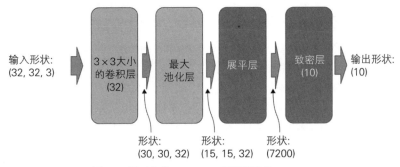

图 4-7　用于分类 CIFAR-10 图像的简单 ConvNet

下面是训练简单 CNN 的代码。

```
from tensorflow.keras import Sequential
from tensorflow.keras.layers import Flatten, Dense, Conv2D, MaxPooling2D
import numpy as np

model = Sequential()
model.add(Conv2D(32, (3, 3), activation='relu', input_shape=(32, 32, 3)))
model.add(MaxPooling2D((2, 2)))
model.add(Flatten())
model.add(Dense(10, activation='softmax'))
model.compile(loss='sparse_categorical_crossentropy', optimizer='adam',
              metrics=['acc'])

from tensorflow.keras.datasets import cifar10
(x_train, y_train), (x_test, y_test) = cifar10.load_data()
x_train = (x_train / 255.0).astype(np.float32)
x_test  = (x_test  / 255.0).astype(np.float32)

model.fit(x_train, y_train, epochs=15, validation_split=0.1)
```

使用 10%的训练数据进行验证，这些数据不需要进行训练

这里在 fit()方法中添加了关键字参数 validation_split=0.1，以便在每个时期后留出 10%的训练数据用于验证测试。

以下是运行 15 个时期后的输出。可以看到，在第 4 个时期后，训练和评估准确度基本相同。但在第 5 个时期后，它们之间的准确度开始有差异(分别是 65%和 61%)。到第 15 个时期时，差异非常明显(分别是 74%和 63%)。模型显然在第 5 个时期开始过拟合。

在第 4 个时期后，训练数据和验证
数据上的准确度大致相同

```
Train on 45000 samples, validate on 5000 samples
…
Epoch 4/15
45000/45000 [==============================] - 8s 184us/sample - loss: 1.0444
    - acc: 0.6386 - val_loss: 1.0749 - val_acc: 0.6374
Epoch 5/15
45000/45000 [==============================] - 9s 192us/sample - loss: 0.9923
```

```
⮑ - acc: 0.6587 - val_loss: 1.1099 - val_acc: 0.6182
...
Epoch 15/15
45000/45000 [==============================] - 8s 180us/sample - loss: 0.7256
⮑ - acc: 0.7498 - val_loss: 1.1019 - val_acc: 0.6382
```

在第 5 个时期后，训练数据和验证
数据之间的准确度开始有偏差

在第 15 个时期后，训练数据和
验证数据之间的准确度相差甚远

　　现在尝试使模型不对示例过拟合，而是从示例中进行泛化。如前几章所述，我们希望在训练过程中添加一些正则化(噪声)，以便模型不能对训练示例进行死记硬背。在这个代码示例中，我们修改了模型，在最后的致密层之前添加了 50%的丢弃率。因为丢弃会减缓学习(由于遗忘)，所以我们将时期数增加到 20。

```
from tensorflow.keras import Sequential
from tensorflow.keras.layers import Flatten, Dense, Conv2D
from tensorflow.keras.layers import MaxPooling2D, Dropout
import numpy as np

model = Sequential()
model.add(Conv2D(32, (3, 3), activation='relu', input_shape=(32, 32, 3)))
model.add(MaxPooling2D((2, 2)))
model.add(Flatten(input_shape=(28, 28)))
model.add(Dropout(0.5))
model.add(Dense(10, activation='softmax'))
model.compile(loss='sparse_categorical_crossentropy', optimizer='adam',
              metrics=['acc'])

from tensorflow.keras.datasets import cifar10
(x_train, y_train), (x_test, y_test) = cifar10.load_data()
x_train = (x_train / 255.0).astype(np.float32)
x_test = (x_test / 255.0).astype(np.float32)

model.fit(x_train, y_train, epochs=20, validation_split=0.1)
```

为训练添加噪声，防止过拟合

　　从以下输出中可以看出，虽然实现与之前相当的训练准确度需要更多的时间，但训练和测试准确度还是不错的。因此，模型是在学习泛化，而不是死记硬背训练示例。

```
Epoch 18/20
45000/45000 [==============================] - 18s 391us/sample - loss:
⮑ 1.0029 - acc: 0.6532 - val_loss: 1.0069 - val_acc: 0.6600
Epoch 19/20
45000/45000 [==============================] - 17s 377us/sample - loss:
⮑ 0.9975 - acc: 0.6538 - val_loss: 1.0388 - val_acc: 0.6478
Epoch 20/20
45000/45000 [==============================] - 17s 381us/sample - loss:
⮑ 0.9891 - acc: 0.6568 - val_loss: 1.0562 - val_acc: 0.6502
```

通过使用丢弃添加噪声，可以防止
训练和验证准确度出现偏差

4.4.2　损失监控

到目前为止，我们一直在关注准确度。输出的另一个指标是训练和验证数据的批平均损失。理想情况下，我们希望看到每个时期的准确度持续提高。但也可能会看到一系列时期，其准确度稳定或上下波动很小。

重要的是，我们看到损失稳步减少。这种情况下，保持稳定或发生波动是因为接近或悬停在线性分离线上或者没有完全越过一条线，但正如损失的减少一样，它们正变得越来越近。

让我们从另一个角度看这个问题。假设你正在为狗和猫构建分类器。分类器层上有两个输出节点：一个用于猫，一个用于狗。假设在特定批上，当模型错误地将狗分类为猫时，猫的输出值(置信水平)为 0.6，狗的输出值(置信水平)为 0.4。在随后的批中，当模型再次将狗误分类为猫时，输出值为 0.55(猫)和 0.45(狗)。这些值现在更接近真实情况，因此损失正在减少，但它们仍然没有超过阈值 0.5，因此准确度还未改变。假设在另一个后续批中，狗图像的输出值为 0.49(猫)和 0.51(狗)；损失进一步减少，因为超过了 0.5 的阈值，准确度提高了。

4.4.3　深入层中

如前几章所述，简单地深入层而不使用恒等链接和批标准化等技术解决问题可能会导致模型中的不稳定性。例如，矩阵相乘的许多值都是小于 1 的小数字。将两个小于 1 的数相乘，会得到一个更小的数。在某个点上，数字变得如此之小，以至于硬件无法再表示该值，这被称为梯度消失。在其他情况下，参数可能太接近而无法相互区分或者分布太远，则称为梯度爆炸。

下面的代码示例通过使用一个 40 层的 DNN 来演示这一点，该 DNN 缺少在深入层中时防止数值不稳定的方法，例如在每个致密层后进行批标准化。

```
model = Sequential()
model.add(Dense(64, activation='relu', input_shape=(28, 28))
for _ in range(40):                                        ┐
    model.add(Dense(64, activation='relu'))                ├ 构建一个具有 40 个隐藏层的模型
model.add(Dense(10, activation='softmax'))                 ┘
model.compile(loss='sparse_categorical_crossentropy', optimizer='adam',
              metrics=['acc'])

from tensorflow.keras.datasets import mnist
(x_train, y_train), (x_test, y_test) = mnist.load_data()
x_train = (x_train / 255.0).astype(np.float32)
x_test  = (x_test  / 255.0).astype(np.float32)

model.fit(x_train, y_train, epochs=10, validation_split=0.1)
```

在下面的输出中可以看到，在前三个时期中，训练和评估数据的准确度不断提高，相应的损失也不断减少。但之后，准确度变得不稳定；该模型在数值上是不稳定的。

模型准确度在训练和评估数据的改
进中是稳定的

```
Train on 54000 samples, validate on 6000 samples
Epoch 1/10
54000/54000 [==============================] - 9s 161us/sample - loss: 1.4461
    - acc: 0.4367 - val_loss: 0.8802 - val_acc: 0.7223
Epoch 2/10
54000/54000 [==============================] - 7s 134us/sample - loss: 0.8054
    - acc: 0.7202 - val_loss: 0.7419 - val_acc: 0.7727
Epoch 3/10
54000/54000 [==============================] - 7s 136us/sample - loss: 0.8606
    - acc: 0.7530 - val_loss: 0.6923 - val_acc: 0.8352
Epoch 4/10
54000/54000 [==============================] - 8s 139us/sample - loss: 0.8743
    - acc: 0.7472 - val_loss: 0.7726 - val_acc: 0.7617
Epoch 5/10
54000/54000 [==============================] - 8s 139us/sample - loss: 0.7491
    - acc: 0.7863 - val_loss: 0.9322 - val_acc: 0.7165
Epoch 6/10
54000/54000 [==============================] - 7s 134us/sample - loss: 0.9151
    - acc: 0.7087 - val_loss: 0.8160 - val_acc: 0.7573
Epoch 7/10
54000/54000 [==============================] - 7s 135us/sample - loss: 0.9764
    - acc: 0.6836 - val_loss: 0.7796 - val_acc: 0.7555
Epoch 8/10
54000/54000 [==============================] - 7s 134us/sample - loss: 0.8836
    - acc: 0.7202 - val_loss: 0.8348 - val_acc: 0.7382
Epoch 9/10
54000/54000 [==============================] - 8s 140us/sample - loss: 0.7975
    - acc: 0.7626 - val_loss: 0.7838 - val_acc: 0.7760
Epoch 10/10
54000/54000 [==============================] - 8s 140us/sample - loss: 0.7317
    - acc: 0.7719 - val_loss: 0.5664 - val_acc: 0.8282
```

训练和评估数据的模型
准确度变得不稳定

4.5　收敛

　　早期关于训练的假设是，将训练数据输入模型的次数越多，准确度越好。我们发现，特别是在更大、更复杂的网络上，在某个点上，准确度会降低。如今，我们根据模型在应用中的使用方式，寻找在可接受的局部最优值上的收敛性。如果过度训练神经网络，可能会发生以下情况。

- 神经网络对训练数据过拟合，显示训练数据上的准确度增加，但测试数据上的准确度降低。
- 在更深的神经网络中，层将以非一致的方式学习并具有不同的收敛速度。因此，当一些层朝着收敛方向努力时，其他层可能已经收敛，从而开始离散。

● 持续的训练可能会导致神经网络跳出一个局部最优值，并且开始收敛到另一个准
   确度较低的局部最优值。

图 4-8 显示了在训练模型时希望在收敛中看到的理想情况。在较早时期，会以相当快
的损失减少开始；当训练趋向(接近)最优状态时，减少的速度会减慢，最后会趋于平稳，
在一个点上达到收敛。

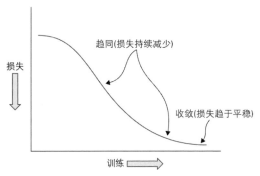

图 4-8 当损失趋于平稳时发生收敛

接下来在 TF.Keras 中从一个简单 ConvNet 模型开始，使用 CIFAR-10 数据集演示收
敛和离散的概念。在这段代码中，有意省略了防止过拟合的方法，例如丢弃或批标准化。

```python
from tensorflow.keras import Sequential
from tensorflow.keras.layers import Conv2D, MaxPooling2D
from tensorflow.keras.layers import Dropout, Flatten, Dense
from tensorflow.keras.datasets import cifar10
from tensorflow.keras.utils import to_categorical
import numpy as np

(x_train, y_train), (x_test, y_test) = cifar10.load_data()
height = x_train.shape[1]        计算数据集中图像的高度和宽度
width = x_train.shape[2]

x_train = (x_train / 255.0).astype(np.float32)    归一化输入数据
x_test  = (x_test  / 255.0).astype(np.float32)

model = Sequential()
model.add(Conv2D(32, kernel_size=(3, 3),
                 activation='relu',
                 input_shape=(height, width, 3)))    将模型的输入形状设置为数据集中
model.add(Conv2D(64, (3, 3), activation='relu'))        图像的高度和宽度
model.add(MaxPooling2D(pool_size=(2, 2)))
model.add(Flatten())
model.add(Dense(128, activation='relu'))
model.add(Dense(10, activation='softmax'))
model.compile(loss='sparse_categorical_crossentropy', optimizer='adam',
              metrics=['accuracy'])

model.fit(x_train, y_train, epochs=20, validation_split=0.1)
```

以下是前六个时期的统计数据。可以看到每个时期的损失都在稳步减少，这意味着

神经网络正越来越接近于拟合数据。此外，训练数据上的准确度从 52.35% 上升到 87.46%，验证数据上的准确度从 63.46% 上升到 67.14%。

```
Train on 45000 samples, validate on 5000 samples          训练数据的初始损失
Epoch 1/20
45000/45000 [==============================] - 53s 1ms/sample - loss: 1.3348
    ➥ - acc: 0.5235 - val_loss: 1.0552 - val_acc: 0.6346
Epoch 2/20
45000/45000 [==============================] - 52s 1ms/sample - loss: 0.9527
    ➥ - acc: 0.6667 - val_loss: 0.9452 - val_acc: 0.6726
Epoch 3/20
45000/45000 [==============================] - 52s 1ms/sample - loss: 0.7789
    ➥ - acc: 0.7252 - val_loss: 0.9277 - val_acc: 0.6882
Epoch 4/20
45000/45000 [==============================] - 419s 9ms/sample - loss: 0.6328
    ➥ - acc: 0.7785 - val_loss: 0.9324 - val_acc: 0.6964
Epoch 5/20
45000/45000 [==============================] - 53s 1ms/sample - loss: 0.4855
    ➥ - acc: 0.8303 - val_loss: 1.0453 - val_acc: 0.6860
Epoch 6/20
45000/45000 [==============================] - 51s 1ms/sample - loss: 0.3575
    ➥ - acc: 0.8746 - val_loss: 1.2903 - val_acc: 0.6714
```

训练数据损失稳步下降，但有迹象表明验证损失与数据拟合

现在查看第 11~20 个时期。可以看到，训练数据上的准确度已达到 98.48%，这意味着非常拟合。此外，验证数据的准确度稳定在 66.58%。因此，经过 6 个时期后，继续训练没有带来任何改善。可以得出结论，到第 7 个时期时，模型与训练数据出现过拟合。

```
                                              验证损失继续攀升，而模
                                              型与训练数据非常拟合
Epoch 11/20
45000/45000 [==============================] - 52s 1ms/sample - loss: 0.0966
    ➥ - acc: 0.9669 - val_loss: 2.1891 - val_acc: 0.6694
Epoch 12/20
45000/45000 [==============================] - 50s 1ms/sample - loss: 0.0845
    ➥ - acc: 0.9712 - val_loss: 2.3046 - val_acc: 0.6666
…..
Epoch 20/20
45000/45000 [==============================] - 1683s 37ms/sample - loss:
    ➥ 0.0463 - acc: 0.9848 - val_loss: 3.1512 - val_acc: 0.6658
```

验证损失非常高，模型与训练数据高度拟合

训练和验证数据的损失函数值也表明模型过拟合。对于训练数据，第 11 和第 20 个时期之间的损失函数继续变小，但对于相应的验证数据，损失函数趋于平稳，然后变差 (离散)。

4.6　设置检查点和早停法

本节介绍使训练更经济的两种技术：设置检查点和早停法。当模型过度训练和离散时，设置检查点很有用，我们希望在收敛点恢复模型权重，而不需要额外的再训练成本。早停法被视为设置检查点的扩展。我们有一个监控系统，在离散发生的最早时刻就能检测到，然后停止训练，通过在离散点恢复检查点来节省额外成本。

4.6.1　设置检查点

设置检查点是指在训练期间定期保存学习的模型参数和当前的超参数值。这样做有两个原因。

- 能够在停止的地方而不是从最开始恢复模型的训练。
- 确定模型给出最佳结果的过去训练点。

在第一种情况下，我们可能希望将训练划分到多个会话，以作为管理资源的一种方式。例如，我们可能每天预留(或授权)1 小时用于训练。在每天 1 小时的训练结束时，对训练设置检查点。第二天，从检查点恢复训练。例如，你可能在一家计算费用预算固定的研究机构工作，而你的团队正在尝试训练一个计算成本巨大的模型。为管理预算，团队可能会被分配一个每日计算费用的额度。

为什么保存模型的权重和偏差还不够？在神经网络中，一些超参数值会动态变化，例如学习率和衰减。我们希望在暂停训练的地方以相同的超参数值恢复训练。

另外，我们可能将持续学习作为持续集成和交付(CI/CD)的一部分来实施。这种情况下，新标记的图像会不断添加到训练数据中，我们只希望增量地重新训练模型，而不是在每个集成周期从头开始重新训练。

在第二种情况下，我们希望在模型训练超过最佳值并开始离散和/或过拟合后找到最佳结果。我们不希望从零开始用更少的时期(或其他超参数更改)进行再训练，而是确定获得最佳结果的时期，并且将学习的模型参数恢复(设置)为在该时期结束时被设置检查点的参数。

检查点设置发生在一个时期的末尾，但我们应该在每个时期后都进行设置吗？可能不必。就内存成本而言，这可能很昂贵。假设模型有 2500 万个参数(例如 ResNet50)，每个参数都是 32 位浮点值(4 字节)。然后，每个检查点需要 100 MB 才能保存。经过 10 个时期，就需要 1GB 的磁盘空间。

通常，只有当模型参数的数量和/或时期的数量较少时，才会在每个时期后设置检查点。在下面的代码示例中，使用 ModelCheckpoint 类实例化检查点。参数 filepath 指示检查点的文件路径。文件路径可以是完整的，也可以是格式化的。在前一种情况下，每次都会覆盖检查点文件。

在下面的代码中，根据时期编号，使用格式语法 epoch:02d 为每个检查点生成唯一的文件。例如，如果是第 3 个时期，则文件将是 mymodel-03.ckpt。

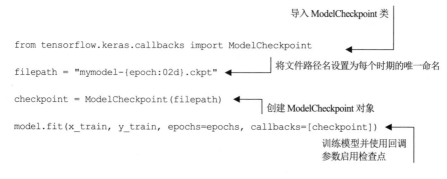

```
from tensorflow.keras.callbacks import ModelCheckpoint

filepath = "mymodel-{epoch:02d}.ckpt"

checkpoint = ModelCheckpoint(filepath)

model.fit(x_train, y_train, epochs=epochs, callbacks=[checkpoint])
```

导入 ModelCheckpoint 类

将文件路径名设置为每个时期的唯一命名

创建 ModelCheckpoint 对象

训练模型并使用回调
参数启用检查点

然后，可以使用 load_model()方法从检查点恢复模型。

```
from tensorflow.keras.models import load_model      ◀── 导入 load_model 方法

model = load_model('mymodel-03.ckpt')      ◀── 从保存的检查点恢复模型
```

对于参数数量和/或时期数量较大的模型，选择使用参数 period 在每 n 个时期上保存一个检查点。在本例中，每四个时期保存一个检查点。

```
from tensorflow.keras.callbacks import ModelCheckpoint

filepath = "mymodel-{epoch:02d}.ckpt"

checkpoint = ModelCheckpoint(filepath, period=4)

model.fit(x_train, y_train, epochs=epochs, callbacks=[checkpoint])
```

每四个时期创建一个
检查点

或者，使用参数 save_best_only=True 保存当前最佳检查点，并且将参数 monitor 设置为决策所基于的度量。例如，如果参数 monitor 设置为 val_acc，则仅当验证准确度高于上次保存的检查点时，它才会写入检查点。如果该参数设置为 val_loss，则仅当验证损失低于上次保存的检查点时，它才会写入检查点。

保存最佳检查点的文件路径

```
from tensorflow.keras.callbacks import ModelCheckpoint

filepath = "mymodel-best.ckpt"
checkpoint = ModelCheckpoint(filepath, save_best_only=True,
➥   monitor='val_acc')

model.fit(x_train, y_train, epochs=epochs, callbacks=[checkpoint])
```

仅当验证损失小于上次的检查
点时，才保存检查点

4.6.2　早停法

早停是指设置一个条件，在该条件下，训练在设定的限制(例如时期数)之前终止。这通常是为了在达到目标(如准确度或损失的收敛度)时节约资源和/或防止过度训练。例如，设置 20 个时期，每个时期平均 30 分钟，总共 10 小时。但是，如果在 8 个时期后达到目标，则最好终止训练，从而节省 6 小时的资源。

可以类似于检查点的方式指定早停。EarlyStopping 对象被实例化并配置一个目标，然后传递给 fit()方法的 callbacks 参数。在本例中，仅当验证损失停止减少时，训练才会早停。

导入 EarlyStopping 类

```
from tensorflow.keras.callbacks import EarlyStopping

earlystop = EarlyStopping(monitor='val_loss')          ◄────  当验证损失停止减少
                                                              时设置一个早停
model.fit(x_train, y_train, epochs=epochs, callbacks=[earlystop])
```

训练模型并使用早停法来停止训练(如果
验证损失停止减少)

针对早停，除监控验证损失外，还可以使用参数设置 monitor="val_acc"监控验证准确度。另外，还存在用于微调的附加参数，以防止意外早停，例如更多的训练将克服被困在鞍点(损失曲线中的平稳区域)上的问题。参数 patience 指定在早停之前可等待的没有改进的最小时期数，min_delta 指定确定模型是否改进的最小阈值。在本例中，如果在 3 个时期后验证损失没有改善，训练将早停。

```
from tensorflow.keras.callbacks import EarlyStopping        当验证损失经过 3 个时期后停
                                                            止减少时设置一个早停
earlystop = EarlyStopping(monitor='val_loss', patience=3)

model.fit(x_train, y_train, epochs=epochs, callbacks=[earlystop])
```

4.7　超参数

这里从解释学习参数和超参数之间的区别开始。学习参数是在训练期间被学习。对于神经网络，学习参数通常是每个神经网络连接上的权重和每个节点上的偏差。对于 CNN，学习参数是每个卷积层中的过滤器。当模型完成训练时，这些学习参数将作为模型的一部分。

超参数是用于训练模型的参数，但不是训练模型本身的一部分。训练后，超参数不再存在。超参数用于改进模型的训练，这主要是通过回答以下问题来实现的。

● 训练这个模型需要多长时间？

● 模型收敛的速度有多快？

● 它是否找到了全局最优值？

● 这个模型的准确度如何？

● 这个模型的过拟合程度如何？

有关超参数的另一个观点是，它们是衡量开发模型的成本和质量的一种方式。第 10 章进一步探讨超参数时将深入研究这些问题和其他相关问题。

4.7.1　时期数

最基本的超参数是时期的数量(尽管现在更常见的是用步数代替)。时期数是指训练期间通过神经网络传递整个训练数据的次数。

就计算时间而言，训练是非常昂贵的。它包括传递训练数据的前馈和更新(训练)模型参数的反向传播。例如，如果数据的一个完整传递(时期)需要 15 分钟，则运行 100 个时期的训练时间将需要 25 小时。

4.7.2　步数

提高准确度和减少训练时间的另一种方法是更改训练数据集的抽样分布。对于时期，我们考虑从训练数据中连续抽取批。即使我们在每个时期开始时对训练数据进行随机洗牌，抽样分布仍然是相同的。

现在思考我们想要认识的问题的总体。在统计学中，称之为总体分布(见图 4-9)。

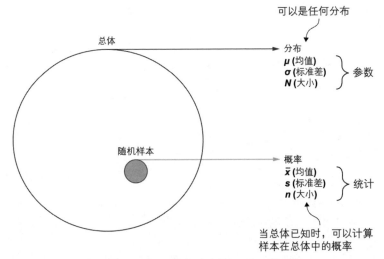

图 4-9　总体分布与总体内随机样本之间的差异

事实上永远不会有一个数据集是实际的总体分布。但我们有样本，并称之为总体分布的抽样分布(见图 4-10)。

另一种改进模型的方法是额外学习用于训练模型的最佳抽样分布。虽然数据集可能是固定的，但可以使用几种技术来改变分布，从而学习最适合训练模型的抽样分布。这些方法包括如下。

- 正则化/丢弃;
- 批标准化;
- 数据增强。

在这个角度上，我们不再将对神经网络的馈送视为对训练数据的序贯传递，而是视为从抽样分布进行随机抽取。这种情况下，步数指的是我们将从训练数据的抽样分布中抽取的批数量。

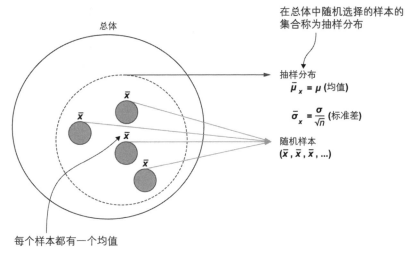

图 4-10 抽样分布由总体中的随机样本组成

当将丢弃层添加到神经网络中时，我们是在每个样本的基础上随机删除激活。除了降低神经网络的过拟合，还改变了分布。

通过批标准化，可以最小化训练数据(样本)批次之间的协方差偏移。正如对输入使用标准化一样，我们使用标准化重新调整激活比例(减去批均值并除以批标准差)。这种归一化减少了模型中参数更新的波动，这一过程被称为增加更多稳定性。此外，这种归一化模拟了从更能代表总体分布的抽样分布中抽取数据。

通过数据增强(第 13 章中讨论)，可在一组参数内修改现有示例来创建新示例。然后随机选择修改，这也有助于改变分布。

通过批标准化、正则化/丢弃和数据增强，没有哪两个时期会具有相同的抽样分布。这种情况下，现在的做法是限制对每个新抽样分布的随机抽取数(步数)，从而进一步改变分布。例如，如果步数设置为 1000，则每个时期仅选择 1000 个随机批并将其输入神经网络进行训练。

在 TF.Keras 中，可将时期数和步数指定为 fit()方法的参数，即参数 epochs 和 steps_per_epoch。

```
model.fit(x_train, y_train, batch_size=batch_size, epochs=epochs,
          steps_per_epoch=1000)
```

4.7.3　批大小

为理解如何设置批大小，应该对 3 种类型的梯度下降算法有基本的了解：随机梯度下降、批梯度下降和迷你批梯度下降。该算法是在训练期间更新(学习)模型参数的方法。

1. 随机梯度下降

在随机梯度下降(SGD)中，在整个训练阶段，当每个示例都被输入后，模型被更新。由于每个示例都是随机选择的，因此示例之间的差异会导致梯度的大幅波动。

一个好处是，在训练期间，我们不太可能收敛到局部最优值，而更可能找到要收敛的全局最优值。另一个好处是实时监控损失的变化率，这将有助于实现自动超参数调整的算法。缺点是每个时期的计算成本更高。

2. 批梯度下降

在批梯度下降中，每个示例的误差损失是在训练期间输入每个示例时计算的，但模型的更新是在每个时期结束时(在整个训练数据传入之后)完成的。因此，梯度被平滑，因为它是针对所有示例的损失计算的，而不是单个示例。

这样做的好处是，每个时期的计算成本更低，并且训练更可靠地收敛。缺点是，模型可能会收敛于不太精确的局部最优值，需要运行整个时期来监控性能数据。

3. 迷你批梯度下降

迷你批梯度下降法是随机梯度下降法和批梯度下降法的折中。输入神经网络的是迷你批，而不是一个示例或所有示例。这些迷你批是整个训练数据的子集。迷你批越小，训练越类似于随机梯度下降，而批大小越大，越类似于批梯度下降。

对于某些模型和数据集，随机梯度下降效果最好。一般来说，使用迷你批梯度下降进行折中是一种常见做法。超参数 batch_size 表示迷你批的大小。由于硬件架构的原因，最节省时间/空间的批大小是 8 的倍数，例如 8、16、32 和 64。最常用的批大小首先是 32，然后是 128。对于高端硬件(HW)加速器(如 GPU 和 TPU)上的超大数据集，通常会看到批大小为 256 和 512。在 TF.Keras 中，可以在模型的 fit()方法中指定 batch_size。

```
model.fit(x_train, y_train, batch_size=32)
```

4.7.4 学习率

学习率通常是超参数中影响最大的。它会对训练神经网络的时间长度以及神经网络是否收敛于局部最优值和全局最优值产生重大影响。

当在反向传播过程中更新模型参数时，使用梯度下降算法从该过程的损失函数中导出一个值，以加上/减去模型中的参数。这些加法和减法可能导致参数值的大幅波动。如果一个模型的参数值有并继续有较大的波动，那么该模型的参数将"经常发生重大改变"，并且永远不会收敛。

如果你观察到损失量和/或准确度的大幅波动，则模型的训练不会收敛。如果训练没有收敛，运行多少次时期都没用；模型永远不会完成训练。

学习率提供了一种控制模型参数更新程度的方法。在基本方法中，学习率是一个 0 和 1 之间的固定系数，乘以要加/减的值，以减少要加或减的量。这些较小的增量增加了训练期间的稳定性并提高了收敛的可能性。

1. 小学习率与大学习率

如果使用非常小的学习率(如 0.001)，我们将消除更新期间模型参数的大幅波动。这通常将保证训练收敛于局部最优值。但也有一个缺点。首先，增量越小，就需要越多的训练时期来最小化损失。这意味着要更多的时间训练。其次，增量越小，训练探索其他局部最优值的可能性越小；相反，它可能会收敛于较差的局部最优值或陷入鞍点。

大学习率(如 0.1)可能会在更新过程中导致模型参数大幅跳跃。在某些情况下，它最初可能导致更快的收敛(更少的时期)。缺点是，即使最初收敛得很快，跳跃也可能会跳过头并开始导致收敛来回摆动或跨越不同的局部最优值。在学习率非常高的情况下，训练可能开始离散(增加损失)。

许多因素有助于确定训练期间不同时间的最佳学习率。在最佳实践中，学习率范围为 10e-5~0.1。

下面是一个基本公式，通过将学习率乘以计算的加/减(梯度)量来调整权重。

```
weight += -learning_rate * gradient
```

2. 衰减

一种常见的做法是从稍微大一点的学习率开始，然后逐渐降低，也称为学习率衰减。较大的学习率将首先探索不同的局部最优值进行收敛，并且使初始深度波动进入各自的局部最优值。初始更新的收敛速度和损失函数最小化可用于确定最佳(良好)局部最优值。

然后，学习率逐渐下降。随着学习率的衰减，不太可能出现偏离良好局部最优值的波动，而稳步下降的学习率将调整收敛以接近最小点(尽管学习率越来越小会增加训练时间)。因此，衰减成为最终准确度的微小提高和总体训练时间之间的折中。

以下是将衰减添加到更新权重计算中的基本公式。每次更新时，学习率都会减少一个衰减量(称为固定衰减)。

```
weight += -learning_rate * gradient
learning_rate -= decay
```

实际上，衰减公式通常是基于时间的衰减、阶跃衰减或余弦衰减。这些公式可以用简化的术语表示，迭代可以是批或时期。默认情况下，TF.Keras 优化器使用基于时间的衰减。这些公式如下。

● 基于时间的衰减。

```
learning_rate *= (1 / (1 + decay * iteration))
```

● 阶跃衰减。

```
learning_rate = initial_learning_rate * decay**iteration
```

● 余弦衰减。

```
learning_rate = c * (1 + cos(pi * (steps_per_epoch * interaction)/epochs))
# where c is typically in range 0.45 to 0.55
```

3. 动量

另一种常见做法是根据先前的变动加快或减慢变化率。如果在收敛过程中有很大的跳跃，我们就有跳出局部最优值的风险，因此希望减慢学习率。如果收敛有微小的变化，甚至没有变化，我们可能希望加快学习率以跳过鞍点。通常，动量值的范围是0.5~0.99。

```
velocity = (momentum * velocity) - (learning_rate * gradient)
weight += velocity
```

4. 自适应学习率

许多流行的算法会动态调整学习率。

- Adadelta
- Adagrad
- Adam
- AdaMax
- AMSGrad
- Momentum
- Nadam
- Nesterov
- RMSprop

对这些算法的解释超出了本节的范围。有关这些和其他优化器的更多信息请参阅tf.keras.optimizers 的文档(http://mng.bz/Par9)。对于 TF.Keras，当定义优化器以最小化损失时，会指定这些学习率算法。

指定优化器的学习率和衰减

```
from tensorflow.keras import optimizers

optimizer = optimizers.RMSprop(lr=0.001, rho=0.9, epsilon=None, decay=0.0)
model.compile(loss='mean_squared_error', optimizer=optimizer)
```

编译模型，指定损失函数和优化器

4.8 不变性

什么是不变性？在神经网络的语境中，这意味着当输入被变换时，结果(预测)是不变的。在训练图像分类器的语境中，图像增强可用于训练模型以识别目标，忽略目标在图像中的大小和位置，并且无需额外的训练数据。

现在思考 CNN，它是一个图像分类器(这个类比也可应用于目标检测)。我们希望被分类的目标被正确识别(无论在图像中的位置如何)。如果变换输入，使目标移到图像中的新位置，我们希望结果(预测)保持不变。

对于 CNN 和成像，我们希望模型支持的主要不变性类型是平移不变性和尺度不变性。2019 年之前，平移不变性和尺度不变性是通过模型训练上游的图像增强预处理来解决的，在 CPU 上对图像数据进行预处理，同时在 GPU 上对数据进行馈送。本节将讨论这些传统技术。

训练平移/尺度不变性的一种方法是，每个类(每个目标)有足够的图像，以便目标位于图像中的不同位置，有不同旋转、不同尺度和不同视角。然而，这可能不适合收集。

事实证明，有一种使用图像增强预处理自动生成平移/尺度不变图像的简单方法，该方法使用矩阵运算高效地执行。基于矩阵的变换可由多种 Python 包完成，如 TF.Keras 的 ImageDataGenerator 类、TensorFlow 的 tf.image 模块或 OpenCV。

图 4-11 描述了一种向模型馈送训练数据时的典型图像增强管线。对于抽取的每个批，选择批中图像的随机子集进行增强(例如 50%)。然后，该随机选择的图像子集根据某些约束进行随机变换，例如随机选择的旋转值为 - 30°~30°。之后将修改后的批(初始数据和增强数据)馈送到模型进行训练。

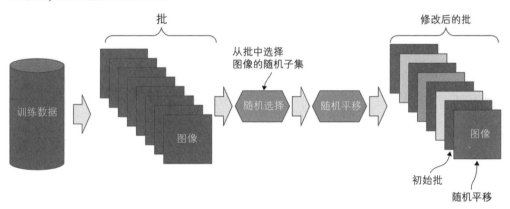

图 4-11　在图像增强期间，对批中随机选择的图像子集进行增强

4.8.1　平移不变性

本小节介绍如何在训练数据集中手动增强图像，以便模型学习识别图像中的目标，忽略其在图像中的位置。例如，我们希望模型能够识别马，而忽略马在图像中面向哪个方向；或者识别苹果，而不管苹果在背景中的位置。

图像输入语境中的平移不变性包括以下内容。

- 垂直/水平位置(目标可以在图片中的任何位置)。
- 旋转(目标可以处于任何旋转角度)。

垂直/水平变换通常以矩阵滚动操作或裁切操作执行。方向变换(例如镜像)通常以矩阵翻转方式执行。旋转通常以矩阵转置方式处理。

1. 翻转

矩阵翻转通过在垂直轴或水平轴上翻转来变换图像。由于图像数据被表示为一堆二维矩阵(每个通道一个)，因此可以用矩阵转置函数有效地进行翻转，而不改变像素数据(例如插值)。图 4-12 比较了图像的初始版本和翻转版本。

初始图像　　　　　　　垂直翻转　　　　　　　水平翻转

图 4-12　苹果的对比：初始图像、垂直翻转和水平翻转(图像来自 iStock，作者为 malerapaso)

首先展示如何使用 Python 中流行的图像库翻转图像。以下代码演示如何使用 Python 的 PIL 图像库中的矩阵转置方法垂直(镜像)和水平翻转图像。

```
from PIL import Image

image = Image.open('apple.jpg')     ◀——— 将图像读入内存

image.show()     ◀——— 以初始视角显示图像

flip = image.transpose(Image.FLIP_LEFT_RIGHT)
flip.show()                                         在垂直轴上翻转图像(镜像)

flip = image.transpose(Image.FLIP_TOP_BOTTOM)
flip.show()                                         在水平轴上翻转图像(倒置)
```

或者，可以使用 PIL 类 ImageOps 模块完成翻转，如下所示。

```
from PIL import Image, ImageOps

image = Image.open('apple.jpg')     ◀——— 读入图像

flip = ImageOps.mirror(image)        在垂直轴上翻转
flip.show()                          图像(镜像)

flip = ImageOps.flip(image)v         在水平轴上翻转图
flip.show()                          像(倒置)
```

以下代码演示如何在 OpenCV 中使用矩阵转置方法垂直(镜像)和水平翻转图像。

```
import cv2
from matplotlib import pyplot as plt

image = cv2.imread('apple.jpg')

plt.imshow(image)               ◀——— 以初始视角显示图像

flip = cv2.flip(image, 1)        在垂直轴上翻转图像(镜像)
plt.imshow(flip)
```

```
flip = cv2.flip(image, 0)
plt.imshow(flip)
```
| 在水平轴上翻转图像(倒置)

下列代码演示如何使用 NumPy 中的矩阵转置方法垂直(镜像)和水平翻转图像。

```
import numpy as np
import cv2
from matplotlib import pyplot as plt

image = cv2.imread('apple.jpg')
plt.imshow(image)
flip = np.flip(image, 1)
plt.imshow(flip)
```
| 在垂直轴上翻转图像(镜像)

```
flip = np.flip(image, 0)
plt.imshow(flip)
```
| 在水平轴上翻转图像(倒置)

2. 旋转 90°/180°/270°

除翻转外，还可以使用矩阵转置操作将图像旋转 90°、180° 和 270°。与翻转一样，该操作是有效的，不需要像素插值，并且没有剪切的副作用。图 4-13 比较了初始版本和旋转版本。

图 4-13　苹果的对比：90°、180° 和 270° 旋转

下列代码演示如何使用 Python 的 PIL 图像库中的矩阵转置方法将图像旋转 90°、180° 和 270°。

```
from PIL import Image

image = Image.open('apple.jpg')

rotate = image.transpose(Image.ROTATE_90)
rotate.show()
```
| 旋转图像 90°

```
rotate = image.transpose(Image.ROTATE_180)
rotate.show()
```
| 旋转图像 180°

```
rotate = image.transpose(Image.ROTATE_270)
rotate.show()
```
旋转图像 270°

OpenCV 没有 90° 或 270° 的转置方法；可以使用值为 -1 的翻转方法进行 180° 旋转(以下小节使用 imutils 模块演示了使用 OpenCV 进行的所有其他旋转)。

```
import cv2
from matplotlib import pyplot as plt

image = cv2.imread('apple.jpg')

rotate = cv2.flip(image, -1)
plt.imshow(rotate)
```
旋转图像 180°

下一个示例演示如何使用 NumPy 方法 rot90()将图像旋转 90°、180° 和 270°，其第一个参数是要旋转 90° 的图像，第二个参数(k)是执行旋转的次数。

```
import numpy as np
import cv2
from matplotlib import pyplot as plt

image = cv2.imread('apple.jpg')

rotate = np.rot90(image, 1)
plt.imshow(rotate)
```
旋转图像 90°

```
rotate = np.rot90(image, 2)
plt.imshow(rotate)
```
旋转图像 180°

```
rotate = np.rot90(image, 3)
plt.imshow(rotate)
```
旋转图像 270°

将图像翻转 90° 或 270° 时，会更改图像的方向，如果图像的高度和宽度相同，则没有问题。否则，高度和宽度将在翻转图像中转置，并且与神经网络的输入向量不匹配。这种情况下，应使用 imutils 模块或其他方法调整图像大小。

3. 旋转

旋转变换指在 -180° 和 180° 范围内旋转图像。通常，旋转度是随机选择的。你可能还想限制旋转范围，以匹配模型将被部署到的环境。以下是一些常见做法。
- 如果图像将完全打开，则使用 -15~15° 的范围。
- 如果图像可能倾斜，则使用 -30~30° 的范围。
- 对于小物件，如包裹或钱币，使用 -180~180° 的全范围。

旋转的另一个问题是，如果在相同大小的边界(90°、180° 或 270° 除外)内旋转图像，则图像边缘的一部分最终将位于边界之外(被剪切)。

图 4-14 使用 PIL 方法 rotate()将苹果图像旋转 45°。可以看到苹果底部和叶子的一部分被剪掉了。

图 4-14　旋转非 90° 倍数角度时图像被剪切的示例

　　处理旋转的正确方法是在更大的边界区域内旋转，以便不剪切任何图像，然后将旋转的图像调整回其初始大小。为此，建议使用 imutils 模块(由 Adrian Rosebrock 创建，参见 http://mng.bz/JvR0)，其中包括一系列适用于 OpenCV 的方便方法。

```
import cv2, imutils
from matplotlib import pyplot as plt

image = cv2.imread('apple.jpg')                              记住初始的高
                                                            度和宽度
shape = (image.shape[0], image.shape[1])

rotate = imutils.rotate_bound(image, 45)                    旋转图像

rotate = cv2.resize(rotate, shape, interpolation=cv2.INTER_AREA)
plt.imshow(rotate)
                                                            将图像调整回其
                                                            初始形状
```

4. 移位

　　移位是指在垂直(高度)或水平(宽度)轴上移动图像中的像素数据。这将更改被分类目标在图像中的位置。图 4-15 显示了苹果图像向下移动 10% 和向上移动 10%。

初始图像　　　　　　　　下移10%　　　　　　　　　上移10%

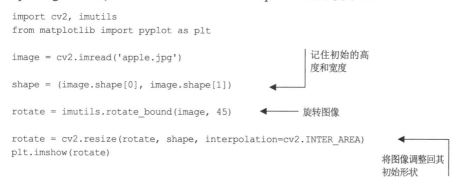

图 4-15　苹果的对比：初始图像、下移 10% 和上移 10%

　　下面的代码演示如何使用 NumPy 的 np.roll()方法垂直和水平移动图像 10%。

```
import cv2
```

```
import numpy as np
from matplotlib import pyplot as plt

image = cv2.imread('apple.jpg')

height = image.shape[0]
Width = image.shape[1]
```
获取图像的高度和宽度

```
roll = np.roll(image, height // 10, axis=0)
plt.imshow(roll)
```
←── 将图像向下移动 10%

```
roll = np.roll(image, -(height // 10), axis=0)
plt.imshow(roll)
```
←── 将图像向上移动 10%

```
roll = np.roll(image, width // 10, axis=1)
plt.imshow(roll)
```
←── 将图像向右移动 10%

```
roll = np.roll(image, -(width // 10), axis=1)
plt.imshow(roll)
```
←── 将图像向左移动 10%

移位是可行的，因为它是用矩阵的滚动操作来实现的：移动行(高度)或列(宽度)。因此，从末端移出的像素被添加到开头。

如果移位过大，图像可能会分成两部分且这两部分相对。图 4-16 显示了苹果垂直移动 50%，导致其断裂。

图 4-16 当图像移位过多时，它会断开

为避免断裂，一般做法是将图像移位限制在 20%以内；或者，裁切图像并用黑色填充被裁空间，如下所示(这里使用 OpenCV)。

```
import cv2
from matplotlib import pyplot as plt

image = cv2.imread('apple.png')
image = cv2.cvtColor(image, cv2.COLOR_BGR2RGB)
```

```
height = image.shape[0]
width = image.shape[1]           获取图像的高度

image = image[0: height//2,:,:]  ◀———————— 删除图像的底部(50%)

image = cv2.copyMakeBorder(image, (height//4), (height//4), 0, 0,
                           cv2.BORDER_CONSTANT, 0) ◀———
                                                       │  制作黑色边框，将图像重
                                                          新调整回初始大小

plt.imshow(image)
```

此代码生成图 4-17 中的输出。

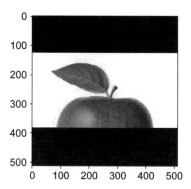

图 4-17　使用裁切和填充以避免图像中出现断裂

4.8.2　尺度不变性

本小节介绍如何在训练数据集中手动增强图像，以便模型学习识别图像中的目标，忽略目标的大小。例如，我们希望模型能够识别苹果，而不管它是占据了大部分图像还是覆盖在背景上的图像的一小部分。

图像输入上下文中的尺度不变性包括以下内容。

● 缩放(目标可以是图像中的任意大小)。

● 仿射(目标可以从任何角度查看)。

缩放

缩放通过拉近或拉远图像中心来变换图像，这是通过调整大小和裁切操作完成的。找到图像的中心，计算围绕中心的裁切边界框，然后裁切图像。图 4-18 是放大了两倍的苹果图像。

图 4-18 保持图像大小不变的情况下，将放大后的图像进行裁切

使用 image.resize() 放大图像时，Image.BICUBIC 插值通常会提供最佳结果。下列代码演示如何使用 Python 的 PIL 图像库放大图像。

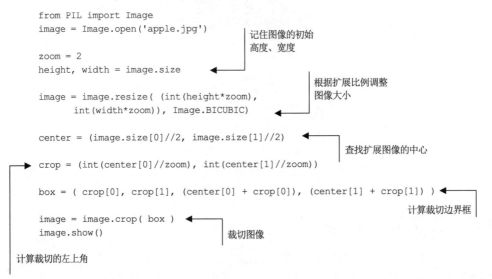

```
from PIL import Image
image = Image.open('apple.jpg')

zoom = 2
height, width = image.size

image = image.resize( (int(height*zoom),
       int(width*zoom)), Image.BICUBIC)


center = (image.size[0]//2, image.size[1]//2)

crop = (int(center[0]//zoom), int(center[1]//zoom))

box = ( crop[0], crop[1], (center[0] + crop[0]), (center[1] + crop[1]) )

image = image.crop( box )
image.show()
```

记住图像的初始高度、宽度

根据扩展比例调整图像大小

查找扩展图像的中心

计算裁切边界框

裁切图像

计算裁切的左上角

下一个代码示例演示如何使用 OpenCV 图像库放大图像。使用 cv2.resize() 插值放大图像时，cv2.INTER_CUBIC 通常会提供最佳结果。插值 cv2.INTER_LINEAR 速度更快并提供几乎类似的结果。插值 cv2.INTER_AREA 通常在缩小图像时使用。

```
import cv2
from matplotlib import pyplot as plt

zoom = 2

height, width = image.shape[:2]

center = (image.shape[0]//2, image.shape[1]//2)
z_height = int(height // zoom)
z_width = int(width // zoom)

image = image[(center[0] - z_height//2):(center[0] + z_height//2), center[1] -
             z_width//2:(center[1] + z_width//2)]
```

记住图像的初始高度、宽度

查找扩展图像的中心

通过形成裁切边界框对缩小或放大后的图像进行剪切

```
image = cv2.resize(image, (width, height), interpolation=cv2.INTER_CUBIC)

plt.imshow(image)
```

将裁切后的图像调整(放大)为
初始大小

4.8.3　TF.Keras 的 ImageDataGenerator 类

TF.Keras 图像预处理模块通过 ImageDataGenerator 类支持多种图像增强。该类创建用于生成大批增强图像的生成器。类初始化器接收零个或多个参数作为输入，用于指定增强类型。本节将介绍以下几个参数。

- horizontal_flip=True|False
- vertical_flip=True|False
- rotation_range=*degrees*
- zoom_range=(*lower, upper*)
- width_shift_range=*percent*
- height_shift_range=*percent*
- brightness_range=(*lower, upper*)

1. 翻转

在下面的代码示例中，执行以下操作。

(1) 读入一张苹果的图像。

(2) 创建一批(苹果)图像。

(3) 实例化 ImageDataGenerator 对象。

(4) 使用增强选项(在本例中为水平和垂直翻转)初始化 ImageDataGenerator。

(5) 使用 ImageDataGenerator 的 flow()方法创建批数据生成器。

(6) 在生成器中迭代 6 次，每次返回 x 中一个图像的一个批次。

- ♦ 生成器将在每次迭代中随机选择一个增强(包括无增强)。
- ♦ 转换(增强)后，像素值类型将为 32 位浮点型。
- ♦ 将像素的数据类型更改回 8 位整数，以便使用 Matplotlib 显示。

代码如下所示。

```
from tensorflow.keras.preprocessing.image import ImageDataGenerator
import cv2
import numpy as np
from matplotlib import pyplot as plt

image = cv2.imread('apple.jpg')
batch = np.asarray([[image]])

datagen = ImageDataGenerator(horizontal_flip=True, vertical_flip=True)
step=0
for x in datagen.flow(batch, batch_size=1):
```

创建一批(苹果)图像

创建用于增强数据
的数据生成器

运行生成器，其中每个图像都是一种随机增强

```
step += 1
if step > 6: break
plt.figure()
plt.imshow(x[0].astype(np.uint8))
```

增强操作将像素数据更改为浮点型,然后将其更改回 uint8 以显示图像

2. 旋转

在下面的代码中,使用 rotation_range 参数设置 - 60°~60°的随机旋转。注意,旋转操作不会执行边界检查和调整大小(如 imutils.rotate_bound()),因此图像的一部分可能最终被裁切。

```
datagen = ImageDataGenerator(rotation_range=60)
```

3. 缩放

在下面的代码中,使用 zoom_range 参数设置 0.5(缩小)~2(放大)的随机值。该值可指定为元组或两元素的列表。

```
datagen = ImageDataGenerator(zoom_range=(0.5, 2))
```

4. 移位

在下面的代码中,使用 width_shift_range 和 height_shift_range 设置 0~20%的随机值以进行水平或垂直移动。

```
datagen = ImageDataGenerator(width_shift_range=0.2, height_shift_range=0.2)
```

5. 亮度

在下面的代码中,使用 brightness_range 参数将随机值设置为 0.5(较暗)~2(较亮)。该值可指定为元组或两元素的列表。

```
datagen = ImageDataGenerator(brightness_range=(0.5, 2))
```

最后要注意的是,像亮度这样为像素值增加固定数值的变换是在归一化或标准化之后完成的。如果在此之前完成,归一化和标准化会将值压缩到相同的初始范围内,从而撤销变换。

4.9　初始(磁盘)数据集

到目前为止,我们已经讨论了针对直接从内存中存储和访问的图像的训练技术。这适用于小型数据集,例如具有微小图像的数据集或包含少于 50 000 个图像的数据集中的较大图像。但是,一旦开始使用更大尺寸的图像和大量图像(例如数十万个图像)进行训练,数据集很可能会存储在磁盘上。本节介绍在磁盘上存储和访问图像以进行训练的常规约定。

除了用于学术/研究目的的精选数据集外，我们在生产中使用的数据集很可能存储在磁盘上(如果是结构化数据，则存储在数据库中)。对于图像数据，需要执行以下操作。

● 将图像和相应的标签从磁盘读入内存(假设图像数据适合内存)。

● 调整图像大小以匹配 CNN 的输入向量。

下面介绍用于在磁盘上布局图像数据集的几种常用方法。

4.9.1 目录结构

将图像放入本地磁盘上的目录文件夹结构是最常见的布局之一。如图 4-19 所示，在这个布局中，根(父)文件夹是数据集的容器。根目录下有一个或多个子目录。每个子目录对应一个类(标签)并包含对应于该类的图像。

以 Cats vs. Dogs 数据集为例，有一个名为 cats_n_dogs 的父目录；其中有两个子目录，一个名为 cats，另一个名为 dogs。每个子目录中都有相应的图像类。

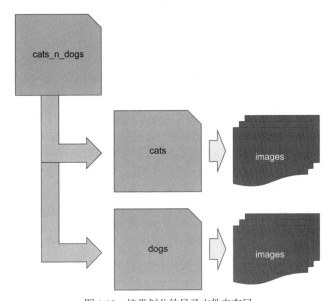

图 4-19 按类划分的目录文件夹布局

或者，如果数据集之前已被划分为训练数据和测试数据，首先按训练/测试集对数据进行分组，然后按猫和狗这两个类别对数据进行分组，如图 4-20 所示。

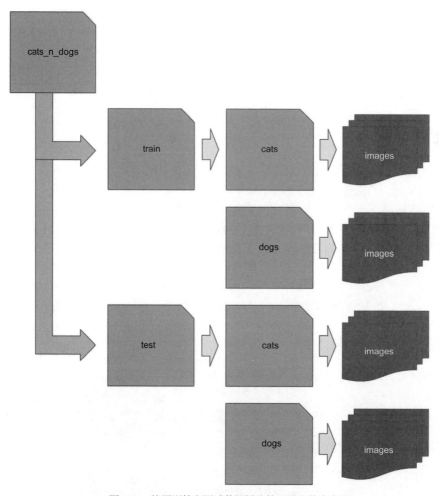

图 4-20　按照训练和测试数据拆分的目录文件夹布局

　　当数据集按照层次结构进行标记时，每个顶级类(标签)子文件夹将根据类(标签)层次结构进一步划分为子文件夹。以 Cots vs. Dogs 数据集为例，每个图像都按其是猫还是狗(物种)进行分层标记，然后按品种进行标记(如图 4-21 所示)。

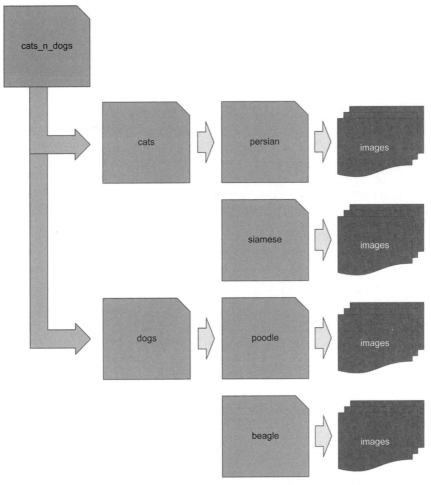

图 4-21 分层标记的目录文件夹布局

4.9.2 CSV 文件

另一种常见的布局是使用逗号分隔值(Comma-Separated Values，CSV)文件来标识每个图像的位置和类(标签)。这种情况下，CSV 文件中的每一行都是一个单独的图像。CSV 文件至少包含两列：一列用于图像的位置，另一列用于图像的类(标签)。位置可能是本地路径、远程位置或作为位置值嵌入的像素数据。

● 本地路径示例。

```
label,location
'cat', cats_n_dogs/cat/1.jpg
'dog',cats_n_dogs/dog/2.jpg

...
```

- 远程路径示例。

```
label,location
'cat','http://mysite.com/cats_n_dogs/cat/1.jpg'
 'dog','http://mysite.com/cats_n_dogs/dog/2.jpg'
```

...

- 嵌入式数据示例。

```
label,location
 'cat',[[...],[...],[...]]
 'dog',[[...], [...], [...]]
```

4.9.3　JSON 文件

还有一种常见的布局是使用 JSON(JavaScript Object Notation)文件来标识每个图像的位置和类(标签)。在本例中,JSON 文件是一个对象数组;每个对象都是一个单独的图像。每个对象至少有两个键:一个用于图像的位置,另一个用于图像的类(标签)。

该位置可以是本地路径、远程位置或作为位置值嵌入的像素数据。以下是一个本地路径示例。

```
[
        {'label': 'cat', 'location': 'cats_n_dogs/cat/1.jpg' },
        {'label': 'dog', 'location': 'cats_n_dogs/dog/2.jpg'}
        …
]
```

4.9.4　读取图像

在磁盘数据集上进行训练时,第一步是将图像从磁盘读入内存。磁盘上的图像将采用 JPG、PNG 或 TIF 等格式。这些格式定义了图像的编码和压缩存储方式。可以使用 PIL image.open()方法将图像读入内存。

```
from PIL import Image
image = Image.open('myimage.jpg')
```

实际上,你会有许多图像需要读入。假设你希望读取子目录(例如 cats)下的所有图像。在以下代码中,扫描(获取)子目录中的所有文件,将每个文件作为图像读入并将读入图像的列表作为列表保留。

```
from PIL import Image
import os

def loadImages(subdir):          ◄──── 读取单个类标签子文件夹
        images = []                       中所有图像的过程

        files = os.scandir(subdir)  ◄──── 获取子目录中所有
                                           文件的列表
```

```
        for file in files:
                images.append(Image.open(file.path))
    return images                        读取子文件夹中的         读取每个图像并将内存中的
                                         所有图像              图像附加到列表中
loadImages('cats')
```

注意，os.scandir()是在 Python 3.5 中添加的。如果使用的是 Python 2.7 或 Python 3 的早期版本，则可以通过 pip install scandir 获得兼容版本。

扩展前面的示例并假设图像数据集是以目录结构布局的；每个子目录都是一个类(标签)。这里，我们希望分别扫描每个子目录并记录类的子目录名称。

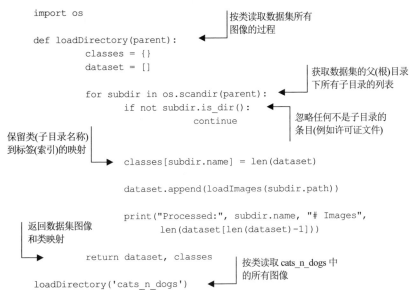

```
import os                          按类读取数据集所有
                                   图像的过程
def loadDirectory(parent):
        classes = {}
        dataset = []
                                              获取数据集的父(根)目录
                                              下所有子目录的列表
        for subdir in os.scandir(parent):
                if not subdir.is_dir():
                        continue              忽略任何不是子目录的
                                              条目(例如许可证文件)
保留类(子目录名称)
到标签(索引)的映射
                classes[subdir.name] = len(dataset)

                dataset.append(loadImages(subdir.path))

                print("Processed:", subdir.name, "# Images",
                        len(dataset[len(dataset)-1]))
返回数据集图像
和类映射
        return dataset, classes
                                   按类读取 cats_n_dogs 中
                                   的所有图像
loadDirectory('cats_n_dogs')
```

现在尝试一个示例，其中图像的位置是远程的(不是本地的)并由 URL 指定。这种情况下，我们需要对 URL 指定的资源(图像)的内容发出 HTTP 请求，然后将响应解码为二元字节流。

```
from PIL import Image               用于 HTTP 请求
import requests                     的 Python 包
from io import BytesIO
                                    用于将 I/O 反序列化为
                                    字节流的 Python 包
def remoteImage(url):
        try:
                response = requests.get(url)
                return Image.open(BytesIO(response.content))
        except:                                        将反序列化内容作为
                return None                            图像读入内存
请求指定 URL 处的图像内容
```

读入用于训练的图像后，需要设置通道数以匹配卷积神经网络的输入形状，例如灰度图像为单通道或 RGB 图像为三通道。

通道数是图像中颜色平面的数量。例如，灰度图像将有一个颜色通道。RGB 彩色图像将有 3 个颜色通道，分别是红、绿和蓝。大多数情况下，这将是单通道(灰度)或三通道(RGB)，如图 4-22 所示。

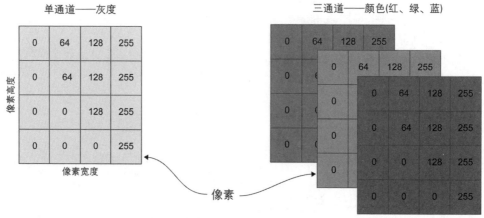

图 4-22 灰度图像有 1 个通道，RGB 图像有 3 个通道

Image.open()方法将根据存储在磁盘上的图像的通道数读入图像。因此，如果是灰度图像，该方法将以单通道读取；如果是 RGB，将以三通道读取；如果是 RGBA(即加上 alpha 通道)，将以四通道读取。

通常情况下，在处理 RGBA 图像时，可以丢弃 alpha 通道。它是用于设置图像中每个像素透明度的掩码，因此不包含有助于识别图像的信息。

一旦图像被读入内存，下一步就是将图像转换为与神经网络输入形状匹配的通道数。因此，如果神经网络读取灰度图像(单通道)，我们希望转换为灰度；如果神经网络读取 RGB 图像(三通道)，我们希望转换为 RGB。convert()方法执行通道转换。L 的参数值转换为单通道(灰度)，RGB 转换为三通道(RGB 颜色)。这里更新 loadImages()函数以包含通道转换。

```
from PIL import Image
import os

def loadImages(subdir, channels):
    images = []
    files = os.scandir(subdir)
    for file in files:
        image = Image.open(file.path)
        if channels == 1:
            image = image.convert('L')      转换为灰度
        else:
            image = image.convert('RGB')    转换为RGB
        images.append(image)
    return images

loadImages('cats', 3)    ◀──── 指定转换为RGB
```

4.9.5　调整大小

到目前为止，你已经了解了如何从磁盘读取图像，获取标签，然后设置通道数以匹配 CNN 输入形状中的通道数。下面需要调整图像的高度和宽度，以最终匹配训练期间输入图像的形状。

例如，二维卷积神经网络将采用(高度,宽度,通道)形式的形状。我们已经处理了通道部分，接下来需要调整每个图像的像素高度和宽度，以匹配输入形状。例如，如果输入形状为(128,128,3)，我们希望将每个图像的高度和宽度调整为(128,128)。resize()方法将执行大小调整。

大多数情况下，将缩小(下采样)每个图像。例如，一个 1024×768 大小的图像将为 3MB，远远超过神经网络所需的分辨率(详见第 3 章)。缩小图像时，某些分辨率(细节)将丢失。为了将缩小尺寸时的影响最小化，通常在 PIL 中使用抗锯齿算法。最后，我们希望将 PIL 图像列表转换为多维数组。

```
from PIL import Image
import os
import numpy as np

def loadImages(subdir, channels, shape):
    images = []

    files = os.scandir(subdir)
    for file in files:
        image = Image.open(file.path)
        if channels == 1:
            image = image.convert('L')
        else:
            image = image.convert('RGB')
        images.append(image.resize(shape, Image.ANTIALIAS))

    return np.asarray(images)

loadImages('cats', 3, (128, 128))
```

在单次调用中将所有 PIL 图像转换为 NumPy 数组

根据目标输入形状调整图像大小

指定目标输入大小为128×128

现在使用 OpenCV 重复前面的步骤。通过 cv2.imread()方法将图像读入内存。使用此方法的第一个优点是，输出已经是多维 NumPy 数据类型。

```
import cv2

image = cv2.imread('myimage.jpg')
```

OpenCV 相对于 PIL 的另一个优点是,可以在读取图像时而不是在第二步时进行通道转换。默认情况下，cv2.imread()将图像转换为三通道 RGB 图像。可以指定第二个参数，该参数指示要使用的通道转换。在下面的示例中，在读入图像时进行通道转换。

将图像读取为单通道(灰度)图像

```
if channel == 1:
```

```
                         image = cv2.imread('myimage.jpg', cv2.IMREAD_GRAYSCALE)
        else:
                         image = cv2.imread('myimage.jpg', cv2.IMREAD_COLOR)
```
将图像读取为三通道(彩色)图像

在下一个示例中，从远程位置(url)读取图像，同时进行通道转换。这里使用方法
cv2.imdecode()。

```
try:
        response = requests.get(url)
        if channel == 1:
                return cv2.imdecode(BytesIO(response.content),
                                    cv2.IMREAD_GRAYSCALE)
        else:
                return cv2.imdecode(BytesIO(response.content),
                                    cv2.IMREAD_COLOR)
except:
        return None
```

使用 cv2.resize()方法调整图像大小。第二个参数是调整大小后的图像的高度和宽度的
元组。可选的第三个(关键字)参数是调整大小时使用的插值算法。由于在大多数情况下将
进行下采样，因此通常的做法是使用 cv2.INTER_AREA 算法，以便在对图像进行下采样
时，在保留信息和使处理痕迹最小化方面获得最佳效果。

```
image = cv2.resize(image, (128, 128), interpolation=cv2.INTER_AREA)
```

现在，使用 OpenCV 重写 loadImages()函数。

```
import cv2
import os
import numpy as np

def loadImages(subdir, channels, shape):
        images = []

        files = os.scandir(subdir)
        for file in files:
                if channels == 1:
                        image = cv2.imread(file.path, cv2.IMREAD_GRAYSCALE)
                else:
                        image = cv2.imread(file.path, cv2.IMREAD_COLOR)
                images.append(cv2.resize(image, shape, cv2.INTER_AREA))
        return np.asarray(images)

loadImages('cats', 3, (128, 128))
```
根据目标输入形状
调整图像大小

将目标输入形状指
定为 128×128

4.10 模型保存/恢复

本节介绍后训练工作：既然已经训练了一个模型，接下来要做什么？你可能希望保

存模型架构和相应的学习权重和偏差(参数)，然后恢复模型以进行部署。

4.10.1 保存

在 TF.Keras 中，可以保存模型和训练参数(权重和偏差)。模型和权重可以单独保存，也可以一起保存。save()方法以 TensorFlow SavedModel 格式将权重/偏差和模型保存到指定的文件夹中。以下是示例。

```
model.fit(x_train, y_train, epochs=epochs, batch_size=batch_size)    ◄ 训练模型

model.save('mymodel')    ◄ 保存模型和经过训练的权
                             重和偏差
```

训练过的权重/偏差和模型可以分开保存。save_weights()方法仅将模型参数以 TensorFlow Checkpoint 格式保存到指定的文件夹中。以下是示例。

```
model.fit(x_train, y_train, epochs=epochs, batch_size=batch_size)

model.save_weights('myweights')    ◄ 仅保存经过训练的权重和偏差
```

4.10.2 恢复

在 TF.Keras 中，可以恢复模型架构和/或模型参数(权重和偏差)。恢复模型架构通常是为了加载预构建的模型，而加载模型架构和模型参数通常是用于迁移学习(第 11 章中讨论)。

注意，加载模型和模型参数与设置检查点不同，因为我们不恢复超参数的当前状态。因此，这种方法不应用于持续学习。

```
from tensorflow.keras.models import load_model

model = load_model('mymodel')    ◄ 加载预训练模型
```

在下一个代码示例中，使用 load_weights()方法将模型的训练权重/偏差加载到相应的预构建模型中。

```
from tensorflow.keras.models import load_weights

                                        ◄ 加载预构建的模型
model = load_model('mymodel')
model.load_weights('myweights')    ◄ 为模型加载预训练权重
```

4.11　本章小结

- 当一批图像被前馈时，预测值和真实值之间的差值就是损失。优化器使用该损失来确定如何在反向传播时更新权重。
- 一般保留一小部分数据集作为测试数据，并且不进行训练。训练后，使用测试数据观察模型泛化的程度。
- 在每个时期后使用验证数据来检测模型过拟合的情况。
- 像素数据的标准化优于归一化，因为它有助于稍微加快收敛速度。
- 当训练过程中损失趋于平稳时，会发生收敛。
- 超参数用于改进模型的训练，但不是模型的一部分。
- 增强允许用更少的初始图像训练不变性。
- 设置检查点用于恢复一个良好的训练时期，而无须在训练偏离后重新开始训练。
- 当检测到模型不会随着进一步的训练而改善时进行早停可以节省训练时间和成本。
- 小数据集可以通过内存存储和访问进行训练，但大数据集要通过磁盘存储和访问进行训练。
- 训练后，可以保存模型架构和学习的参数，然后恢复模型以进行部署。

第II部分

基本设计模式

本部分将介绍如何使用过程重用设计模式设计和编码模型，展示将过程重用(这是软件工程中的一个基本原则)应用于深度学习模型是多么简单和容易。你将看到如何将模型分解为标准的 3 个组件(stem、学习器和任务)及组件之间的接口，以及如何应用过程重用模式对每个部分进行编码。

然后将看到如何将此设计模式应用于各种 SOTA 计算机视觉模型以及来自结构化数据和 NLP 的几个示例。我将引导你完成 SOTA 模型(VGG、ResNet、ResNeXt、Inception、DenseNet、WRN、Exception 和 SE-Net)的编码过程，并且介绍它们对深度学习发展的贡献。接着介绍内存受限设备(例如移动电话或物联网传感器)的移动模型。我们将探究设计原则的进展，这些原则是为了使模型在内存受限的设备中运行而开发的，从 MobileNet 开始，然后是 SqueezeNet 和 ShuffleNet。同样，我们将使用过程重用设计模式对这些移动模型进行编码，然后学习如何使用 TensorFlow Lite 部署和服务这些模型。

本部分的大部分章节侧重于进行监督学习的模型，其中数据被标记。但最后一章介绍自动编码器，它使用未经人工标记的数据对模型进行训练，即无监督学习。你将学习为压缩、图像去噪、超分辨率和前置任务设计和编写自动编码器。

第5章

过程设计模式

本章主要内容
- 卷积神经网络的过程设计模式
- 将过程设计模式的架构分解为宏观和微观组件
- 用过程设计模式对以前的 SOTA 模型进行编码

2017 年之前，大多数神经网络模型都是以批脚本风格编写的。随着人工智能研究人员和经验丰富的软件工程师越来越多地参与到研究和设计，我们开始看到模型编码的变化，这些模型反映了重用和设计模式的软件工程原则。

在神经网络模型中使用设计模式的最早版本之一是以过程化风格进行重用。设计模式意味着有一种流行的构建和编码模型的最佳实践，它可以在广泛的情况下重新应用，例如图像分类、目标检测和跟踪、面部识别、图像分割、超分辨率和风格迁移。

那么，设计模式的引入如何帮助 CNN(以及其他架构，例如 NLP 的 Transformer)向前发展？首先，设计模式帮助其他研究人员理解和再现模型的架构。将模型分解为可重用组件或模式为其他实践者提供了一种观察、理解并执行有效设备实验的方法。

在 AlexNet 到 VGG 的变迁中就体现了这种情况。AlexNet(http://mng.bz/1ApV)的作者没有足够的资源在单个 GPU 上运行 AlexNet 模型。他们设计了一个 CNN 架构，以在两个 GPU 上并行运行。为解决这个问题，他们提出了一种具有两个镜像卷积路径的设计，该设计在 2012 年 ILSVRC 图像分类竞赛中胜出。不久之后，其他研究人员想出了重复的卷积模式，除分析整体性能外，他们还开始研究卷积模式的影响。2014 年，GoogLeNet(https://arxiv.org/abs/1409.4842) 和 VGG(https://arxiv.org/pdf/1409.1556.pdf)的作者推出他们的模型和相应的研究论文，其思想是使用模型中重复的卷积模式；这些创新分别摘得 2014 年 ILSVRC 竞赛的冠军和亚军。

如果要将过程设计模式应用于正在构建的任何模型，那么理解其架构是至关重要的。本章首先介绍如何构建此模式，将其分解为宏观架构组件，然后再分解为微观架构组块。一旦了解了这些部分是如何单独和共同运作的，就可以开始使用构建这些部分的代码。

为说明过程设计模式如何使模型组件更容易复制，我们将把它应用于几个以前的SOTA模型：VGG、ResNet、ResNeXt、Inception、DenseNet和SqueezeNet。这样你会对这些模型的运作原理有更深入的了解，同时获得复制它们的实践经验。这些架构有如下突出的亮点。

- VGG——2014年ImageNet ILSVRC挑战赛图像分类领域的冠军。
- ResNet——2015年ImageNet ILSVRC挑战赛图像分类领域的冠军。
- ResNeXt——2016年，作者通过引入宽卷积层来提高准确度。
- Inception——2014年ImageNet ILSVRC挑战赛目标检测领域的冠军。
- DenseNet——2017年，作者引入特征图重用的概念。
- SqueezeNet——2016年，作者引入可配置组件的概念。

本章简要介绍一种基于CNN模型惯用设计模式的过程设计模式。

5.1   基本的神经网络架构

惯用设计模式将模型视为由一个整体的宏观架构模式组成，然后每个宏观组件由一个微观架构设计组成。2016年，关于SqueezeNet的一篇研究论文介绍了模型宏观和微观架构的概念(https://arxiv.org/abs/1602.07360)。对于CNN，宏观架构遵循由3个宏观组件组成的约定：stem、学习器和任务(如图5-1所示)。

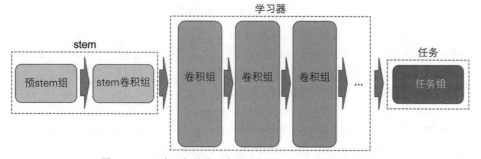

图5-1   CNN宏观架构由3个部分组成：stem、学习器和任务

如你所见，stem组件接收输入(图像)并进行初始粗糙级别的特征提取，这将成为学习器组件的输入。在本例中，stem包括一个进行数据预处理的预stem组和一个进行粗糙级别的特征提取的stem卷积组。

学习器可以由任意数量的卷积组组成，然后从提取的粗糙特征中进行详细的特征提取和表征学习。学习器组件的输出称为潜在空间。

任务组件从潜在空间的输入的表征中学习任务(例如分类)。

虽然本书关注CNN，但包括stem、学习器和任务组件的宏观架构可以应用于其他神经网络架构，例如自然语言处理中具有注意力机制的Transformer网络。

如果查看使用函数式API的惯用设计模式的骨架模板，可以在较高层面上看到组件之间的数据流。在使用惯用设计模式的各章中，我们将使用下面的代码块中所示的模板并在此基础上进行构建。骨架由两个主要组件构成。

- 主要组件(stem、学习器和任务)的函数(过程)输入/输出定义。
- 经过主要组件的输入(张量)流。

以下是骨架模板。

```
                                    构建 stem 组件
def stem(input_shape):
    ''' stem layers
        Input_shape : the shape of the input tensor
    '''
    return outputs
                             构建学习器组件
def learner(inputs):
    ''' leaner layers
        inputs : the input tensors (feature maps)
    '''
    return outputs
                                   为分类器构建任务组件
def task(inputs, n_classes):
    ''' classifier layers
        inputs    : the input tensors (feature maps)
        n_classes : the number of output classes
    '''
    return outputs
                                         定义输入张量
inputs = Input(input_shape=(224, 224, 3))
outputs = stem(inputs)
outputs = learner(outputs)          组装模型
outputs = task(x, n_classes=1000)
model = Model(inputs, outputs)
```

在本例中，Input 类定义了模型的输入张量；就 CNN 而言，它由图像的形状组成。元组(224,224,3)表示 224×224 的 RGB(三通道)图像。当使用 TF.Keras 函数式 API 对神经网络进行编码时，Model 类是最后一步。此步骤是模型的最终构建步骤(称为 compile()方法)。Model 类的参数是模型输入张量和输出张量。在示例中，有单个输入张量和单个输出张量。图 5-2 描述了这些步骤。

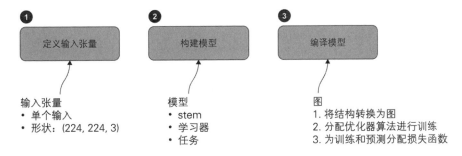

图 5-2　构建 CNN 模型的步骤：定义输入、构建组件、编译成图

现在仔细查看这 3 个宏观组件。

5.2   stem 组件

stem 组件是神经网络的入口点。其主要目的是执行第一个(粗糙级别)特征提取,同时将特征图缩小到为学习器组件设计的大小。stem 组件输出的特征图数量和大小通过同时平衡两个标准来设计。

- 将粗糙级别的特征提取最大化。目标是为模型提供足够的信息,以便在模型的能力范围内学习更精细的特征。
- 尽量减少下游学习器组件中的参数数量。理想情况是,你希望在不影响模型性能的情况下,实现特征图的大小和训练模型所需时间的最小化。

该初始任务由 stem 卷积组执行。现在来了解从一些著名的 CNN 模型中选出的 stem 组的变体:VGG、ResNet、ResNeXt 和 Inception。

5.2.1 VGG

2014 年 ImageNet ILSVRC 图像分类竞赛的获胜者 VGG 架构被视为现代 CNN 之父,而 AlexNet 则被视为现代 CNN 祖父级别的架构。VGG 通过使用模式将构建 CNN 为组件和组的概念形式化。在 VGG 之前,CNN 被构建为 ConvNet,其用途并未超出学术创新。

VGG 是第一个在生产中有实际应用的产品。在其开发之后的几年中,研究人员继续将更现代的 SOTA 架构开发与 VGG 进行比较,并且将 VGG 用作早期 SOTA 目标检测模型的分类主干。

VGG 与 Inception 一起正式定义了第一个卷积组的概念,该卷积组进行了粗糙级别的特征提取,我们称之为 stem 组件。随后的卷积组进行更精细的特征提取和特征学习,我们称之为表征学习,因此第二个主要组件被命名为学习器。

研究人员最终发现 VGG stem 的一个缺点:它在提取的粗糙特征图中保留了输入的大小(224×224),导致不必要数量的参数进入学习器。参数的数量既增加了内存占用,也降低了训练和预测的性能。不过,研究人员在后来的 SOTA 模型中通过在 stem 组件中添加池化来解决这个问题,从而减少了粗糙级别的特征图的输出大小。这种更改减少了内存占用,同时提高了性能,且不会降低准确度。

尽管一些现代 CNN 的 stem 可能输出 32 个特征图,但是输出 64 个粗糙级别的特征图的惯例如今仍在继续。

图 5-3 中所示的 VGG stem 组件被设计为将 224×224×3 大小的图像作为输入并输出 64 个特征图,每个特征图的大小为 224×224。换句话说,VGG stem 组没有对特征图进行任何大小缩减。

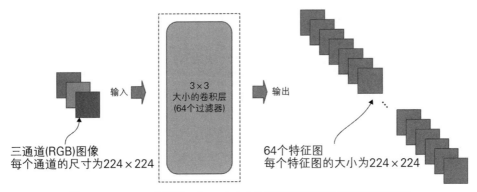

图 5-3　VGG stem 组使用一个 3×3 大小的过滤器进行粗糙级别的特征提取

现在看一个代码示例，它用惯用设计模式对 VGG stem 组件进行编码，该组件由单个卷积层(Conv2D)组成。该层使用 3×3 大小的过滤器进行 64 个过滤器的粗糙级别的特征提取。它不会减少特征图的大小。这里使用(224, 224, 3)形状的图像输入(ImageNet 数据集)，stem 组的输出将为(224, 224, 64)。

```
def stem(inputs):
    """ Construct the Stem Convolutional Group
        inputs : the input tensor
    """
    outputs = Conv2D(64, (3, 3), strides=(1, 1), padding="same",
                     activation="relu")(inputs)
    return outputs
```

GitHub 上提供了对 VGG 使用惯用过程重用设计模式的完整代码(http://mng.bz/qe4w)。

5.2.2　ResNet

ResNet 架构是 2015 年 ImageNet ILSVRC 图像分类竞赛的获胜者，它是最早将最大化粗糙级别的特征提取和通过特征图缩减最小化参数这两个传统步骤结合起来的架构之一。当将其模型与 VGG 进行比较时，ResNet 的作者发现他们可以在 stem 组件中将提取的特征图的大小减少高达 94%，从而减少内存占用，并且在不影响准确度的情况下提高模型性能。

注意：将较新模型与先前 SOTA 模型进行比较的过程称为消融实验，这是机器学习领域的常见做法。基本上，研究人员复制了先前模型的研究，然后对他们的新模型使用相同的配置(例如，图像增强或学习率)。这使他们能够与早期的模型进行直接一对一的比较。

ResNet 的作者还选择使用一个 7×7 大小的超大粗糙过滤器，覆盖了 49 个像素的区域。原因是该模型需要一个非常大的过滤器才能有效。缺点是 stem 组件中矩阵乘法(matmul)操作的大幅增加。最终，研究人员在后来的 SOTA 模型中发现，5×5 大小的过滤器同样有效，且效率更高。在传统的 CNN 中，5×5 大小的过滤器通常被两个 3×3 大小的过滤器所取代，其中第一个卷积是非跨步的(无池化)，第二个卷积是跨步的(具有特征池化)。

几年来，ResNet v1 和升级的 v2 成为用于图像分类生产的实际架构以及目标检测模型的主干。除改进的性能和准确度外，用于图像分类、目标检测和图像分割任务的预训练的 ResNet 的公共版本也被广泛使用，因此该架构也成为迁移学习的标准。即使在今天，在像 TensorFlow Hub 这样备受瞩目的模型体系中，预训练的 ResNet v2 作为图像分类主干仍然非常普遍。然而，如今对于预训练的图像分类来说，更现代的惯例是更小、更快和更准确的 EfficientNet。图 5-4 描述了 ResNet stem 组件中的层。

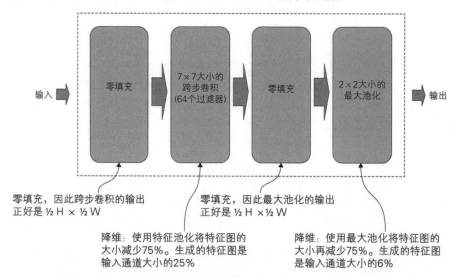

图5-4　ResNet stem 组件通过跨步卷积和最大池化大大减少了特征图的大小

在 ResNet 中，stem 组件由一个卷积层组成，用于粗糙特征提取。该模型使用 7×7 大小的过滤器在更宽的窗口上获得粗糙特征，从理论上讲，它将提取更大的特征。7×7 大小的过滤器覆盖 49 个像素(相比之下，3×3 大小的过滤器覆盖 9 个像素)。使用更大尺寸的过滤器也会增加每个过滤器步骤的计算(矩阵乘法)次数(当过滤器在图像上滑动时)。在每个像素的基础上，3×3 大小的过滤器有 9 个矩阵乘法，7×7 大小的过滤器有 49 个矩阵乘法。在 ResNet 之后，不再追求使用 7×7 大小的过滤器来获得更大粗糙级别的特征的惯例。

注意，VGG 和 ResNet stem 组件都输出 64 个初始特征图。这仍然是一个相当普遍的惯例，研究人员通过反复试验学习到这一点。

对于特征图缩减，ResNet stem 组执行特征池化步骤(跨步卷积)和下采样(最大池化)。

卷积层在图像上滑动过滤器时不使用填充。因此，当过滤器到达图像边缘时，它会停止。由于边缘前的最后一个像素没有被过滤器滑过，因此输出小于输入，如图 5-5 所示。其结果是输入和输出特征图的大小不会保留。例如，在步幅为 1、过滤器大小为 3×3、输入特征图大小为 32×32 的卷积中，输出特征图大小为 30×30。计算尺寸损失很简单。如果过滤器大小为 N×N，则尺寸损失将为 N-1 像素。在 TF.Keras 中，这是通过 Conv2D

层的关键字参数 padding='valid'指定的。

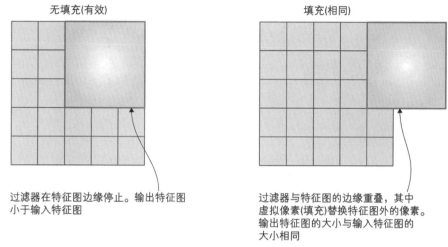

图 5-5　填充和不填充选项会导致过滤器的不同停止位置

　　或者，在特征图的边缘滑动过滤器，直到覆盖最后一行和最后一列。但过滤器的一部分会挂在虚拟像素上。这样，边缘之前的最后一个像素被过滤器滑过，并且输出特征图的大小保持不变。

　　目前存在几种填充虚拟像素的策略。最常见的惯例是在边缘用相同的像素值填充虚拟像素，如图 5-5 所示。在 TF.Keras 中，这是通过 Conv2D 层的关键字参数 padding='same'指定的。

　　ResNet 的出现早于此惯例，它用零值填充虚拟像素；这就是为什么你会在 stem 组中看到 ZeroPadding2D 层，其中在图像周围放置零填充。通常情况下，我们使用相同的填充物来填充图像，并且将特征图大小的减少推迟到池化或特征池化。通过反复试验，研究人员了解到，这种方法在保持图像边缘的特征提取信息方面效果更好。

　　图 5-6 显示了大小为 H×W×3(RGB 的 3 个通道)的图像上带填充的卷积。如果使用单个过滤器，则输出大小为 H×W×1 的特征图。

在H×W大小的图像的每个通道(例如3×3×3)上移动3×3大小的核

生成一个H×W×1大小的特征图

图 5-6　带有单个过滤器的填充卷积产生特征提取的最小可变性

图 5-7 显示了在大小为 H×W×3(RGB 的 3 个通道)的图像上使用多倍过滤器 C 进行

的带填充的卷积。因此，输出大小为 H×W×C 的特征图。

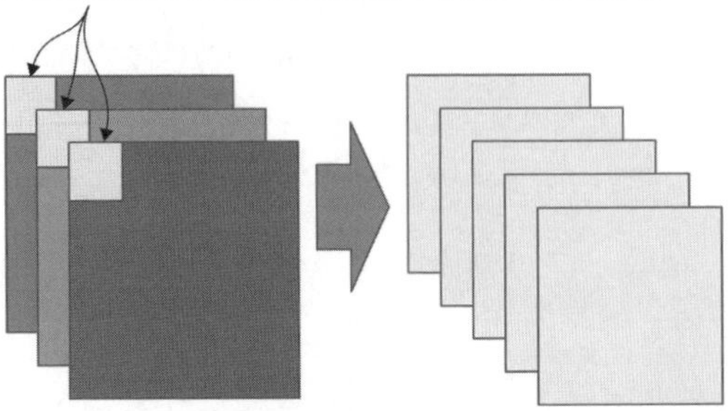

图 5-7　带有多倍过滤器的填充卷积按比例增加特征提取的可变性

如图 5-6 所示，你会看到只有单个输出特征图的 stem 卷积吗？答案是否定的。因为单个过滤器可以学会只提取单个粗糙特征。这对图像不起作用。即使图像是简单的平行线序列(一个单一特征)，我们只想数一数这些线，它仍然不起作用：我们无法控制过滤器将学习提取哪个特征。这个过程中仍然存在一定的随机性，因此需要一些冗余来保证足够多的过滤器学习提取重要的特征。

你会在 CNN 的其他地方输出单一的特征图吗？答案是肯定的。那是使用 1×1 大小的瓶颈卷积实现的。1×1 大小的瓶颈卷积通常用于 CNN 中不同卷积之间的特征重用。

它涉及一种折中。一方面，你希望将 CNN 中一个位置的特征提取/学习的好处与 CNN 中的另一个位置结合起来(特征重用)。问题在于，在数量和大小上重复使用以前的所有特征图可能会导致参数爆炸。由此带来的内存占用的增加和速度的降低抵消了这一好处。ResNet 作者们将特征缩减的数量确定为准确度与大小和性能之间的最佳折中。

接下来，看一个以惯用设计模式编码 ResNet stem 组件的示例。代码显示了数据在图 5-3 的 stem 各层中的序贯流动。

- Conv2D 层使用 7×7 大小的过滤器进行粗糙级别的特征提取，对于特征池化使用 strides=(2, 2)。
- MaxPooling 层执行下采样，以进一步减少特征图。

还值得注意的是，ResNet 是首批使用批标准化(BatchNormalization)约定的模型之一。早期的约定(现在称为 Conv-BN-RE)在卷积层和致密层之后进行批标准化。注意，批标准化通过将层中的输出重新分配为正态分布来稳定神经网络。这使得神经网络可以在层中更深入，而不容易出现梯度消失或梯度爆炸的情况。更多详细信息请参阅 Sergey Ioffe 和 Christian Szegedy 所写的 Batch Normalization: Accelerating Deep Network Training by Reducing Internal Covariate Shift(https://arxiv.org/abs/1502.03167)一文。

```
def stem(inputs):
    """ Construct the Stem Convolutional Group
        inputs : the input vector
    """

    outputs = ZeroPadding2D(padding=(3, 3))(inputs)

    outputs = Conv2D(64, (7, 7), strides=(2, 2), padding='valid')(outputs)
```

在第一次卷积之前，224×224 个图像被零填充(黑色，无信号)为 230×230 个图像

第一个卷积层，它使用大型(粗糙)过滤器

```
outputs = BatchNormalization()(outputs)
outputs = ReLU()(outputs)

outputs = ZeroPadding2D(padding=(1, 1))(outputs)
outputs = MaxPooling2D((3, 3), strides=(2, 2))(outputs)
return outputs
```

以 2×2 大小的步幅，池化的
特征图将减少 75%

GitHub 上提供了对 ResNet 使用惯用过程重用设计模式的完整代码(http://mng.bz/7jK9)。

5.2.3　ResNeXt

ResNet 之后的模型使用了相同填充的约定，这将层减少为单个跨步卷积(特征池化)和跨步最大池化(下采样)，同时保持相同的计算复杂性。Facebook AI Research 提出的 ResNeXt 模型(https://arxiv.org/abs/1512.03385，见图 5-8)以及 Google 公司提出的 Inception 在学习器组件中引入了宽残差块。有关宽度和深度残差块的内容，第 6 章会进行介绍。这里只是想让你知道，卷积中的填充是在早期的 SOTA 宽残差模型中出现的。就生产使用而言，ResNeXt 架构和其他宽 CNN 很少出现在内存受限的设备之外；大小、速度和准确度的后续发展更加突出。

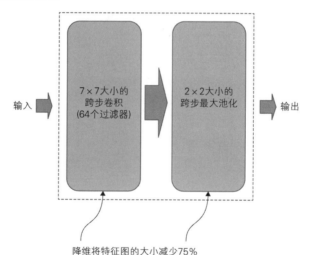

图 5-8　ResNeXt stem 组件通过组合的特征池化和最大池化进行大幅度特征图缩减

注意，通过使用相同填充的约定，不需要使用 ZeroPadding 层来保持特征图的大小。

下面是用惯用设计模式编码 ResNeXt stem 组的代码示例。该例中可以看到与 ResNet stem 组的对比；不存在 ZeroPadding 层并替换为 Conv2D 和 MaxPooling 层的 padding= 'same'。

```
def stem(inputs):
    """ Construct the Stem Convolution Group
        inputs : input vector
    """
```

```
outputs = Conv2D(64, (7, 7), strides=(2, 2), padding='same')(inputs)
outputs = BatchNormalization()(outputs)
outputs = ReLU()(outputs)
outputs = MaxPooling2D((3, 3), strides=(2, 2), padding='same')(outputs)
return outputs
```

像在 VGG 中一样使用 padding='same',
而不是 ZeroPadding2D

在随后的模型中，7×7 大小的过滤器被更小的 5×5 大小的过滤器所取代，后者具有更低的计算复杂度。如今，一个常规约定是将 5×5 大小的过滤器重构为两个 3×3 大小的过滤器，它们具有相同的表征能力和较低的计算复杂度。

GitHub 上提供了对 ResNeXt 使用惯用过程重用设计模式的完整代码(http://mng.bz/my6r)。

5.2.4 Xception

目前的约定是用两个 3×3 大小的卷积层代替一个 5×5 大小的卷积层。图 5-9 所示的 Xception(https://arxiv.org/abs/1610.02357) stem 组件就是一个例子。第一个 3×3 大小的卷积是跨步的(特征池化)，生成了 32 个过滤器；第二个 3×3 大小的卷积不是跨步的并且将输出特征图的数量增倍，达到 64 个。然而，除了学术上的新颖性外，Xception 的架构并没有在生产中采用，也没有被后来的研究人员进一步开发。

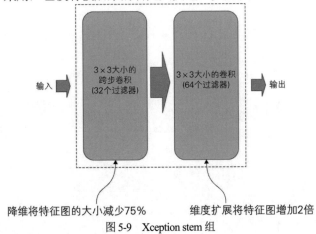

图 5-9　Xception stem 组

在本例中，为了用惯用设计模式编码 Xception stem 组，可以看到两个 3×3 大小的卷积(重构的 5×5 大小的卷积)，其中第一个卷积是跨步的(特征池化)。两个卷积之后是 Conv-BN-RE 形式的批标准化。

```
def stem(inputs):
    """ Create the stem entry into the neural network
        inputs : input tensor to neural network
    """
    outputs = Conv2D(32, (3, 3), strides=(2, 2))(inputs)
    outputs = BatchNormalization()(outputs)
    outputs = ReLU()(outputs)

    outputs = Conv2D(64, (3, 3), strides=(1, 1))(outputs)
```

一个 5×5 大小的卷积重构为
两个 3×3 大小的卷积

```
outputs = BatchNormalization()(outputs)
outputs = ReLU()(outputs)
return outputs
```

GitHub 上提供了对 Xception 使用惯用过程重用设计模式的完整代码(http://mng.bz/
5WzB)。

5.3　预 stem

2019 年，我们开始看到在 stem 组件中增加了一个预 stem 组。预 stem 的目的是将上
游执行的部分或全部数据预处理移到图(模型)中。在预 stem 组件被开发之前，数据预处
理在单独的模块中进行，然后在部署模型以对未来示例进行推断(用于预测)时必须进行复
制。通常，这是在 CPU 上完成的。然而，许多数据预处理步骤可以用图操作代替，然后
在通常部署模型的 GPU 上更有效地执行。

预 stem 也是即插即用的，可以从现有模型中添加或删除，然后重用。下面将介绍预
stem 的技术细节。这里只提供一个通常由预 stem 组执行的功能的摘要。

- 预处理。
  - 使模型适应不同的输入大小。
  - 归一化。
- 增强。
  - 调整大小和裁切。
  - 平移和尺度不变性。

图 5-10 描述了如何将预 stem 组添加到现有模型中。要附加预 stem，需要创建一个新
的空包装器模型，添加预 stem，然后添加现有模型。在后一步中，来自预 stem 组的输出
形状必须与现有模型的 stem 组件的输入形状匹配。

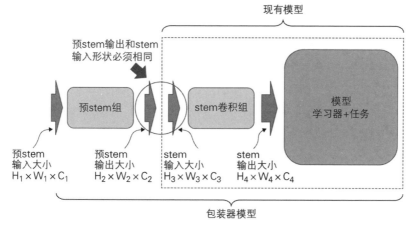

图 5-10　添加到现有模型的预 stem，形成一个新的包装器模型

以下是向现有模型中添加预 stem 组的典型方法示例。这段代码实例化一个空的

Sequential 包装器模型。接着添加预 stem 组，然后添加现有模型。只要输出张量与模型的
输入张量(例如(224, 224, 3))匹配，这一代码将起作用。

```
from tf.keras.layers.experimental.preprocessing import Normalization

def prestem(input_shape):
    ''' pre-stem layers '''
    outputs = Normalization(input_shape=input_shape)
    return outputs

wrapper_model = Sequential()          创建一个空的
                                      包装器模型

wrapper_model.add(prestem(input_shape=(224, 224, 3)))     使用预 stem 启动
                                                          包装器模型

wrapper_model.add(model)          将现有模型添加到包装器模型
```

下面解释学习器组件的设计，stem 组件将连接到该组件。

5.4　学习器组件

学习器组件通常是通过更详细的特征提取来执行特征学习的地方。这个过程也被称
为表征学习或转换学习(因为转换学习依赖于任务)。学习器组件由一个或多个卷积组组
成，每个组由一个或多个卷积块组成。

卷积块根据公共模型配置属性组装成组。传统 CNN 中卷积组最常见的属性是输入或
输出过滤器的数量，或者输入或输出特征图的大小。例如，在 ResNet 中，组的可配置属
性是卷积块的数量和每个块的过滤器数量。

图 5-11 显示了一个可配置的卷积组。如你所见，卷积块对应组中块数的元参数。在
大多数 SOTA 架构中，除最后一组，其他所有组都具有相同数量的输出特征图，其对应
输入过滤器数量的元参数。最后一个块可以更改组输出的特征图的数量(例如通过加倍)，
这对应输出过滤器数量的元参数。最后一层(图中标记为[特征]池化块)是指延迟下采样的
组，这与池化类型的元参数相对应。

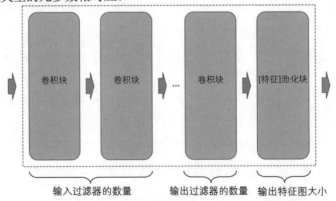

图 5-11　输入/输出过滤器数量和输出特征图大小的卷积组元参数

下面的代码是用于编码学习器组件的骨架模板(和示例)。在该例中，组的配置属性作为字典值列表传递，每个组一个。learner()函数对组配置属性列表进行迭代；每次迭代都是对应组的组参数(group_params)。

相应地，group()函数对组中每个块的块参数(block_params)进行迭代。然后，block()函数根据传递给它的特定于块的配置参数构建块。

如图 5-11 所示，作为关键字参数列表传递给 block()方法的可配置属性是输入过滤器(in_filters)、输出过滤器(out_filters)和卷积层(n_layers)的数量。如果输入和输出过滤器的数量相同，则通常使用单个关键字参数(n_filters)。

```
def learner(inputs, groups):
    ''' leaner layers
        inputs : the input tensors (feature maps)
        groups : the block parameters for each group        迭代每个组属性的
    '''                                                     字典值
    outputs = inputs
    for group_parmas in groups:
        outputs = group(outputs, **group_params)
    return outputs

def group(inputs, **blocks):
    ''' group layers
        inputs : the input tensors (feature maps)
        blocks : the block parameters for each block
    '''
    outputs = inputs
    for block_parmas in blocks:
        outputs = block(**block_params)                     迭代每个块属性的
    return outputs                                          字典值

def block(inputs, **params):
    ''' block layers
        inputs : the input tensors (feature maps)
        params : the block parameters for the block
    '''
    …
    return outputs

outputs = learner(outputs, [ {'n_filters: 128'},           通过指定组数和每组
                 {'n_filters: 128'},                        的过滤器数来组装学
                 {'n_filters: 256'} ]                       习器组件
```

5.4.1 ResNet

在 ResNet50、101 和 151 中，学习器组件由 4 个卷积组组成。第一个组使用非跨步卷积层作为第一个卷积块中的投影捷径，该块从 stem 组件获取输入。其他 3 个卷积组在第一个卷积块的投影捷径中使用跨步卷积层(特征池化)，如图 5-12 所示。

现在看一个骨架模板的示例应用程序，该模板用于编码 ResNet50 的学习器组件。注意，在 learner()函数中，弹出了第一组配置属性。在本应用程序中，这样做是因为第一个组以非跨步投影捷径残差块开始，而其余所有组都使用跨步投影捷径。或者，我们可以使用配置属性来指示第一个残差块是否是跨步的并消除特殊情况(编码一个单独的块构造)。

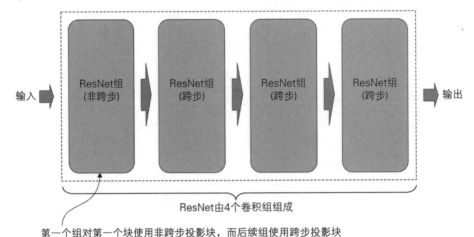

ResNet由4个卷积组组成

第一个组对第一个块使用非跨步投影块，而后续组使用跨步投影块

图 5-12　在 ResNet 学习器组件中，第一个组以非跨步投影捷径块开始

```
def learner(inputs, groups):
    """ Construct the Learner
        inputs: input to the learner
        groups: group parameters per group
    """
    outputs = inputs

    group_params = groups.pop(0)
    outputs = group(outputs, **group_params, strides=(1, 1))

    for group_params in groups:
        outputs = group(outputs, **group_params, strides=(2, 2))
    return outputs
```

第一个残差组不是跨步的

剩余残差组是跨步卷积

尽管如今ResNet仍被用作图像分类主干的库存模型，但图5-13所示的50层ResNet50是一种标准。通过 50 层，该模型在合理的大小和性能下提供了高准确度。101 层和 151 层的较大 ResNet 仅在准确度上有微小提高，但尺寸大幅增加，性能也有所下降。

每个组从一个具有线性投影捷径的残差块开始，然后是一个或多个具有恒等捷径的残差块。一组中的所有残差块具有相同数量的输出过滤器。每个组依次将输出过滤器的数量加倍，带有线性投影捷径的残差块将从输入到组的过滤器数量加倍。

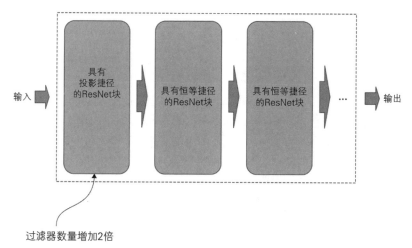

图 5-13　在 ResNet 组的宏观架构中，第一个块使用投影捷径，其余块使用恒等链接

　　ResNet(例如 50、101、152)由 4 个卷积组组成；4 个组的输出过滤器遵循加倍约定，从 64 开始，然后是 128、256，最后是 512。数字约定(50)是指卷积层的数量，其决定了每个卷积组中卷积块的数量。

　　以下是用于编码 ResNet50 的卷积组的骨架模板的示例应用程序。对于 group()函数，弹出第一个块的配置属性(ResNet 的配置属性是一个投影块)，然后将其余块作为恒等块进行迭代。

```
def group(inputs, blocks, strides=(2, 2)):
    """ Construct a Residual Group
        inputs  : input into the group
        blocks  : block parameters for each block
        strides : whether the projection block is a strided convolution
    """
    outputs = inputs

    block_params = blocks.pop(0)                    残差组中的第一个块使用
                                                    线性投影捷径链接
    outputs = projection_block(outputs, strides=strides, **block_params)

    for block_params in blocks:
        outputs = identity_block(outputs, **block_params)    剩余的块使用恒等捷径
    return outputs                                           链接
```

GitHub 上提供了对 ResNet 使用惯用过程重用设计模式的完整代码(http://mng.bz/7jK9)。

5.4.2　DenseNet

　　如图 5-14 所示，DenseNet(https://arxiv.org/abs/1608.06993)中的学习器组件由 4 个卷积组组成。除最后一个组外，每个组都会将池化延迟到组的末尾，即所谓的过渡块。最后一个卷积组没有过渡块，因为没有组跟随。特征图将由任务组件池化然后展平，因此不需要在组的末尾池化。直到今天，将最后一个组中的最终池化延迟到任务组件的这种模

式仍然是一种常规约定。

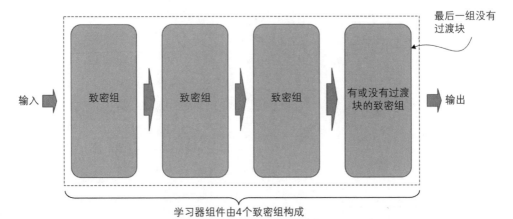

图 5-14 DenseNet 学习器组件由 4 个具有延迟池化的卷积组组成

下面是使用骨架模板对 DenseNet 的学习器组件进行编码的示例实现。注意,在迭代组之前,弹出最后一个组的配置属性。我们将最后一个组视为特例,因为该组不以过渡块结束。或者,使用一个配置参数来指示组是否包含过渡块,从而消除特殊情况(即编码一个单独的块构造)。参数 reduction 指定延迟池化期间特征图大小的缩减量。

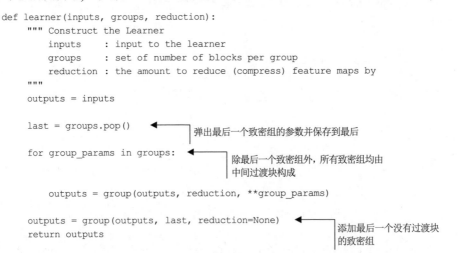

```
def learner(inputs, groups, reduction):
    """ Construct the Learner
        inputs    : input to the learner
        groups    : set of number of blocks per group
        reduction : the amount to reduce (compress) feature maps by
    """
    outputs = inputs

    last = groups.pop()          ◄━━ 弹出最后一个致密组的参数并保存到最后

    for group_params in groups:  ◄━━ 除最后一个致密组外,所有致密组均由
                                      中间过渡块构成

        outputs = group(outputs, reduction, **group_params)

    outputs = group(outputs, last, reduction=None)  ◄━━ 添加最后一个没有过渡块
    return outputs                                       的致密组
```

下面查看 DenseNet 中的卷积组(见图 5-15)。它只包含两种类型的卷积块。第一个块是用于特征学习的 DenseNet 块,最后一个块是用于在下一组之前减少特征图大小的过渡块,称为压缩因子。

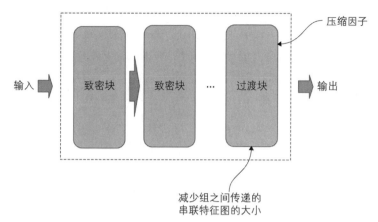

图 5-15　DenseNet 组由一系列致密块和一个最终过渡块组成，用于输出特征图中的降维

　　DenseNet 块本质上是一个残差块，除了代替将恒等链接添加(矩阵相加操作)到输出之外，它是串联的。在 ResNet 中，来自先前输入的信息只向前传递一个块。通过使用串联，来自特征图的信息不断累积，每个块将所有累积信息转发给所有后续块。

　　这种特征图的串接将导致特征图的大小和相应的参数随着层的深入而持续增长。为控制(减少)增长，每个卷积块末尾的过渡块压缩(减少)串联特征图的大小。否则，如果不减少，学习的参数数量将随着深度的增加而大幅增长，从而导致训练时间延长，在提高准确度方面没有任何改善。

　　以下是用于编码 DenseNet 卷积组的示例实现。

```
def group(inputs, reduction=None, **blocks):
    """ Construct a Dense Group
        inputs    : input tensor to the group
        reduction : amount to reduce feature maps by
        blocks    : parameters for each dense block in the group
"""
    outputs = inputs
                                        构建一组致密连接的残差块
    for block_params in blocks:    ◄───
        outputs = residual_block(outputs, **block_params)

    if reduction is not None:
        outputs = trans_block(outputs, reduction)    ◄───
    return outputs                                         构建中间过渡块
```

　　GitHub 上提供了对 DenseNet 使用惯用过程重用设计模式的完整代码(http://mng.bz/6N0o)。下面解释任务组件的设计，学习器组件将连接到该组件。

5.5　任务组件

　　任务组件是执行任务学习的地方。在用于图像分类的大型常规 CNN 中，该组件通常由两层组成。

- 瓶颈层——将最终的特征图降维到潜在空间。
- 分类器层——执行模型正在学习的任务。

学习器组件的输出是特征图的最终缩小尺寸(例如 4×4 像素)。瓶颈层对最终特征图进行最终降维，然后将其输入分类器层进行分类。

在本节的其余部分中，我们将在图像分类器的背景下描述任务组件，因此将其称为分类组件。

5.5.1 ResNet

对于 ResNet50，特征图的数量为 2048。分类器组件中的第一层是将特征图展平为一维向量并使用 GlobalAveragePooling2D 进行缩小。如前所述，该展平/缩小层也称为瓶颈层。瓶颈层之后是进行分类的致密层。

图 5-16 描述了 ResNet50 分类器。分类器组件的输入是来自学习器组件(潜在空间)的最终特征图，然后通过 GlobalAveragePooling2D 将每个特征图的大小减少到单个像素，并且将其展平为一维向量(瓶颈)。这个瓶颈层的输出通过致密层传递，在致密层中，节点的数量对应类的数量。输出是所有类的概率分布，通过 softmax 激活函数压缩成总和为 1。

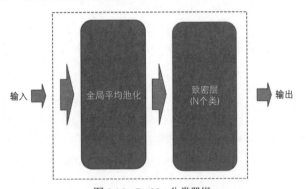

图 5-16　ResNet 分类器组

以下是将此方法编码到分类器组件的示例，该组件包括用于展平和降维的 GlobalAveragePooling2D，然后是用于分类的 Dense 层。

```python
def classifier(inputs, n_classes):
    """ The output classifier
        inputs    : input tensor to the classifier
        n_classes : number of output classes
    """
    outputs = GlobalAveragePooling2D()(inputs)          # 使用全局平均池化将特征图(潜在空间)
                                                        # 缩减并展平为一维特征向量(瓶颈层)

    outputs = Dense(n_classes, activation='softmax')(outputs)   # 完全连接的致密层，
    return outputs                                              # 用于输入的最终分类
```

GitHub 上提供了对 ResNet 使用惯用过程重用设计模式的完整代码(http://mng.bz/7jK9)。

5.5.2　多层输出

在早期部署的机器学习生产系统中，模型被视为独立的算法，我们只对最终输出(预测)感兴趣。如今，我们构建的不是模型，而是合并或组合模型的应用程序。因此，我们不再将任务组件视为单个输出。

相反，我们视其有 4 个输出，这取决于模型如何连接到应用程序中的其他模型。这些输出如下。

- 特征提取。
  - 高维(编码)。
  - 低维(嵌入)——特征向量。
- 预测。
  - 预测预激活(概率)——软目标。
  - 后激活(输出)——硬目标。

后面的章节将介绍这些输出的目的(第 9 章介绍自动编码器，第 11 章介绍迁移学习，第 14 章介绍训练管线中的前置任务)，你将看到分类器中的每一层都有两个并行输出。在图 5-17 所示的传统分类器的多输出中，任务组件的输入也是模型的独立输出，称为编码。然后，编码通过全局平均池化进行降维，进一步减少学习器组件提取的特征的大小。全局平均池化的输出也是模型的独立输出，称为嵌入。

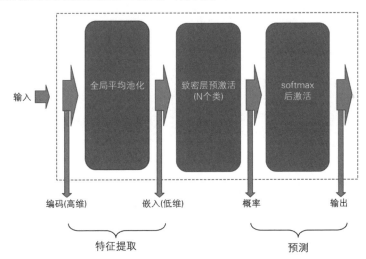

图 5-17　具有四个输出的多输出分类器组，两个用于特征提取共享，两个用于概率分布

接着将嵌入传递到预激活致密层(在 softmax 激活函数之前)。预激活层的输出也是模型的独立输出，称为预激活概率分布。然后将该概率分布传递给 softmax 函数以获得后激活概率分布，形成模型的第四个独立输出。所有这些输出都可以被下游任务使用。

下面介绍一个使用多输出任务组件的简单的现实示例：根据车辆照片估算维修成本。我们需要两种类型的估算：轻微损坏(如凹痕和划痕)的成本和严重损坏(如碰撞)的成本。

我们尝试在单个任务组件中执行此操作，该组件作为回归器输出真实值(美元值)，但在训练期间，任务组件会出现过载，因为它同时学习微小值(轻微损坏)和较大值(严重损坏)。在训练期间，值的广泛分布可能会阻止模型收敛。

解决方法是将其作为两个独立的任务组件：一个用于轻微损坏，另一个用于严重损坏。轻微损坏任务组件将只学习微小值，而严重损坏任务组件将只学习较大值，因此两个任务组件会在训练期间收敛。

下面思考与两个任务共享的输出级别。对于轻微损坏，我们正在研究微小目标。虽然不涉及目标检测，但对小目标进行目标分类的历史问题是，池化后的裁切特征图包含的空间信息太少。修复方法是在更早的卷积中根据特征图进行目标分类；然后，特征图将具有足够的大小，以便在裁切出微小目标时，为目标分类保留足够的空间信息。

例子中有一个类似的问题。对于轻微损坏，目标(每个凹痕)将非常小，我们需要更大的特征图来检测。为达到这个目的，在平均和池化之前，将高维编码连接到执行轻微损坏评估的任务。另一方面，严重碰撞损坏不需要太多细节。如果挡泥板有凹痕，无论凹痕的大小或位置如何，都必须进行更换。因此，在平均和池化之后，需要将低维嵌入连接到执行严重损坏评估的任务。图 5-18 说明了该示例。

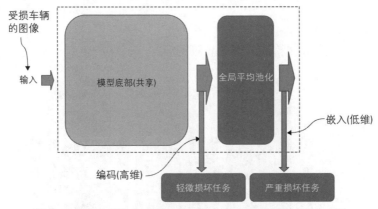

图 5-18　使用共享模型顶部的多输出估算车辆维修成本的多任务组件

以下是将多个输出编码到分类器组件的示例实现。特征提取和预测输出通过捕获每个层的张量输入来实现。在分类器的末尾，将返回单个输出替换为返回所有 4 个输出的元组。

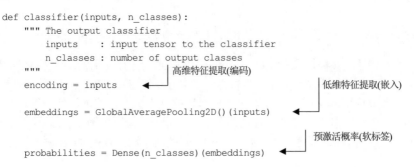

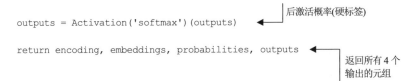

```
outputs = Activation('softmax')(outputs)
```
后激活概率(硬标签)

```
return encoding, embeddings, probabilities, outputs
```
返回所有 4 个
输出的元组

5.5.3　SqueezeNet

在紧凑模型中，特别是对于移动设备，后跟致密层的 GlobalAveraging2D 被替换为使用 softmax 激活函数的 Conv2D。Conv2D 中的过滤器数量设置为类的数量，后跟 GlobalAveraging2D，以便将其展平为类的数量。在 Forrest Iandola 等人的论文 SqueezeNet (https://arxiv.org/pdf/1602.07360.pdf)中解释了将致密层替换为卷积层的原因"注意，SqueezeNet 中缺少完全连接的层；此设计的灵感来自 NiN 架构(Linet 等人，2013)"。

图 5-19 是对分类器组件使用此方法的 SqueezeNet 的编码示例。SqueezeNet 是在 2016 年由 DeepScale 公司、加州大学伯克利分校和斯坦福大学研发的，用于移动设备，当时叫做 SOTA。

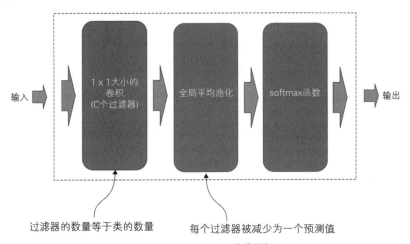

图 5-19　SqueezeNet 分类器组

可以看到，它使用了 1×1 大小的卷积，而不是致密层，其中过滤器的数量等于类的数量(C)。通过这种方式，1×1 大小的卷积学习类的概率分布，而不是学习输入特征图的投影。然后将得到的 C 个特征图分别缩减为概率分布的单个实数值并展平为一维输出向量。例如，如果由 1×1 大小的卷积输出的每个特征图的大小为 3×3(9 像素)，则选择具有最高值的像素作为对应类的概率。然后，一维向量被 softmax 激活函数压缩，使所有概率相加为 1。

这里将其与大型 SOTA 模型中讨论的全局平均池化和致密层方法进行对比。假设最终特征图的大小为 3×3(9 像素)。然后，将 9 个像素平均为单个值并根据每个特征图的单个均值进行概率分布。在 SqueezeNet 使用的方法中，进行概率分布的卷积层看到 9 像素的特征图(相对于平均的单个像素)，并且有更多的像素来学习概率分布。这可能是由

SqueezeNet 的作者选择的，用较小的模型底部来抵消较少的特征提取/特征学习。

下面是对 SqueezeNet 分类器组件进行编码的示例。在本例中，Conv2D 过滤器的数量等于类的数量(n_classes)，然后是 GlobalAveragePooling2D。由于该层是静态(未学习)层，它没有激活参数，因此必须显式地将 softmax 激活层跟随其后。

```
def classifier(inputs, n_classes):
    ''' Construct the Classifier
        inputs    : input tensor to the classifier
        n_classes : number of output classes
    '''
    encoding = Conv2D(n_classes, (1, 1), strides=1,
                      activation='relu', padding='same')(inputs)

    embedding = GlobalAveragePooling2D()(outputs)
    outputs = Activation('softmax')(outputs)
    return outputs
```

将过滤器的数量设置为输出类的数量

将每个特征图(类)减少为单个值(软标签)

使用 softmax 函数将所有类的概率压缩成总和为 1

GitHub 上提供了对 SqueezeNet 使用惯用过程重用设计模式的完整代码(http://mng.bz/XYmv)。

5.6 超越计算机视觉：自然语言处理

如第 1 章所述，我在计算机视觉的背景下解释的设计模式在自然语言处理和结构化数据方面具有类似的原则和模式。为了解过程设计模式如何应用于自然语言处理(NLP)，这里看一个 NLP 类型的示例——自然语言理解(NLU)。

5.6.1 自然语言理解

首先查看图 5-20 中 NLU 的通用模型架构。在 NLU 中，模型学习理解文本并基于这种理解学习执行任务。任务示例包括文本分类、情感分析和实体提取。

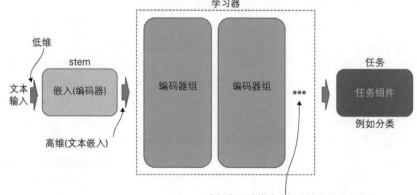

图 5-20　与所有深度学习模型一样，NLU 模型由 stem、学习器和任务组件构成。不同之处在于每个组件内部

我们可能按照类型对医疗文档进行分类，例如将每个文档标识为处方、医嘱、索赔提交或其他。对于情感分析，任务可能是确定评论是有利的还是不利的(二元分类)，或者从不利到有利的排序(多类分类)。对于实体提取，任务可能是从实验室结果和医生/护士记录中提取健康关键信息。

NLU 模型分解为构成所有深度学习模型的相同组件：stem、学习器和任务。区别在于每个组件中发生了什么。

在 NLU 模型中，stem 由编码器组成。其目的是将文本的字符串表示形式转换为基于数值的向量，称为嵌入。这种嵌入比字符串输入具有更高的维度，并且包含关于单词、字符或句子的更丰富的上下文信息。stem 编码器实际上是另一个经过预训练的模型。可将 stem 编码器视为字典。对于低维的每个单词，它输出所有可能的含义(高维)。嵌入的一个常见示例是 N 维向量，其中每个元素表示另一个单词，值表示该单词与另一个单词的关系有多紧密。

接下来，将嵌入传递给学习器组件。在 NLU 模型中，学习器由一个或多个编码器组组成，这些编码器组又由一个或多个编码器块组成。这些块都基于设计模式，例如 Transformer 模型中的注意力块，并且块和组的组装基于编码器模式的设计原则。

你可能注意到 stem 和学习器中都有编码器。它们其实不是相同类型的编码器。两个不同的事物使用相同的命名可能会有点混淆，因此我会进行区分。当我们谈论生成嵌入的编码器时，将其称为 stem 编码器；否则，是指学习器中的编码器。

学习器中编码器的目的是将嵌入转换为文本意义的低维表征(称为中间表征)，这相当于在 CNN 中学习图像的基本特征。

任务组件与计算机视觉对应组件非常相似。中间表征被展平为一维向量并进行池化。用于分类和语义分析的池化表示被传递到 softmax 致密层，用来预测各个类或语义排名的概率分布。

对于实体提取，任务组件相当于目标检测模型的任务组件。你将学习两项任务：对提取的实体进行分类和微调提取的实体文本中的位置边界。

5.6.2　Transformer 架构

现在查看现代 NLU 模型的另一个方面，它在计算机视觉方面堪称 SOTA。如第 1 章所述，随着 2017 年 Google Brain 引入 Transformer 模型架构，以及 Ashishh Vaswani 等人发表相应的论文 Attention is All You Need(https://arxiv.org/abs/1706.03762)，NLU 发生了重大变化。Transformer 架构解决了 NLU 中的一个具有挑战性的问题：如何处理本质上与时间序列相似的文本序列，即含义取决于单词的序列顺序。在 Transformer 架构出现之前，NLU 模型被实现为递归神经网络(RNN)，它将保留文本的序列顺序，并且学习单词的重要性(长期记忆)或非重要性(短期记忆)。

Transformer 模型所做的是引入注意力机制，将 NLU 模型从时间序列转换为空间模型。它不把单词、字符或句子看成一个序列，而是把一大块单词像图像一样在空间上表示出来。模型学习提取基本上下文——特征。注意力机制的作用类似于残差网络中的恒等链接，它为更重要的上下文增加注意力(权重)。

图 5-21 显示了 Transformer 架构中的注意力块。块的输入是一组上下文图，与上一块的特征图相当。注意力机制为上下文块中对上下文理解更重要的部分增加权重(表示此处要注意)。然后将注意力上下文图传递到前馈层，该层输出下一组上下文图。

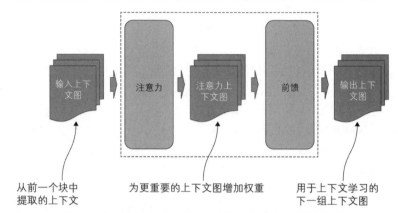

图 5-21　注意力块为对理解文本更重要的上下文部分增加权重

下一章介绍宽卷积神经网络，这是一种侧重于更宽层而非更深层的设计模式。

5.7　本章小结

- 使用设计模式来设计和编码 CNN 可使模型更易于理解，节省时间，确保模型代表最佳 SOTA 实践，并且易于他人复制。
- 过程设计模式使用软件工程师广泛实践过的软件工程重用原则。
- 宏观架构由 stem、学习器和任务组件组成，这些组件定义了模型中的流程以及学习发生的位置/类型。
- 微观架构由组和块设计模式组成，它们定义了模型如何执行学习。
- 预 stem 组的目的是扩展现有(预训练)模型，用于上游数据预处理、图像增强和适应其他部署环境。将预 stem 实现为即插即用可提供机器学习操作来部署模型，而无须附带上游代码。
- 任务组件旨在从潜在空间学习特定于模型的任务，在特征提取和表征学习期间编码学习。
- 多层输出的目的是以最有效的方式扩展用于复杂任务的模型之间的互连，同时保持性能目标。
- Transformer 中的注意力机制提供了一种方法，可以类似于计算机视觉的方式顺序学习基本特征，而不需要递归网络。

第 6 章

宽卷积神经网络

本章主要内容

- 介绍宽卷积层设计模式
- 了解宽层与深层的优势
- 重构微观架构模式以降低计算复杂性
- 用过程设计模式编码以前的 SOTA 宽卷积模型

到目前为止，我们主要关注具有较深层、块层和残差网络中捷径的网络，它们用于与图像相关的任务，例如分类、目标定位和图像分割。现在来了解具有宽卷积层而不是深卷积层的网络。从 2014 年的 Inception v1(GoogLeNet)和 2015 年的 ResNeXt 和 Inception v2 开始，神经网络设计进入宽层模式，减少了对深层的需要。从本质上讲，宽层设计意味着有多个并行卷积，然后将它们的输出串联起来。相比之下，更深的层具有序贯卷积并聚合其输出。

是什么导致了宽层设计模式的实验？当时，研究人员了解到，要使模型获得准确度，需要更多的容量。更具体地说，需要剩余的产能来处理冗余的问题。

早期有关 VGG(https://arxiv.org/pdf/1409.1556.pdf)、ResNet v1(https://arxiv.org/abs/1512.03385) 的工作证明了深层增加的容量确实提高了准确度。例如，AlexNet(2012)是第一个卷积神经网络提交示例，也是 ILSVRC 挑战赛的冠军，它在 Top-5 分类错误率中实现了 15.3%，比 2011 年的获胜者提高了 10%。基于 AlexNet 的 ZFNet 是 2013 年度的冠军，其在 Top-5 错误率中实现了 14.8%。2014 年，VGG 向更深的层推进，首次将 Top-5 分类错误率降低至 7.3%。2015 年，ResNet 的推进程度更深，以 3.57% 的 Top-5 分类错误率登顶冠军。

但这些设计都遇到了限制层深度的障碍，从而限制了增加更多容量的能力。一个主要的问题是梯度消失和梯度爆炸。随着更深层添加到模型中，这些更深层中的权重更可能变得太小(消失)或太大(爆炸)。在训练期间，模型会崩溃，就像计算机程序崩溃一样。

2015 年，批标准化的引入部分解决了这一问题。有关批标准化的开创性论文 (https://arxiv.org/abs/1502.03167)的作者提出一种假设，即在训练过程中将每一层的权重重新分配为正态分布可以解决深层权重过小或过大的问题。其他研究人员验证了这一假设，于是批标准化成为一种惯例，一直延续到今天。

但另一个问题仍然存在于更深的层的研究中：记忆。结果表明，为获得更高的准确度，更深的层会增加产能过剩，因此比浅层更有可能记住数据。也就是说，在产能过剩的情况下，来自训练数据的示例会捕捉到节点中，而不是从训练数据泛化。当你看到在训练过程中训练数据上的准确度不断提高，但对于训练过程中未看到的示例准确度急剧下降时，我们说模型发生了过拟合。过拟合表明模型是在记忆而不是学习。在更深层添加一些噪声(如丢弃和高斯噪声)可以减少记忆，但不能消除记忆。

那么，如果通过使较浅层中的卷积变宽来增加容量会怎么样？增加的容量将减少深入到记忆发生的层的需要。以 2016 年获得 ILSVRC 竞赛亚军的 ResNeXt 为例，它将残差块中的序贯卷积替换为并行卷积，以增加浅层的容量。

本章将介绍宽层设计的演变，从原生 inception 模块的原理开始(该模块在 Inception v1 中被弃用)，然后是 Inception v2 和 v3 中的宽层块优化。同时会介绍 Facebook AI Research 给出的 ResNeXt 中的宽层设计和 Paris Tech 提出的宽残差网络设计。

6.1 Inception v1

Inception v1(https://arxiv.org/abs/1409.4842)的原名为 GoogLeNet，曾赢得 2014 年 ILSVRC 目标检测竞赛并引入了 inception 模块。该卷积层具有不同过滤器大小的并行卷积，每个卷积的输出串联在一起。其理念是，每个层都有多个并行的过滤器大小，不是为一个层选择最佳的过滤器大小，而是由层来"学习哪个大小是最好的"。

例如，假设你设计了一个具有多层卷积的模型，但不知道什么样的过滤器大小能提供最佳结果。你想知道 3×3、5×5 或 7×7 这 3 种尺寸中的哪一种会给你带来最好的准确度。要比较准确度，必须制作 3 个版本的模型，每个大小的过滤器各一个并训练每个版本。你现在想知道每层上的最佳过滤器大小。也许第一层应该是 7×7 大小，下一层应该是 5×5 大小，其余的应该是 3×3 大小(或其他组合)。根据深度，这意味着有数百甚至数千种可能的组合。训练每一种组合都将是一项艰巨的任务。

相反，inception 模块设计通过让每个特征图穿过每个卷积层的不同过滤器大小的并行卷积来解决问题。这一创新使模型能够通过单个版本和模型实例的训练来学习适当的过滤器大小。

6.1.1 原生 inception 模块

图 6-1 所示的原生 inception 模块展示了上述这种方法。

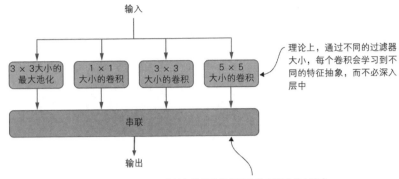

图 6-1　原生 inception 模块(它是试验 inception 模块各种变体的理论基础)

原生 inception 模块是一个卷积块。块的输入穿过 4 个分支：用于降维的池化层以及 1×1、3×3 和 5×5 大小的卷积层。然后将池化和其他卷积层的输出串联在一起。

不同的过滤器大小可捕获不同级别的细节。1×1 大小的卷积捕获特征的细节，而 5×5 大小的卷积捕获更抽象的特征。原生 inception 模块的示例实现中展示了这个过程。来自前一块(层)x 的输入被分支并穿过最大池化层和 1×1、3×3 和 5×5 大小的卷积，然后将输出串联在一起。

```
inception 分支，其中 x 是前一层
x1 = MaxPooling2D((3, 3), strides=(1,1), padding='same')(x)
x2 = Conv2D(64, (1, 1), strides=(1, 1), padding='same', activation='relu')(x)
x3 = Conv2D(96, (3, 3), strides=(1, 1), padding='same', activation='relu')(x)
x4 = Conv2D(48, (5, 5), strides=(1, 1), padding='same', activation='relu')(x)

output = Concatenate()([x1, x2, x3, x4])
```

将 4 个分支的输出串联在一起

通过设置 padding='same'，保留输入的高度和宽度维度。这允许将每个分支的相应输出连接在一起。例如，如果输入是大小为 28×28 的 256 个特征图，则分支层的尺寸如下所示，其中 "?" 是批大小的占位符。

```
x1 (pool)                  : (?, 28, 28, 256)
x2 (1x1)                   : (?, 28, 28, 64)
x2 (3x3)                   : (?, 28, 28, 96)
x3 (5x5)                   : (?, 28, 28, 48)
```

串联后，输出如下所示。

```
x (concat)                 : (?, 28, 28, 464)
```

现在查看如何得到这些数字。首先，卷积和最大池化都是非跨步的(这意味着它们的步幅为 1)，因此不会对特征图进行下采样。其次，设置 padding='same'，边缘的像素宽度/高度不会有任何损失。因此，输出的特征图的大小将与输入的大小相同，其大小为 28×28。

现在查看最大池化分支，它输出相同数量的特征图，因此得到256。3个卷积分支的特征图数量等于过滤器的数量，因此是64、96、48。如果将分支中进行串联的所有特征图相加，则得到464。

原生 inception 模块的 summary() 显示要训练 544 000 个参数。

```
max_pooling2d_1 (MaxPooling2D (None, 28, 28, 256) 0          input_1[0][0]

conv2d_1 (Conv2D)             (None, 28, 28, 64)  16448      input_1[0][0]

conv2d_2 (Conv2D)             (None, 28, 28, 96)  221280     input_1[0][0]

conv2d_3 (Conv2D)             (None, 28, 28, 48)  307248     input_1[0][0]

concatenate_1 (Concatenate)   (None, 28, 28, 464) 0          max_pooling2d_1[0][0]
conv2d_1[0][0]
conv2d_2[0][0]
conv2d_3[0][0]
==================================================================================
Total params: 544,976
Trainable params: 544,976
```

如果省略 padding='same' 参数(默认为 padding='valid')，则形状将如下所示。

```
x1 (pool)    : (?, 26, 26, 256)
x2 (1x1)     : (?, 28, 28, 64)
x2 (3x3)     : (?, 26, 26, 96)
x3 (5x5)     : (?, 24, 24, 48)
```

由于宽度维度和高度维度不匹配，如果尝试连接这些层，将出现以下错误。

```
ValueError: A Concatenate layer requires inputs with matching shapes except
➡ for the concat axis. Got inputs shapes: [(None, 26, 26, 256), (None, 28,
➡ 28, 64), (None, 26, 26, 96), (None, 24, 24, 48)]
```

原生 inception 模块是 Inception v1 作者构想的理论原则。当作者参加 ILSVRC 竞赛时，他们使用瓶颈残差块设计重构了模块(称为 Inception v1 模块)。该模块保持了准确度，并且训练的计算成本较低。

6.1.2　Inception v1 模块

Inception v1 通过向池化以及 3×3 和 5×5 大小的分支添加 1×1 大小的瓶颈卷积引入了进一步的降维。这种降维将总体计算复杂度降低了近 2/3。

此时，你可能会问，为什么要使用 1×1 大小的卷积？通过每个通道扫描的 1 像素过滤器如何学习任意特征？使用 1×1 大小的卷积就像使用胶水代码。1×1 大小的卷积用于扩展或减少输出中的通道数，同时保持通道大小(形状)。扩展通道数称为线性投影，5.3.1 节中对此进行了讨论。

瓶颈用于减少块输入和卷积层输入之间的通道数。线性投影和瓶颈卷积类似于上采样和下采样，不同的是我们不是在扩展或减少通道的大小，而是在减少通道的数量。这种情况下，当减少通道数量时，可以说在压缩数据，因此我们使用降维这个术语。我们可以使用静态算法来实现这一点，或者在本例中，我们学习减少通道数量的最佳方法。这类似于最大池化和特征池化。在最大池化中，使用静态算法来减少通道的大小，而在特征池化中学习减少通道大小的最佳方法。

图 6-2 显示了 Inception v1 块(模块)。3×3 和 5×5 大小的分支前面是 1×1 大小的瓶颈卷积，而 1×1 大小的瓶颈卷积前面是池化分支。

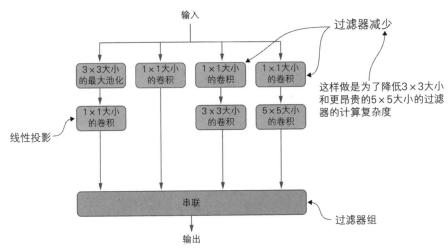

图 6-2 2014 年 ILSVRC 提交文件中使用的 Inception v1 块(模块)的设计

这里是 Inception v1 块(模块)的示例，其中池化以及 3×3 和 5×5 大小的卷积分支具有额外的 1×1 大小的瓶颈卷积。

```
x1 = MaxPooling2D((3, 3), strides=(1,1), padding='same')(x)
x1 = Conv2D(64, (1, 1), strides=(1, 1), padding='same',
    activation='relu')(x1)
x2 = Conv2D(64, (1, 1), strides=(1, 1), padding='same', activation='relu')(x)
x3 = Conv2D(64, (1, 1), strides=(1, 1), padding='same', activation='relu')(x)
x3 = Conv2D(96, (3, 3), strides=(1, 1), padding='same',
    activation='relu')(x3)
x4 = Conv2D(64, (1, 1), strides=(1, 1), padding='same', activation='relu')(x)
x4 = Conv2D(48, (5, 5), strides=(1, 1), padding='same',
    activation='relu')(x4)

x = Concatenate([x1, x2, x3, x4])
```

inception 分支，其中 x 是前一层

将来自分支的特征图串联在一起

这些层的 summary()显示需要训练 198 000 个参数，与原生 inception 模块中使用瓶颈卷积进行降维的 544 000 个参数形成对比。该模型的设计人员能够保持与原生 inception 模块相同的准确度水平，但具有更快的训练速度和更好的预测(推断)性能。

```
max_pooling2d_1 (MaxPooling2D (None, 28, 28, 256)   0       input_1[0][0]

conv2d_1 (Conv2D)            (None, 28, 28, 64)    16448   input_1[0][0]
```

```
conv2d_2 (Conv2D)               (None, 28, 28, 64)    16448   input_1[0][0]
_____
conv2d_3 (Conv2D)               (None, 28, 28, 64)    16448   max_pooling2d_1[0][0]
_____
conv2d_4 (Conv2D)               (None, 28, 28, 64)    16448   input_1[0][0]
_____
conv2d_5 (Conv2D)               (None, 28, 28, 96)    55392   conv2d_4[0][0]
_____
conv2d_6 (Conv2D)               (None, 28, 28, 48)    76848   conv2d_2[0][0]
_____
concatenate_430 (Concatenate)   (None, 28, 28, 272)   0       conv2d_3[0][0]
conv2d_1[0][0]
conv2d_5[0][0]
conv2d_6[0][0]
================================================================================
Total params: 198,032
Trainable params: 198,032
```

如图 6-3 所示，当将 Inception v1 架构改装为过程设计模式时，它由 4 个组件组成：
stem、学习器、分类器和辅助分类器。总体而言，过程设计模式所代表的宏观架构与之
前展示的 SOTA 模型相同，只是添加了辅助分类器。图中学习器组件由 5 个卷积组组成，
每个组有不同数量的卷积块。第二个和第四个卷积组是唯一具有单个卷积块的组，并且
是与辅助分类器连接的组。

Inception v1 在 2014 年 ILSVRC 目标检测挑战赛中获得冠军，证明了探索宽层和深层
设计模式的实用性。

注意，我一直将模块称为块，这是此设计模式中使用的术语。下面具体介绍每个组件。

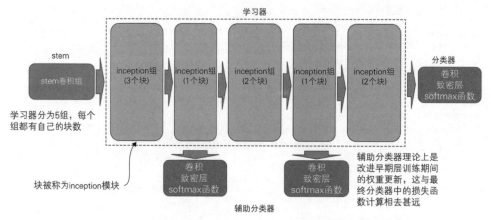

图 6-3　在 Inception v1 宏观架构中，辅助分类器添加在第二个和第四个 inception 组之后

6.1.3　stem

stem 是神经网络的入口点。输入(图像)由一组连续(深层)的卷积和最大池化处理，与
传统的 ConvNet 很像。

让我们深入了解 stem，这样就可以看到它的结构与当时传统的 SOTA stem 有什么不

同(见图 6-4)。Inception 使用了一个非常粗糙的 7×7 大小的初始过滤器,然后是一个大幅度的特征图缩减,由两个跨步卷积和两个最大池化组成。此外,它逐渐将特征图的数量从 64 个增加到 192 个。Inception 编码没有能够以卷积方式将过滤器移过边缘的优点。因此,为了在缩小过程中将高度和宽度缩小一半,添加了零填充。

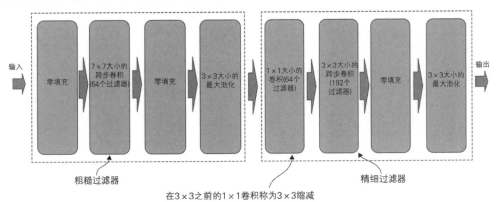

图 6-4　Inception v1 stem 由一个 7×7 大小的粗糙过滤器和一个 3×3 大小的精细过滤器组成,
每个卷积最大池化后都会进行降维

6.1.4　学习器

学习器由 5 个组中的 9 个 inception 块组成,如图 6-3 和图 6-5 所示。图中较宽的组表示由两个或三个 inception 块组成,较窄的组表示单个 inception 块,总共 9 个 inception 块。第四个和第七个块(单个块)被分离出来,以突出显示它们有一个附加组件,即辅助分类器。

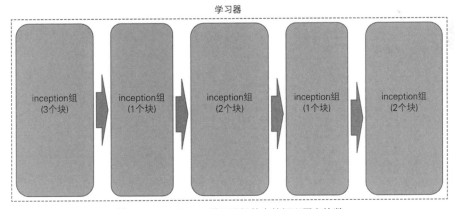

图 6-5　Inception v1 学习器组件中的组配置和块数

6.1.5　辅助分类器

辅助分类器是两个分类器的集合,在训练神经网络时充当辅助。每个辅助分类器由卷积层、致密层和最终的 softmax 激活函数组成(见图 6-6)。softmax 函数是一个来自统计学的方程,它将一组独立的概率(0~1)作为输入并压缩该集合,使所有概率相加为 1。在每个类有一个节点的最终致密层中,每个节点进行独立预测(0~1),通过将值传递给 softmax 函数,所有类的预测概率总和将为 1。

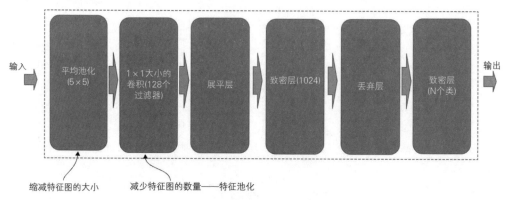

图 6-6　Inception v1/v2 辅助分类器组

　　Inception v1 架构引入了辅助分类器的概念。其原理是,随着神经网络在层中更深入(即前端层离最终分类器越来越远),前端层出现更多的梯度消失和增加时间(增加时期数)的问题来训练最前面层中的权重。图 6-7 展示了这一过程。随着权重的更新从后端层进行传播,更新往往会逐渐变小。

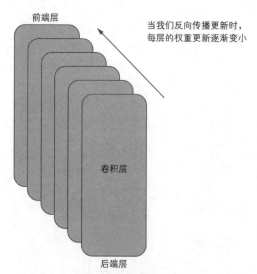

图 6-7　反向传播期间权重更新逐层变小

　　正如 Inception v1 的作者所提出的理论,这可能导致他们想要解决的两个问题。首先,如果更新太小,乘法运算可能导致数字太小,无法由浮点计算机硬件表示(这称为梯度消失)。

另一个问题是，如果对早期层的更新比后期层的更新小得多，那么它们将需要更长的时间来收敛并增加训练时间。此外，如果后面的层提前收敛，而前面的层收敛晚，那么后面的层可能开始记忆数据，而前面的层仍在学习泛化。

Inception v1 的作者提出的理论是，在半深层有一些信息可以预测或分类输入(尽管其准确度低于最终分类器)。这些早期的分类器更靠近前端层，因此不太容易出现梯度消失的情况。在训练过程中，代价函数成为辅助分类器和最终分类器损失的组合。换言之，作者认为，将辅助分类器和最终分类器的损失结合起来可以在所有层上对权重进行更均匀的更新，从而减轻梯度消失并减少训练时间。

图 6-6 所示的辅助分类器用于 Inception v1 和 Inception v2 中。在 Inception 之后，由于两个原因，没有采用辅助分类器。首先，随着模型在各层中的深入，梯度消失(和梯度爆炸)的问题在更深的层中变得比前面层更明显，因此该理论在更深的神经网络中无法实现。其次，2015 年批标准化的引入在所有层统一解决了这一问题。

与 VGG 设计相比，Inception v1 消除了在分类器(辅助分类器和最终分类器)中添加附加的致密层，而 VGG 有两个附加的带有 4096 个节点的致密层。作者从理论上推断，附加的致密节点对于训练用于分类的最终致密层不是必要的。这在不降低分类器准确度的情况下大幅降低了计算复杂度。在随后的 SOTA 模型中，研究人员发现，他们可以消除瓶颈和最终分类器层之间的所有先前致密层，而不会降低准确度。

Inception 是在分类器中使用一个丢弃层进行正则化以减少过拟合的最后几个 SOTA 模型之一。在随后引入批标准化后，研究人员观察到归一化在每层基础上增加了少量的正则化，并且在泛化方面比丢弃法更有效。最终，研究人员引入显式的逐层正则化(称为权重正则化)来进一步改进正则化。因此，后来逐步停止使用丢弃法。

6.1.6　分类器

图 6-8 描述了神经网络训练和预测中的最终(非辅助)分类器。注意，对于预测，将删除辅助分类器。分类器将全局平均池化步骤分为两层；第一层(AveragePooling2D)将每个特征图平均池化为 1×1 大小的特征图，然后再添加一个展平层，将其展平为一维向量。在用 Dense 层进行分类之前，使用一个 Dropout 层进行正则化(这是当时的一种常见做法)。

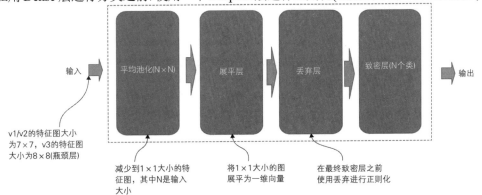

图 6-8　在 Inception 最终分类器中，分为池化为 1×1 大小的特征图和展平两个步骤

GitHub 上提供了对 Inception v1 使用惯用过程重用设计模式的完整代码(http://mng.bz/oGnd)。

下面查看 Inception v2 是如何为计算代价高昂的卷积引入分解概念的。

6.2　Inception v2：卷积分解

卷积中的过滤器(核)越大，计算成本就越高。关于 Inception v2 架构的论文计算出，inception 模块中 5×5 大小的卷积计算成本是 3×3 大小的卷积的 2.78 倍。换句话说，5×5 大小的过滤器需要 3 倍的 matmul 操作，且需要更多的时间进行训练和预测。作者的目标是找到一种用 3×3 大小的过滤器代替 5×5 大小的过滤器的方法，以减少训练/预测时间，同时不折损模型的准确度。

Inception v2 为 inception 模块中更昂贵的卷积引入了分解，以降低计算复杂性，并且减少表征性瓶颈造成的信息损失。图 6-9 描述了表征性损失，展示了一个覆盖 25 像素区域的 5×5 大小的过滤器。在过滤器的每次滑动期间，25 像素的区域被单个像素替换。在随后的池化操作中，相应特征图中的该单个像素将减少一半。表征性损失是压缩比，这里为 50(25∶0.5)。对于较小的 3×3 大小的过滤器，表征性损失为 18(9∶0.5)。

在 Inception v2 模块中，5×5 大小的过滤器被两个 3×3 大小的过滤器所取代，这使得被取代的 5×5 大小的过滤器的计算复杂度降低 33%。

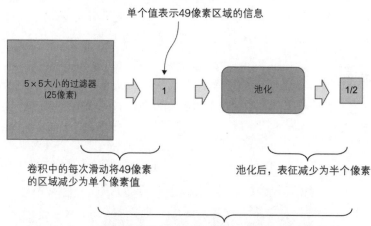

图 6-9　后续池化后的过滤器和输出像素值之间的表征性损失

此外，当过滤器大小存在较大差异时，会出现表征性瓶颈损失。通过将 5×5 大小的过滤器替换为两个 3×3 大小的过滤器，所有非瓶颈过滤器现在都具有相同的大小，并且 Inception v2 架构的总体准确度比 Inception v1 有所提高。

图 6-10 演示了 Inception v2 块：v1 中 5×5 大小的卷积被两个 3×3 大小的卷积代替。

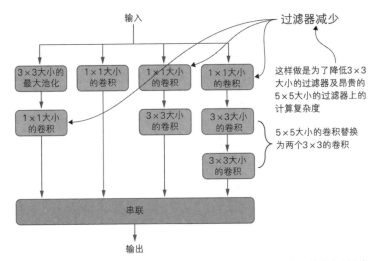

图 6-10　在 Inception v2 块中，5×5 大小的卷积被两个 3×3 大小的卷积所取代

对于每个卷积层，Inception v2 还添加了后激活批标准化(Conv-BN-ReLU)。由于 2015 年才引入批标准化，因此 2014 年的 Inception v1 没有使用该技术。图 6-11 显示了未采用批标准化(Conv-ReLU)的先前卷积与采用后激活批标准化之间的差异。

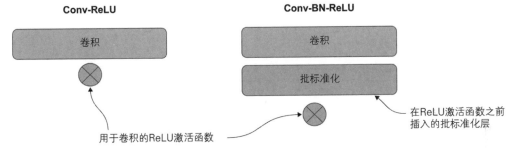

图 6-11　添加批标准化前后卷积层和激活函数之间的比较

以下是 Inception v2 模块的代码示例，它与 v1 的区别如下。

● 每个卷积层后面都有一个批标准化。

● v1 的 5×5 大小的卷积被两个 3×3 大小的卷积所取代，将更昂贵的 5×5 大小的卷积分解为更便宜的 3×3 大小的卷积对降低了计算复杂度和表征性瓶颈造成的信息损失。

使用后激活批标准化

```
x1 = MaxPooling2D((3, 3), strides=(1,1), padding='same')(x)
x1 = Conv2D(64, (1, 1), strides=(1, 1), padding='same')(x1)
x1 = BatchNormalization()(x1)
x1 = ReLU()(x1)

x2 = Conv2D(64, (1, 1), strides=(1, 1), padding='same')(x)
x2 = BatchNormalization()(x2)
x2 = ReLU()(x2)
```

inception 分支，
其中 x 是前一层

```
x3 = Conv2D(64, (1, 1), strides=(1, 1), padding='same')(x)
x3 = BatchNormalization()(x3)
x3 = ReLU()(x3)
x3 = Conv2D(96, (3, 3), strides=(1, 1), padding='same')(x3)
x3 = BatchNormalization()(x3)
x3 = ReLU()(x3)

x4 = Conv2D(64, (1, 1), strides=(1, 1), padding='same')(x)
x4 = BatchNormalization()(x4)
x4 = ReLU()(x4)
x4 = Conv2D(48, (3, 3), strides=(1, 1), padding='same')(x4)
x4 = BatchNormalization()(x4)
x4 = ReLU()(x4)
x4 = Conv2D(48, (3, 3), strides=(1, 1), padding='same')(x4)
x4 = BatchNormalization()(x4)
x4 = ReLU()(x4)

x = Concatenate([x1, x2, x3, x4])
```

inception 分支，其中 x 是前一层

将来自分支的特征图串联在一起

与 inception v1 模块的 198 000 个参数不同，这些层的 summary()显示要训练 169 000 个参数。

GitHub 上提供了对 Inception v2 使用惯用过程重用设计模式的完整代码(http://mng.bz/oGnd)。下面介绍如何在 Inception v3 中重新设计 Inception 架构。

6.3   Inception v3：重新设计架构

Inception v3 为宏观架构引入了新的设计并重新设计了 stem 组，它仅使用一个辅助分类器。Christian Szegedy 等人在其论文 Rethinking the Inception Architecture (https://arxiv.org/abs/1512.00567)中提到了这种设计。

作者指出，近年来随着更深和更宽的研究，在提高准确度和降低参数大小方面取得了重大进展。AlexNet 有 6000 万个参数，VGG 的参数数量是 AlexNet 的 3 倍，而 Inception v1 只有 500 万个。作者强调了高效架构的需要，这种架构可以将模型转移到现实世界中使用，并且在实现更高准确度增益的同时提供更高的参数效率。

在他们看来，Inception v1/v2 架构对于这个目的来说太复杂。例如，将过滤器组的大小加倍以获得更大的容量将使参数数量增加 4 倍。重新设计的动机是简化架构，同时保持缩放时的计算增益，并且提高当时已有 SOTA 模型的准确度。

在重新设计中，对卷积块进行了重构，以便有效地扩展架构。图 6-12 显示了宏观架构：学习器组件由用于特征学习的 3 个组(A、B 和 C)以及用于特征图缩减的两个网格缩减组组成。此外，辅助分类器的数量从两个减少到一个。

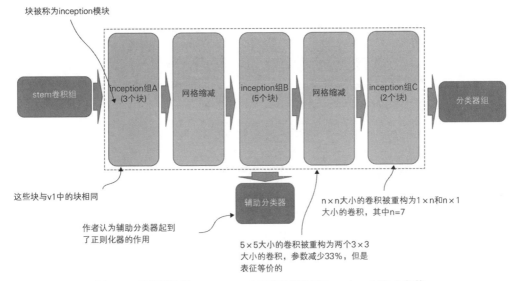

图 6-12　重新设计的 Inception v3 宏观架构简化了 Inception v1 和 v2 架构

接下来的几节中将详细介绍这些重新设计的组件。

6.3.1　Inception 组和块

Inception 架构的重新设计有四项设计原则。

● 避免表征性损失。

● 高维表征更容易在网络中进行本地处理。

● 空间聚合可以在低维嵌入上完成，而不会损失太多的表征能力。

● 平衡网络的宽度和深度。

Inception 的微观架构反映了第一项设计原则，即通过实现特征图尺寸的逐步减小，减少表征性瓶颈造成的信息损失。它还遵循了原则四，即平衡卷积层的宽度和深度。作者观察到，当宽度和深度的增加并行进行并且计算预算在两者之间平衡时，会出现最佳改进。因此，该模型增加了宽度和深度，以提高网络质量。

现在进一步查看组 A、B 和 C 的重新设计。组 A 中的块与早期版本中的块相同，而组 B 和组 C 不同。组 A、B 和 C 的输出特征图大小分别为 35×35、17×17 和 8×8。注意，特征图尺寸逐渐减小，因为每个组减少一半的 H×W。这 3 个组之间的逐渐减小反映了设计原则一，随着网络的深入，减少了表征性损失。

图 6-13 和图 6-14 分别显示组 B 和组 C 中的块。在这两个组中，一些 N×N 大小的卷积被分解为 N×1 和 1×N 大小的空间可分离卷积。这个调整反映了设计原则三，该原则规定，当在特征图的低维上进行空间可分离卷积时，不会损失表征能力。

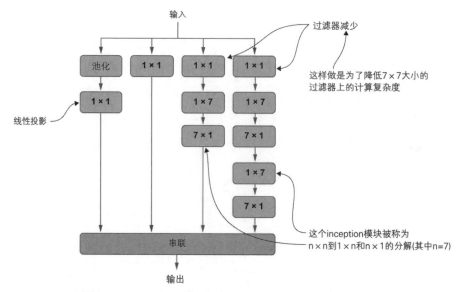

图 6-13 使用空间可分离卷积的 17×17 大小的 Inception v3 块(组 B)

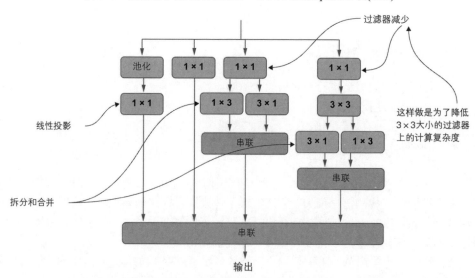

图 6-14 使用并行空间可分离卷积的 8×8 大小的 Inception v3 块(组 C)

在 Inception 的早期版本中，卷积组之间的特征图进行池化，以降低维度，并且数量增倍。研究人员认为这导致了表征性损失(设计原则一)。他们建议组之间的特征图缩减阶段可以用并行卷积和池化来代替，如图 6-15 所示。然而，在 Inception v3 之后，这种消除缩减过程中表征性损失的方法没有得到进一步的研究。

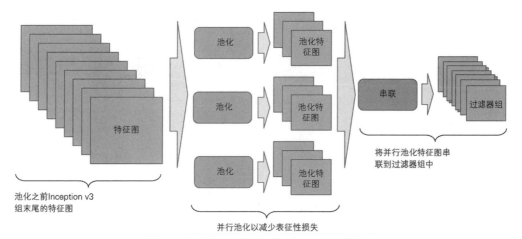

图 6-15　使用特征图的并行池化来减少表征性损失

　　组 A 和组 B 之后的并行池化分别如图 6-16 和图 6-17 所示。所谓网格缩减是指，这些池化的块减少前一组输出的特征图(或通道)数量，以匹配下一组的输入。因此，网格缩减块 A 从 35×35 大小缩减到 17×17 大小，网格缩减块 B 从 17×17 大小缩减到 8×8 大小(满足设计原则一)。

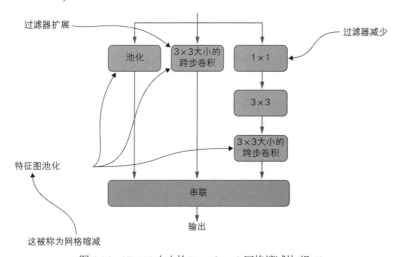

图 6-16　17×17 大小的 Inception v3 网格缩减块(组 A)

　　此外，根据设计原则三，7×7 大小的卷积加上组 B 和组 C 中的一些 3×3 大小的卷积以及组 B 中的网格缩减分别被(7×1,1×7)和(3×1,1×3)的空间卷积所取代。

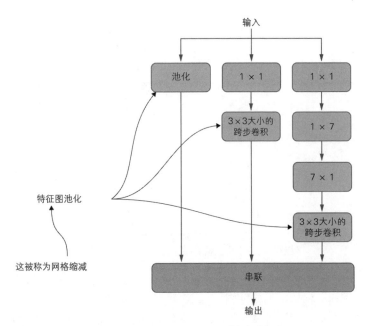

图 6-17　8×8 大小的 Inception v3 网格缩减块(组 B)

现在比较来自 Inception v1 和 v2 的普通卷积和来自 v3 的空间可分离卷积。

6.3.2　普通卷积

在普通卷积中，核(例如 3×3)应用于高度(H)、宽度(W)和深度(D)通道。每次移动核时，矩阵乘法运算的数目等于像素数 H×W×D。

例如，一个 RGB 图像(有 3 个通道)在所有 3 个通道上应用 3×3 大小的核，使用 3×3×3=27 个矩阵乘法(matmul)运算，生成一个 N×M×1(例如 8×8×1)大小的特征图(每个核)，其中 N 和 M 是特征图的结果高度和宽度，如图 6-18 所示。

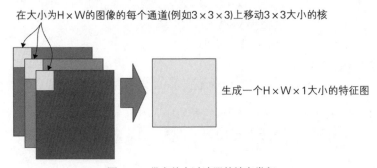

图 6-18　带有单个过滤器的填充卷积

如果我们为卷积的输出指定 256 个过滤器, 就有 256 个核需要训练。在使用 256 个 3×3 大小的核的 RGB 示例中, 这意味着每次核移动时都有 6912 个矩阵乘法运算, 如图 6-19 所示。因此, 即使使用 3×3 大小的核, 当增加输出特征图的数量以获得更高的表征能力时, 普通卷积的计算成本也会变得更高。

图 6-19　带多个过滤器的填充卷积

6.3.3　空间可分离卷积

相比之下, 空间可分离卷积将二维核(例如 3×3)分解为两个较小的一维核。如果将二维核表示为 H×W, 经过分解的两个较小的一维核将分别为 H×1 和 1×W。这种分解将使计算总数减少 1/3。虽然这种分解并不总是保持表征等价, 但研究人员证明他们能够在 Inception v3 中保持表征等价。图 6-20 比较了普通卷积和可分离卷积。

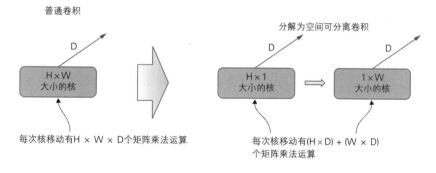

图 6-20　普通卷积与空间可分离卷积

在具有 3×3 大小的核的 RGB 示例中, 每次移动核时, 普通卷积将使用 3×3×3(通道)=27 个矩阵乘法运算。在具有分解的 3×3 大小的核的同一 RGB 示例中, 每次移动核时, 空间可分离卷积将使用(3×1×3)+(1×3×3)=18 个矩阵乘法运算。因此, 矩阵乘法运算的数量减少了 1/3(18 对 27)。

在使用 256 个 3×3 大小的核的 RGB 示例中, 每次核移动时有 4608 个矩阵乘法运算, 而普通卷积则有 6912 个矩阵乘法运算。

6.3.4 stem 重设计和实现

在设计 Inception v3 时，通常的做法是用两个 3×3 大小的过滤器替换粗糙的 5×5 大小的过滤器，从而使用更少的算力并保持表征能力。利用同样的原理，作者从理论上推测，一个 7×7 大小的粗糙级别的卷积(其计算成本很高，每次移动时有 49 个 matmul 操作)可以被 3 个 3×3 大小的卷积(每次移动时有 27 个 matmul 操作)所取代。这减少了 stem 组件中的参数数量，同时保持了表征能力。

图 6-21 显示了如何将 stem 卷积组中 7×7 大小的卷积进行分解，并且用 3 个 3×3 大小的卷积替换，如下所示。

(1) 第一个 3×3 是执行特征图缩减的跨步卷积(strides=2, 2))。

(2) 第二个 3×3 是常规卷积。

(3) 第三个 3×3 将过滤器数量增倍。

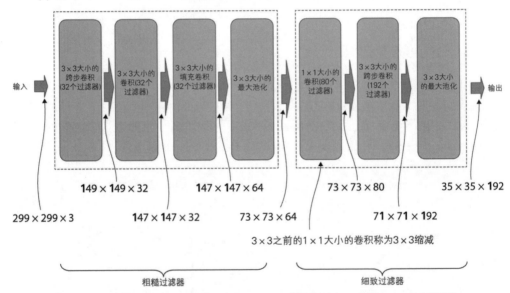

图 6-21 由 3 个 3×3 卷积组成的 Inception v3 stem 组取代了 v1/v2 中的 7×7 大小的卷积

Inception v3 将是基于分解(或非分解)的 7×7 大小的粗糙过滤器的最后几个 SOTA 模型之一。目前的做法是分解(或非分解)的 5×5。下一个代码示例是 Inception v3 stem 组的实现，它包括以下内容。

(1) 3 个 3×3 大小的卷积堆叠(分解的 7×7)，其中第一个卷积跨步用于特征池化(输入形状大小的 25%)。

(2) 一个最大池化层，用于进一步降低特征图的维数(输入形状大小的 6%)。

(3) 一个 1×1 大小的线性投影卷积，将特征图的数量从 64 个扩展到 80 个。

(4) 一个 3×3 大小的卷积，进一步将维度扩展到 192 个特征图。

(5) 另一个最大池化层，用于进一步降低特征图的维数(输入形状大小的 1.5%)。

```
x = Conv2D(32, (3, 3), strides=(2, 2), padding='same')(input)
x = BatchNormalization()(x)
x = ReLU()(x)
x = Conv2D(32, (3, 3), strides=(1, 1), padding='same')(x)
x = BatchNormalization()(x)
x = ReLU()(x)
x = Conv2D(64, (3, 3), strides=(1, 1), padding='same')(x)
x = BatchNormalization()(x)
x = ReLU()(x)

# max pooling layer
x = MaxPooling2D((3, 3), strides=(2, 2), padding='same')(x)

x = Conv2D(80, (1, 1), strides=(1, 1), padding='same')(x)
x = BatchNormalization()(x)
x = ReLU()(x)

x = Conv2D(192, (3, 3), strides=(1, 1), padding='same')(x)
x = BatchNormalization()(x)
x = ReLU()(x)

x = MaxPooling2D((3, 3), strides=(2, 2), padding='same')(x)
```

Inception v3 stem, 7×7 被3×3 的卷积堆叠取代

1×1 大小的线性 投影卷积

特征图扩展(维度 扩展)

特征图池化(降维)

stem 组的 summary()显示了对于输入(229, 229, 3)要训练 614 000 个参数。

6.3.5　辅助分类器

　　Inception v3 的另一个变化是将两个辅助分类器减为一个辅助分类器并且进一步简化,如图 6-22 所示。作者解释说,之所以做出这些改变,是因为"发现辅助分类器在训练的早期并没有改善收敛"。通过保留单个分类器,他们似乎在朝着中点努力。

　　同样,他们采用了移除最终分类器之前的附加致密层的约定,进一步减少了参数。早期的研究人员已经确定,移除附加的致密层(在用于分类的致密层之前)不会导致准确度损失。

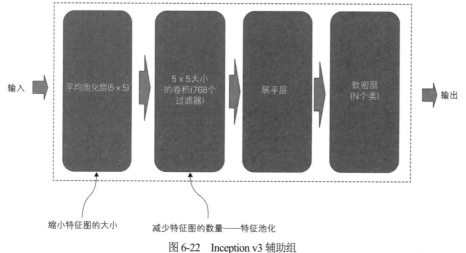

图 6-22　Inception v3 辅助组

辅助分类器进一步简化为以下内容。

- 一个平均池化(AveragePooling2D)层，它将每个特征图简化为一个 1×1 大小的矩阵。
- 一个 3×3 大小的卷积(Conv2D)层，输出 768 个 1×1 大小的特征图。
- 一个展平(Flatten)层，用于将特征图展平为具有 768 个元素的一维向量。
- 一个用于分类的最终致密(Dense)层。

GitHub 上提供了对 Inception v3 使用惯用过程重用设计模式的完整代码(http://mng.bz/oGnd)。

6.4 ResNeXt：宽残差神经网络

Facebook AI Research 提出的 ResNeXt 是 2016 年 ImageNet ILSVRC 竞赛的亚军，它引入了宽残差块，该块使用拆分-转换-合并模式进行并行卷积。这种并行卷积结构称为组卷积。

并行卷积的数量构成宽度，称为基数。例如，在 2016 年的竞赛中，ResNeXt 架构使用了基数 32，这意味着每个 ResNeXt 层由 32 个并行卷积组成。

其思想是，添加并行卷积将有助于提高模型的准确度，而不必进入更深的层(这会导致更易于记忆)。在 Saining Xie 等人的消融实验(https://arxiv.org/abs/1611.05431)中，他们在 ImageNet 数据集上，将 50、101 和 200 层的 ResNeXt 与 ResNet 以及 101 和 200 层的 ResNeXt 与 Inception v3 进行了比较。在所有情况下，相同深度层的 ResNeXt 架构都实现了更高的准确度。

如果你查看预训练的模型存储库，例如 TensorFlow Hub，可以看到 SE-ResNeXt 变体具有更高的计算能力和准确度，并且被用作图像分类主干。

6.4.1 ResNeXt 块

在每个 ResNeXt 层，来自上一层的输入被拆分成并行卷积，来自每个卷积的输出(特征图)被串联在一起。最后，将层的输入与串联输出矩阵相加(恒等链接)以形成残差块。这组层称为拆分-转换-合并以及缩放操作。定义这些术语将有助于了解具体操作。

- 拆分是指基于基数将特征图分为组。
- 转换是在每个组的并行卷积中发生的操作。
- 合并是指结果特征图的串联操作。
- 缩放表示恒等链接中的加法操作。

拆分-转换-合并操作的目标是在不增加参数的情况下提高准确度。它通过将基本转换(w×x)转变为神经元中的网络的聚合转换来实现这一点。

现在查看实现这些概念的架构。如图 6-23 所示，ResNeXt 的宽残差块组由以下部分组成。

- 最开始的瓶颈卷积(1×1 大小的核)。

- 基数为 N 的拆分-分支-串联卷积(组卷积)。
- 最终的瓶颈卷积(1×1 大小的核)。
- 输入和最终卷积输出之间的恒等链接(捷径)。

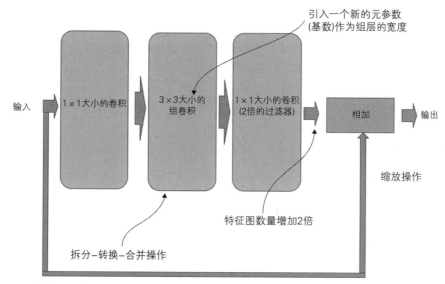

图 6-23　带有恒等捷径的 ResNeXt 残差块，它实现了拆分-转换-合并以及缩放操作

图 6-24 展示了组卷积的拆分-转换-合并操作。以下是如何应用 3 个主要步骤。

- 拆分：将输入(特征图)平均拆分为 N 个组(其中 N 为基数)。
- 转换：每组穿过一个单独的 3×3 大小的卷积。
- 合并：将所有转换的组重新串联在一起。

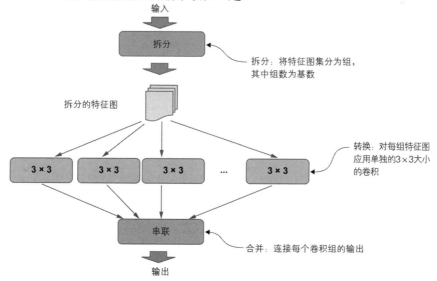

图 6-24　实现拆分-转换-合并操作的 ResNeXt 组卷积

最开始的瓶颈卷积通过减少(压缩)输入特征图的数量来执行降维。第 5 章介绍瓶颈残差块和 6.1~6.3 节介绍 inception 模块时，我们已看到瓶颈卷积的类似用法。

在瓶颈卷积之后，根据基数在并行卷积之间拆分特征图。例如，如果输入特征图(或通道)的数量为 128，基数为 32，则每个并行卷积将得到 4 个特征图，即特征图的数量除以基数(128 除以 32)。

然后将并行卷积的输出连接成完整的特征图集，通过最终瓶颈卷积进行另一次降维。与残差块一样，ResNeXt 块的输入和输出之间有一个恒等链接，然后将其矩阵相加。

下列 ResNeXt 块的编码示例由 4 个代码序列组成。

(1) 块输入(捷径)通过 1×1 大小的瓶颈卷积进行降维。

(2) 拆分-转换操作(组卷积)。

(3) 合并操作(串联)。

(4) 输入与合并操作的输出矩阵相加(恒等链接)作为缩放操作。

通过除以基数(宽度)大小来计算
每组的通道数

```
shortcut = x

x = Conv2D(filters_in, (1, 1), strides=(1, 1), padding='same')(shortcut)
x = BatchNormalization()(x)
x = ReLU()(x)


filters_card = filters_in // cardinality

groups = []
for i in range(cardinality):
    group = Lambda(lambda z: z[:, :, :, i * filters_card:i *
                          filters_card + filters_card])(x)
    groups.append(Conv2D(filters_card, (3, 3), strides=(1, 1),
                         padding='same')(group))

x = Concatenate()(groups)
x = BatchNormalization()(x)
x = ReLU()(x)

x = Conv2D(filters_out, (1, 1), strides=(1, 1), padding='same')(x)
x = BatchNormalization()(x)

x = Add()([shortcut, x])
x = ReLU()(x)
return x
```

捷径链接是用于降维的
1×1 大小的瓶颈卷积

执行拆分-转换
步骤

通过串联组卷积的输出
来执行合并步骤

用于维度恢复的1×1
大小的线性投影

将捷径添加到
块的输出

注意：在这个代码清单中，Lambda()方法执行特征图的拆分。序列 z[:, :, :, i * filters_card:i * filters_card + filters_card 是一个滑动窗口，沿第四维拆分输入特征图；第四维度是通道 B×H×W×C。

6.4.2 ResNeXt 架构

图 6-25 所示的架构从输入的 stem 卷积组开始，由 7×7 大小的卷积组成，然后通过

最大池化层减少数据。

stem 后面是 4 组 ResNeXt 块。与输入相比，每个组逐渐将输出的过滤器数量增加一倍。在每个块之间是一个跨步卷积，它有两个用途。

- 将数据减少 75%(特征池化)。
- 将前一层的输出中的过滤器加倍，因此当该层的输入与其输出之间建立恒等链接时，过滤器的数量与矩阵加法操作相匹配。

在最后的 ResNeXt 组之后，输出被传递到分类器组件。该分类器由最大池化层和展平层组成，展平层将输入展平为一维向量，然后将其传递到单个致密层进行分类。

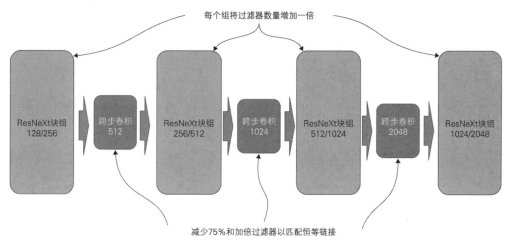

图 6-25 显示卷积组之间的特征池化的 ResNeXt 学习器组件

GitHub 上提供了对 ResNeXt 使用惯用过程重用设计模式的完整代码(http://mng.bz/my6r)。

6.5 宽残差网络

ParisTech 的研究人员于 2016 年引入的宽残差网络(WRN)为宽卷积神经网络提供了另一种方法。研究人员基于这样一种理论进行操作：随着模型在层中的深入，特征重用会减少，因此训练需要更长的时间。他们使用残差网络进行了一项研究并为每个残差块的过滤器数量(宽度)增加了一个乘数参数。这降低了深度。当他们测试这种设计时，发现只有 16 层的 WRN 优于其他 SOTA 架构。

不久之后，名为 DenseNet 的设计展示了另一种在更深层处理特征重用的替代方案。与 WRN 一样，DenseNet 的工作假设是，增加特征重用将导致更大的表征能力和更高的准确度。然而，DenseNet 通过将输入与每个残差块的输出连接起来的特征图实现了重用。

对于消融实验，Sergey Zagoruyko 和 Nikos Komodakis 在论文 Wide Residual Networks (https://arxiv.org/pdf/)中将加宽原理应用于 ResNet50(称为 WRN-50-2)，他们发现其表现优于更深的 ResNet101。如今的 SOTA 模型采用了使用宽层和深层的原则，以实现更高的性

能、更快的训练和更少的记忆。

6.5.1 WRN-50-2 架构

该 WRN 模型采用了以下四项设计原则。

- 像在 ResNet v2 中一样,使用预激活批标准化(BN-RE-Conv)进行更快的训练。
- 使用 ResNet34 中的两个 3×3 大小的卷积(B(3, 3)),而不是使用 ResNet50 中的只有较少表征性表达的瓶颈残差块(B(1, 3, 1))。这里的理由是基于这样一个事实,即随着网络的深入,瓶颈设计有助于减少参数以提高准确度。通过变得更宽获得准确度,网络更浅,因此可以保留更具表征性表达的堆栈。
- 将 l 表示为每组卷积层的数量,将 k 表示为乘以过滤器数量的宽度因子。
- 将丢弃操作从顶层(这是约定)移到残差块中的每个卷积层之间以及 ReLU 之后,原因是干扰批标准化。

在图 6-26 所示的宏观架构中,其中 3 个原则在发挥作用,因此每个卷积组的输出特征数量将增加一倍。每个卷积使用预激活批标准化(设计原则一)。组内的每个残差块使用 B(3,3)残差块(设计原则二)。元参数 k 用作每个卷积过滤器数量的宽度乘数(设计原则三)。未描述的是残差块中的丢弃(设计原则四)。

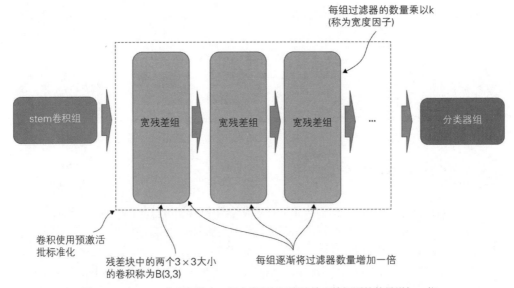

图 6-26 在 WRN 宏观架构中,每个卷积组逐渐将输出特征图的数量增加一倍

6.5.2 宽残差块

宽残差块由各种残差组组成。图 6-27 显示了两个 3×3 大小的卷积(B(3,3))将过滤器数量乘以可配置的宽度因子(k)。在 3×3 卷积之间是用于块级正则化的丢弃层。否则,宽残差块设计与 ResNet34 残差块相同。

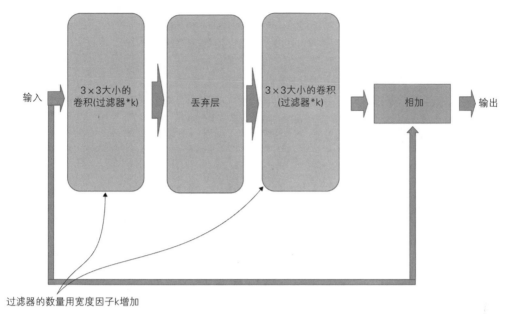

过滤器的数量用宽度因子k增加

图 6-27 具有恒等捷径的宽残差块

以下是宽残差块的编码示例。

GitHub 上提供了对 WRN 使用惯用过程重用设计模式的完整代码(http://mng.bz/n2oa).

6.6 超越计算机视觉：结构化数据

让我们来了解结构化数据模型中的宽层和深层概念是如何演变的。2016 年之前，大多数结构化数据应用程序继续使用经典的机器学习方法，而不是深度学习。与计算机视觉中使用的非结构化数据不同，结构化数据具有多种输入，包括数字、分类和特征工程。这一范围的输入意味着深入到致密层的各个层中并不能有效地让模型了解输入特征和相应标签之间的非线性关系。

图 6-28 描述了 2016 年之前的将深度学习应用于结构化数据的方法。在这种方法中，所有特征输入由一系列深入的致密层处理，其中隐藏的致密层本质上就是学习器。最后一个致密层的输出随后被传递到任务组件。该任务组件可与计算机视觉中的任务组件进行比较。最后一个致密层的输出已经是一维向量。可能还有一些附加的向量池化，然后通过对应于任务的激活函数传递到最终的致密层：线性或 ReLU 函数用于回归，sigmoid 函数用于二元分类，softmax 函数用于多类分类。

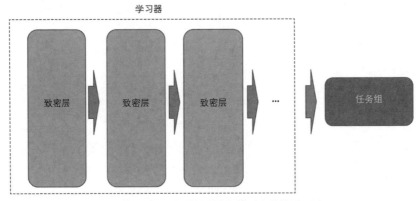

图 6-28　2016 年之前的结构化数据模型方法使用深层 DNN

对于结构化数据，你需要学习记忆和泛化。记忆是学习特征值的共现(协变关系)。泛化是学习新的特征组合，这些特征组合在训练数据分布中看不到，但在部署时会在数据分布中看到。

我将使用人脸检测来说明记忆和泛化之间的区别。所谓记忆是，部分网络学习锁定特定样本簇的模式(例如，特定的眼睛模式或肤色)。当锁定时，网络的这一部分将表示对类似示例的置信度极高，但对可比较示例的置信度较低。随着越来越多的神经网络被锁定，神经网络退化为决策树。这与专家系统的经典人工智能规则集相当。如果一个示例与专家编码的模式匹配，则可以识别它。否则，它无法被识别。

例如，假设神经网络锁定在诸如眼睛、肤色、穿孔、眼镜、帽子、头发遮挡和面部毛发等模式上。然后，提交一张画有人脸的儿童图像，但模型无法识别人脸。随后，使用面部绘画的图像进行重新训练，但如果使用锁定，则需要进一步增加模型的参数容量以记忆新模式。然后会有更多模式，这正是专家系统的问题。

所谓泛化是，冗余节点簇微弱地表示模式识别并在模型中作为一个整体共同发挥作用。模型中冗余的微弱信号簇越多，模型就越有可能泛化以识别未训练的模式。

2016 年，Google Research 发布了模型架构宽度和深度网络，Heng-Tze Cheng 等人也发表了相关论文 Wide & Deep Learning for Recommender Systems(https://arxiv.org/pdf/1606.07792.pdf)。虽然此论文专门针对改进推荐模型，但该模型已广泛用于不同的结构化数据模型。广度和深度架构将记忆和泛化结合在一个模型中。本质上是两个模型在任务组件上结合在一起。

图 6-29 显示了宽度和深度架构。该架构也是一个多模态架构，因为它接收两个不同

类型的独立输入。

　　让我们深入了解这个架构。学习器组件由两部分组成：一个多层深度神经网络和一个单层宽致密层。宽致密层充当线性回归器并记忆高频共现。深度神经网络学习非线性并泛化到低频(稀疏)共现和训练数据中未出现的共现。宽致密层的输入是经过特征预处理的基本特征(非交叉特征)和转换特征(例如分类特征的独热编码)。它们直接输入宽致密层，因此没有 stem。多层致密神经网络的输入是基本特征和交叉特征。这种情况下，stem 组件使用编码器将组合特征转换为嵌入。

　　然后，将来自宽致密层和多层深度神经网络的输出合并到任务组件中并可附加池化。任务组件基本上与计算机视觉模型中的任务组件相同。宽致密层和多层深度神经网络层一起训练。

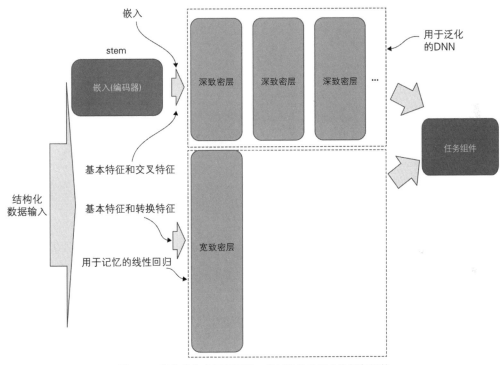

图 6-29　输入分为宽层和深层，各层的输出组合为任务组件

6.7　本章小结

● 减少深层记忆的一种方法是使用并行卷积。这使得较浅的卷积神经网络能够解决产能过剩问题。

● 当一个卷积设计模式可以重构为另一个计算成本更低且参数数量更少的模式时，就会实现表征等价。通过分解，模型保持了相同的信息(或特征)提取水平，而计算需求较少。这使得模型更小，训练更快，并且减少预测延迟。

- Inception 设计中引入了将普通卷积重构为计算量更小的空间可分离卷积的概念。Inception 展示了在 ImageNet 数据集上保持性能目标的表征等价。

- ResNeXt 在并行组卷积中引入了拆分-转换-合并模式。这种模式提高了先前残差网络的准确度，而无须进入更深层。

- 在 WRN 中，将批标准化从后激活改为预激活的目的是提高模型准确度。预激活批标准化进一步减少了深入层中的需求，这反过来又减少了用于防止记忆的正则化需求。预激活方法提高了训练速度，可以使用稍高的学习率来实现类似的收敛。

- 用于加宽层的宽度因子作为元参数添加到 WRN 中，以在浅宽残差网络中查找宽度。结果是一个性能(准确度)与更深的残差网络一样好的模型。

- 针对结构化数据的现代深度学习模型使用宽层和深层，其中宽层用于记忆，深层用于泛化。

第 7 章

可替代连接模式

本章主要内容
- 了解更深和更宽层的可替代连接模式
- 通过特征图重用、进一步重构卷积和压缩-激发(Squeeze-Excitation，SE)来提高准确度
- 用过程设计模式对可替代连接模型(DenseNet、Xception、SE-Net)进行编码

到目前为止，我们已经研究了具有深层和宽层的卷积网络。我们特别介绍了卷积块之间和内部的相应连接模式如何解决梯度消失和梯度爆炸的问题，以及产能过剩导致的记忆问题。

那些增加深层和宽层的方法以及深层的正则化(添加噪声以减少过拟合)减少了记忆问题，但肯定没有消除它。因此，研究人员探索了残差卷积块内部和之间的其他连接模式，以进一步减少记忆，同时并不大幅增加参数和计算操作的数量。

本章介绍 3 种可替代连接模式：DenseNet、Exception 和 SE-Net。这些模式都有相似的目标：降低连接组件中的计算复杂性。但它们在解决问题的方法上有所不同。这里首先对这些差异进行概述，然后详细介绍每种模式。

2017 年，康奈尔大学、清华大学和 Facebook AI Research 的研究人员提出，卷积残差块中的残差链接仅部分允许较深层使用早期层的特征提取。通过对输入和输出进行矩阵加法，来自输入的特征信息在向更深层前进时逐渐稀释。作者建议使用特征图串联(称为特征重用)以代替矩阵加法。他们的推断是，每个残差块输出处的特征图将在所有剩余(更深)层上重用。为了使模型参数的大小随着特征图在更深层的累积而不断扩大，他们在卷积组之间引入了一种积极的特征图降维。在消融实验中，DenseNet 获得了比以前的残差块网络更好的性能。

同年，Keras 之父 François Chollet 引入了 Xception，它将 Inception v3 模型重新设计为一种新的流模式。与之前的 Inception 设计不同，新模式由入口、中间部分和出口组成。虽然其他研究人员没有采用这种新的流模式，但他们确实采用了 Chollet 的进一步重构思想，将普通卷积和可分离卷积重构为深度可分离卷积。这个过程减少了矩阵运算的数量，

同时保持了表征等价性(稍后将对此进行详细介绍)。然后这种重构继续出现在许多 SOTA模型中，特别是那些为记忆和计算受限设备(如移动设备)设计的模型。

2017 年末，中国科学院和牛津大学的研究人员为残差块引入了另一种连接模式，将其改造成卷积残差网络。众所周知，SE-Net 的连接模式在残差块的输出和与块输入的矩阵加法操作之间插入了一个微块(称为 SE 链接)。该微块对输出特征图进行了积极的降维或压缩，然后进行了维度扩展或激发。研究人员认为，这种 SE 步骤将导致特征图变得更普遍。他们将 SE 链接插入 ResNet 和 ResNeXt 中，并且在测试过程中未见过的示例(保留数据)上显示出性能平均改进 2%。

接下来了解这 3 种模式如何解决在连接级别降低复杂性的问题。

7.1 DenseNet：致密连接的卷积神经网络

DenseNet 模型引入了致密连接的卷积网络的概念。Gao Huang 等人所著的相关论文Densely Connected Convolutional Networks(https://arxiv.org/abs/1608.06993)荣获了 CVPR 2017 年最佳论文奖。该设计基于这样的原理，即每个残差块层的输出连接到每个序贯残差块层的输入。

这扩展了残差块中恒等链接的概念(见第 4 章)。本节将详细介绍宏观架构、组和块组件以及相应的设计原则。

7.1.1 致密组

在 DenseNet 出现之前，残差块的输入和输出之间的恒等链接通过矩阵加法进行组合。相反，在致密块中，残差块的输入连接到残差块的输出。这一变化引入了特征图重用的概念。

在图 7-1 中可以看到残差块和致密残差块之间的连接性差异。在残差块中，输入特征图中的值将加到输出特征图中。虽然这在块中保留了一些信息，但可以认为它被加法操作稀释了。在 DenseNet 残差块版本中，输入特征图完全保留，因此不会发生稀释。

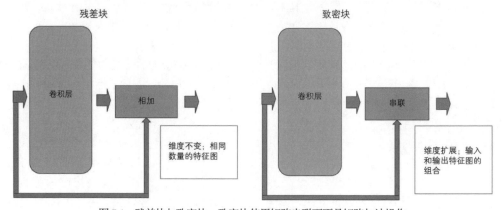

图 7-1 残差块与致密块：致密块使用矩阵串联而不是矩阵加法操作

用串联代替矩阵加法具有以下优点。

● 进一步缓解更深层的梯度消失问题。

● 通过更窄的特征图进一步降低计算复杂度(参数)。

通过串联,输出(分类器)和特征图之间的距离更短。缩短的距离减少了梯度消失问题,允许更深的网络产生更高的准确度。

特征图的重用与之前的矩阵加法具有表征等价性,但过滤器数量大大减少。作者将这种排列称为较窄层。层越窄,要训练的参数总数就越少。作者从理论上认为,特征重用允许模型在更深层上获得更高的准确度,而不会出现梯度消失或记忆增强。

这里有一个比较的例子。假设层的输出是大小为 28×28×10 的特征图。矩阵相加后,输出继续为 28×28×10 大小的特征图。其中的值是残差块输入和输出的相加,因此不保留初始值;换句话说,它们已合并。在致密块中,输入特征图被串联而不是合并到残差块输出中,从而保留恒等链接的初始值。在示例中,输入和输出为 28×28×10,串联后的输出将为 28×28×20。继续到下一个块,输出将为 28×28×40。

通过这种方式,每层的输出被连接到随后每层的输入中,从而有了描述这类模型的"致密连接"一词。图 7-2 描述了致密组中残差块之间的一般构造和恒等链接。

如你所见,致密组由多个致密块组成。每个致密块由一个残差块(无恒等链接)和从残差块的输入到输出的恒等链接组成。然后,将输入和输出特征图连接到单个输出中,该输出将成为下一个致密块的输入。这样,从每个致密块输出的特征图将被随后每个致密块重用(共享)。

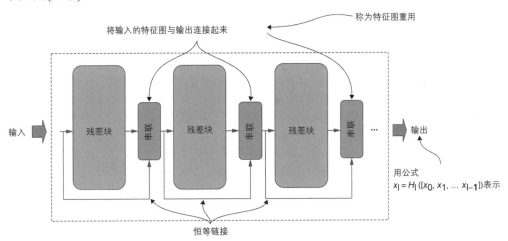

图 7-2　在这种致密组微观架构中,在残差块的输出和输入(恒等链接)之间使用矩阵串联操作

DenseNet 的研究人员引入了元参数 k,它指定了每个卷积组中过滤器的数量。他们尝试了 k=12、24 和 32。对于 ImageNet,使用 k=32 和 4 个致密组。他们发现,可以用一半的参数得到与 ResNet 网络类似的结果。例如,他们训练了一个其参数与 ResNet50(有 2000 万个参数)相当的 DenseNet,得到了与更深的 ResNet101(有 4000 万个参数)相当的结果。

下面的代码是致密组的示例实现。致密残差块的数量由参数 n_blocks 指定，输出过滤器的数量由 n_filters 指定，压缩因子由 compression 指定。对于最后一个组，通过将参数 compression 设置为 None 来指示缺少过渡块(稍后会介绍)。

```
def group(x, n_blocks, n_filters, compression=None):
    """ Construct a Dense Group
        x            : input to the group
        n_blocks     : number of residual blocks in dense block
        n_filters    : number of filters in convolution layer in residual
    block
        compression : amount to reduce feature maps by
    """
    for _ in range(n_blocks):
        x = dense_block(x, n_filters)

    if compression is not None:
        x = trans_block(x, reduction)
    return x
```

构建一组致密连接的残差块 →

构建中间过渡块 →

让我们再次讨论为什么 DenseNet 和其他 SOTA 模型在任务组件(例如分类器)之前没有最终的特征图池化。这些模型在块内进行特征提取并在每个组的末尾进行特征汇总，此过程称为特征学习。每个组汇总其所学的特征，以降低后续组进一步处理特征图的计算复杂性。最后一组的最终(非池化)特征图在大小上进行了优化，以将特征表示为潜在空间中的高维编码。我们知道，在多任务模型中(例如在目标检测中)，潜在空间是在任务之间共享(或者在模型合并的情况下，它是在模型接口之间共享)。

一旦最终特征图进入任务组件，它们将最后一次池化，但池化的方式最适合学习任务，而不是学习特征摘要。任务组件中的最后一个池化步骤是瓶颈层，输出被称为潜在空间的低维嵌入，它也可以与其他任务和模型共享。

DenseNet 架构有 4 个致密组，每个组由可配置数量的致密块组成。现在来查看致密块的构造和设计。

7.1.2 致密块

DenseNet 中的残差块使用 B(1,3)模式，即先使用 1×1 大小的卷积，然后使用 3×3 大小的卷积。然而，1×1 大小的卷积是线性投影而不是瓶颈，它将输出特征图(过滤器)的数量扩展了 4 倍。然后，3×3 大小的卷积执行降维，将输出特征图的数量恢复为与输入特征图相同。

图 7-3 描述了残差致密块中特征图的维数扩展和缩减。注意，输入和输出特征图的数量和大小保持不变。在块内，1×1 大小的线性投影扩展了特征图的数量，而随后 3×3 大小的卷积同时进行特征提取和特征图缩减。正是这最后一次卷积将输出处的特征图的数量和大小恢复到与输入时相同的程度，这一过程称为维度恢复。

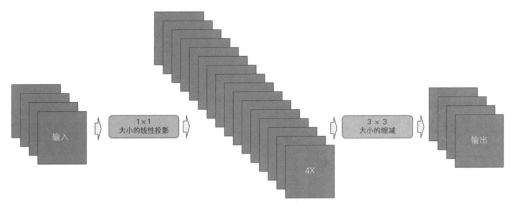

图 7-3　在残差致密块的卷积层的维度扩展和缩减中，输入和输出的特征图的数量和大小相同

图 7-4 所示为残差致密块，由以下部分组成。

- 一个 1×1 大小的线性投影卷积，将特征图的数量增加 4 倍。
- 一个 3×3 大小的卷积，既执行特征提取，又恢复特征图的数量。
- 一个将残差块的输入特征图与其输出串联起来的操作。

DenseNet 还采用了使用预激活批标准化(BN-ReLU-Conv)的现代约定以提高准确度。在后激活中，ReLU 激活和批标准化发生在卷积之后。在预激活中，批标准化和 ReLU 发生在卷积之前。

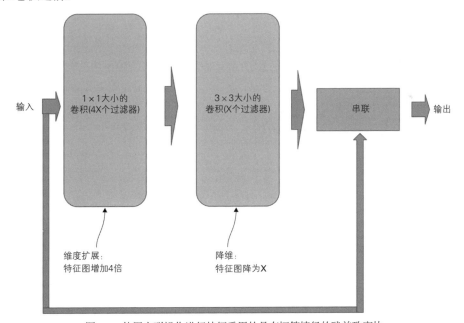

图 7-4　使用串联操作进行特征重用的具有恒等捷径的残差致密块

之前的研究人员发现，通过从后激活到预激活的转换，模型的准确度可以提高 0.5%~2%(例如，ResNet v2 的研究人员在论文 Identity Mappings in Deep Residual Networks [https://arxiv.org/abs/1603.05027]中所述)。

下列代码是致密残差块的示例实现,包括以下步骤。

(1) 在变量 shortcut 中保存输入特征图的副本。

(2) 预激活 1×1 大小的线性投影,将特征图的数量增加 4 倍。

(3) 预激活 3×3 大小的卷积,用于特征提取和特征图数量恢复。

(4) 将保存的输入特征图和输出特征图串联起来,以实现特征重用。

```
                          记住输入
shortcut = x  ◄───────
x = BatchNormalization()(x)
x = ReLU()(x)
x = Conv2D(4 * n_filters, (1, 1), strides=(1, 1))(x)    维度扩展,将过滤器扩展 4 倍
x = BatchNormalization()(x)                              (DenseNet-B)
x = ReLU()(x)
x = Conv2D(n_filters, (3, 3), strides=(1, 1), padding='same')(x)
                                                        3×3 大小的瓶颈卷积,
                                                        用 padding='same' 保持
  ◄── x = Concatenate()([shortcut, x])                  特征图的形状
将输入与残差块的输出串联起来,其中串联提供了层之间
的特征重用
```

7.1.3　DenseNet 宏观架构

在学习器组件中,通过在每个致密组之间插入一个过渡块,可进一步降低计算复杂度。过渡块是一种跨步卷积,也称为特征池化,用于在串联的特征图从一个致密组移到下一个致密组时减少其总体大小(特征重用)。如果不缩减,每个致密块的特征图总大小将逐渐增加一倍,这将导致需要训练的参数数量激增。通过减少参数数量,DenseNet 可以在参数数量线性增加的情况下在层中更深入。

在研究过渡块的架构之前,先查看它在学习器组件中的位置。如图 7-5 所示,学习器者组件由 4 个致密组组成,过渡块位于每个致密组之间。

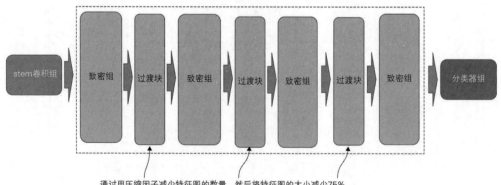

通过用压缩因子减少特征图的数量,然后将特征图的大小减少75%,
从而减少组之间传递的串联特征图的大小

图 7-5　DenseNet 宏观架构显示致密组之间的过渡块

现在进一步观察每个致密组之间的过渡块。

7.1.4 致密过渡块

过渡块由两个步骤组成。

- 一个 1×1 大小的瓶颈卷积，通过压缩因子 C 减少输出特征图(通道)的数量。
- 一个跨步平均池化，它在瓶颈卷积后面并将每个特征图的大小减少 75%。当我们说跨步时，通常指的是步幅为 2。步幅为 2 将使特征的高度和宽度维度减少一半，从而使像素数量减少 1/4(25%)。

图 7-6 描述了这一过程。这里，"过滤器/C"表示 1×1 瓶颈卷积中的特征图压缩，它减少了特征图数量。接下来的平均池化是跨步的，缩减了那些减少的特征图的大小。

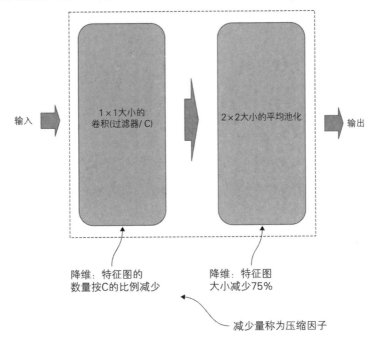

图 7-6　在致密过渡块中，通过 1×1 大小的瓶颈卷积和跨步平均池化层降低了特征图的维数

这种压缩实际上是如何工作的？如图 7-7 所示，首先输入 8 个特征图，每个特征图的大小为 H×W，总的来说表示为 H×W×8。1×1 大小的瓶颈卷积中的压缩比例为 2。因此瓶颈接收输入，然后输出一半的特征图，本例中为 4，表示为 H×W×4。然后，跨步平均池化将 4 个特征图的维数减少一半，最终输出大小为 0.5H×0.5W×4。

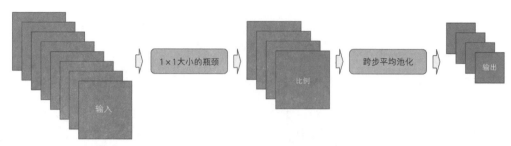

图 7-7 展示过渡块中减少特征图(压缩)的过程

为压缩特征图的数量,需要知道进入过渡块的特征图(通道)的数量。在下面的代码示例中,这是通过 x.shape[-1]获得的。索引 - 1 用来表示输入张量形状(B, H, W, C)中的最后一个维度,即通道数。然后将输入张量中的特征图数量乘以 compression(压缩因子为 0~1)。注意,在 Python 中,乘法运算是用浮点值形式进行的,因此要将结果转换回整数。

计算特征图数量的压缩(DenseNet-C)

```
n_filters = int(x.shape[-1]) * compression )
x = BatchNormalization()(x)
x = Conv2D(n_filters, (1, 1), strides=(1, 1))(x)
x = AveragePooling2D((2, 2), strides=(2, 2))(x)
```

使用 BN-LI-Conv 形式批标准化的 1×1 大小的瓶颈卷积

池化时使用均值减少 75%

GitHub 上提供了对 DenseNet 使用惯用过程重用设计模式的完整代码(http://mng.bz/6N0o)。

7.2 Xception

如前所述,Keras 之父 François Chollet 于 2017 年在谷歌引入了 Xception(即 Extreme Inception)架构,作为对 Inception v3 架构的进一步改进。在其论文 Xception: Deep Learning with Depthwise Separable Convolutions(https://arxiv.org/pdf/ 1610.02357.pdf)中,Chollet 认为 Inception 风格模块的成功基于一种分解,该分解实质上将空间相关性与通道相关性解耦。这种解耦在保持表征能力的同时减少了参数。他提出,通过完全解耦空间和通道相关性,可以进一步减少参数,同时保持表征能力。7.2.5 节对此有更详细的解释。

Chollet 在论文中作了另一个重要的陈述,声称他为 Xception 重新设计的架构实际上比 Inception 的架构更简单,并且可以使用诸如 Keras 这样的高级库只编写 30~40 行代码。

Chollet 的结论基于在 ImageNet 和谷歌内部 Joint Foto Tree(JFT)数据集上比较 Inception v3 和 Xception 准确度的实验。他在两个模型中使用相同数量的参数,因此他认为任何准确度的提高都是因为更有效地使用了参数。JFT 数据集由 3.5 亿张图像和 17 000 个类别组成;在 JFT 数据集上,Xception 的性能比 Inception 高 4.3%。在他对由 120 万张图像和 1000 个类别组成的 ImageNet 的实验中,准确度的差异可以忽略不计。

从 Inception v3 到 Xception 有两个主要变化。

- 将 Inception 架构使用的 3 个 Inception 风格的残差组(A、B 和 C)重组为入口流、中间流和出口流。在这种新方法下，stem 组成为入口的一部分，分类器成为出口的一部分，这降低了 Inception 残差块的结构复杂性。
- Inception v3 块中将卷积分解为空间可分离卷积的操作被替换为深度可分离卷积，从而将矩阵乘法运算的数量减少 83%。

与 Inception v3 一样，Xception 使用后激活批标准化(Conv-BN-ReLU)。

让我们查看整体宏观架构，然后观察重新设计的组件(入口流、中间流和出口流)的细节。本节末尾将介绍把空间卷积分解为深度可分离卷积。

7.2.1　Xception 架构

Chollet 采用了传统的"stem-学习器-分类器"安排，并且将其重新组合为入口流、中间流和出口流。图 7-8 显示了 Xception 架构，它重新组合并改装为过程重用设计模式。入口流和中间流表示特征学习，出口流表示分类学习。

虽然我已经多次阅读 Chollet 的论文，但仍然找不到一个理由来描述该架构具有入口流、中间流和出口流。我认为将它们称为学习器组件中的 3 种风格的残差组会更清楚，同时保持将它们称为 A、B 和 C 的惯例。这篇论文似乎暗示，他的决定是为了简化 Inception 的复杂架构。他想要这种简化，以便在保持相当数量的参数的同时，可以在一个高级库(如 Keras 或 TensorFlow-Slim)的 30~40 行代码中编写该架构。无论如何，后来的研究人员都没有采用 Chollet 的入口流、中间流和出口流这些术语。

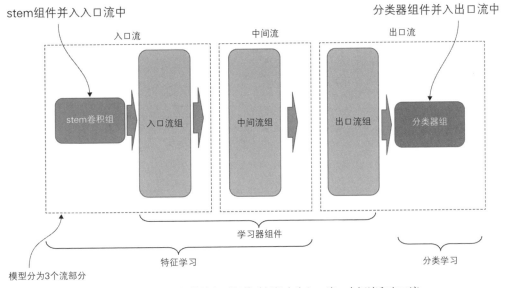

图 7-8　Xception 宏观架构将主要组件重新组合为入口流、中间流和出口流。
这里展示它们是如何融入 stem、学习器和任务组件的

如你所见，stem 组件并入入口流，分类器组件并入出口流。从入口流到出口流的残差卷积组共同构成学习器组件的对应部分。

Xception 架构的骨架实现展示了如何将代码划分为入口流、中间流和出口流部分。入口流进一步细分为 stem 和主体，出口流进一步细分为分类器和主体。这些分区在代码模板中用 3 个顶级函数表示：entryFlow()、middleFlow()和 exitFlow()。entryFlow()函数具有嵌套的 stem()来表示在入口流中包含 stem，exitFlow()具有嵌套的函数 classifier()来表示在出口流中包含分类器。

为简洁起见，我省略了函数体的细节。GitHub 上提供了对 Xception 使用惯用过程重用设计模式的完整代码(http://mng.bz/5WzB)。

```python
def entryFlow(inputs):
    """ Create the entry flow section
        inputs : input tensor to neural network    ← stem 组件是入口流的
    """                                                一部分

    def stem(inputs):
        """ Create the stem entry into the neural network
            inputs : input tensor to neural network
        """
        return x    ←———— 为简洁起见删除的代码

    x = stem(inputs)    ←———— stem 组件是入口流的一部分

    for n_filters in [128, 256, 728]:    ←┐
        x = projection_block(x, n_filters)   │  使用线性投影构建 3 个残差块

    return x

def middleFlow(x):
    """ Create the middle flow section
        inputs : input tensor into section
    """
    for _ in range(8):    ←┐
        x = residual_block(x, 728)   │  中间流构建 8 个相同的残差块
    return x

def exitFlow(x, n_classes):
    """ Create the exit flow section
        x : input to the exit flow section
        n_classes : number of output classes
    """
    def classifier(x, n_classes):    ←┐
        """ The output classifier         │  分类器组件是出口流的一部分
            x : input to the classifier
            n_classes : number of output classes
        """
                          ←———— 为简洁起见删除的代码
        return x    ←———— 为简洁起见删除的代码
    x = classifier(x, n_classes)
    return x

inputs = Input(shape=(299, 299, 3))    ←———— 创建形状为(229, 229, 3)的输入向量
```

中间流构建
8 个相同的
残差块

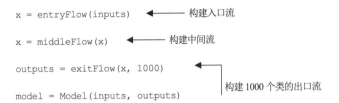

```
x = entryFlow(inputs)          构建入口流

x = middleFlow(x)              构建中间流

outputs = exitFlow(x, 1000)
                               构建 1000 个类的出口流
model = Model(inputs, outputs)
```

7.2.2　Xception 的入口流

入口流组件由 stem 卷积组以及 3 个 Xception 入口流风格的残差块(依次输出 128、256 和 728 个特征图)组成。图 7-9 显示了入口流以及 stem 组作为子组件如何融入其中。

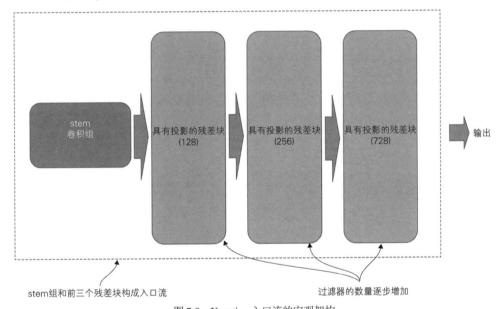

图 7-9　Xception 入口流的宏观架构

stem 由两个 3×3 大小的卷积组成，如图 7-10 所示。第二个 3×3 大小的卷积将输出特征图的数量增加一倍(维度扩展)，其中一个卷积用于特征池化(维度缩减)。对于 Xception，堆叠的过滤器数量分别为 32 和 64，这是一种常规约定。堆栈中的第一个卷积是跨步的，选择它可以减少堆栈中第二个 3×3 大小的卷积的参数数量。另一个约定是使用第二个 3×3 大小的卷积，这个卷积跨步用于特征汇总，并且放弃了参数的缩减。

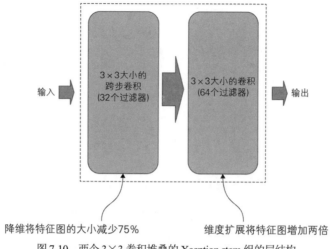

降维将特征图的大小减少75%   维度扩展将特征图增加两倍

图 7-10　两个 3×3 卷积堆叠的 Xception stem 组的层结构

如图 7-11 所示，接下来是入口流风格的残差块。入口流风格使用一个 B(3，3)残差块，后跟一个最大池化和恒等链接上的 1×1 大小的线性投影。与使用普通卷积和空间可分离卷积组合的 Inception v3 不同，3×3 大小的卷积是深度可分离卷积(SeparableConv2D)。最大池化使用 3×3 大小的池化，因此从 9 像素窗口输出最大值(2×2 为 4 像素)。注意，1×1 大小的线性投影也是跨步的，从而减少了特征图的大小，通过最大池化层匹配残差路径中特征图的缩减大小。

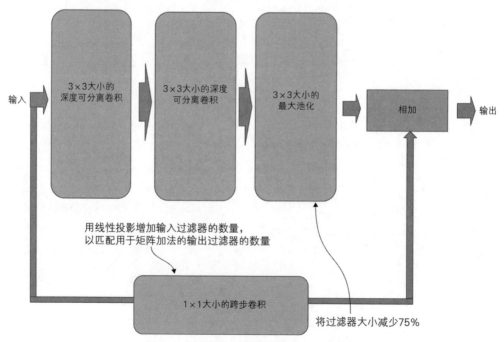

用线性投影增加输入过滤器的数量，
以匹配用于矩阵加法的输出过滤器的数量

将过滤器大小减少75%

图 7-11　具有线性投影捷径的 Xception 残差块

现在看一个入口流风格的残差块的示例实现。此代码包括以下内容。

- 一个 1×1 大小的线性投影，用于增加特征图的数量并减少大小以匹配残差路径 (shortcut)的输出。
- 两个 3×3 大小的深度可分离卷积。
- 从线性投影链接(shortcut)到残差路径输出的特征图的矩阵加法操作。

```python
def projection_block(x, n_filters):
    """ Create a residual block using Depthwise Separable Convolutions with
        Projection shortcut
        x        : input into residual block
        n_filters: number of filters

    """

    shortcut = Conv2D(n_filters, (1, 1), strides=(2, 2), padding='same')
               (x)
    shortcut = BatchNormalization()(shortcut)

    x = SeparableConv2D(n_filters, (3, 3), padding='same')(x)
    x = BatchNormalization()(x)
    x = ReLU()(x)

    x = SeparableConv2D(n_filters, (3, 3), padding='same')(x)
    x = BatchNormalization()(x)
    x = ReLU()(x)

    x = MaxPooling2D((3, 3), strides=(2, 2), padding='same')(x)

    x = Add()([x, shortcut])
    return x
```

第一个深度可分离卷积

第二个深度可分离卷积

投影捷径使用跨步卷积来减少特征图的大小，同时将过滤器的数量增加一倍，以匹配用于矩阵加法操作的块输出

将特征图的大小减少 75%

将投影捷径加到块的输出中

7.2.3　Xception 的中间流

中间流由 8 个中间流风格的残差块组成，每个块输出 728 个特征图。按照约定，在一组块中保持相同数量的输入/输出特征图；在组之间，特征图的数量逐渐增加。相反，对于 Xception，入口流和中间流中的输出特征图的数量保持不变，而不是增加。

如图 7-12 所示，中间流风格的残差块使用 8 个 B(3, 3, 3)残差块。与入口流残差块不同，恒等链接上没有 1×1 大小的跨步线性投影，因为输入和输出特征图的数量在所有块上保持不变，并且没有发生池化。

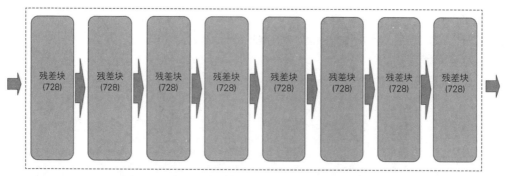

图 7-12　Xception 中间流微观架构具有 8 个相同的残差块

现在查看在每个残差块中发生了什么。图 7-13 显示了 3 个 3×3 大小的卷积，它们是深度可分离卷积(SeparableConv2D)。

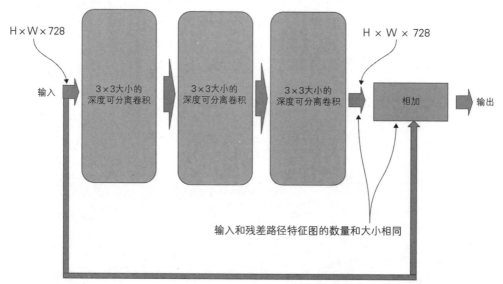

图 7-13　具有恒等捷径的残差块中间流：用于矩阵相加操作的输入特征图和残差路径的数量和大小相同

以下代码是中间流风格的残差块的示例实现，其中 B(3, 3, 3)风格使用深度可分离卷积(SeparableConv2D)实现。

```
def residual_block(x, n_filters):
    """ Create a residual block using Depthwise Separable Convolutions
        x        : input into residual block
        n_filters: number of filters
    """

    shortcut = x

    x = SeparableConv2D(n_filters, (3, 3), padding='same')(x)
    x = BatchNormalization()(x)
    x = ReLU()(x)
```

3 个 3×3 大小的深度可分离卷积的序列

```
x = SeparableConv2D(n_filters, (3, 3), padding='same')(x)
x = BatchNormalization()(x)
x = ReLU()(x)

x = SeparableConv2D(n_filters, (3, 3), padding='same')(x)
x = BatchNormalization()(x)
x = ReLU()(x)

x = Add()([x, shortcut])
return x
```

3 个 3×3 大小的深度可分离卷积的序列

将恒等链接加到块的输出中

7.2.4　Xception 的出口流

现在介绍出口流。它由单个出口流风格的残差块、卷积(非残差)块和分类器组成。如图 7-14 所示,分类器组是出口流的子组件。

出口流将 728 个特征图作为输入,从中间流输出,并且在分类器之前逐步将特征图的数量增加到 2048 个。可以将此与大型 CNN 的卷积进行比较,例如 Inception v3 和 ResNet,它们在瓶颈层之前生成 2048 个最终特征图,创建所谓的高维编码。

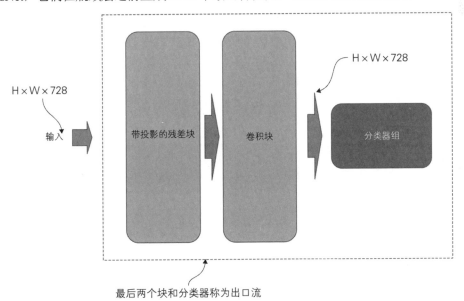

图 7-14　Xception 出口流逐步增加特征图的数量

让我们仔细观察图 7-15 中的单个出口流风格的残差块。这个残差块是一个 B(3,3),两个卷积分别输出 728 和 1024 个特征图。这两个卷积之后是 3×3 大小的最大池化,然后是恒等链接的 1×1 大小的线性投影。与中间流相比,出口流块增加了特征图的数量,并且延迟了出口流中单个残差块和卷积块之间的池化。

注意,出口流残差块结构与入口流相同,只是出口流风格会对块进行维度扩展,从 728 扩展到 1024 个特征图,而入口流不进行任何维度扩展。

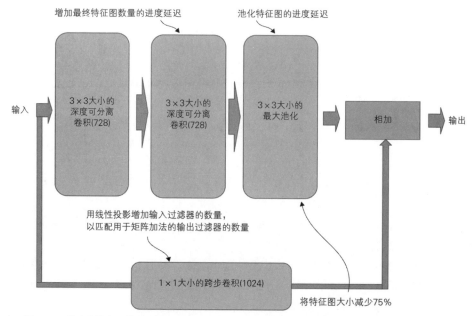

图 7-15　带有线性投影捷径的 Xception 出口流残差块延迟了增加最终特征图数量和池化的进度

接下来是出口流卷积块，它跟随残差块，如图 7-16 所示。该块由两个 3×3 大小的深度可分离卷积组成，每个卷积进行维度扩展。该扩展将特征图的数量分别增加到 1156 和 2048，从而完成在瓶颈层之前增加最终特征图数量的延迟进度。

图 7-16　Xception 出口流卷积块完成增加最终特征图数量的延迟进度

出口流中的最后一个组是分类器，由 GlobalAveragePooling2D 层组成，该层将最终特征图池化并展平为一维向量，然后是一个用于分类的带有 softmax 激活的 Dense 层。

7.2.5　深度可分离卷积

最终进入 Xception 架构中的深度可分离卷积的底部。深度可分离卷积自引入以来，便在卷积神经网络中被频繁使用，因为它们能够在保持表征能力的同时降低计算成本。最初由 Laurent Sifre 和 Stephane Mallat 于 2014 年在 Google Brain 工作时提出(见 https://arxiv.org/abs/1403.1687)之后，深度可分离卷积被研究并应用于各种 SOTA 模型，包括 Xception、MobileNet 和 ShuffleNet。

简单地说，深度可分离卷积将一个二维核分解为两个二维核；一个是逐深度卷积，另一个是逐点卷积。要完全理解这一点，首先需要理解两个相关的概念，即逐深度卷积和逐点卷积，通过这两者可以构建深度可分离卷积。

7.2.6　逐深度卷积

在逐深度卷积中，核被分割成单个 H×W×1 核，每个通道一个。每个核在单个通道上运行，而不是在所有通道上运行。在这种安排中，跨通道关系与空间关系解耦。正如 Chollet 所建议的，完全解耦空间和通道卷积会导致更少的 matmul 操作，并且准确度与具有非解耦的普通卷积的模型以及具有部分解耦的空间可分离卷积的模型相当。

因此，在图 7-17 所示的具有 3×3 大小的核的 RGB 示例中，逐深度卷积将是 3 个 3×3×1 大小的核。核移动时的乘法运算数量与普通卷积中的乘法运算数量相同(例如，3 个通道上 3×3 大小的核的乘法运算数量为 27)。但是，输出是一个 D 深度特征图，而不是二维(depth=1)特征图。

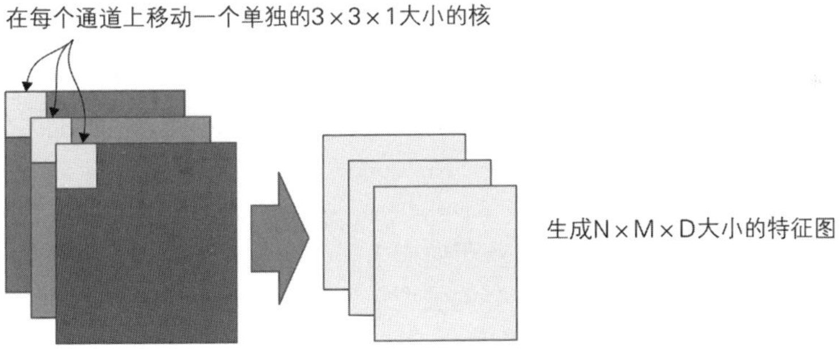

图 7-17　在逐深度卷积中，核被分成单个 H×W×1 核

7.2.7　逐点卷积

逐深度卷积的输出将作为输入传递给逐点卷积，从而形成深度可分离卷积。逐点卷积执行解耦的空间卷积。它结合逐深度卷积的输出并扩展特征图的数量，以匹配指定数量的过滤器(特征图)。该组合输出的特征图数量(89)与普通或可分离卷积相同，但矩阵乘法运算较少(减少 83%)。

图 7-18 所示的逐点卷积的大小为 1×1×D(通道数)。它将遍历每个像素，生成一个

N×M×1 大小的特征图。该特征图取代 N×M×D 大小的特征图。

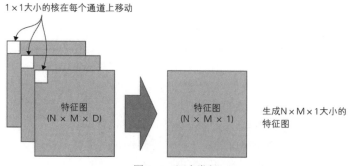

图 7-18   逐点卷积

在逐点卷积中，我们使用大小为 1×1×D 的核，每个输出对应一个核。如图 7-17 中的示例所示，如果输出是 256 个过滤器(特征图)，则使用 256 个 1×1×D 大小的核。

在图 7-17 中使用 3×3×3 大小的核进行逐深度卷积的 RGB 示例中，每次核移动时，有 27 个乘法运算。然后是 1×1×3×256(其中 256 是输出过滤器的数量)个乘法运算，即 768。乘法运算的总数将是 795，而不是普通卷积的 6912 和空间可分离卷积的 4608。

在 Xception 架构中，inception 模块中的空间可分离卷积被深度可分离卷积取代，从而将计算复杂度(乘法运算数)降低了 83%。GitHub 上提供了对 Xception 使用惯用过程重用设计模式的完整代码(http://mng.bz/5WzB)。

7.3   SE−Net

现在转向另一种可替代连接设计，即 SE-Net，它可以添加到现有的残差网络中，通过只添加几个参数来提高准确度。

Jie Hu 等人在 Squeeze-and-Excitation Networks(https://arxiv.org/abs/1709.01507)一文中引入了 SE-Net，他们解释说以前对模型的改进主要集中在卷积层之间的空间关系上。因此，他们决定采取不同的策略，研究基于通道之间关系的新网络设计。他们的想法是，特征重新校准可以使用全局信息有选择地强调重要特征，而不强调不太重要的特征。

为实现选择性强调特征的能力，作者提出了在残差块内添加 SE 链接的概念。该块将介于卷积层(或多个层)的输出和恒等链接的矩阵加法操作之间。这个概念在 2017 年 ImageNet ILSVRC 竞赛中获胜。

他们的消融实验表明了 SE-Net 方法的几个优点，包括如下。

- 可以添加到现有的 SOTA 架构，例如 ResNet、ResNeXt 和 Inception。
- 在获得更高准确度结果的同时增加最少量的参数。例如
  - ResNet50 和 SE-ResNet50 的 ImageNet Top-5 错误率分别为 7.48%和 6.62%。
  - ResNeXt50 和 SE-ResNeXt50 的 ImageNet Top-5 错误率分别为 5.9%和 5.49%。
  - Inception 和 SE-Inception 的 ImageNet Top-5 错误率分别为 7.89%和 7.14%。

7.3.1 SE-Net 架构

如图 7-19 所示，SE-Net 架构由一个现有的残差网络组成，然后通过在残差块中插入 SE 链接对其进行改造。改装后的 ResNet 和 ResNeXt 架构分别称为 SE-ResNet 和 SE-ResNeXt。

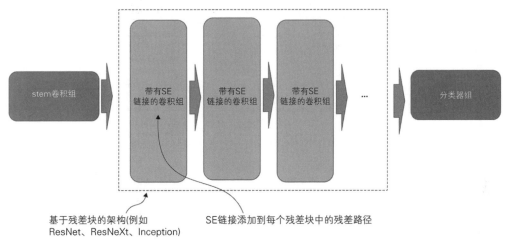

图 7-19　SE-Net 宏观架构显示向每个残差块添加 SE 链接

7.3.2 SE-Net 的组和块

如果分解 SE-Net 宏观架构，会发现图 7-19 中的每个卷积组由一个或多个残差块组成，构成一个残差组。每个残差块都有一个 SE 链接。图 7-20 详细描述了残差组。

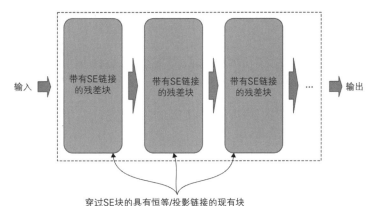

图 7-20　在残差组中，每个残差块都有一个插入的 SE 链接

现在将残差组进行分解。图 7-21 显示了 SE 链接如何插入残差块中，位于卷积层输出和矩阵加法操作之间。

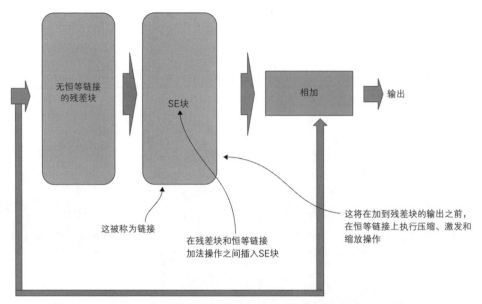

图 7-21　残差块显示了 SE 链接如何插入残差路径和恒等链接的矩阵加法操作之间

以下代码是将 SE 链接添加到 ResNet 残差块的示例实现。在块的末尾，在 B(3,3)输出和矩阵加法运算(Add())的输出之间插入一个对 squeeze_excite_link()的调用。在 squeeze_excite_link()函数中，实现 SE 链接(7.3.3 节将详细介绍)。

参数 ratio 是在通过激发操作进行后续维度恢复之前对输入进行压缩操作的维度减少量(比率)。

```python
def identity_block(x, n_filters, ratio=16):
    """ Create a Bottleneck Residual Block with Identity Link
        x         : input into the block
        n_filters : number of filters
        ratio     : amount of filter reduction during squeeze
    """
    shortcut = x

    x = Conv2D(n_filters, (1, 1), strides=(1, 1))(x)        # 用于降维的 1×1 大小的卷积
    x = BatchNormalization()(x)
    x = ReLU()(x)

    x = Conv2D(n_filters, (3, 3), strides=(1, 1), padding="same")(x)   # 瓶颈层的 3×3 大小的卷积
    x = BatchNormalization()(x)
    x = ReLU()(x)

    x = Conv2D(n_filters * 4, (1, 1), strides=(1, 1))(x)    # 1×1 大小的卷积将过滤器增加 4 倍来进行维度恢复
    x = BatchNormalization()(x)

    x = squeeze_excite_link(x, ratio)                        # 通过 SE 链接传递输出
```

```
x = Add()([shortcut, x])
x = ReLU()(x)
return x
```

将恒等链接(输入)加到残差块
的输出中

7.3.3　SE 链接

现在详细介绍 SE 链接(见图 7-22)。该链接由三层组成。前两层执行压缩操作。全局平均池化用于将每个输入特征图(通道)减少为单个值,输出大小为 C(通道数)的一维向量,然后将其重塑为大小为 C(通道数)的 1×1 像素的二维矩阵。之后,致密层通过缩减比率 r 进一步减小输出,得到大小为 C/r(通道数)的 1×1 像素的二维矩阵。

接着,压缩输出被传递到第三层,第三层通过恢复为输入到链接的通道数(C)来执行激发。注意,这与使用 1×1 大小的线性投影卷积相当,只不过是使用致密层进行的。

最后一步是缩放操作,该操作由来自输入的恒等链接组成,其中来自 SE 操作的 1×1×C 大小的向量与输入(H×W×C)矩阵相乘。缩放操作后,输出维度(特征图的数量和大小)将恢复为输入的原始维度。

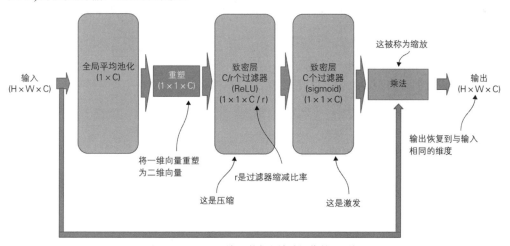

图 7-22　显示压缩、激发和缩放操作的 SE 块

现在看一个 SE 链接的示例实现,其中包括压缩、激发和缩放操作。注意 GlobalAveragePooling2D 之后的 Reshape 操作,它将池化的一维向量转换为用于后续两个 Dense 层的 1×1 像素的二维向量。这两个 Dense 层分别执行压缩和激发操作。然后,将激发生成的 1×1×C 大小的矩阵乘以输入(shortcut)进行缩放操作。

```
def squeeze_excite_link(x, ratio=16):
    """ Create a Squeeze and Excite link
        x     : input to the link
        ratio : amount of filter reduction during squeeze
    """
    shortcut = x
    n_filters = x.shape[-1]
```

获取 SE 链接输入中的
特征图(过滤器)数量

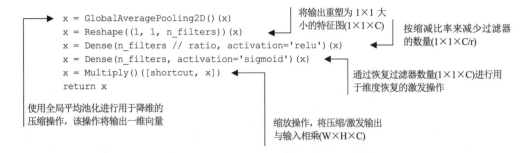

GitHub 上提供了对 SE-Net 使用惯用过程重用设计模式的完整代码(http://mng.bz/vea7)。

7.4 本章小结

- DenseNet 中的特征重用将矩阵加法替换为残差块的输入到输出的特征图串联。与现有 SOTA 模型相比,该分类提高了准确度。
- 在 DenseNet 中使用 1×1 大小的卷积进行学习是对特定数据集进行上采样和下采样特征图的最佳方法。
- 在 Xception 中,将空间可分离卷积进一步重构为深度可分离卷积可在保持表征等价性的同时进一步降低计算成本。
- 向现有残差网络中添加 SE-Net 模式可以通过只添加少量参数来提高准确度。

第 *8* 章

移动卷积神经网络

本章主要内容
- 了解移动卷积网络的设计原则和独特要求
- 了解 MobileNet v1/v2、SqueezeNet 和 ShuffleNet 的设计模式
- 使用过程设计模式对上述这些模型的示例进行编码
- 通过量化模型使其更紧凑并使用 TensorFlow Lite(TF Lite)执行它们

前面已经了解了无内存约束的大型模型的几个关键设计模式。现在转向其他设计模式,如 Facebook 上流行的 FaceApp,它针对内存受限的设备(如手机和物联网设备)进行了优化。

与 PC 或云端的对等产品相比,紧凑模型有一个特殊的挑战:它们需要在更少的内存中运行,因此无法利用过剩的产能实现高准确度。为适应这些受限制的内存,模型需要具有更少的用于推断或预测的参数。紧凑模型的架构依赖准确度和延迟之间的折中。模型占用的设备内存越多,准确度越高,但响应时间延迟越长。

在早期的 SOTA 移动卷积模型中,研究人员找到了解决这一折中问题的方法,这些方法在保持最小准确度损失的同时,大大降低了参数和计算复杂性。它们依赖卷积的进一步重构,例如深度可分离卷积(MobileNet)和逐点组卷积(ShuffleNet)。这些重构技术提供了提高准确度水平的方法,而更极端的重构方法将失去这种能力。

本章将介绍两种重构方法,分别用于两种不同的模型:MobileNet 和 SqueezeNet。我们还将在第三种模型 ShuffleNet 中研究另一种针对内存受限设备的新方法。我们将通过探索进一步减少内存占用的其他策略来结束本章,例如通过参数压缩和量化使模型更紧凑。

在开始研究这 3 种模型的细节之前,让我们简单地比较它们处理有限内存的方法。MobileNet 的研究人员探索了精简模型以适应各种内存大小和延迟要求的策略,以及精简对准确度的影响。

SqueezeNet 的研究人员提出了一种称为"fire 模块"的块模式,这种模式在模型尺寸减小 90%后仍能保持准确度。fire 模块采用深度压缩的方法。Song Han 等人在 2015 年的 ICLR 上发表了 Deep Compression(https://arxiv.org/abs/1510.00149)一文,其中介绍了这种压缩神经网络大小的方法。

与此同时,ShuffleNet 的研究人员专注于提高部署在极低功耗计算设备(例如,10~150 个 MFLOP)上的模型的表征能力。他们提出了一种双重方法:在一个高度分解的组中进行通道洗牌以及逐点卷积。

下面深入了解每种方法的细节。

8.1　MobileNet v1

MobileNet v1 是谷歌在 2017 年推出的一种架构,用于生产可安装在移动和物联网设备上的小型网络,同时保持接近大型网络对等产品的准确度。Andrew G. Howard 等人在 MobileNets(https://arxiv.org/abs/1704.04861)一文中解释了 MobileNet v1 架构,它将普通卷积替换为深度可分离卷积,以进一步降低计算复杂度(第 7 章中介绍 Xception 模型时讲解了将普通卷积重构为深度可分离卷积的理论)。MobileNet 如何将这种方法应用于紧凑模型呢?

8.1.1　架构

MobileNet v1 架构结合了针对内存受约束设备的几种设计原则。

- stem 卷积组引入了一个附加参数,称为分辨率乘数,用于更积极地减少输入学习器组件的特征图的大小。
- 类似地,学习器组件添加了一个宽度乘数参数,以便更积极地减少学习器组件中的特征图的数量。
- 该模型使用逐深度卷积(如在 Xception 中)来降低计算复杂度,同时保持表征等价性。
- 分类器组件使用卷积层代替致密层进行最终分类。

图 8-1 展示了宏观架构中实现的创新,(a)、(b)、(c)和(d)项标记了相应的功能。

与目前介绍过的模型不同,MobileNet 不是按层数分类的,而是按输入分辨率分类的。例如,MobileNet-224 具有输入(224, 224, 3)。卷积组遵循将前一组的过滤器数量加倍的约定。

首先查看两个新的超参数(宽度乘数和分辨率乘数),了解它们如何以及在哪里帮助精简网络,然后逐步介绍 stem、学习器和分类器组件。

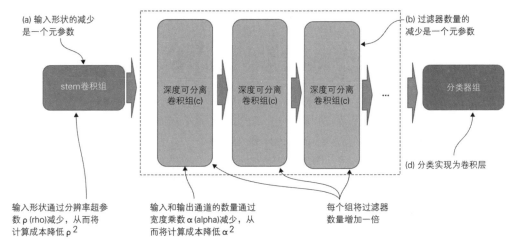

(a) 输入形状的减少
是一个元参数

(b) 过滤器数量的
减少是一个元参数

(d) 分类实现为卷积层

输入形状通过分辨率超参
数 ρ (rho)减少，从而将
计算成本降低 ρ²

输入和输出通道的数量通过
宽度乘数 α (alpha)减少，从
而将计算成本降低 α²

每个组将过滤器
数量增加一倍

图 8-1　MobileNet v1 宏观架构在 stem 和学习器中使用元参数，在学习器中使用逐深度卷积，以及在分类器中使用卷积层而非致密层

8.1.2　宽度乘数

引入的第一个超参数是宽度乘数 α(alpha)，它在每一层均匀地精简网络。这里简单介绍精简网络的利弊。

我们知道，精简减少了层之间的参数数量并以指数方式减少了 matmul 操作的数量。例如使用致密层，如果在精简之前，一个致密层的输出和相应的输入各为 100 个参数，将有 10 000 个矩阵乘法(matmul)操作。换句话说，两个 100 节点的致密层彼此完全连接，每个穿过这两层的一维向量有 100×100 个 matmul 操作。

现在把它精简一半，即 50 个输出参数和 50 个输入参数，那么 matmul 操作的数量减少到 2500。结果将是内存大小减少 50%，计算(延迟)减少 75%。弊端是我们正在进一步消除产能过剩以提高准确度，并且需要探索其他策略来弥补这一不足。

在每一层，输入通道的数量是 αM，输出通道的数量是 αN，其中 M 和 N 是非精简 MobileNet 的通道数量(特征图)。现在了解如何通过精简网络层来计算参数的减少。α(alpha) 的值从 0 到 1，并且将 MobileNet 的计算复杂度降低 α²(参数数量)。α<1 的值是指缩减的 MobileNet。通常，值为 0.25、0.50 和 0.75(分别为非精简 MobileNet 的 6%、25%和 56%)。继续计算，如果 α 因子为 0.25，则得到的复杂度为 0.25×0.25，计算结果为 0.0625。

在论文报告的测试结果中，非精简的 MobileNet-224 有 420 万个参数和 5.69 亿个矩阵乘加运算，其在 ImageNet 上的准确度为 70.6%，而 0.25(宽度乘数)的 MobileNet-224 有 50 万个参数和 4100 万个矩阵乘加运算，其准确度为 50.6%。这些结果表明，该模型的设计并没有有效地抵消过度精简造成的过剩产能损失。因此，研究人员希望降低分辨率，这在保持准确度方面更为有效。

8.1.3　分辨率乘数

引入的第二个超参数是分辨率乘数 ρ(rho)，它精简了输入形状，从而精简了各层的特征图大小。

当我们在不改变 stem 组件的情况下降低输入分辨率时，进入学习器组件的特征图的大小相应减少。例如，如果输入图像的高度和宽度减少一半，则输入像素的数量将减少75%。如果保持相同粗糙级别的过滤器和过滤器数量，输出的特征图大小将减少 75%。特征图的减少将产生下游效应，即减少每个卷积的参数数量(模型大小)和 matmul 操作数量(延迟)。注意，这与宽度精简相反，后者将减少特征图的数量，同时保持其大小。

弊端是如果太过激进地减少，那么在到达瓶颈时，特征图的大小可能是 1×1 像素，并且本质上失去了空间关系。可以通过减少中间层的数量来抵消这一点，使特征图大于 1×1，但为了提高准确度，我们要消除更多的过剩产能。

在论文报告的测试结果中，0.25(分辨率乘数)的 MobileNet-224 具有 64.4%的准确度，有 420 万个参数和 1.86 亿个矩阵乘加运算。继续进行计算，假设 ρ(rho)的值从 0 到 1，这将使 MobileNet 的计算复杂度降低 $ρ^2$。如果 ρ 因子为 0.25，则得到的复杂度为 0.25×0.25，计算结果为 0.0625。

以下是 MobileNet-224 的骨架模板。注意，宽度乘数和分辨率乘数分别使用了参数 **alpha** 和 **rho**。

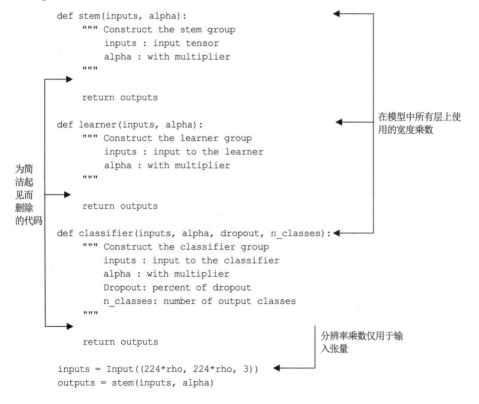

```
def stem(inputs, alpha):
    """ Construct the stem group
        inputs : input tensor
        alpha : with multiplier
    """

    return outputs

def learner(inputs, alpha):
    """ Construct the learner group
        inputs : input to the learner
        alpha : with multiplier
    """

    return outputs

def classifier(inputs, alpha, dropout, n_classes):
    """ Construct the classifier group
        inputs : input to the classifier
        alpha : with multiplier
        Dropout: percent of dropout
        n_classes: number of output classes
    """

    return outputs

inputs = Input((224*rho, 224*rho, 3))
outputs = stem(inputs, alpha)
```

为简洁起见而删除的代码

在模型中所有层上使用的宽度乘数

分辨率乘数仅用于输入张量

```
outputs = learner(outputs, alpha)
outputs = classifier(outputs, alpha, dropout, n_classes)
model = Model(inputs, outputs)
```

8.1.4　stem

　　stem 组件由一个 3×3 大小的跨步卷积组成(用于特征池化),然后是具有 64 个过滤器的单个深度可分离块。超参数 α(alpha)进一步减少了跨步卷积和逐深度块中的过滤器数量。通过超参数 ρ(rho)减少输入大小不是在模型中进行的,而是在输入预处理函数的上游进行的。

　　这与当时用于大型模型的常规 stem 有什么不同? 通常,第一个卷积层将从一个粗糙的 7×7 大小或 5×5 大小的卷积或者重构的堆栈开始,该堆栈由两个 3×3 大小的卷积和 64 个过滤器组成。粗糙卷积将跨步减少特征图的大小,然后是最大池化层,以再次缩减特征图的大小。

　　在 MobileNet v1 stem 中,继续遵循使用 64 个过滤器和两个 3×3 卷积堆栈的约定,但有 3 个重大变化。

- 第一个卷积输出的特征图数量为第二个卷积的一半(32)。这充当一个瓶颈,降低了双 3×3 堆栈中的计算复杂度。
- 第二个卷积被深度可分离卷积代替,进一步降低了 stem 中的计算复杂度。
- 在没有最大池化的情况下,只有第一个跨步卷积会减少特征图大小。

　　这里的折中是特征图变大,变成 H×W 的两倍。这抵消了在第一次粗糙级别的特征提取中由于计算复杂度的大幅降低而造成的表征损失。

　　图 8-2 显示了 stem 组件,它由两个 3×3 卷积组成。第一个是普通卷积,它进行特征池化(跨步)。

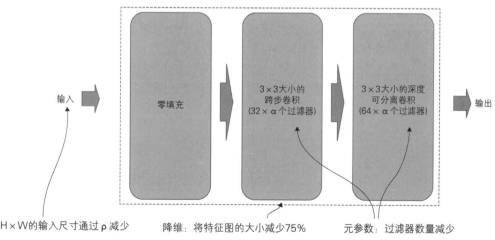

图 8-2　MobileNet stem 组在 3×3 大小的卷积堆栈中精简网络

　　第二个是逐深度卷积,它保持了特征图的大小(非跨步)。3×3 大小的跨步卷积不使用填充。为了使特征图减少 75%(0.5H×0.5W)，在卷积之前向输入添加零填充。注意，在输入大小上使用元参数 ρ 降低分辨率，在 3×3 大小的卷积堆栈上使用 α 精简网络。

以下是 stem 组件的示例实现。如你所见，后激活批标准化(Conv-BN-RE)用于卷积层，因此该模型没有使用预激活批标准化的好处，而预激活标准化可将准确度从 0.5%提高到 2%。

```
def stem(inputs, alpha):
    """ Construct the stem group
        inputs  : input tensor           对输入特征图进行零
        alpha   : with multiplier         填充的卷积块
    """
    x = ZeroPadding2D(padding=((0, 1), (0, 1)))(inputs)
    x = Conv2D(32 * alpha, (3, 3), strides=(2, 2), padding='valid')(x)
    x = BatchNormalization()(x)
    x = ReLU(6.0)(x)
                                          深度可分离卷积块
    x = depthwise_block(x, 64, alpha, (1, 1))
    return x
```

注意，本例中的 ReLU 采用值为 6.0 的可选参数。这是 ReLU 的 max_value 参数，默认为 None。其目的是剪裁高于 max_value 的任何值。因此，在前面的示例中，所有输出将在 0~6.0 的范围内。在移动网络中，如果权重稍后被量化，则通常会剪裁来自 ReLU 的输出。

这里的量化是使用低位表示法进行计算，8.5.1 节将解释此过程的细节。当 ReLU 的输出范围受到限制时，量化模型可以保持更好的准确度。一般做法是将其设置为 6.0。

下面简单介绍为什么选择值 6。Alex Krizhevsky 在 2010 年的论文 Convolutional Deep Belief Networks on CIFAR-10(www.cs.utoronto.ca/~kriz/conv-cifar10-aug2010.pdf)中介绍了这一概念。Krizhevsky 提出它是为了解决深层的梯度爆炸问题。

当一个激活的输出变得非常大时，它可以控制周围激活的输出。结果，该网络区域将呈现对称性，这意味着它将缩小，就像只有一个节点一样。通过实验，Krizhevsky 发现值 6 是最合适的。

记住，这一概念在 2015 年才被提出，早于我们认识到批标准化的好处。通过使用批标准化，激活将在每个连续的深度被挤压，因此不需要剪裁。

当引入量化时，剪裁 ReLU 的想法得到回归。简言之，当权重被量化时，我们是在减少表示一个值的位数。如果将权重映射到一个 8 位整数范围，则必须根据输出值的实际分布将整个输出范围"桶化"为 256 个 bin。范围越长，浮点值到桶的映射越精简，每个桶的区别越小。

这里的理论是，置信度为 98%、99%和 99.5%的值基本上是相同的，而较低的值区别更明显，如输出的置信度为 70%。但是通过剪裁，将 6 以上的所有值都视为 100%，并且只对 0 和 6 之间的分布进行桶化，这些值对于推断更具意义。

8.1.5 学习器

MobileNet-224 中的学习器组件由 4 个组组成，每个组有两个或多个卷积块。每个组将使前一组的过滤器数量增加一倍，每个组中的第一个块使用跨步卷积(特征池化)将特征图大小减少 75%。

MobileNet 组的构造遵循与其大型卷积网络组相同的原则。两者通常具有以下原则。

● 每组过滤器数量逐步增加，例如过滤器数量增加一倍。

● 通过使用跨步卷积或延迟最大池化来减少输出的特征图大小。

如图 8-3 所示，MobileNet 组对第一个块使用跨步卷积，以减少特征图(原则二)。虽然图中未显示，但学习器中的每个组从 128 开始将过滤器数量加倍(原则一)。

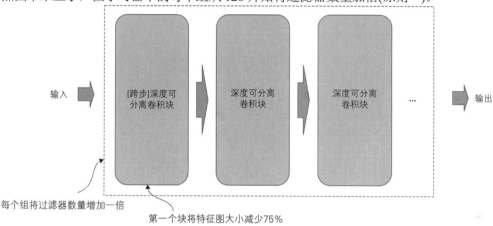

图 8-3　在 MobileNet v1 学习器组件中，每个组都是逐深度卷积块序列

图 8-4 放大了学习器组中的逐深度卷积块。在 v1 中，模型的作者使用了卷积块设计而不是残差块设计，同时没有恒等链接。每个块本质上是一个单独的深度可分离卷积，由两个独立的卷积层构成。第一层是 3×3 大小的逐深度卷积，然后是 1×1 大小的逐点卷积。当它们结合在一起时，就形成深度可分离卷积。对应于特征图数量的过滤器数量可以通过元参数 α 进一步减少以达到网络精简的目的。

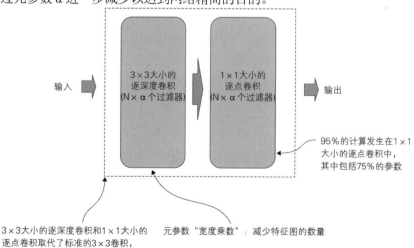

图 8-4　MobileNet v1 卷积块

下面是深度可分离卷积块的示例。第一步是在应用宽度乘数 alpha 后计算用于网络精

简的减少的 filters 的数量。对于组中的第一个块，使用跨步卷积(strides=(2, 2))减少特征图大小(特征池化)。这对应前面提到的卷积组设计原则二，其中组中的第一个块通常对输入特征图的大小进行降维。

```
def depthwise_block(x, n_filters, alpha, strides):
    """ Construct a Depthwise Separable Convolution block
    x            : input to the block
    n_filters    : number of filters
    alpha        : width multiplier
    strides      : strides
    """
    filters = int(n_filters * alpha)

    if strides == (2, 2):
        x = ZeroPadding2D(padding=((0, 1), (0, 1)))(x)
        padding = 'valid'
    else:
        padding = 'same'

x = DepthwiseConv2D((3, 3), strides, padding=padding)(x)
x = BatchNormalization()(x)
x = ReLU(6.0)(x)

x = Conv2D(filters, (1, 1), strides=(1, 1), padding='same')(x)
x = BatchNormalization()(x)
x = ReLU(6.0)(x)
return x
```

将宽度过滤器应用于特征图的数量

进行跨步卷积时添加零填充，以匹配过滤器的数量

逐深度卷积

逐点卷积

8.1.6 分类器

分类器组件不同于用于大型模型的传统分类器，它使用卷积层代替致密层进行分类步骤。与当时的其他分类器一样，为防止记忆，它在分类之前添加了一个丢弃层以进行正则化。

如图 8-5 所示，分类器组件包含一个 GlobalAveragePooling2D 层，用于展平特征图并将高维编码减少为低维编码(每个特征图 1 个像素)。然后，Reshape 层使用 softmax 激活函数为二维卷积重塑一维向量，其中过滤器的数量是类的数量。另一个 Reshape 层将输出重塑为一维向量(每个类 1 个元素)。在二维卷积之前是用于正则化的 Dropout 层。

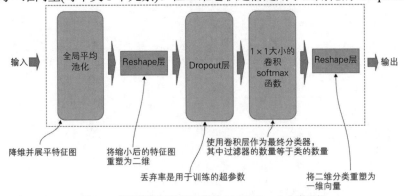

图 8-5 使用卷积层进行分类的 MobileNet v1 分类器组

下面是分类器组件的示例实现。第一个 Reshape 层将来自 GlobalAveragePooling2D 的一维向量重塑为 1×1 大小的二维向量。第二个 Reshape 层将来自 Conv2D 的二维 1×1 大小的输出重塑为用于 softmax 函数概率分布(分类)的一维向量。

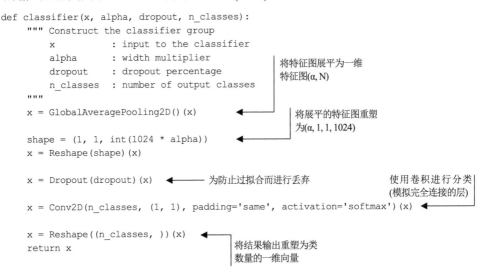

```
def classifier(x, alpha, dropout, n_classes):
    """ Construct the classifier group
        x          : input to the classifier
        alpha      : width multiplier
        dropout    : dropout percentage
        n_classes  : number of output classes
    """
    x = GlobalAveragePooling2D()(x)

    shape = (1, 1, int(1024 * alpha))
    x = Reshape(shape)(x)

    x = Dropout(dropout)(x)              为防止过拟合而进行丢弃

    x = Conv2D(n_classes, (1, 1), padding='same', activation='softmax')(x)

    x = Reshape((n_classes, ))(x)
    return x
```

将特征图展平为一维
特征图(α, N)

将展平的特征图重塑
为(α, 1, 1, 1024)

使用卷积进行分类
(模拟完全连接的层)

将结果输出重塑为类
数量的一维向量

GitHub 上提供了对 MobileNet v1 使用惯用过程重用设计模式的完整代码(http://mng.bz/Q2rG)。

8.2　MobileNet v2

在改进 v1 后，谷歌于 2018 年在 Mark Sandler 等人所撰写的 MobileNetV2: Inverted Residuals and Linear Bottlenecks(https://arxiv.org/abs/1801.04381)一文中介绍了 MobileNet v2。新架构将卷积块替换为反向残差块，以提高性能。论文总结了反向残差块的优点。

- 显著减少运算次数，同时保持与卷积块相同的准确度。
- 显著减少推断所需的内存。

8.2.1　架构

MobileNet v2 架构结合了针对受约束内存设备的几种设计原则。

- 像 v1 中一样，它继续使用超参数(alpha)作为宽度乘数，以完成 stem 和学习器组件中的网络精简。
- 像 v1 中一样，继续使用深度可分离卷积代替普通卷积，以便大幅降低计算复杂性(延迟)，同时保持几乎相当的表征能力。
- 使用残差块替换卷积块，允许更深的层以获得更高的准确度。

- 引入一种新的残差块设计，作者称之为反向残差块。
- 将 1×1 大小的非线性卷积替换为 1×1 大小的线性卷积。

对于最后的修改(采用 1×1 大小的线性卷积)，作者认为其原因是"我们发现，为了保持表征能力，去除狭窄层中的非线性非常重要"。在消融实验中，他们比较了使用 1×1 大小的非线性卷积(有 ReLU)和使用 1×1 大小的线性卷积(无 ReLU)，并且通过移除 ReLU 使在 ImageNet 上的准确度提高了 1%，在性能上可以排名第一。

作者将他们的主要贡献描述为一个新颖的层模块：带线性瓶颈的反向残差。8.2.3 节将详细描述反向残差块。

图 8-6 描述了 MobileNet v2 架构。在宏观架构中，学习器组件由 4 个反向残差组构成，然后是最终的 1×1 大小的线性卷积，这意味着激活函数是线性的。每个反向残差组都会增加前一组的过滤器数量。通过元参数 α(alpha) 来减少每组过滤器的数量。最后的 1×1 大小的卷积进行线性投影，将最终的特征图数量增加 4 倍，达到 2048。

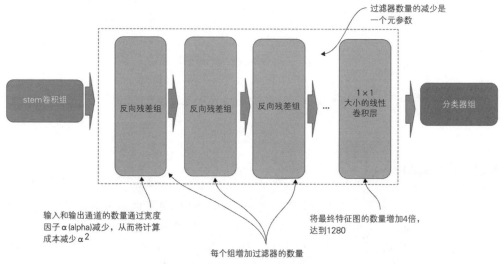

图 8-6 MobileNet v2 宏观架构

8.2.2 stem

stem 组件与 v1 相似，除了在最初的 3×3 大小的卷积层之后，它后面没有像 v1 中那样的逐深度卷积块(见图 8-7)。因此，与 v1 中 3×3 的双堆栈相比，粗糙级别的特征提取的表征能力更小。作者没有说明为什么表征能力的减少没有影响模型，该模型在准确度上优于 v1。

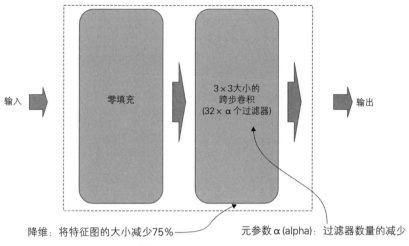

降维：将特征图的大小减少75%　　　　　元参数 α (alpha)：过滤器数量的减少

图 8-7　MobileNet v2 stem 组

8.2.3　学习器

学习器组件由 7 个反向残差组构成，然后是 1×1 大小的线性卷积。每个反向残差组由两个或多个反向残差块组成。每个组逐步增加过滤器的数量，这也称为输出通道。每个组从一个跨步卷积开始，随着每组逐步增加特征图的数量，减少特征图(通道)的大小。

图 8-8 描述了 MobileNet v2 组，其中第一个反向残差块被跨步来减少特征图的大小，从而抵消每个组特征图数量的逐渐增加。如图中所示，只有第 2、3、4 和 6 组从一个跨步反向残差块开始。换句话说，第 1、5 和 7 组从一个非跨步残差块开始。此外，每个非跨步块都有恒等链接，跨步块没有恒等链接。

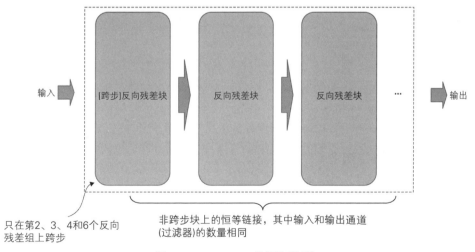

只在第2、3、4和6个反向
残差组上跨步

非跨步块上的恒等链接，其中输入和输出通道
(过滤器)的数量相同

图 8-8　MobileNet v2 组的微观架构

以下是 MobileNet v2 组的示例实现。该组遵循第一个块进行降维以减少特征图大小

的约定。这种情况下，第一个反向块是跨步的(特征池化)，其余块不是跨步的(无特征池化)。

```
def group(x, n_filters, n_blocks, alpha, expansion=6, strides=(2, 2)):
    """ Construct an Inverted Residual Group
        x          : input to the group
        n_filters  : number of filters                            组中的第一个反向残
        n_blocks   : number of blocks in the group                差块可跨步
        alpha      : width multiplier
        expansion  : multiplier for expanding the number of filters
        strides    : whether the first inverted residual block is strided.
    """
    x = inverted_block(x, n_filters, alpha, expansion, strides=strides)

    for _ in range(n_blocks - 1):
        x = inverted_block(x, n_filters, alpha, expansion, strides=(1, 1))
    return x
```

构建剩余的块

该块之所以被称为反向残差块，是因为它翻转了围绕传统残差块(如 ResNet50)中的中间卷积层的维度降低和扩展的关系。它不是以用于降维的 1×1 大小的瓶颈卷积开始，以用于维度恢复的 1×1 大小的线性投影卷积结束，顺序刚好与之相反。反向块从 1×1 大小的投影卷积开始进行维度扩展，以 1×1 大小的瓶颈卷积结束进行维度恢复(见图 8-9)。

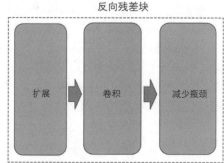

图 8-9　残差瓶颈块和反向残差块之间的概念差异

在对比 MobileNet v1 中的瓶颈残差块设计和 v2 中的反向残差块设计的消融实验中，作者在针对 ImageNet 的 Top-1 准确度上提高了 1.4%。反向残差块设计更有效，将参数总数从 420 万减少到 340 万，matmul 操作数量从 5.75 亿减少到 3 亿。

下面深入研究反向背后的机制。MobileNet v2 为初始 1×1 大小的投影卷积引入了一种新的元参数扩展。1×1 投影卷积执行维度扩展，元参数指定扩展过滤器数量的量。换句话说，1×1 大小的投影卷积将特征图的数量扩展到高维空间。

中间卷积为 3×3 大小的逐深度卷积。然后进行线性逐点卷积，减少特征图(也称为通道)，将它们恢复到原始数量。注意，恢复卷积使用线性激活函数而不是非线性激活函数(ReLU)。作者发现，为保持表征能力，去除狭窄层中的非线性很重要。

作者还发现，ReLU 激活函数会在低维空间中丢失信息，但在有大量过滤器的情况下可弥补这一点。这里的假设是，块的输入位于较低维空间中，但扩展了过滤器的数量，因此在第一个 1×1 大小的卷积中保持使用 ReLU 激活函数。

MobileNet v2 研究人员将扩展量称为块的表现力。在主要实验中，他们尝试了范围为 5~10 的扩展因子并观察到准确度差异很小。由于扩展的增加导致参数数量的增加，同时观察到准确度几乎没有提高，因此作者在消融实验中使用了值为 6 的扩展比率。

图 8-10 显示了反向残差块。从中可以看到它的设计更改如何在保持准确度的同时减少内存占用方面又向前迈进了一步。

下面是反向残差块的示例实现。对于上下文，请记住反向残差块的输入是低维空间中先前块或 stem 组的输出。然后通过 1×1 大小的投影卷积将输入投影到更高维空间，其中执行 3×3 大小的深度卷积。再后，逐点 1×1 大小的线性卷积将输出恢复为输入的低维。

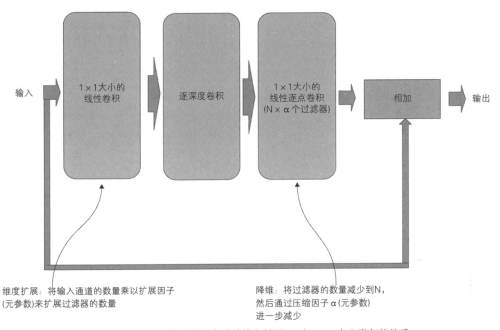

图 8-10　具有恒等捷径的反向残差块翻转了 v1 中 1×1 大小卷积的关系

以下是一些值得注意的步骤。

● 宽度因子应用于块的输出过滤器的数量：filters=int(n_filters*alpha)。

● 输入通道(特征图)的数量由 n_channels=int(x.shape[-1])决定。

● 当 expansion 因子大于 1 时，应用 1×1 大小的线性投影。

● Add()操作在每个块上执行，第一个组中的第一个块除外：if n_channels==filters and strips= =(1, 1)。

```
def inverted_block(x, n_filters, alpha, expansion=6, strides=(1, 1)):
    """ Construct an Inverted Residual Block
        x           : input to the block
        n_filters   : number of filters
        alpha       : width multiplier
```

```
    expansion : multiplier for expanding number of filters
    strides   : strides
"""
shortcut = x # Remember input
```

将宽度乘数应用于逐点卷积的特征图数量

```
filters = int(n_filters * alpha)
```

```
n_channels = int(x.shape[-1])
```

如果不是组中的第一个块，则进行维度扩展

```
if expansion > 1:
    # 1x1 linear convolution
    x = Conv2D(expansion * n_channels, (1, 1), padding='same')(x)
    x = BatchNormalization()(x)
    x = ReLU(6.)(x)
```

```
if strides == (2, 2):
    x = ZeroPadding2D(padding=((0, 1), (0, 1)))(x)
    padding = 'valid'
else:
    padding = 'same'
```

在跨步卷积(特征池化)时向特征图添加零填充

```
x = DepthwiseConv2D((3, 3), strides, padding=padding)(x)
x = BatchNormalization()(x)
x = ReLU(6.)(x)
```

3×3 大小的逐深度卷积

```
x = Conv2D(filters, (1, 1), strides=(1, 1), padding='same')(x)
x = BatchNormalization()(x)
```

1×1 大小的线性逐点卷积

```
if n_channels == filters and strides == (1, 1):
    x = Add()([shortcut, x])
return x
```

当输入过滤器的数量与输出过滤器的数量匹配时，将恒等链接添加到输出

8.2.4 分类器

在 v2 中，研究人员使用了在 GlobalAveragePooling2D 层后面跟上 Dense 层的传统方法，5.4 节对此作了介绍。早期的 ConvNet(如 AlexNet、ZFNet 和 VGG)将瓶颈层(最终特征图)展平，然后在最终用于分类的致密层之前紧跟一个或多个隐藏的致密层。例如，VGG 在用于分类的最后致密层前使用两层共 4096 个节点。

随着表征学习的改进，从 ResNet 和 Inception 开始，对分类器中隐藏层的需求变得不必要，对没有降低到低维瓶颈层的展平层的需求也变得不必要。MobileNet v2 遵循的做法是，当潜在空间具有足够强的表征性信息时，可以进一步将其缩减到低维空间(瓶颈层)。利用高表征性信息，模型可以直接将低维(也称为嵌入或特征向量)传递到分类器的致密层，而不需要中间隐藏的致密层。图 8-11 显示了分类器组件。

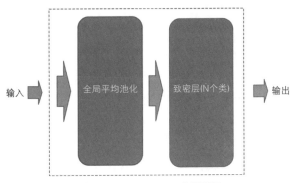

图 8-11　MobileNet v2 分类器组

在论文作者的消融实验中，他们通过 ImageNet 分类任务将 MobileNet v1 和 v2 进行比较。与准确度为 70.6%的 v1 相比，MobileNet v2 在 Top-1 准确度上达到 72%。GitHub 上提供了对 MobileNet v2 使用惯用过程重用设计模式的完整代码(http://mng.bz/Q2rG)。

下面介绍 SqueezeNet，它引入了 fire 模块以及宏观架构、微观架构和配置微观架构属性的元参数等术语。尽管当时的其他研究人员探索了这些概念，但却是 SqueezeNet 的作者创造了这些术语，并且之后在宏观架构搜索、机器设计和模型合并中得到发展。

8.3　SqueezeNet

SqueezeNet 是由 DeepScale、加州大学伯克利分校和斯坦福大学的联合研究人员于 2016 年提出的。Forrest N. Iandola 等人在 SqueezeNet: AlexNet-Level Accuracy with 50x Fewer Parameters and <0.5MB Model Size(https://arxiv.org/abs/1602.07360)一文中介绍了一种新型模块(即 fire 模块)，以及微观架构、宏观架构和元参数等术语。作者的目标是找到一种与著名的 AlexNet 模型相比参数较少但准确度相当的 CNN 架构。

fire 模块的设计是基于他们对微观架构的研究来实现的。微观架构是模块或组的设计，宏观架构是模块或组的连接方式。术语元参数的引入有助于更好地区分超参数是什么(第 10 章中详细讨论)。

通常情况下，在训练期间学习的权重和偏差是模型参数。"超参数"一词可能令人困惑。一些研究人员或从业者使用该术语来指代用于训练模型的可调参数，而其他人也使用该术语来描述模型架构(例如层和宽度)。在有关 SqueezeNet 的论文中，作者使用元参数来表示可配置的模型架构的结构，例如每个组的块数、块中每个卷积层的过滤器数以及组末尾的降维量。

作者在论文中解决了几个问题。首先，他们想展示一种 CNN 架构设计，这种设计可用在移动设备上，并且在 ImageNet 2012 数据集上仍然保持与 AlexNet 相当的准确度。在这一点上，作者在理论上取得了与 AlexNet 相同的结果，参数减少为 1/50。

其次，他们想展示一个小型 CNN 架构，在压缩时可以保持准确度。这里，作者在使用深度压缩算法进行压缩后获得了与没有压缩的情况下相同的结果，压缩算法将模型大小从 4.8MB 减少到 0.47MB。在保持 AlexNet 的准确度的同时将模型大小降低到 0.5MB 以下证明了将模型放置在内存极度受限的物联网设备(如微控制器)上的实用性。

在有关 SqueezeNet 的论文中，作者将实现其目标的设计原则称为策略 1、2 和 3。

- 策略 1——主要使用 1×1 大小的过滤器，而不是更常见的 3×3 大小的过滤器，其参数数量减少为 1/9。SqueezeNet v1.0 以 2∶1 的比例使用 1×1 大小和 3×3 大小的过滤器。
- 策略 2——将输入过滤器的数量减少到 3×3 层，以进一步减少参数的数量。这种 fire 模块的组件被称为压缩层。
- 策略 3——在网络中尽可能晚地延迟特征图的下采样。这与前期下采样以保持准确度的惯例形成了对比。作者在前期的卷积层上使用步幅 1 并使用步幅 2 进行延迟。

作者陈述了使用这些策略的理由。

策略 1 和 2 是关于明智地减少 CNN 中的参数数量，同时试图保持准确度。策略 3 是在有限的参数预算下最大限度地提高准确度。

作者以 fire 块的设计命名架构——fire 块先进行压缩操作，然后进行扩展操作。

8.3.1　架构

SqueezeNet 架构包括一个 stem 组、3 个 fire 组(共 8 个 fire 块，论文中称为模块)和一个分类器组。作者没有明确说明为什么他们选择 3 个 fire 组和 8 个 fire 块，但描述了一个宏观架构探索；该探索展示了一种经济高效的方法，即仅通过训练每组块数的不同组合以及输入到输出的过滤器大小，为特定内存占用和准确度范围设计模型。

图 8-12 显示了该架构。在宏观架构视图中，可以看到 3 个 fire 组。特征学习在 stem 组和前两个 fire 组中进行。最后一个 fire 组与分类组在特征学习和分类学习方面有重叠。

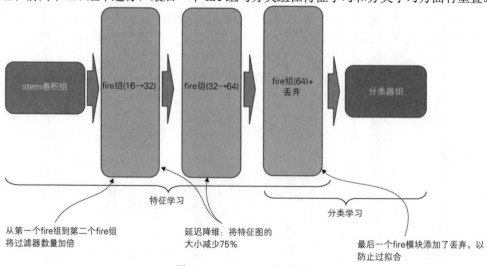

图 8-12　SqueezeNet 宏观架构

前两个 fire 组将从输入到输出的特征图数量增加了一倍,从 16 开始,增加一倍至 32,然后再增加一倍至 64。第一个和第二个 fire 组都将降维延迟到组的末尾。最后一个 fire 组不会将特征图加倍或降维,但会在组的末尾添加一个用于正则化的丢弃。最后一步不同于当时的惯例,即丢弃层被放置在分类器组的瓶颈层之后(在特征图被缩减并展平为一维向量之后)。

8.3.2　stem

stem 组件使用粗糙级别的 7×7 大小的卷积层,这是当时的惯例,与当前使用 5×5 大小的卷积层或两个 3×3 大小的卷积层的惯例相反。stem 执行积极的特征图缩减,这仍然是当前的惯例。

粗糙级别的 7×7 大小的卷积是跨步的(特征池化),使大小减少了 75%。然后是最大池化层,大小进一步减少 75%,从而产生只有输入通道大小的 6% 的特征图。图 8-13 描述了 stem 组件。

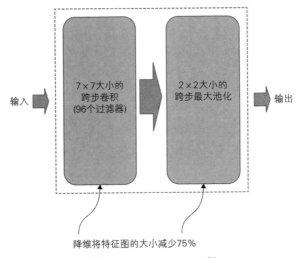

降维将特征图的大小减少75%

图 8-13　SqueezeNet stem 组

8.3.3　学习器

学习器组件由 3 个 fire 组组成。第一个 fire 组输入 16 个过滤器(通道),输出 32 个过滤器(通道)。前面提到,stem 输出 96 个通道,因此第一个 fire 组通过减少到 16 个过滤器对输入进行降维。第二个 fire 组加倍,输入 32 个过滤器(通道),输出 64 个过滤器(通道)。

第一个和第二个 fire 组均由多个 fire 块组成。除最后一个 fire 块外,所有 fire 块都使用相同数量的输入过滤器。最后一个 fire 块将输出的过滤器数量增加一倍。两个 fire 组都会将特征图的下采样延迟到具有 MaxPooling2D 层的组的末尾。

第三个 fire 组由具有 64 个过滤器的单个 fire 块组成，后面是用于正则化的丢弃层，位于分类器组之前。这与当时的惯例略有不同，因为 SqueezeNet 的丢弃层出现在分类器的瓶颈层之前，而不是出现在瓶颈层之后。图 8-14 描述了一个 fire 组。

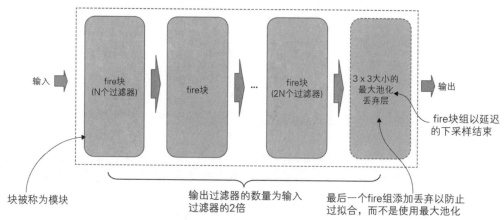

图 8-14 在 SqueezeNet 组宏观架构中，最后一个 fire 组使用丢弃而不是最大池化

以下是第一个和第二个 fire 组的示例实现。注意，参数 filters 是一个列表，其中每个元素对应一个 fire 块，其值是该块的过滤器数量。例如，思考第一个 fire 组，它由 3 个 fire 块组成；输入为 16 个过滤器，输出为 32 个过滤器。参数 filters 将是列表[16,16,32]。

为组添加所有 fire 块后，将为延迟的下采样添加 MaxPooling2D 层。

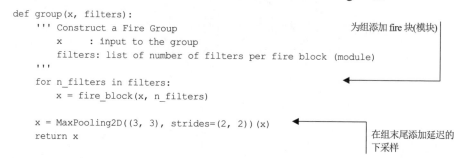

图 8-15 显示了 fire 块，它由两个卷积层组成。第一层是压缩层，第二层是扩展层。压缩层使用 1×1 大小的瓶颈卷积将输入通道的数量减少或压缩到较低的维度，同时为扩展层中的后续卷积提供足够的信息。压缩操作大幅减少了参数数量和相应的matmul操作。换句话说，1×1 大小的瓶颈卷积学习了最大限度地将特征图的数量压缩为更少的特征图的最佳方法，同时仍然能够在后续扩展层中执行特征提取。

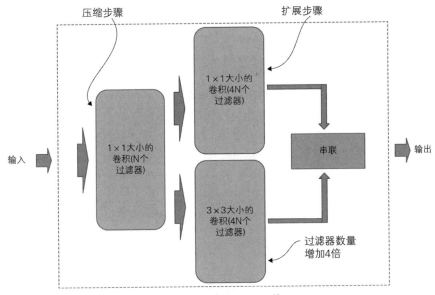

图 8-15　SqueezeNet fire 块

　　扩展层分支成两个卷积(1×1 大小的线性投影卷积和 3×3 大小的卷积)，在其中进行特征提取。然后将来自卷积的输出(特征图)串联起来。扩展层将特征图的数量扩展 8 倍。

　　例如，从 stem 到第一个 fire 块的输入是 96 个特征图(通道)，压缩层将其减少到 16 个特征图。然后，扩展层将扩展 8 倍，因此再次输出 96 个特征图。下一个(第二个)fire 块继续将其压缩为 16 个特征图，以此类推。

　　以下是 fire 块的示例实现。块从压缩层的 1×1 大小的瓶颈卷积开始。来自压缩层的输出 squeeze 被分支到两个并行的扩展卷积 expand1x1 和 expand3x3。最后，将两个扩展卷积的输出串联在一起。

```
def fire_block(x, n_filters):
    ''' Construct a Fire Block
        x       : input to the block
        n_filters: number of filters
    '''
    squeeze = Conv2D(n_filters, (1, 1), strides=1, activation='relu',
                    padding='same')(x)

    expand1x1 = Conv2D(n_filters * 4, (1, 1), strides=1, activation='relu',
                    padding='same')(squeeze)
    expand3x3 = Conv2D(n_filters * 4, (3, 3), strides=1, activation='relu',
                    padding='same')(squeeze)

    x = Concatenate()([expand1x1, expand3x3])
    return x
```

带有 1×1 瓶颈卷积的压缩层

扩展层分支成 1×1 大小的卷积和 3×3 大小的卷积，并且将过滤器数量增加一倍

激发层的分支输出串联在一起

8.3.4 分类器

此分类器不遵循 GlobalAveragingPooling2D 层后跟 Dense 层(其中输出节点的数量等于类的数量)的惯例。相反，它使用卷积层，过滤器的数量等于类的数量，然后是 GlobalAveragingPooling2D 层。这种安排将每个先前的过滤器(类)减少为单个值。然后，来自 GlobalAveragingPooling2D 层的输出传入 softmax 激活函数，以获得所有类的概率分布。

这里重温卷积分类器。在卷积分类器中，最终的特征图在瓶颈层被缩减和展平到较低的维度，通常使用 GlobalAveragingPooling2D。这里将每个特征图的 1 像素作为一维向量(嵌入)，然后将该一维向量传递到致密层，其中节点数等于输出类数。

图 8-16 显示了分类器组件。在 SqueezeNet 中，最终的特征图穿过一个 1×1 大小的线性投影，该投影学习将最终的特征图投影到一个与输出类数完全相等的新集合。现在，这些投影的特征图(每个对应一个类)被缩减为每个特征图的 1 像素并展平，成为一个一维向量，其长度正好等于输出类的数量。然后，一维向量穿过 softmax 函数进行预测。

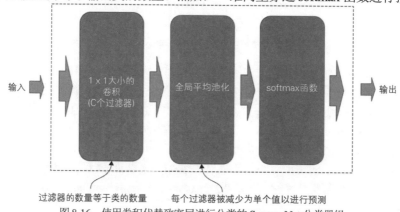

图 8-16 使用卷积代替致密层进行分类的 SqueezeNet 分类器组

根本区别是什么？在卷积分类器中，致密层学习分类。在这个移动版本中，1×1 大小的线性投影学习分类。

下面是分类器的示例实现。在该例中，作为最终特征图的输入穿过 Conv2D 层，该层进行 1×1 大小的线性投影，使过滤器数量等于输出类的数量。随后，使用 GlobalAveragePooling2D 将后续特征图缩减为单像素一维向量。

```
def classifier(x, n_classes):
    ''' Construct the Classifier
        x          : input to the classifier
        n_classes : number of output classes
    '''
    x = Conv2D(n_classes, (1, 1), strides=1, activation='relu',
               padding='same')(x)

    x = GlobalAveragePooling2D()(x)
    x = Activation('softmax')(x)
    return x
```

将过滤器的数量设置为类的数量

将每个过滤器(类别)减少为单个值以进行分类

下面通过使用大型 SOTA 模型的常规方法构建分类器来深入了解其设计。图 8-17 描述了这种方法。最终的特征图被全局池化成 1×1 大小的矩阵(单个值)。然后将矩阵展平为一维向量，即特征图数量的长度(如 ResNet 中的 2048)。再后，一维向量穿过致密层，通过 softmax 激活函数，输出每个类的概率。

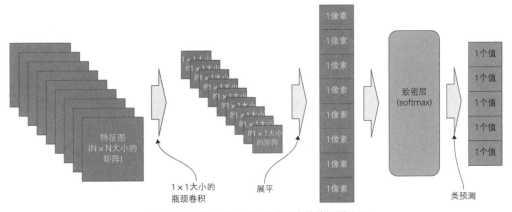

图 8-17　传统大型 SOTA 分类器中的特征图处理

图 8-18 描述了 SqueezeNet 中的方法。特征图通过 1×1 大小的瓶颈卷积进行处理，将特征图的数量减少到类的数量。本质上，这是类预测步骤，除了没有单个值，而是一个 N×N 大小的矩阵。然后将 N×N 大小的矩阵预测全局池化为 1×1 大小的矩阵，并且将其展平为一维向量，其中每个元素是对应类的概率。

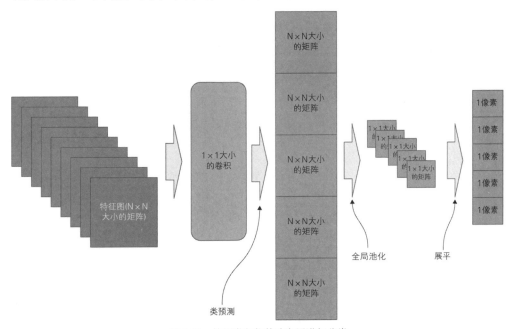

图 8-18　使用卷积代替致密层进行分类

8.3.5 旁路连接

在消融实验中，作者使用 ResNet 中引入的恒等链接(他们称之为旁路连接)对一个块进行了微观架构搜索实验。他们在论文中提到，SqueezeNet "位于 CNN 架构的一个广泛且基本上未经探索的设计空间中"。其部分探索包括微观架构设计空间。他们表示，灵感来自 ResNet 作者对带有和不带旁路连接的 ResNet34 进行的 A/B 比较，并且通过旁路连接在性能上提高了 2%。

作者试验了他们称之为简单旁路和复杂旁路的方法。在简单旁路中，在不增加计算复杂度的情况下，在 ImageNet Top-1 和 Top-5 准确度上分别提高了 2.9%和 2.2%。因此，他们的改进与 ResNet 作者观察到的结果相当。

在复杂旁路中，他们观察到较小的改善，模型大小从 4.8 MB 增加到 7.7 MB 时，准确度仅提高 1.3%。在简单旁路中，模型大小没有增加。作者得出的结论是简单旁路足够了。

1. 简单旁路

在简单旁路中，恒等链接仅出现在第一个 fire 块(进入组)和过滤器加倍之前的 fire 块中。图 8-19 显示了带有简单旁路连接的 fire 组。组中的第一个 fire 块具有旁路连接(恒等链接)，然后 fire 块前面的 fire 块将输出通道数(特征图数)增加一倍。

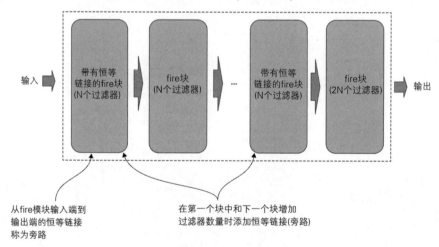

图 8-19 带有简单旁路块的 SqueezeNet 组

现在仔细观察一个带有简单旁路连接(恒等链接)的 fire 块，如图 8-20 所示。注意，块的输入被添加到串联操作的输出中。

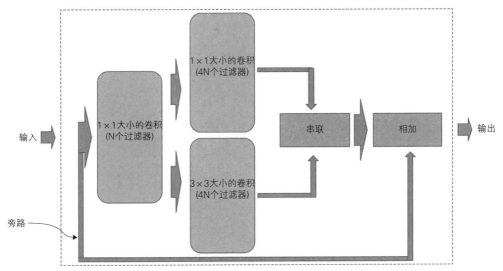

图 8-20　带恒等链接的 SqueezeNet fire 块

首先，我们知道，对于矩阵加法操作，输入上的特征图数量必须与串联操作的输出数量相匹配。对于许多 fire 块来说，这是事实。例如，stem 组中有 96 个特征图作为输入，在压缩层中减少到 16 个，然后通过扩展层扩展 8 倍(回到 96 个)。由于输入上的特征图数量等于输出，因此可以添加恒等链接。但并非所有 fire 块都是这样，因此只有一个子集有旁路连接。

以下是带有简单旁路连接(恒等链接)的 fire 块的示例实现。在这个实现中，传递附加参数 bypass。如果为真，将在块的末尾添加最后一层，该层对串联的输出执行矩阵加法操作(Add())。

```
def fire_block(x, n_filters, bypass=False):
    ''' Construct a Fire Block
        x         : input to the block
        n_filters : number of filters in the block
        bypass    : whether block has an identity shortcut
    '''

    shortcut = x

    squeeze = Conv2D(n_filters, (1, 1), strides=1, activation='relu',
                    padding='same')(x)

    expand1x1 = Conv2D(n_filters * 4, (1, 1), strides=1, activation='relu',
                    padding='same')(squeeze)
    expand3x3 = Conv2D(n_filters * 4, (3, 3), strides=1, activation='relu',
                    padding='same')(squeeze)

    x = Concatenate()([expand1x1, expand3x3])

    if bypass:
        x = Add()([x, shortcut])            旁路为真时，输入(捷径)被加到 fire
                                            块的输出中
    return x
```

2. 复杂旁路

在作者的下一个微观架构搜索中，他们探索了在没有恒等链接(简单旁路)的情况下，在剩余的 fire 块上添加线性投影。线性投影将在串联操作后将输入特征的数量投影为等于输出特征图的数量，这被称为复杂旁路。

其目的是为了查看这是否会进一步提高 Top-1/Top-5 准确度，尽管代价是增加模型大小。正如前面提到的，实验表明使用复杂旁路对目标是有害的。图 8-21 描述了一个 fire 组，其中没有简单旁路(恒等链接)的剩余 fire 块有一个复杂旁路(线性投影链接)。

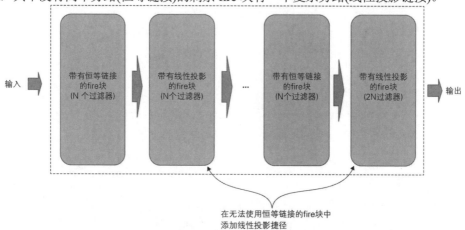

图 8-21 具有投影捷径 fire 块(复杂旁路)的 SqueezeNet 组

如图 8-22 所示，让我们仔细查看带有复杂旁路的 fire 块。注意，恒等链接上 1×1 大小的线性投影会将过滤器(通道)的数量增加 8 倍。这是为了匹配分支 1×1 和 3×3 的输出串联后的输出大小，这两个分支都将输出大小增加了 4 倍(4+4=8)。在恒等链接上使用 1×1 大小的线性投影是复杂旁路与简单旁路的区别。

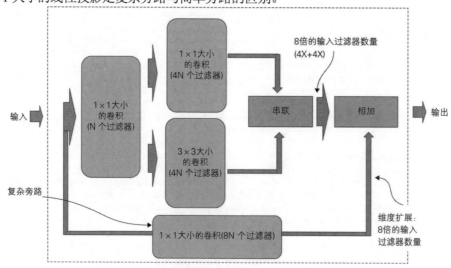

图 8-22 具有投影捷径(复杂旁路)的 SqueezeNet fire 块

在消融实验中，通过简单旁路可将 SqueezeNet 在 ImageNet 上的准确度从 57.5%提高到 60.4%。对于复杂旁路，准确度仅提高到 58.8%。GitHub 上提供了对 SqueezeNet 使用惯用过程重用设计模式的完整代码(http://mng.bz/XYmv)。

下面介绍 ShuffleNet，它引入了逐点组卷积和通道洗牌(转置)操作，从而在不增加计算复杂性和大小的情况下增加特征图的数量。

8.4　ShuffleNet v1

大型网络面临的一个挑战是，它们需要许多特征图，通常有数千个，这意味着它们的计算成本很高。因此，2017 年，旷视科技的张祥雨等人引入了一种方法，以大幅降低计算成本的方式获得大量特征图。这种新的架构被称为 ShuffleNet v1 (https://arxiv.org/abs/1707.01083)，专门为手机、无人机和机器人上的低计算设备设计。

该架构引入了新的层操作：逐点组卷积和通道洗牌。与 MobileNet 相比，作者发现 ShuffleNet 以显著的优势实现了卓越的性能：该模型的算力水平为 40 个 MFLOP，ImageNet Top-1 错误率降低了 7.8%。尽管作者报告说其准确度超过了 MobileNet 同类产品，但后者仍然在生产中受到青睐(不过它们现在正被 EfficientNet 所取代)。

8.4.1　架构

ShuffleNet 架构由 3 个洗牌组组成，论文中将其称为阶段。该架构遵循常规做法，其中每个组的输出通道数或特征图数量比前一组增加一倍。图 8-23 描述了 ShuffleNet 架构。

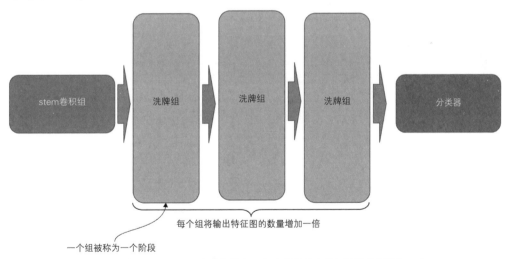

图 8-23　在 ShuffleNet v1 宏观架构中，每个组将输出特征图的数量增加一倍

8.4.2 stem

与当时的其他移动 SOTA 模型相比，stem 组件使用较精细的 3×3 大小的卷积层，后者通常使用 7×7 大小的卷积层或两个 3×3 大小的卷积层。如图 8-24 所示，stem 执行积极的特征图缩减，这仍然是目前的惯例。3×3 的卷积进行跨步(特征池化)以将大小减少75%，然后是最大池化层，进一步减少 75%的大小，从而使特征图的大小为输入通道的6%。将来自输入的通道大小减少到 6%仍然是常规做法。

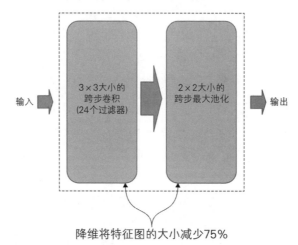

降维将特征图的大小减少75%

图 8-24　ShuffleNet stem 组结合了特征和最大池化，将输出特征图大小减少到输入的 6%

8.4.3　学习器

学习器组件中的每个组都由一个跨步洗牌块(论文中称为一个单元)组成，然后是一个或多个洗牌块。跨步洗牌块将输出通道的数量增加一倍，同时将每个通道的大小减少75%。每个特征的过滤器数量(然后是输出特征图)逐渐增加一倍是当时的惯例配置并持续到今天。还有一个惯例是，当一个组将输出特征图的数量增加一倍时，大小将减少，以防止在深入层时参数增长会发生爆炸。

1. 组

与 MobileNet v1/v2 一样，ShuffleNet 组在开头使用跨步洗牌块进行特征图缩减。这与 SqueezeNet 和大型 SOTA 模型形成对比，后者将特征图缩减延迟到组的末尾。通过在组的开头缩减大小，参数和 matmul 操作的数量大大减少，但代价是更少的表征能力。

图 8-25 显示了一个洗牌组。该组从跨步洗牌块开始(该块在组开始时进行特征图大小缩减)，然后是一个或多个洗牌块。跨步和后续洗牌块的过滤器数量是前一组的两倍。例如，如果前一组有 144 个过滤器，则当前组将加倍至 288 个。

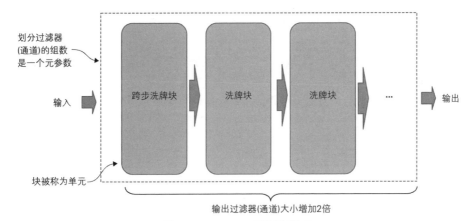

图 8-25　ShuffleNet 组的微观架构

下面是一个洗牌组的示例实现。参数 n_blocks 是组中的块数，n_filters 是每个块的过滤器数。参数 reduction 是用于洗牌块中维度缩减的元参数(随后讨论)，参数 n_partitions 是用于对通道洗牌的特征图进行划分的元参数(随后讨论)。第一个块是跨步洗牌块，其余块不是跨步的：for _ in range(n_blocks-1)。

```
def group(x, n_partitions, n_blocks, n_filters, reduction):
    ''' Construct a Shuffle Group
        x               : input to the group
        n_partitions : number of groups to partition feature maps (channels)
        ➡   into.
        n_blocks        : number of shuffle blocks for this group
        n_filters       : number of output filters
        reduction       : dimensionality reduction
    '''
    x = strided_shuffle_block(x, n_partitions, n_filters, reduction)

    for _ in range(n_blocks-1):
        x = shuffle_block(x, n_partitions, n_filters, reduction)
    return x
```

组中的第一个块是跨步洗牌块

添加剩余的非跨步洗牌块

2. 块

洗牌块基于 B(1,3,1)残差块，其中 3×3 大小的卷积是逐深度卷积(和在 MobileNet 中一样)。作者注意到，由于代价高昂的 1×1 大小的致密卷积，诸如 Xception 和 ResNeXt 的架构在非常小的网络中效率会较低。为解决这个问题，他们将 1×1 大小的逐点卷积替换为逐点组卷积，以降低计算复杂度。图 8-26 显示了设计上的差异。

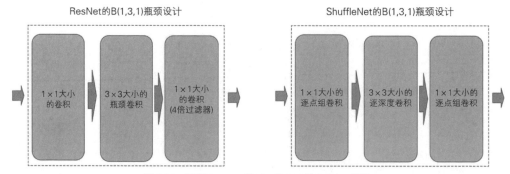

图 8-26 比较 ResNet 和 ShuffleNet 的 B(1,3,1)设计

当参数 reduction 小于 1 时，第一个逐点组卷积还对块的输入过滤器的数量执行降维，然后在输出通道中使用第二个逐点组卷积将其恢复，以便将输入与矩阵加法操作的残差匹配。

他们未像 Xception 中那样在逐深度卷积后面使用 ReLU，转而使用线性激活。他们作出这种改变的原因尚不清楚，而使用线性激活的优势也不清楚。论文仅指出，"批标准化(BN)和非线性的使用与 ResNet 和 ResNeXt 类似，只是我们没有像 Xception 所建议的那样在逐深度卷积后使用 ReLU"。在第一个逐点组卷积和逐深度卷积之间是通道洗牌操作，这两个问题将在后面讨论。

图 8-27 显示了一个洗牌块。从中可以看到在进行 3×3 大小的逐深度卷积(进行特征提取)之前如何在 B(1,3,1)残差块设计中插入通道洗牌。B(1,3,1)残差块是一个与 MobileNet v1 相当的瓶颈设计，其中第一个 1×1 大小的卷积进行降维，第二个 1×1 大小的卷积进行维度扩展。该块继续使用 MobileNet 中的常规约定，将 3×3 大小的逐深度卷积与 1×1 大小的逐点组卷积配对，从而形成深度可分离卷积。不过，与 MobileNet v1 不同，它将第一个 1×1 大小的瓶颈卷积更改为 1×1 大小的瓶颈逐点组卷积。

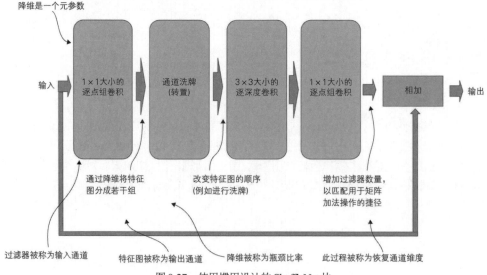

图 8-27 使用惯用设计的 ShuffleNet 块

下面是一个洗牌块的示例实现。该块从函数 pw_group_conv()中定义的 1×1 大小的逐点组卷积开始，其中参数值 int(reduction*n_filters)指定降维。接下来是在函数 channel_shuffle()中定义的通道洗牌，然后是逐深度卷积(DepthwiseConv2D)。再接着是最终的 1×1 大小的逐点组卷积，它恢复了维度。最后，将块的输入与逐点组卷积的输出进行矩阵加法操作(Add())。

```
def shuffle_block(x, n_partitions, n_filters, reduction):
    ''' Construct a shuffle Shuffle block
        x            : input to the block
        n_partitions : number of groups to partition feature maps (channels)
    into.
        n_filters    : number of filters
        reduction    : dimensionality reduction factor (e.g, 0.25)
    '''

    shortcut = x

    x = pw_group_conv(x, n_partitions, int(reduction * n_filters))
    x = ReLU()(x)

    x = channel_shuffle(x, n_partitions)

    x = DepthwiseConv2D((3, 3), strides=1, padding='s
    x = BatchNormalization()(x)

    x = pw_group_conv(x, n_partitions, n_filters)

    x = Add()([shortcut, x])
    x = ReLU()(x)
    return x
```

右侧注释：
- 第一个逐点组卷积进行降维
- 通道洗牌
- 3×3 大小的逐深度卷积
- 第二个组卷积进行维度恢复
- 将输入(捷径)添加到块的输出

3. 逐点组卷积

下面是逐点组卷积的示例实现。该函数首先确定输入通道的数量(in_filters=x.shape[-1])。接下来，通过将输入通道的数量除以组的数量(n_partitions)来确定每个组的通道数量。然后将特征图按比例拆分到各个组(lambda)，每个组穿过一个分离的 1×1 大小的逐点卷积。最后，将来自组卷积的输出串联在一起并穿过批标准化层。

```
def pw_group_conv(x, n_partitions, n_filters):
    ''' A Pointwise Group Convolution
        x        : input tensor
        n_groups : number of groups to partition feature maps (channels)
    into.
        n_filers : number of filters
    '''
    in_filters = x.shape[-1]

    grp_in_filters = in_filters // n_partitions
    grp_out_filters = int(n_filters / n_partitions + 0.5)

    groups = []
    for i in range(n_partitions):
```

左侧注释：计算输入特征图(通道)的数量

右侧注释：
- 计算每组的输入和输出过滤器(通道)数量，注意四舍五入
- 对每个通道组执行 1×1 大小的线性逐点卷积

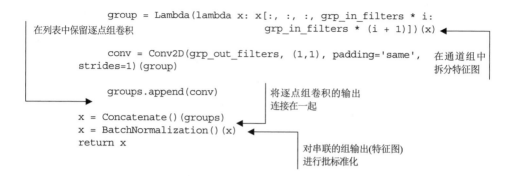

在列表中保留逐点组卷积

```
        group = Lambda(lambda x: x[:, :, :, grp_in_filters * i:
                                       grp_in_filters * (i + 1)])(x)

        conv = Conv2D(grp_out_filters, (1,1), padding='same',
strides=1)(group)

        groups.append(conv)

x = Concatenate()(groups)
x = BatchNormalization()(x)
return x
```

在通道组中
拆分特征图

将逐点组卷积的输出
连接在一起

对串联的组输出(特征图)
进行批标准化

4. 跨步洗牌块

跨步洗牌块的不同之处如下。

- 捷径链接(块的输入)的维度通过3×3大小的平均池化操作减少。
- 残差特征图和捷径特征图串联在一起,而不是像非跨步洗牌块中那样使用矩阵相加。

对于串联的使用,作者认为"用通道串联代替逐元素相加使得在不增加额外计算成本的情况下扩大通道维数变得容易"。

图8-28展示了一个跨步洗牌块。从中可以看到与非跨步洗牌块的两个差异。在捷径链接上,添加了一个平均池化,通过将特征图减少到0.5H×0.5W来进行降维。这样做是为了匹配由3×3大小的跨步逐深度卷积完成的特征池化,因此它们可以连接在一起,而不是像非跨步洗牌块中那样进行矩阵相加。

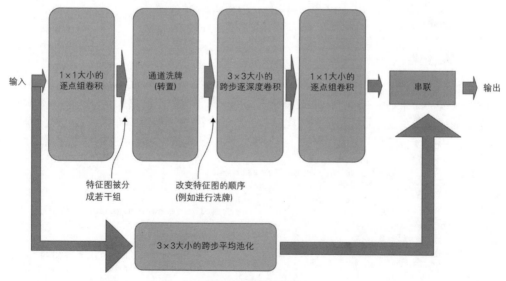

图8-28　跨步洗牌块

下面是一个跨步洗牌块的示例实现。参数 n_filters 是块中卷积层的过滤器数量。参数 reduction 是进一步精简网络的元参数,参数 n_partitions 指定将特征图划分为逐点组卷积的组数。

　　该函数从创建投影捷径开始。输入穿过一个跨步 AveragePooling2D 层，该层将投影捷径中的特征图大小减少到 0.5H×0.5W。

　　然后输入穿过 1×1 大小的逐点组卷积(pw_group_conv())。注意，网络精简发生在第一个逐点组卷积中(int(reduce*n_filters))。输入被进行通道洗牌(channel_shuffle())，然后通过 3×3 大小的跨步逐深度卷积进行特征提取和特征池化(注意没有使用 ReLU 激活函数)。

　　DepthwiseConv2D()的输出随后穿过第二个 1×1 大小的逐点组卷积，其输出与投影捷径连接。

```
def strided_shuffle_block(x, n_partitions, n_filters, reduction):
    ''' Construct a Strided Shuffle Block
        x            : input to the block
        n_partitions : number of groups to partition feature maps (channels)
        ⇒ into.

        n_filters    : number of filters
        reduction    : dimensionality reduction factor (e.g, 0.25)
    '''
    # projection shortcut
    shortcut = x
    shortcut = AveragePooling2D((3, 3), strides=2, padding='same')(shortcut)
    n_filters -= int(x.shape[-1])

    x = pw_group_conv(x, n_partitions, int(reduction * n_filters))
    x = ReLU()(x)

    x = channel_shuffle(x, n_partitions)

    x = DepthwiseConv2D((3, 3), strides=2, padding='same')(x)
    x = BatchNormalization()(x)

    x = pw_group_conv(x, n_partitions, n_filters)

    x = Concatenate()([shortcut, x])
    x = ReLU()(x)
    return x
```

将平均池化用于瓶颈捷径

在第一个块上，调整入口逐点组卷积的输出过滤器的数量，以匹配出口逐点组卷积

将投影捷径串联到块的输出

5. 通道洗牌

　　通道洗牌被设计为克服组卷积的负面影响，从而帮助信息在输出通道中流动。组卷积通过确保每个卷积仅在相应的输入通道组上操作而显著降低计算成本。正如作者所指出的，如果将多个组卷积叠加在一起，则会产生负面结果：某个通道的输出仅来自一小部分输入通道。换句话说，每个组卷积仅限于学习其过滤器的下一个特征提取级别，仅基于单个特征图(通道)，而不是基于所有或部分输入特征图。

　　图 8-29 描述了将通道分成多个组，然后对通道进行洗牌。本质上，洗牌包括构建新通道，因为每个被洗牌的通道都有来自其他通道的一部分，因此增加了输出通道中的信息流。

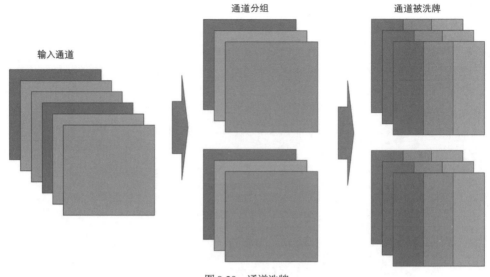

图 8-29　通道洗牌

　　仔细查看这个过程。从一组输入通道开始，图中用不同灰色阴影表示它们是不同的通道(不是副本)。接下来，根据分区设置，通道被分成大小相等的分区(我们称之为组)。在描述中，每组有 3 个独立的通道。我们构建 3 个通道的 3 个洗牌版本。通过灰色阴影，表示每个洗牌通道由每个非洗牌通道的一部分形成，并且这部分对于每个洗牌通道是不同的。

　　例如，第一个洗牌通道由 3 个非洗牌通道的前 1/3 特征图构建而成。第二个洗牌通道由 3 个非随机混合通道的前 1/3 特征图构建，以此类推。

　　下面是通道洗牌的示例实现。参数 n_partitions 指定将输入特征图(参数 x)划分到的组数。使用输入的形状来确定 B×H×W×C(其中 C 是通道数)，然后计算每组的通道数量(grp_in_channels)。

　　接下来的 3 个 Lambda 操作如下所示。

　　(1) 将输入从 B×H×W×C 重塑为 B×W×W×G×Cg。添加第五维 G (组数)并将 C 重塑为 G×Cg，其中 Cg 是每组通道的子集。

　　(2) k.permute_dimensions()执行图 5-27 中所示的通道洗牌。

　　(3) 第二次重塑将随机洗牌通道重建回 B×H×W×C 形状。

```
def channel_shuffle(x, n_partitions):
    ''' Implements the channel shuffle layer
        x            : input tensor
        n_partitions : number of groups to partition feature maps (channels)


    into.
    '''
    batch, height, width, n_channels = x.shape            获取输入张量的维数

    grp_in_channels = n_channels // n_partitions          计算每组输入过滤器
                                                          (通道)的数量
```

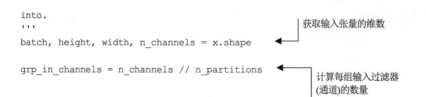

```
x = Lambda(lambda z: K.reshape(z, [-1, height, width, n_partitions,
                                    grp_in_channels]))(x)
```
分离通道组

```
x = Lambda(lambda z: K.permute_dimensions(z, (0, 1, 2, 4, 3)))(x)
```

```
x = Lambda(lambda z: K.reshape(z, [-1, height, width, n_channels]))(x)
    return x
```
转置通道组的顺序(洗牌)

恢复输出形状

在消融实验中,作者发现复杂性与准确度的最佳折中方法是使用缩减因子1(不减少),并且将组分区数量设置为8。GitHub上提供了对ShuffleNet使用惯用过程重用设计模式的完整代码(http://mng.bz/oGop)。

下面介绍使用量化为内存受限设备缩小模型大小,以及使用Python包TensorFlow Lite执行转换/预测,以此进行移动模型的部署。

8.5　部署

本节介绍部署移动卷积模型的基础知识。首先了解量化,它减少了参数大小,从而减少了内存占用。量化发生在部署模型之前。然后了解如何使用TF Lite在内存受限的设备上执行模型。示例中使用Python环境作为代理,因此此处不会深入讨论与Android或iOS相关的细节。

8.5.1　量化

量化是减少代表一个数字的位数的过程。对于内存受限的设备,我们希望以低位表示法存储权重,同时不显著降低准确度。

由于神经网络对计算中的小错误具有相当强的弹性,因此它们不需要像训练那样高准确度的推断。这为降低移动神经网络中权重的准确度提供了机会。缩减的常规做法是将32位浮点权重值替换为8位整数值的离散近似值。主要优点是,从32位减少到8位只需要模型内存空间的1/4。

在推断(预测)过程中,用于矩阵运算的权值被缩放回近似的32位浮点值,然后传入激活函数。现代硬件加速器被设计为优化这种重缩放操作,从而只有少量计算开销。

在常规缩减中,32位浮点权重被划分到整数范围内的桶(bin)中。对于8位值,这将是256个桶,如图8-30所示。

为执行本示例中的量化,首先确定权重的浮点范围,即[rmin, rmax],表示最小值和最大值。然后将范围线性除以桶数(256)。

图 8-30 量化将浮点范围分类为一组由整数表示的固定 bin

根据硬件加速器的不同，还可以看到 CPU(和 TPU)上的执行速度从两倍提高到 3 倍。GPU 上不支持整数操作。

对于本机支持 float16(半精度)的 GPU，量化是通过将 float32 值转换为 float16 来完成的。这将使模型的内存占用减少一半，并且通常将执行速度提高 4 倍。

此外，当权重的浮点范围受到约束(收缩)时，量化效果最佳。移动模型的当前约定是，为此目的对 ReLU 使用 max_value 值 6.0。

在量化非常小的模型时，我们应该小心。大型模型受益于权重的冗余，并且在量化为 8 位整数时不受准确度损失的影响。SOTA 移动模型被设计为限制量化时的准确度损失量。如果设计更小的模型并对其进行量化，准确度可能会显著降低。

下面介绍 TF Lite，它用于在内存受限的设备中执行模型。

8.5.2 TF Lite 转换和预测

TF Lite 是内存受限设备中 TensorFlow 模型的执行环境。与本机 TensorFlow 运行时环境不同，TF Lite 运行时环境更小，更容易适应内存受限的设备。虽然为此目的进行了优化，但确实存在一些折中方法。例如，一些 TF 图操作不受支持，一些操作需要额外的步骤。我们不讨论不支持的图操作，只讨论所需的其他步骤。

下面的代码演示如何使用 TensorFlow Lite 量化现有模型，其中该模型是经过训练的 TF.Keras 模型。第一步是将 SavedModel 格式的模型转换为 TF Lite 模型格式。这是通过实例化 TFLiteConverter 并以 SavedModel 格式向其传递内存或磁盘中的模型，然后调用 convert()方法来实现的。

```
import tensorflow as tf

converter = tf.lite.TFLiteConverter.from_saved_model(model)       ← 为 TF.Keras(SavedModel 格式)
                                                                      模型创建转换器实例
tflite_model = converter.convert()

将模型转换为 TF Lite 格式
```

模型的 TF Lite 版本不是 TensorFlow SavedModel 格式。不能直接使用 predict()之类的方法。相反，可以使用 TF Lite 解释器。首先为 TF Lite 模型设置解释器，如下所示。

(1) 为 TF Lite 模型实例化 TF Lite 解释器。

(2) 让解释器为模型分配输入和输出张量。

(3) 获取有关模型的输入和输出张量的详细信息,这些信息在预测时需要已知。

以下代码演示了这些步骤。

```
interpreter = tf.lite.Interpreter(model_content=tflite_model)    ← 为TF Lite 模型实例化
                                                                    一个解释器
interpreter.allocate_tensors()    ← 为模型分配输入和输出张量

input_details = interpreter.get_input_details()     获取预测所需的输入和
output_details = interpreter.get_output_details()   输出张量的详细信息
input_shape = input_details[0]['shape']
```

input_details 和 output_details 作为列表返回;元素的数量分别对应输入和输出张量的数量。例如,具有单个输入(例如图像)和单个输出(多类分类器)的模型的输入和输出张量都有一个元素。

每个元素都包含一个具有相应详细信息的字典。对于输入张量,键 shape 返回表示输入形状的元组。例如,如果模型将(32, 32, 3)图像(例如 CIFAR-10)作为输入,则键将返回(32,32,3)。

要进行单个预测,执行以下操作。

(1) 将输入准备为大小为 1 的批。对于 CIFAR-10 示例,将是(1,32,32,3)。

(2) 将批分配给输入张量。

(3) 调用解释器来执行预测。

(4) 从模型中获取输出张量(例如多类模型中的 softmax 函数输出)。

以下代码演示了这些步骤。

```
import numpy as np
                                        将单个输入转换为大小为 1 的批
data = np.expand_dims(x_test[1], axis=0)    ←
                                                        将批分配给输入张量
interpreter.set_tensor(input_details[0]['index'], data)    ←

interpreter.invoke()    ← 执行(调用)解释器以进行预测        获取模型的输出

softmax = interpreter.get_tensor(output_details[0]['index'])    ←

label = np.argmax(softmax)    ← 多类示例,确定根据 softmax 函
                                 数输出预测的标签
```

对于批预测,需要修改(调整)解释器的输入和输出张量以适应批大小。在分配张量之前,以下代码对于(32,32,3)输入(CIFAR-10)将用于解释器的批大小调整为 128。

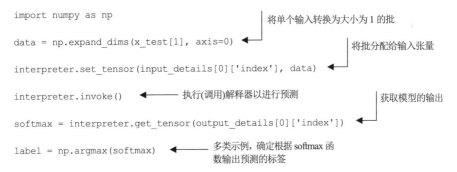

```
为 TF Lite 模型实例化一个解释器

→ interpreter = tf.lite.Interpreter(model_content=tflite_model)    为大小为 128 的批调整输
                                                                    入和输出张量的大小
interpreter.resize_tensor_input(input_details[0]['index'], (128, 32, 32, 3))
interpreter.resize_tensor_input(output_details[0]['index'], (128, 10))    ←

interpreter.allocate_tensors()    ← 为模型分配输入和输出张量
```

8.6 本章小结

- 在 MobileNet v1 中使用逐深度卷积和网络精简进行重构展示了在内存受限的设备上以 AlexNet 准确度运行模型的能力。
- 将 MobileNet v2 中的残差块重新设计为反向残差块可进一步减少内存占用并提高准确度。
- SqueezeNet 引入了计算效率高的宏观架构搜索的概念，使用元参数配置组和块属性。
- ShuffleNet v1 中的重构和通道洗牌展示了在极度受限的内存设备(如微控制器)上运行模型的能力。
- 量化技术提供了一种减少 75% 内存占用的方法，而推断的准确度几乎没有损失。
- 使用 TF Lite 可将 SavedModel 格式转换为量化的 TF Lite 格式并进行预测以部署到内存受限的设备。

第 *9* 章

自动编码器

本章主要内容
- 了解 DNN 和 CNN 自动编码器的设计原则和模式
- 使用过程设计模式对上述模型进行编码
- 训练自动编码器时的正则化
- 将自动编码器用于压缩、去噪和超分辨率
- 使用自动编码器进行预训练以提高模型的泛化能力

到目前为止，我们只讨论了监督学习的模型。自动编码器模型属于无监督学习的范畴。注意，在监督学习中，数据由特征(如图像数据)和标签(如类)组成，我们训练模型学习从特征预测标签。在无监督学习中，要么没有标签，要么不使用标签，我们训练模型以发现数据中的相关模式。你可能会问，没有标签能做什么？我们可以做很多事情，而自动编码器是一种可以从未标记数据中学习的模型架构。

自动编码器是无监督学习的基本深度学习模型。即使没有人为标记，自动编码器也可以学习图像压缩、表征学习、图像去噪、超分辨率和前置任务，本章将对此进行详细介绍。

那么，无监督学习如何与自动编码器一起运作呢？即使图像数据没有标签，也可以将图像处理为输入数据和输出标签并训练模型预测输出标签。例如，输出标签可能只是输入图像，这时模型将学习恒等函数。或者，我们复制图像并添加噪声，然后使用噪声版本作为输入，原始图像作为输出标签，这就是模型学习图像去噪的方式。本章将介绍这些以及其他几种将输入图像处理为输出标签的技术。

9.1 深度神经网络自动编码器

本章首先介绍经典深度神经网络版本的自动编码器。虽然你可以只使用 DNN 学习有趣的东西，但在图像数据方面，它的扩展性不好，因此接下来的部分将使用 CNN 自动编码器。

9.1.1 自动编码器架构

展示 DNN 自动编码器用法的一个例子是重建图像。我最喜欢的重建之一是拼图,这通常被用作前置任务。这种情况下,输入图像被分成 9 块,然后随机洗牌。重建任务是预测图块随机排列的顺序。由于此任务本质上是一个多值回归器输出,因此它与传统的CNN 配合良好,其中多类分类器被多值回归器取代。

自动编码器由两个基本组件组成:编码器和解码器。对于图像重建,编码器学习最优(或近似最优)方法以逐渐将图像数据池化到潜在空间中,解码器学习最优(或近似最优)方法以逐渐反池化潜在空间,从而进行图像重建。重建任务决定了表征学习和转换学习的类型。例如,在恒等函数中,重建任务是重建输入图像。但是你也可以重建一个没有噪声的图像(通过去噪)或者一个更高分辨率(超分辨率)的图像。这些类型的重建与自动编码器配合得很好。

现在查看编码器和解码器如何在自动编码器中协同工作来进行这些重建。图 9-1 所示的基本自动编码器架构实际上有 3 个关键组件,编码器和解码器之间有潜在空间。编码器对输入执行表征学习,以学习函数 $f(x)=x'$。x'被称为潜在空间,这是从 x 在较低维度上学习到的表征。然后,解码器从潜在空间执行转换学习,以对原始图像进行某种形式的重建。

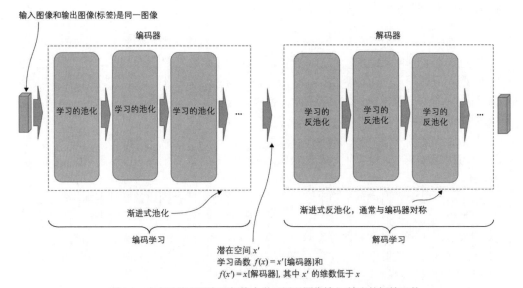

图 9-1 在自动编码器宏观架构中学习用于图像输入/输出的恒等函数

假设图 9-1 中的自动编码器学习恒等函数 $f(x)=x$。由于潜在空间 x'是低维的,因此通常将这种形式的自动编码器描述为学习压缩数据集中的图像(编码器)然后解压缩图像(解码器)的最佳方法。我们也可以将其描述为函数序列:encoder$(x)=x'$, decoder $(x')=x$。

换句话说,数据集表示一个分布,对于该分布,自动编码器学习将图像压缩到较低维度的最佳方法并学习重建图像的最佳解压方法。接下来仔细查看编码器和解码器,然后了解如何训练这种模型。

9.1.2　编码器

用于学习恒等函数的自动编码器的基本形式使用致密层(隐藏单元)。通过使编码器中的每一层逐渐减少节点(隐藏单元)的数量来执行池化，并且通过使每一层逐渐增加节点的数量来学习反池化。最终反池化致密层中的节点数量与输入中的像素数量相同。

对于恒等函数，图像本身就是标签。你不需要知道图像描述的是什么(无论它是猫、狗、马、飞机还是其他什么)。训练模型时，图像既是自变量(特征)也是因变量(标签)。

以下代码是自动编码器用于学习恒等函数的编码器的示例实现。它遵循图 9-1 所示的过程，通过参数 layers 逐步池化节点(隐藏单元)的数量。编码器的输出是潜在空间。

首先将输入图像展平为一维向量。参数 layers 是一个列表；元素数量是隐藏层的数量，元素值是该层的单元数。由于是逐步池化的，因此每个后续元素的值都会逐渐变小。虽然与用于分类的 CNN 相比，编码器的层往往较浅，但我们为其正则化效果添加了批标准化。

```
def encoder(x, layers):
    ''' Construct the Encoder
        x      : input to the encoder
        layers : number of nodes per layer
    '''
    x = Flatten()(x)          ◄────── 将输入图像展平

    for layer in layers:                         ┐
        n_nodes = layer['n_nodes']               │ 渐进式单元池化(降维)
        x = Dense(n_nodes)(x)
        x = BatchNormalization()(x)
        x = ReLU()(x)

    return x   ◄────── 编码(潜在空间)
```

9.1.3　解码器

现在看一个自动编码器的解码器的示例实现。如图 9-1 所示，通过参数层逐步对节点数(隐藏单元数)进行反池化处理。解码器的输出是重建的图像。为了与编码器对称，以相反的方向迭代 layers 参数。最终 Dense 层的激活函数为 sigmoid。为什么？每个节点代表一个重建的像素。因为我们已经在 0 和 1 之间将图像数据归一化，所以希望将输出压缩到 0 到 1 的相同范围。

最后，为重建图像，使用 Reshape 将最终 Dense 层的一维向量重塑为图像格式(H×W×C)。

```
def decoder(x, layers, input_shape):
    ''' Construct the Decoder
        x           : input to the decoder (encoding)
        layers      : nodes per layer
        input_shape : input shape for reconstruction
```

```
'''
for _ in range(len(layers)-1, 0, -1):                     ←──────  渐进式单元反池化(维度
    n_nodes = layers[_]['n_nodes']                                扩展)
    x = Dense(n_nodes)(x)
    x = BatchNormalization()(x)
    x = ReLU()(x)

    units = input_shape[0] * input_shape[1] * input_shape[2]  ←────
    x = Dense(units, activation='sigmoid')(x)                        最后一次反池化
    outputs = Reshape(input_shape)(x)    ←────
                                                重塑为图像输入形状
return outputs    ←──────  解码的图像
```

9.1.4 训练

自动编码器需要学习低维表征(我们称之为潜在空间)，然后根据预定义的任务(本例中为恒等函数)学习转换来重建图像。

下面的代码示例将训练前面的自动编码器学习用于 MNIST 数据集的恒等函数。该示例创建了一个具有 256、128、64(潜在空间)、128、256 和 784(用于像素重建)个隐藏单元的自动编码器。通常情况下，DNN 自动编码器将由编码器和解码器组件中的三层或四层组成。由于 DNN 的有效性有限，在层中添加更多容量通常不会改善恒等函数的学习。

这里看到的 DNN 自动编码器的另一个惯例是，编码器中的每一层将节点数减少一半，而解码器将节点数增加一倍，最后一层除外。最后一层重建图像，因此节点数与输入向量中的像素数相同；本例中为 784。示例中选择从 256 个节点开始有些随意；除了从一个可以增加容量的大尺寸开始，它对改善恒等函数的学习几乎没有帮助或者根本没有帮助。

对于数据集，将图像形状从(28,28)扩展到(28,28,1)，因为 TF.Keras 模型希望明确指定通道数——即使只有一个通道。最后，使用 fit()方法训练自动编码器并将 x_train 作为训练数据和相应的标签(恒等函数)传递。同样，在评估时，将 x_test 作为测试数据和相应的标签进行传递。图 9-2 显示了学习恒等函数的自动编码器。

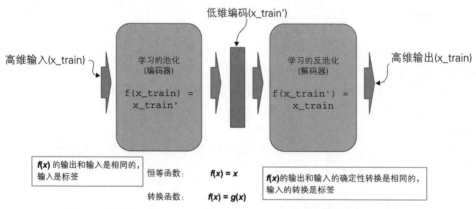

图 9-2   自动编码器学习两个函数：编码器学习将高维表征转换为低维表征，
然后解码器学习将输入的转换重建回高维表征

如图 9-2 所示，以下代码演示了自动编码器的构建和训练，其中训练数据为 MNIST 数据集。

每层过滤器数量的元参数

```
layers = [ {'n_nodes': 256 }, { 'n_nodes': 128 }, { 'n_nodes': 64 } ]

inputs = Input((28, 28, 1))
encoding = encoder(inputs, layers)                      构建自动编码器
outputs = decoder(encoding, layers, (28, 28, 1))
ae = Model(inputs, outputs)

from tensorflow.keras.datasets import mnist
import numpy as np
(x_train, y_train), (x_test, y_test) = mnist.load_data()
x_train = (x_train / 255.0).astype(np.float32)
x_test = (x_test / 255.0).astype(np.float32)
x_train = np.expand_dims(x_train, axis=-1)
x_test = np.expand_dims(x_test, axis=-1)
                                                        无监督训练，其中输入
                                                        和标签相同
ae.compile(loss='binary_crossentropy', optimizer='adam',
    metrics=['accuracy'])
ae.fit(x_train, x_train, epochs=10, batch_size=32, validation_split=0.1,
    verbose=1)
ae.evaluate(x_test, x_test)
```

总而言之，自动编码器需要学习低维表征(潜在空间)，然后根据预定义的任务(如恒等函数)学习转换以重建图像。

GitHub 上提供了对 DNN 自动编码器使用惯用过程重用设计模式的完整代码 (http://mng.bz/JvaK)。下面通过使用卷积层代替致密层来设计和编码自动编码器。

9.2　卷积自动编码器

对于 MNIST 或 CIFAR-10 数据集中的小图像，DNN 自动编码器工作正常。但是，当处理较大的图像时，使用节点(隐藏单元)进行(反)池化的自动编码器在计算上非常昂贵。对于较大的图像，深度卷积(DC)自动编码器更有效。它们不是学习(反)池化节点，而是学习(反)池化特征图。为此，它们在编码器中使用卷积，在解码器中使用反卷积(也称为转置卷积)。

进行特征池化处理的跨步卷积学习对分布进行下采样的最佳方法，而跨步反卷积(特征反池化)则相反，学习对分布进行上采样的可选方法。图 9-3 描述了特征池化和反池化。

我们使用与用于 MNIST 的 DNN 自动编码器相同的上下文来描述此过程。在 DNN 自动编码器中，编码器和解码器各有 3 层，编码器以 256 个特征图开始。CNN 自动编码器中是具有 3 个卷积层(分别为256、128 和 64 个过滤器)的编码器，以及具有 3 个反卷积层(分别为 128、256 和 C 个过滤器，其中 C 为输入的通道数)的解码器。

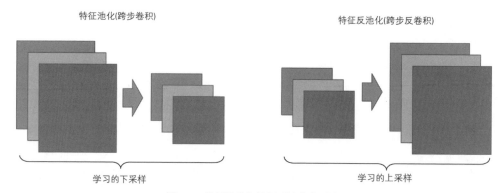

图 9-3　特征池化与特征反池化的对比

9.2.1　架构

DC 自动编码器的宏观架构可分解如下。

● stem——进行粗糙级别特征提取。

● 学习器——进行表征学习和转换学习。

● 任务(重建)——进行投影和重建。

图 9-4 显示了 DC 自动编码器的宏观架构。

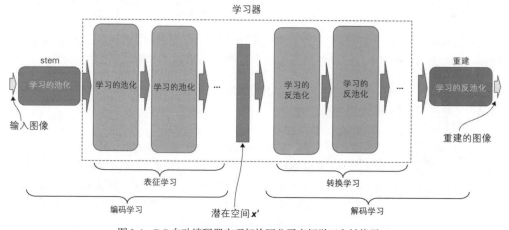

图 9-4　DC 自动编码器宏观架构区分了表征学习和转换学习

9.2.2　编码器

深度卷积自动编码器中的编码器(见图 9-5)使用跨步卷积逐步减少特征图的数量(通过特征缩减)和特征图的大小(通过特征池化)。

如你所见,编码器逐渐减少了过滤器(也称为通道)的数量和相应的大小。编码器的输出是潜在空间。

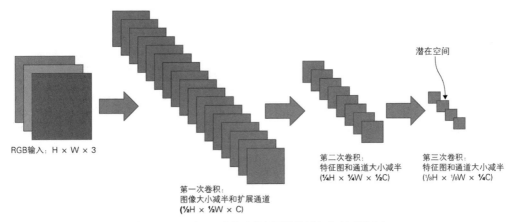

图 9-5　CNN 编码器中输出特征图的数量和大小逐渐减少

现在看一个编码器的示例代码实现。参数 layers 是一个列表，其中元素数是卷积层数，元素值是每个卷积的过滤器数。由于我们是逐步池化的，因此每个后续元素值都会逐渐变小。此外，每个卷积层通过使用步幅 2 来减少特征图的大小，从而进一步池化特征图。

对于卷积，这个示例实现中使用 Conv-BN-RE 约定。你可能也会想尝试使用 BN-RE-Conv 看是否能获得更好的结果。

```python
def encoder(inputs, layers):
    """ Construct the Encoder
        inputs : the input vector
        layers : number of filters per layer
    """
    outputs = inputs                              # 渐进式特征池化(降维)

    for n_filters in layers:                      ←
        outputs = Conv2D(n_filters, (3, 3), strides=(2, 2), padding='same')
                         (outputs)
        outputs = BatchNormalization()(outputs)
        outputs = ReLU()(outputs)

    return outputs          ← 编码(潜在空间)
```

9.2.3　解码器

图 9-6 展示的是解码器。解码器通过使用跨步反卷积(转置卷积)逐步增加特征图的数量(通过特征扩展)和特征图的大小(通过特征反池化)。最后一个反池化层根据重建任务投影特征图。对于恒等函数示例，该层将特征图投影到编码器的输入图像的形状中。

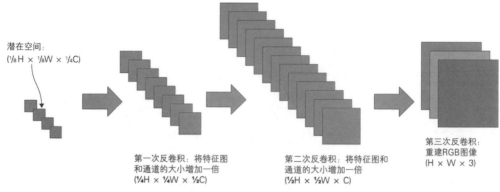

潜在空间:
(⅛H × ⅛W × ¼C)

第一次反卷积: 将特征图
和通道的大小增加一倍
(¼H × ¼W × ½C)

第二次反卷积: 将特征图和
通道的大小增加一倍
(½H × ½W × C)

第三次反卷积:
重建RGB图像
(H × W × 3)

图9-6 CNN 解码器中输出特征图的数量和大小逐渐扩展

下面是一个用于恒等函数的解码器的示例实现。在该示例中，输出是 RGB 图像；因此，在最后的转置卷积上有 3 个过滤器，每个过滤器对应一个 RGB 通道。

```python
def decoder(inputs, layers):
    """ Construct the Decoder
        inputs : input to decoder
        layers : the number of filters per layer (in encoder)
    """
    outputs = inputs
    for _ in range(len(layers)-1, 0, -1):        # 渐进式特征反池化
        n_filters = layers[_]                    # (维度扩展)
        outputs = Conv2DTranspose(n_filters, (3, 3), strides=(2, 2),
                                  padding='same')(outputs)
        outputs = BatchNormalization()(outputs)
        outputs = ReLU()(outputs)                # 最后的反池化并恢复
                                                 # 到图像输入形状
    outputs = Conv2DTranspose(3, (3, 3), strides=(2, 2), padding='same')
                             (outputs)

    outputs = BatchNormalization()(outputs)
    outputs = Activation('sigmoid')(outputs)

    return outputs        # 解码后的图像
```

现在组装编码器和解码器。

在本示例中，卷积层将逐步进行特征池化，过滤器从 64 个降到 32 个，再降到 16 个；反卷积层逐步进行特征反池化，过滤器的数量从 32 个增加到 64 个，然后是 3 个用于图像重建。CIFAR 的图像尺寸非常小(32×32×3)，因此如果添加更多的层，潜在空间将太小而无法用于重建；如果使用更多的过滤器加宽层，可能会因附加的参数容量而导致记忆(过拟合)。

```python
layers = [64, 32, 16]        # 编码器中每层过滤器数量的
                             # 元参数
inputs = Input(shape=(32, 32, 3))
```

```
encoding = encoder(inputs, layers)

outputs = decoder(encoding, layers)          构建自动编码器

model = Model(inputs, outputs)
```

GitHub 上提供了对 CNN 自动编码器使用惯用过程重用设计模式的完整代码
(http://mng.bz/JvaK)。

9.3 稀疏自动编码器

潜在空间的大小是一种折中处理。如果潜在空间过大，模型可能会对训练数据的表
征空间过拟合，而无法进行泛化。如果潜在空间过小，模型可能会欠拟合，因此无法对
指定的任务(例如恒等函数)执行转换和重建。

我们希望找到两者之间的"最佳平衡点"。增加自动编码器不欠拟合或过拟合的可能
性的一种方法是添加稀疏约束。稀疏约束的概念是限制瓶颈层上神经元的激活，该瓶颈
层输出潜在空间。这起到压缩函数和正则化器的作用，有助于自动编码器泛化潜在空间
表征。

稀疏约束通常被描述为仅激活具有较大激活值的单元并使其余输出为零。也就是说，
接近零的激活设置为零(稀疏)。

从数学角度讲，可以这样表述：我们希望任何单元的激活(σ_i)被限制在平均激活值(σ_μ)
附近。

$$\sigma_i \approx \sigma_\mu$$

为实现这一点，我们添加一个惩罚项，当激活 σ_i 显著偏离 σ_μ 时，该惩罚项惩罚激
活 σ_i。

在 TF.Keras 中，将带有 activity_regularizer 参数的稀疏约束添加到编码器的最后一层。
该值指定了阈值，在该阈值范围内，零的+/－内的激活变为零。典型值为 1e-4。

下面是使用稀疏约束的 DC 自动编码器的示例实现。参数 layers 是一个逐步池化特征
图数量的列表。首先弹出列表的末尾，这是编码器中的最后一层。然后继续构建剩余层。
接着使用弹出(最后一个)层中的特征图数量来构建最后一层，在该层中添加稀疏约束。最
后一个卷积层是潜在空间。

```
from tensorflow.keras.regulaziers import l1

def encoder(inputs, layers):
    """ Construct the Encoder
        inputs : the input vector
        layers : number of filters per layer
    """
    outputs = inputs                              留出最后一层

    last_filters = layers.pop()  ◄────────────┘
```

```
                                    特征池化
for n_filters in layers:  ◄──────┘
    outputs = Conv2D(n_filters, (3, 3), strides=(2, 2), padding='same')
                        (outputs)
    outputs = BatchNormalization()(outputs)
    outputs = ReLU()(outputs)

outputs = Conv2D(last_filters, (3, 3), strides=(2, 2), padding='same',  ◄──┐
            activity_regularizer=l1(1e-4))(outputs)
outputs = BatchNormalization()(outputs)                          在编码器的最后一
outputs = ReLU()(outputs)                                        层添加稀疏约束

return outputs
```

9.4　去噪自动编码器

使用自动编码器的另一种方法是将其训练为图像去噪器。输入一个有噪声的图像，然后输出一个去噪后的图像，把这个过程视为学习有一些噪声的恒等函数。如果把这个过程表示成一个方程，则假设 x 是图像，e 是噪声。函数学习返回 x。

$$f(x+e) = x$$

我们不需要为此更改自动编码器架构，而是改变训练数据。更改训练数据需要 3 个基本步骤。

(1) 构建一个随机生成器，该生成器将输出一个随机分布，其中包含要添加到训练(和测试)图像中的噪声的值范围。

(2) 训练时，将噪声添加到训练数据中。

(3) 对于标签，使用原始图像。

下面是训练自动编码器去噪的代码。将噪声设置为以 0.5 为中心的正态分布，标准差为 0.5。然后将随机噪声分布添加到训练数据的副本(x_train_noised)中。使用 fit()方法来训练去噪器，其中噪声训练数据是训练数据，原始(去噪)训练数据是相应的标签。

```
将噪声设置为以 0.5 为中心的正态分布，标准差为 0.5

┌► noise = np.random.normal(loc=0.5, scale=0.5, size=x_train.shape)
   x_train_noisy = x_train + noise  ◄──── 将噪声添加到图像训练数据的副本中

   model.fit(x_train_noisy, x_train, epochs=epochs, batch_size=batch_size,
             verbose=1)  ◄──── 以噪声图像作为训练数据，以原始图像作
                              为标签，对编码器进行训练
```

9.5　超分辨率

自动编码器还用于开发超分辨率(SR)模型。此过程将获取低分辨率(LR)图像并将其放大，以将细节改进为高分辨率(HR)图像。我们希望学习低分辨率图像和高分辨率图像之

间的表征映射，而不是学习恒等函数(如压缩)或噪声恒等函数(如去噪)。可使用一个函数来表示想要学习的映射。

$$f(x_{lr}) = x_{hr}$$

在这个等式中，$f()$表示模型学习的转换函数。术语x_{lr}表示输入到函数的低分辨率图像，术语x_{hr}表示从函数转换的高分辨率预测输出。

尽管非常先进的模型现在可以实现超分辨率，但早期版本(大约在 2015 年)使用不同的自动编码器从低分辨率表征和高分辨率表征来学习映射。一个例子是超分辨率卷积神经网络(SRCNN)模型，该模型由 Chao Dong 等人在 Image Super-Resolution Using Deep Convolutional Networks 中提出(https://arxiv.org/pdf/1501.00092.pdf)。在这种方法中，模型学习高维空间中低分辨率图像的表征(潜在空间)，然后学习从低分辨率图像的高维空间到高分辨率图像的映射，重建高分辨率图像。注意，这与典型的自动编码器相反，后者在低维空间中学习表征。

9.5.1　预上采样 SR

SRCNN 模型的创建者引入了一种用于图像超分辨率的全卷积神经网络。这种方法称为预上采样 SR 方法，如图 9-7 所示。它将模型分解为 4 个部分：低分辨率特征提取、高维表征、低维表征的编码器和用于重建的卷积层。

让我们来了解具体细节。与自动编码器不同，低分辨率特征提取组件中没有特征池化(或下采样)。相反，特征图的大小与低输入图像中通道的大小保持相同。例如，如果输入形状为(16,16,3)，则特征图的 H×W 将保持为 16×16。

在 stem 卷积中，特征图的数量从输入中通道的数量(3)大幅增加，这提供了低分辨率图像的高维表征。然后编码器将高维表征降低为低维表征。最终卷积将图像重建为高分辨率图像。

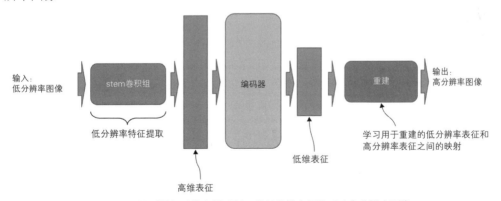

图 9-7　预上采样超分辨率模型学习从低分辨率图像重建高分辨率图像

通常情况下，通过使用成为 HR 图像的现有图像数据集，将此方法训练成超分辨率模型。然后制作训练数据的副本，其中每个图像的大小都已缩小，调整回其原始大小。要进行这两种大小调整，可以使用静态算法，如双三次插值。LR 图像将与 HR 图像的大小相同，但由于在调整大小操作期间取了近似值，因此 LR 图像的质量将低于原始图像。

什么是插值？更具体地说什么是双三次插值？可以这样想：如果我们有 4 个像素，想用 2 个像素替换这 4 个像素或反之，则需要一个数学方法来对替换表征作出很好的估计，这就是插值。三次插值是使用向量(一维)进行插值的一种特殊方法，而双三次插值是用于矩阵(二维)的一种变体。对于图像压缩，双三次插值比其他插值算法提供更好的估计。

下面的代码示例演示了使用 CIFAR-10 数据集准备训练数据的过程。在本例中，NumPy 数组 x_train 包含训练数据图像。接着，为低分辨率对创建镜像列表 x_train_lr。首先依次将 x_train 中的每个图像调整为 H×W 的一半(16, 16)，然后将图像调整回原始 H×W(32, 32)，并且将其放置在 x_train_lr 中的相同索引位置。最后，将两组图像中的像素数据归一化。

```
from tensorflow.keras.datasets import cifar10          将 CIFAR-10 数据集
import numpy as np                                      作为高分辨率图像下
import cv2                                              载到内存中

(x_train, y_train), (x_test, y_test) = cifar10.load_data()  ◄

x_train_lr = []
for image in x_train:                                          对训练图像
    image = cv2.resize(image, (16, 16), interpolation=cv2.INTER_CUBIC)  进行低分辨
    x_train_lr.append(cv2.resize(image, (32, 32),               率配对
                    interpolation=cv2.INTER_CUBIC))
x_train_lr = np.asarray(x_train_lr)

x_train = (x_train / 255.0).astype(np.float32)       将像素数据归一化以进
x_train_lr = (x_train_lr / 255.0).astype(np.float32)  行训练
```

现在查看预上采样 SR 模型的代码，该模型用于在小图像(如 CIFAR-10)上实现 HR 重建质量。为了对其进行训练，我们将原始的 CIFAR-10 32×32 图像(x_train)视为 HR 图像，将镜像的配对图像(x_train_lr)视为 LR 图像。对于训练，LR 图像是输入，配对的 HR 图像是相应的标签。

本例在 CIFAR-10 上仅用 20 个时期就获得了相当好的重建结果，重建准确度为 88%。正如代码所示，stem()组件使用粗糙的 9×9 大小的过滤器进行低分辨率特征提取并为高维表征输出 64 个特征图。encoder()包括一个卷积，使用 1×1 大小的瓶颈卷积将低分辨率表征从高维减少到低维，并且将特征图的数量减少到 32。使用粗糙的 5×5 大小的过滤器的最终卷积学习从低分辨率表征到高分辨率表征的映射，以进行重建。

```
from tensorflow.keras import Input, Model
from tensorflow.keras.layers import Conv2D, BatchNormalization
from tensorflow.ketas.layers import ReLU, Conv2DTranspose, Activation
from tensorflow.keras.optimizers import Adam

def stem(inputs):      ◄────── 低分辨率特征提取

    x = Conv2D(64, (9, 9), padding='same')(inputs)
    x = BatchNormalization()(x)                        高维表征
    x = ReLU()(x)
    return x
```

```
def encoder(x):
    x = Conv2D(32, (1, 1), padding='same')(x)       1×1 大小的瓶颈
    x = BatchNormalization()(x)                      卷积作为编码器
    x = ReLU()(x)

    x = Conv2D(3, (5, 5), padding='same')(x)         5×5 大小的卷积
    x = BatchNormalization()(x)                      重建 HR 图像
    outputs = Activation('sigmoid')(x)
    return outputs

inputs = Input((32, 32, 3))
x = stem(inputs)
outputs = encoder(x)

model = Model(inputs, outputs)
model.compile(loss='mean_squared_error', optimizer=Adam(lr=0.001),
              metrics=['accuracy'])

model.fit(x_train_lr, x_train, epochs=25, batch_size=32, verbose=1,
          validation_split=0.1)
```

现在看一些真实的图像。图 9-8 显示了来自 CIFAR-10 训练数据的一组相同的孔雀图像。前两幅图像是训练中使用的低分辨率和高分辨率对，第三幅是训练模型后对同一孔雀图像进行的超分辨率重建。注意，与高分辨率图像相比，低分辨率图像具有更多方形的瑕疵区域，轮廓周围的颜色过渡不平滑。重建的 SR 图像显示轮廓周围更平滑的颜色过渡，类似于高分辨率图像。

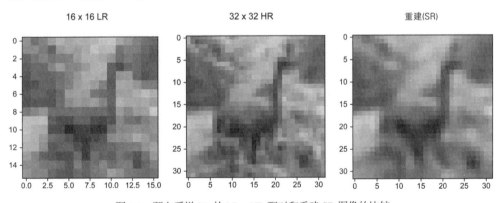

图 9-8　预上采样 SR 的 LR、HR 配对和重建 SR 图像的比较

9.5.2　后上采样 SR

SRCNN 模型的另一个示例是图 9-9 所示的后上采样 SR 模型。可将该模型分解为 3 个部分：低分辨率特征提取、高维表征和用于重建的解码器。

让我们深入了解更多细节。同样，与自动编码器不同，低分辨率特征提取组件中没有特征池化(或下采样)。相反，特征图的大小与低输入图像中通道的大小相同。例如，如

果输入形状为(16,16,3)，则特征图的 H×W 将保持为 16×16。

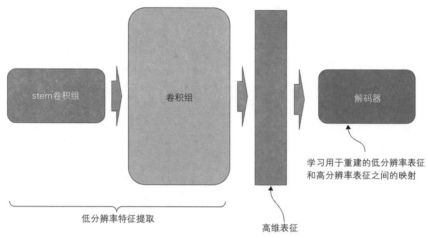

图 9-9 后上采样超分辨率模型

在卷积过程中，逐步增加特征图的数量——这就是获得高维空间的地方。例如，从三通道输入到 16、32 和 64 个特征图。你可能会问为什么维度会越来越高？我们需要大量不同的低分辨率特征提取表征来帮助学习从它们到高分辨率的映射，这样就可以使用反卷积进行重建。但如果有太多的特征图，则可能会将模型暴露给训练数据中的记忆映射。

通常，我们使用现有的图像数据集(HR 图像)来训练超分辨率模型，然后制作训练数据的副本，其中每个图像的大小都已针对 LR 图像对进行了调整。

下面的代码示例演示了使用 CIFAR-10 数据集准备训练数据的过程。在本例中，NumPy 数组 x_train 包含训练数据图像。然后，通过依次调整 x_train 中每个图像的大小并将其放置在 x_train_lr 中相同的索引位置，为低分辨率对创建镜像列表 x_train_lr。最后，对两组图像中的像素数据进行归一化处理。

在后上采样情况下，LR 图像保留为 16×16，而不像预上采样的情况那样重新调整为 32×32；当调整回 32×32 时，通过静态插值丢失像素信息，从而注入较低的分辨率。

```python
from tensorflow.keras.datasets import cifar10
import numpy as np
import cv2

(x_train, y_train), (x_test, y_test) = cifar10.load_data()

x_train_lr = []
for image in x_train:
    x_train_lr.append(cv2.resize(image, (16, 16),
                      interpolation=cv2.INTER_CUBIC))
x_train_lr = np.asarray(x_train_lr)

x_train = (x_train / 255.0).astype(np.float32)
x_train_lr = (x_train_lr / 255.0).astype(np.float32)
```

将 CIFAR-10 数据集作为高分辨率图像下载到内存中

对训练图像进行低分辨率配对

对像素数据进行归一化以进行训练

　　以下是后上采样 SR 模型的代码实现,该模型可在小图像(如 CIFAR-10)上获得良好的 HR 重建质量。我们专门为 CIFAR-10 编写了实现此情况的代码。为了对其进行训练,我们将原始的 CIFAR-10 32×32 图像(x_train)视为 HR 图像,将镜像的配对图像(x_train_lr)视为 LR 图像。对于训练,LR 图像是输入,配对的 HR 图像是相应的标签。

　　本例在 CIFAR-10 上仅用 20 个时期就获得了相当好的重建结果,重建准确度为90%。在本例中,stem()和 learner()组件执行低分辨率特征提取,并且按 16、32 和 64 个特征图逐步扩展特征图维度。64 个特征图的最后一次卷积的输出是高维表征。decoder()由反卷积组成,用于学习从低分辨率表征到高分辨率表征的映射,以进行重建。

```python
from tensorflow.keras import Input, Model
from tensorflow.keras.layers import Conv2D, BatchNormalization
from tensorflow.keras.layers import ReLU, Conv2DTranspose, Activation
from tensorflow.keras.optimizers import Adam


def stem(inputs):                                        低分辨率
    x = Conv2D(16, (3, 3), padding='same')(inputs)       特征提取
    x = BatchNormalization()(x)
    x = ReLU()(x)
    return x

def learner(x):
    x = Conv2D(32, (3, 3), padding='same')(x)
    x = BatchNormalization()(x)
    x = ReLU()(x)
    x = Conv2D(64, (3, 3), padding='same')(x)            高维表征
    x = BatchNormalization()(x)
    x = ReLU()(x)
    return x
                                                         低到高分辨率重建
def decoder(x):
    x = Conv2DTranspose(3, (3, 3), strides=2, padding='same')(x)
    x = BatchNormalization()(x)
    x = Activation('sigmoid')(x)
    return x

inputs = Input((16, 16, 3))
x = stem(inputs)
x = learner(x)
outputs = decoder(x)

model = Model(inputs, outputs)
model.compile(loss='binary_crossentropy', optimizer=Adam(lr=0.001),
              metrics=['accuracy'])
model.fit(x_train_lr, x_train, epochs=25, batch_size=32, verbose=1,
          validation_split=0.1)
```

　　回到之前看到的那些孔雀图片。在图 9-10 中,前两幅图像是训练中使用的低分辨率和高分辨率对,第三幅是模型训练后同一孔雀图像的超分辨率重建。与之前的预上采样 SR 模型一样,后上采样 SR 模型生成的重建 SR 图像的伪影比低分辨率图像少。

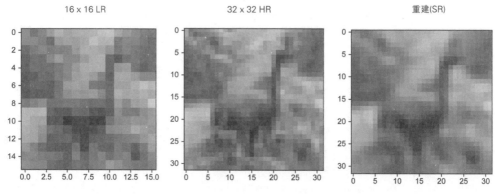

图9-10 后上采样 SR 的 LR、HR 配对和重建 SR 图像的比较

GitHub 上提供了对 SRCNN 使用惯用过程重用设计模式的完整代码(http://mng.bz/w0a2)。

9.6 前置任务

如上所述,可以在没有标签的情况下对自动编码器进行训练,以学习基本特征的特征提取,将其重新运用到目前为止给出的示例(压缩和去噪)之外。

所谓基本特征是什么意思?对于成像,我们希望模型了解数据的基本特征,而不是数据本身。这使得模型不仅能够泛化到相同分布中未见过的数据,而且在部署后输入分布发生偏移时能够更好地正确预测。

例如,假设有一个训练过识别飞机的模型,训练中使用的图像由各种各样的场景组成,包括在停机坪上、滑行到终点站和在空中,但没有一个场景是在吊架上。如果在部署模型后,它在吊架中看到飞机,则输入分布会发生变化;这被称为数据漂移。当一架飞机的图像出现在吊架上时,得到的准确度较低。

在本例中,我们尝试通过使用背景中包含飞机的其他图像对模型进行重新训练来改进它。现在它在部署时发挥作用了。但假设新模型看到的飞机具有其他未经训练的背景,如飞机在水上(水上飞机)、飞机在废料场的沙地上、工厂中部分组装的飞机。在现实世界中,总有一些事情是你没有预料到的。

这就是为什么重要的是学习数据集中的基本特征,而不是数据。为了让自动编码器发挥作用,它们必须学习像素是如何相互关联的,即表征学习。相关性越强,这种关系就越有可能出现在潜在空间表征中;相关性越弱,这种关系就越不可能出现。

这里不再详细讨论前置任务的预训练,但我们将在自动编码器的上下文中简要介绍它。我们希望在数据集上训练模型之前,使用自动编码器方法来训练 stem 卷积组,以学习提取基本的粗糙特征。以下是具体步骤。

(1) 对目标模型进行预热(监督)训练以获得数值稳定性(第 14 章中讨论)。

(2) 构建一个自动编码器,它以模型中的 stem 组作为编码器,以反向 stem 组作为解码器。

(3) 将数值稳定权重从目标模型迁移到自动编码器中的编码器。

(4) 训练(无监督)自动编码器执行前置任务(例如压缩、去噪)。

(5) 将前置任务的训练权重从自动编码器的编码器迁移到目标模型。

(6) 训练(监督)目标模型。

图 9-11 描述了这些步骤。

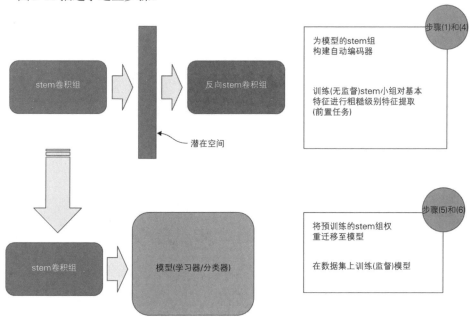

图9-11　使用自动编码器对 stem 组进行预训练，以便在使用标记数据对模型进行完全训练时，提高对未见过的数据的泛化能力

让我们再讨论一些关于这种形式的前置任务的内容。你可能会想到，来自 stem 卷积组的输出将大于输入。当我们在通道上进行静态或特征池化时，增加了整个通道的数量。例如，使用池化将通道大小减少到 25%，甚至仅为 6%，但将通道数量从 3 个(RGB)增加到 64 个。

因此，潜在空间现在比输入更大，更容易过拟合。为此，我们构建了一个稀疏自动编码器，以抵消过拟合的可能性。

下面是一个示例实现。我们还没有讨论 UpSampling2D 层，它其实是跨步 MaxPooling2D 的反向操作。它不是使用静态算法将高度和宽度减少一半，而是使用静态算法将高度和宽度增加 2 倍。

```
from tensorflow.keras import Input, Model
from tensorflow.keras.layers import Conv2D, Conv2DTranspose
from tensorflow.keras.layers import MaxPooling2D, UpSampling2D
from tensorflow.keras.regularizers import l1

def stem(inputs):
    x = Conv2D(64, (5, 5), strides=(2, 2), padding='same',
               activity_regularizer=l1(1e-4))(inputs)
```

用于特征池化的粗糙特征提取的 5×5 大小的过滤器

反向最
大池化

```
        x = MaxPooling2D((2, 2), strides=(2, 2))(x)
        return x

    def inverted_stem(inputs):
        x = UpSampling2D((2, 2))(inputs)
        x = Conv2DTranspose(3, (5, 5), strides=(2, 2), padding='same')(x)
        return x

    inputs = Input((128, 128, 3))
    _encoder = stem(inputs)
    _decoder = inverted_stem(_encoder)
    model = Model(inputs, _decoder)
```

使用最大池化将特征图减
少到图像大小的 6%

反向特征池化和重建图像

以下是此自动编码器的 summary()方法的输出。注意，输入大小等于输出大小。

```
Layer (type)                    Output Shape            Param #
================================================================
input_4 (InputLayer)            [(None, 128, 128, 3)]   0

conv2d_2 (Conv2D)               (None, 64, 64, 64)      4864

max_pooling2d_1 (MaxPooling2    (None, 32, 32, 64)      0

up_sampling2d (UpSampling2D)    (None, 64, 64, 64)      0

conv2d_transpose (Conv2DTran    (None, 128, 128, 3)     4803
================================================================
Total params: 9,667
Trainable params: 9,667
Non-trainable params: 0
```

9.7 超越计算机视觉：Seq2Seq 模型

这里简单了解名为 Seq2Seq 的基本自然语言处理模型架构。这种类型的模型结合了用于理解文本的自然语言理解(NLU)和用于生成新文本的自然语言生成(NLG)。对于 NLG 而言，Seq2Seq 模型可以做语言翻译、摘要和问答等工作。例如，聊天机器人是进行问答的 Seq2Seq 模型。

第 5 章末尾介绍了 NLU 模型架构并研究了组件设计与计算机视觉的可比性。我们还研究了注意力机制，它类似于残差网络中的恒等链接。我们没有介绍 Transformer 模型架构，它在 2017 年引入了注意力机制。这一创新将 NLU 从使用 RNN 的基于时间序列的解决方案转变为空间问题。在 RNN 中，模型一次只能查看文本输入的组块并保持顺序。此外，对于每个组块，模型必须保留重要特征的记忆。这增加了模型设计的复杂性，因为需要在图中循环以实现保留以前看到的特征。借助 Transformer 和注意力机制，模型可以一次性查看文本。

图 9-12 显示了 Transformer 模型架构，该架构实现了 Seq2Seq 模型。

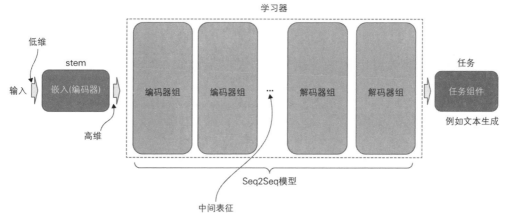

图 9-12　Transformer 架构包括用于 NLU 的编码器和用于 NLG 的解码器

如你所见，学习器组件由用于 NLU 的编码器和用于 NLG 的解码器组成。通过使用文本对、句子、段落等来训练模型。例如，如果你正在训练问答聊天机器人，输入内容将是问题，标签是答案。对于摘要，输入将是文本，标签是摘要。

在 Transformer 模型中，编码器顺序学习输入上下文的降维，这与计算机视觉自动编码器中编码器的表征学习相当。编码器的输出称为中间表征，类似于计算机视觉自动编码器中的潜在空间。

解码器顺序地学习中间表征到转换后的上下文的维度扩展，这与计算机视觉自动编码器中解码器的转换学习相当。

解码器的输出被传递到任务组件，任务组件学习文本生成。文本生成任务与计算机视觉自动编码器中的重建任务相当。

9.8　本章小结

- 自动编码器学习输入到低维表征的最佳映射，然后学习映射回高维表征，以便可以完成图像的转换重建。
- 自动编码器可以学习的转换函数示例包括恒等函数(压缩)、图像去噪和构建更高分辨率的图像。
- 在 CNN 自动编码器中，池化是通过跨步卷积完成的，而反池化是通过跨步反卷积完成的。
- 在无监督学习中使用自动编码器可以训练模型学习数据集分布的基本特征，而无须使用标签。
- 使用编码器作为带有无监督学习前置任务的预 stem 可以帮助后续的监督学习去学习基本特征，从而更好地泛化。
- 用于 NLU 的 Seq2Seq 模型模式使用与自动编码器相当的编码器和解码器。

第Ⅲ部分

使 用 管 线

　　本部分将介绍为模型训练、部署和服务设计和构建生产管线。首先介绍超参数调优背后的工作原理，然后展示一种 DIY 方法和使用 KerasTuner 的自动超参数调优。这两种情况下，有效的超参数调优要求在选择搜索空间时作出良好的判断，因此本部分将讨论这些最佳实践。

　　接着介绍迁移学习。在迁移学习中，可以重用另一个训练模型的权重，并且用更少的数据和训练时间微调新模型。本部分将介绍迁移学习的几种变体：一种是当新数据集的域与训练模型非常相似时(例如，蔬菜与水果)；另一种是当新数据集的域与训练模型非常不同时。最后介绍在进行完全训练时用于初始化模型的域迁移技术。

　　之后的章节深入研究整个生产级管线。首先从数据分布背后的概念开始，以及它们如何影响已部署模型的能力，从而将其泛化到现实世界中训练期间未见过的输入。你将学习改进模型训练以泛化的技巧。然后深入研究数据管线的组件、设计和配置，包括数据仓库、ETL 过程和模型馈送。你还将学习使用 TF.Keras、tf.data、TFRecord 和 TensorFlow Extended(TFX)等多种方式对这些管线进行编码。

　　最后将这些内容整合在一起，展示管线如何延伸到训练、部署和服务中。你会看到用于部署的硬件资源详细信息，例如沙箱、负载平衡和自动伸缩。另外，你将通过使用预构建和自定义容器从云中学习服务，并且熟悉生产流程和 A/B 测试的细节。

第 *10* 章
超参数调优

本章主要内容
- 在预热训练之前初始化模型中的权重
- 手动和自动执行超参数搜索
- 为训练模型构建学习率调度器
- 在训练过程中将模型正则化

　　超参数调优是找到训练超参数的最佳设置的过程，从而使训练时间最小化和测试准确度最大化。通常，这两个目标不能得到完全优化。如果最小化训练时间，很可能无法达到最佳准确度。同样，如果最大限度地提高测试准确度，可能需要更长的训练时间。

　　调优的目的是找到满足目标的超参数设置组合。例如，如果目标是尽可能高的准确度，你可能不关心最小化训练时间。另一种情况下，如果你只需要良好(但不是最佳)的准确度，并且正在不断地进行再训练，那么你可能希望找到能够获得这种良好准确度的设置，同时最小化训练时间。

　　通常情况下，目标没有特定的设置集。更有可能的是，在搜索空间中，有各种设置将实现你的目标。你只需要找到其中的一个集合，这就是调优。

　　现在，我们正在调优哪些超参数？本章将详细讨论这些参数，但基本上它们是指导模型训练以最大限度地实现目标的参数。例如，本章中将调优的参数是批大小、学习率和学习率调度器。

　　本章将介绍几种常用的超参数搜索(调优)技术。图 10-1 描述了卷积生产环境中的全部超参数运用过程。下面将逐步介绍它们。

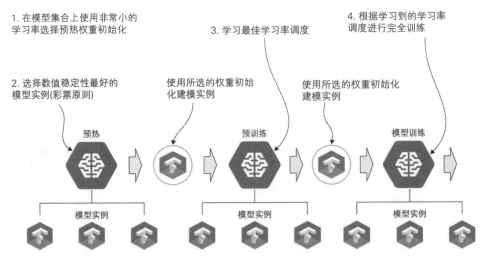

1. 在模型集合上使用非常小的学习率选择预热权重初始化

2. 选择数值稳定性最好的模型实例(彩票原则)

使用所选的权重初始化建模实例

3. 学习最佳学习率调度

使用所选的权重初始化建模实例

4. 根据学习到的学习率调度进行完全训练

预热　　　预训练　　　模型训练

模型实例　　　模型实例　　　模型实例

图 10-1　卷积生产训练环境中的超参数运用过程

我将简要介绍这张图表,以方便你了解本章其余部分遵循的流程。第一步是为模型选择最佳权重初始化,我们将花一些时间来理解为什么这种选择会在训练时显著影响结果。我们将从基于研究的预定分布开始,然后介绍从分布中进行抽取的另一种方式:彩票原则。

接下来,初始化权重后,进入预热预训练。该过程在数值上稳定了权重,这将增加在训练时间和模型准确度方面获得更优结果的可能性。

一旦权重在数值上稳定,我们将研究搜索和调优超参数的技术。

在有了良好的初始化和数值稳定权重以及调优的超参数后,开始进行实际训练,从技术入手,进一步提高获得更优结果的可能性。这里使用的一种技术是在训练的后期改变学习率。这可以显著提高收敛到全局最优或近似最优的机会。换句话说,这些技术增加了以较低的总体经济成本生成更精确模型的可能性。

本章还将介绍在权重更新期间在训练中实施的正则化技术的常见实践。正则化有助于减少记忆(过拟合),同时也增加在生产中部署时泛化到模型将见到的示例的能力。我们将介绍生产中最常用的两种技术:权重衰减(也称为核正则化或层正则化)和标签平滑。

10.1　权重初始化

当我们第一次从头开始训练模型时,需要给权重一个初始值。这个过程称为初始化。为简单起见,先将所有权重设置为相同的值,例如 0 或 1。然而,这是行不通的,因为梯度下降在反向传播中的工作方式会使每个权重有相同的更新。

神经网络是对称的,只相当于一个节点。单个节点只能做出单个二元决策,并且只能解决线性分离的问题,例如逻辑 AND 或 OR。逻辑 XOR 问题不能用单个节点来解决,因为它需要非线性分离。早期感知器模型未能解决 XOR 问题的原因是 1984 年至 2012 年人工智能领域的资金和研究减少,这段时期被称为"人工智能寒冬"。

因此，我们需要将模型中的权重设置为值的随机分布。理想情况下，分布应该是一个小范围(介于 -1 和 1 之间)并以 0 为中心。在过去几年中，已经出现了几种随机分布范围来对权重进行初始化。为什么权重应该在一个小的分布范围内？如果范围很大，则较大的初始权重而不是较小的权重将主导模型的更新，从而导致稀疏性和准确度较低，并且可能缺乏收敛性。

10.1.1　权重分布

首先澄清权重初始化和权重分布之间的区别。权重初始化是训练模型之前权重的初始值集，即起点。权重分布是我们选择这些初始权重的来源。

目前有 3 种权重分布已被证明是最受研究人员欢迎的。均匀分布是指在一个范围内权值的分布是均匀的，这已不再被使用。Xavier 分布(或称为 Glorot 分布)是在均匀分布的基础上进行改进的，是一种以 0 为中心的随机正态分布。其标准差设置为以下公式，其中 fan_in 是层的输入数量。

$$sqrt(1/fan\_in)$$

这是早期SOTA 模型中的一种流行方法,最适合于激活函数为tanh(双曲正切)的情况。现在已很少使用。

最后一种是 He-normal 分布，它改进了 Xavier 分布。目前，几乎所有的权重初始化都是用 He-normal 分布完成的；它是当前的主流分布，最适用于 ReLU 激活。该随机分布是以 0 为中心的正态分布，标准差设置为以下公式，其中 fan_in 是层的输入数量。

$$sqrt(2/fan\_in)$$

现在了解如何实现这一点。在 TF.Keras 中,默认情况下,权重初始化为 Xavier 分布(称为 glorot_uniform)。要将权重初始化为 He-normal 分布，必须显式地将关键字参数 kernel_initializer 设置为 he_normal，如下所示。

```
x = Conv2D(16, (3, 3), strides=1, padding='same', activation='relu',
           kernel_initializer='he_normal')(inputs)

                                                        将权重初始化为
                                                        He-normal 分布
outputs = Dense(10, activation='softmax',
                kernel_initializer='he_normal')(x)
```

10.1.2　彩票假设

一旦研究人员对初始化神经网络的权重分布达成共识，那么接下来的问题就是从分布中抽取权重的最佳方法是什么？我们将从讨论彩票假设开始，该假设推动了从分布中进行抽取的一系列快速进展，然后引出了数值稳定性的概念(见 10.1.3 节)。

2019 年，研究人员提出了权重初始化的彩票假设。该假设提出两种设想。

- 随机分布中的两次抽奖都不相等。从随机分布中抽取的一些用于权重初始化的数据比其他数据产生更好的结果。

- 大型模型具有较高的准确度，因为它们实际上是小型模型的集合。每个模型都有来自随机分布的不同抽奖，其中一次抽奖是中奖彩票。

之后关于识别带有中奖彩票的子模型并将其从一个经过训练的大型模型中提取为一个紧凑模型的尝试一直未能成功。因此，Jonathan Frankle 和 Michael Carbin 在 The Lottery Ticket Hypothesis(https://arxiv.org/abs/1803.03635)一文中提出的方法现在还没有被使用，但是后来的研究导致了其他变体。本小节将探讨一种常用的变体。

然而，关于"中奖彩票"的问题尚未解决。另一个机器学习实践者阵营使用预训练模型多个实例的方法，每个实例都有一次单独的抽奖。通常情况下，当使用这种方法时，以很低的学习率(例如 0.0001)运行少量的时期。对于每个时期，步数基本上小于训练数据的大小。通过这样做，可以在短时间内预训练大量实例。训练完成后，选择具有最佳目标指标(如训练损失)的模型实例。我们的假设是抽取的这张彩票比其他彩票好。

图 10-2 说明了使用彩票假设方法的预训练模型实例。要训练的参考模型架构的多个副本被实例化，每个副本从随机分布中抽取不同的数据。然后对每个实例进行预训练，以相同的微小学习率进行少量的时期/简化的步数。如果有计算资源，则预训练是分布式的。完成后，检查每个预训练模型的训练损失。训练损失最小的实例是最佳的实例——中奖彩票。

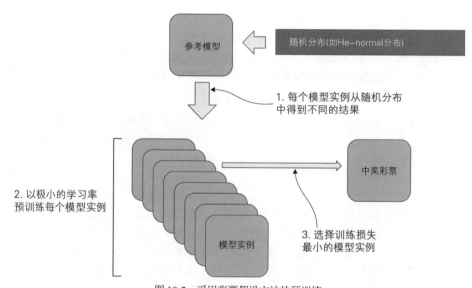

图 10-2　采用彩票假设方法的预训练

可用下面的代码实现这个过程。本示例中所示的主要步骤如下。

(1) 创建 10 个模型实例，每个实例都有一次单独的抽奖用于权重初始化。我们这样做是为了模仿这样一个原则，即没有两次抽奖是相同的。对于本例，选择 10 个是任意的。实例的数量越大，抽得中奖彩票的可能性就越大。

(2) 对每个实例进行少量的训练时期和训练步数。

(3) 选择训练损失最小的模型实例(best)。

代码如下。

```
def make_model():
    ''' make an instance of the model '''
    bottom = ResNet50(include_top=False, weights=None,
                      input_shape=(32, 32, 3))
    model = Sequential()
    model.add(bottom)
    model.add(Flatten())
    model.add(Dense(10, activation='softmax'))
    model.compile(loss='sparse_categorical_crossentropy',
                  optimizer=Adam(0.0001),
                  metrics=['acc'])
    return model

lottery = []
for _ in range(10):
    lottery.append(make_model())

from tensorflow.keras.datasets import cifar10
from tensorflow.keras.preprocessing.image import ImageDataGenerator
import numpy as np
(x_train, y_train), (x_test, y_test) = cifar10.load_data()
x_train = (x_train / 255.0).astype(np.float32)

best = (None, 99999)
datagen = ImageDataGenerator()
for model in lottery:

    result = model.fit(datagen.flow(x_train, y_train, batch_size=32),
                       epochs=3,
                       steps_per_epoch=100)
    print(result.history['loss'][2])
    loss = result.history['loss'][2]
    if loss < best[1]:
        best = (model, loss)
```

创建 10 个模型实例，每个实例都有一次单独的抽奖用于初始化

进行预训练并选择训练损失最小的实例

下面研究另一种权重初始化方法，即使用预热来实现权重的数值稳定。

10.1.3　预热(数值稳定性)

数值稳定性方法采用了与彩票假设不同的权重初始化方法，是目前用于在完全训练之前初始化权重的主流技术。在彩票假设中，一个大模型被视为子模型的集合，其中一个子模型拥有中奖彩票。在数值稳定性方法中，大型模型分为较高(底部)层和较低(顶部)层。

虽然我们之前讨论了底部与顶部的对比，但对于某些读者来说，这个术语似乎有些陌生。在神经网络中，输入层是底部，输出层是顶部。输入从模型底部馈送，预测从顶部输出。

我们的假设是，在训练期间，较低(顶部)层为较高(底部)层提供数值稳定性。或者具体地说，较低层为较高层提供数值稳定性，以学习中奖彩票(初始化抽取)。图 10-3 描述

了该过程。

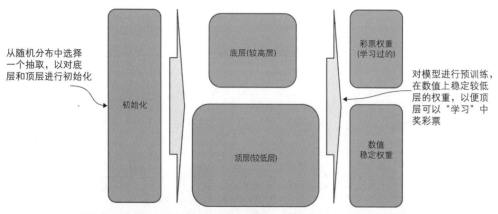

图 10-3 针对较低层数值稳定性的预训练，使较高层学习中奖彩票的初始化

　　该方法通常在对模型进行完全训练之前作为一个预热训练周期来实施。对于预热训练，我们从一个非常小的学习率开始，以避免造成权重的大幅波动，并且使权重朝着中奖彩票的方向移动。用于预热学习率的典型初始值在 1e-5 到 1e-4 之间。

　　我们对模型进行少量训练，通常是 4 个或 5 个训练时期，并且在每个时期之后逐渐提高学习率，以达到选择用于训练的初始学习率。

　　图 10-4 说明了预热训练方法，如图 10-1 中的步骤 1、2 和 3 所示。与彩票假设不同，我们从参考模型的单个实例开始训练。从非常低的学习率开始，权重按分钟进行调整，模型以完整的训练时期进行训练。每次的学习率逐渐与完全训练的初始学习率成比例。到达最终的训练时期时，模型实例中的权重被视为数值稳定的。

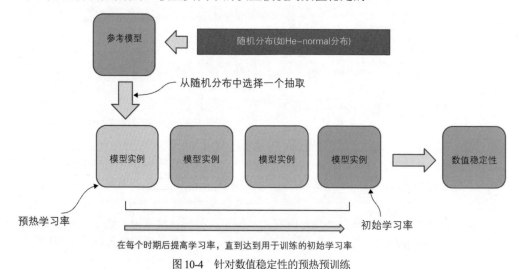

图 10-4 针对数值稳定性的预热预训练

　　在以下代码示例中，可以看到实现的几个关键步骤。

(1) 实例化模型的单个权重初始化实例。

(2) 定义学习率调度器 warmup_scheduler()以在每个训练时期后提高学习率。10.3 节将详细介绍学习率调度器。

(3) 添加预热调度器作为 fit()方法的回调。

(4) 进行少量的训练时期(例如 4 个)。

```python
def make_model(w_lr):
    ''' make an instance of the model '''
    bottom = ResNet50(include_top=False, weights=None,
                      input_shape=(32, 32, 3))
    model = Sequential()
    model.add(bottom)
    model.add(Flatten())
    model.add(Dense(10, activation='softmax'))
    model.compile(loss='sparse_categorical_crossentropy',
                  optimizer=Adam(w_lr),
                  metrics=['acc'])
    return model


w_lr = 0.0001      ◄────── 设置预热学习率和学习率步长
i_lr = 0.001
w_epochs = 4
w_step = (i_lr - w_lr) / w_epochs

model = make_model(w_lr)    ◄──────
                                      创建模型并将初始学习
                                      率设置为预热率
def warmup_scheduler(epoch, lr):
    """ learning rate scheduler for warmup training
        epoch : current epoch iteration



        lr    : current learning rate
    """
    if epoch == 0:          从预热率逐步增加到初始学
        return lr           习率,以完成完全训练
    return lr + w_step  ◄──────
                                              创建对学习率
                                              调度器的回调
from tensorflow.keras.callbacks import LearningRateScheduler  ◄──────
lrate = LearningRateScheduler(warmup_scheduler, verbose=1)

from tensorflow.keras.datasets import cifar10
from tensorflow.keras.preprocessing.image import ImageDataGenerator
import numpy as np
(x_train, y_train), (x_test, y_test) = cifar10.load_data()
x_train = (x_train / 255.0).astype(np.float32)

result = model.fit(x_train, y_train, batch_size=32, epochs=4,
                   validation_split=0.1,
                   verbose=1, callbacks=[lrate])
```

讨论完预训练,让我们查看超参数搜索背后的基本原理。然后,把这里学到的所有知识付诸实践并对模型进行完全训练。

10.2 超参数搜索基础知识

一旦模型的权重初始化具有数值稳定性(无论是通过抽奖还是预热),我们将执行超参数搜索,也称为超参数调优或超参数优化。

记住,超参数搜索的目标是找到(接近)最优的超参数设置,以最大限度地针对目标对模型进行训练,例如训练速度或评估准确度。正如之前讨论过的,我们区分了模型配置的参数(称为元参数)和训练的参数(称为超参数)。本节只关注超参数调优。

通常情况下,在训练预配置模型时,尝试调优的超参数如下所示。

- 学习率
- 批大小
- 学习率调度器
- 正则化

注意: 不要对权重尚未在数值上稳定的模型执行超参数搜索。如果权重的数值不稳定,实践人员可能会无意中放弃性能较差的组合,但这实际可能是一个良好的组合。

图 10-5 描述了搜索空间。黑色区域表示产生最佳结果的超参数组合。搜索空间中可能存在多个最优组合区域;这种情况下,有 3 个黑点。通常情况下,在每个最优区域的附近有一个较大的近似最优结果区域,用灰色表示。绝大多数搜索空间(用白色空间表示)产生非最优(和非近似最优)结果。

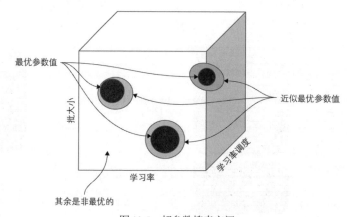

图 10-5 超参数搜索空间

从白色空间对黑色空间的优势可以看出,如果随机挑选一些超参数组合,那么不可能找到一个最优或近似最优的结果。因此,你需要一个策略。好的策略落在近似最优区域的可能性很高;通过近似最优区域可缩小搜索空间,来找到附近的最优区域。

10.2.1 超参数搜索的手动方法

在进行自动搜索之前,先了解手动方法。我有很多训练计算机视觉模型的经验,在选择超参数时有很强的直觉。我能够利用这种学到的直觉来进行手动式搜索。通常遵循以下 4 个步骤。

(1) 粗调初始学习率。

(2) 调优批大小。

(3) 微调初始学习率。

(4) 调优学习率调度器。

1. 粗调初始学习率

首先使用固定的批大小和固定的学习率。如果是一个小数据集(通常是 50 000 个或更少的示例),那么我使用值为 32 的批大小;否则,使用 256。我会为学习率选择一个中心点,通常为 0.001。然后在中心点(例如 0.001)以及一个更大点(例如 0.01)和一个更小点(例如 0.0001)上进行实验。查看 3 次运行之间的验证损失和准确度并确定哪个方向会导致更好的收敛。

如果有一个验证损失最低、验证准确度最高的运行,我会选择那个。有时,一次运行中较低的验证损失不会导致较高的准确度。这些情况下,我更多地遵循直觉,但倾向于以最低的验证损失做出决定。

然后在现有的和更好的收敛点之间选择一个新的中心点。例如,如果中心点和收敛点分别为 0.001 和 0.01,那么我会选择 0.005 作为中心并使用一个更大点(0.05)和一个更小点(0.0005),然后重复实验。通过重复这个分而治之的策略,直到中心点提供最佳收敛性,它就可以成为粗调的初始学习率。此时我很可能处于近似最优区域(灰色)。

2. 调优批大小

接下来调优批大小。通常情况下,最低级别是对于小数据集使用批大小 32,对于大数据集使用批大小 256。我想尝试高一点的批大小,使用 2 倍因子。例如,如果批大小是 32,就尝试使用批大小 64。如果收敛性得到改善,则尝试批大小 128,以此类推。当没有改善时,则选择前一个良好的值。

3. 微调初始学习率

这时,我很可能已经接近最优区域(黑色)。批大小越大,每批损失的差值就越小。因此,如果增加了批大小,通常可以提高学习率。

通过更大的批大小,我使用粗糙学习率作为初始中心点,重复学习率的调优实验。

4. 调优学习率调度器

此时,我将开始一次完整的训练,在验证准确度不再提高时提前停止。通常首先尝试学习率上的余弦退火(稍后讨论)。如果有一个显著的改善,通常就到此为止。否则,我会回顾初始完整运行并找到验证准确度稳定或偏离的训练时期。然后,设置一个学习率调度器,在该点之前的一个训练时期将学习率降低一个数量级。

这通常提供了一个非常好的起点,现在我可以专注于其他预训练步骤,例如增强和标签平滑(10.4 节中讨论)。

10.2.2 网格搜索

网格搜索是最老的超参数搜索形式。它意味着你在一个狭窄的搜索空间中搜索每一个可能的组合；这是人类与生俱来的对新问题的洞察方法。这只适用于少量参数和值。例如，如果我们有3个学习率值和2个批大小，那么组合的数量将是3×2(即6)。稍微将其增加到5个学习率值和3个批大小，则组合数是5×3(即15)。

由于(近似)最优区域与整个搜索相比要小得多，因此我们不太可能在早期找到一个好的组合。因为存在计算上的开销，所以这种方法已不再使用。下面是网格搜索的示例实现，稍后可以和下一小节中的随机搜索进行比较。

在本例中，对两个超参数进行网格搜索：学习率(lr)和批大小(bs)。对于这两者，指定一组要尝试的值，例如学习率为[0.1,0.01]。然后，使用两个嵌套循环迭代器生成学习率和批大小的所有值组合。对于每一个组合，得到一个预先训练好的模型实例的副本(get_model())并对其进行几个时期的训练。保留具有最佳验证分数和相应超参数组合的运行记录(best)。完成后，元组 best 包含产生最低验证损失的超参数设置。

10.2.3 随机搜索

现在转向一种随机搜索方法，它在寻找好的超参数方面比网格搜索的计算成本更低。你的第一个问题可能是随机搜索在计算成本上如何比网格搜索更低呢(它只是随机的)？

为回答这个问题，先回顾之前对超参数搜索空间的描述。我们知道只有一小部分超参数搜索空间有一个最佳组合，因此随机找到一个的概率很低。但我们也知道，越大的区域越接近最优，因此使用随机搜索在其中一个区域进行着陆的概率要高得多。

一旦搜索找到接近最优的组合，我们就知道附近很可能存在一个最优组合。此时，将随机搜索范围缩小到接近最优组合的区域。如果一个新组合改进了结果，则可以进一步缩小新组合附近的随机搜索范围。

可将这些步骤总结如下。

(1) 设置搜索空间的边界。

(2) 在整个搜索空间内进行随机搜索。

(3) 一旦找到接近最优组合，则将搜索空间缩小到新组合的附近。

(4) 不断重复，直到组合符合目标条件。

♦ 如果新组合改进了结果，则进一步缩小该组合周围的搜索空间。

♦ 如果在预定义的试验次数后，结果没有改善，则返回搜索整个搜索空间(步骤(2))。

图 10-6 演示了前三个步骤。

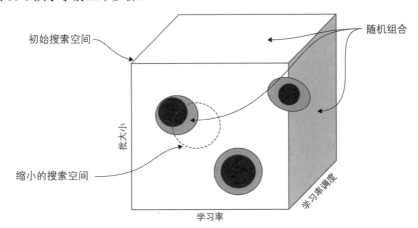

图 10-6 超参数随机搜索

下面是前三个步骤的示例实现。在此代码中，执行以下操作。

(1) 在整个搜索空间上运行 5 次试验。因为这个例子只有少量的组合，通常 5 次试验就足够。

(2) 选择学习率(lr)和批大小(bs)的随机组合。

(3) 对预先训练好的模型实例进行短期训练。

(4) 保留具有最佳验证准确度和超参数组合的运行记录(best)。

(5) 从 5 个试验中选择最佳验证准确度作为近似最优值。

(6) 在接近最优的超参数(2X 和 1/2X)周围设置一个狭窄的搜索空间。

(7) 在狭窄的搜索空间内再进行 5 次试验。

```
from random import randint

learning_rates = [0.1, 0.01, 0.001, 0.0001]     如果进行网格搜索，将有 4×3=12 个组合
batch_sizes = [ 32, 128, 512]

trials = 5
epochs = 3                          步骤(1): 第一轮试验，找到最佳
                                    近似最优的组合
best = (None, 0, 0, 0)

for _ in range(trials):
    lr = learning_rates[randint(0, 3)]       步骤(2): 选择随机组合
    bs = batch_sizes[randint(0, 2)]
    model = get_model(lr)
```

```
result = model.fit(x_train, y_train, epochs=epochs, batch_size=bs,
                    validation_split=0.1, verbose=0)

val_acc = result.history['val_acc'][epochs-1]
if val_acc > best[1]:
    best = (model, val_acc, lr, bs)

learning_rates = [ best[2] / 2, best[2] * 2]
batch_sizes = [best[3] // 2, int(best[3] * 2)]
for _ in range(trials):
    lr = learning_rates[randint(0, 1)]
    bs = batch_sizes[randint(0, 1)]
    model = get_model(lr)
    result = model.fit(x_train, y_train, epochs=epochs, batch_size=bs,
                       validation_split=0.1, verbose=0)

    val_acc = result.history['val_acc'][epochs-1]
    if val_acc > best[1]:
        best = (model, val_acc, lr, bs)
```

步骤(4)和(5): 保留当前最佳结果的记录

步骤(3): 进行短期的训练

步骤(6): 缩小搜索空间, 使其在最佳近似最优的范围内

步骤(7): 围绕缩小的搜索空间进行另一组试验

我使用 CIFAR-10 数据集在数值没有稳定的情况下运行这段代码。在完整搜索空间上进行前五次试验后, 最佳验证准确度为 0.352。缩小搜索空间后, 最佳验证准确度跃升至 0.487, 学习率为 0.0002, 批大小为 64。

重复此过程, 但这次我首先对模型进行了数值稳定, 然后才进行超参数搜索。更新 get_model()方法以获取保存的数值稳定模型的副本。在完整搜索空间上进行前五次试验后, 最佳验证准确度为 0.569。缩小搜索空间后, 最佳验证准确度跃升至 0.576, 学习率为 0.1, 批大小为 512。结果很好, 我们甚至还没有对学习率调度、正则化、增强和标签平滑进行调优。

接下来, 讨论如何使用自动化超参数搜索工具 KerasTuner, 它是 TF.Keras 的一个附加模块。你可能会问, 既然可以使用自动方法, 为什么还要学习手动方法呢? 因为即使使用自动方法, 也需要引导搜索空间。使用手动方法可以帮助你获得引导搜索空间的专业知识。对我和研究人员来说, 开发手动的方法使我们能够洞察自动化搜索的未来改进。最后, 你可能会发现开箱即用的自动化方法并不适合专有数据集和模型, 你可以使用独特的学习方法对其进行改进。

10.2.4 KerasTuner

KerasTuner 是 TF.Keras 的一个附加模块, 用于执行自动超参数调优。它有两种方法: 随机搜索和 Hyperband 搜索。为简洁起见, 本节介绍随机搜索方法。了解此方法将使你了解在稀疏空间(即在较大的搜索空间中几乎没有好的组合)中搜索超参数的总体方法。

注意: 感兴趣的读者可参阅关于 Hyperband 的在线文档(https://keras-team.github.io/keras-tuner/), 这是一种用于改进随机搜索次数的 Bandit 算法。Lisha Li 等人所写的 Hyberband 中介绍了更多信息(https://arxiv.org/abs/1603.06560)。

与所有自动化工具一样, KerasTuner 也有其优缺点。自动化和相当简单的使用方法

显然是好的。对我来说，缺乏调优批大小的能力是一个很大的缺点，因为最终不得不手动调优批大小。

以下是用于安装 KerasTuner 的 pip 命令。

```
pip install -U keras-tuner
```

要使用 KerasTuner，首先创建调优器的一个实例。在下面的示例中，实例化 RandomSearch 类的一个实例。此实例化需要 3 个参数。

(1) 超参数可调优(hp)模型；

(2) 目标测量(例如验证准确度)；

(3) 训练试验(实验)的最大数量。

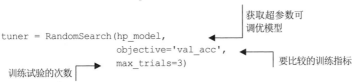

```
from kerastuner.tuners import RandomSearch
```
获取超参数可调优模型
```
tuner = RandomSearch(hp_model,
                     objective='val_acc',
                     max_trials=3)
```
要比较的训练指标

训练试验的次数

在本例中，为演示目的，将试验次数设置为低(3)。最多可尝试 3 种随机组合。根据搜索空间的大小，通常会使用较大的数字。这是一种权衡。试验越多，探索的搜索空间就越多，但所需的计算开支(时间)就越多。

接下来，创建实例化超参数可调优模型的函数。该函数接收一个参数，用 hp 表示。这是 KerasTuner 传入的超参数控制变量。

在示例中，只调优学习率。首先得到一个数值稳定的模型实例(正如之前推荐的)。然后，在 compile()方法中使用 optimizer 参数设置实例的学习率。同时使用超参数调优器(hp) 控制方法 hp.Choice()指定学习率的 4 个选项。这会告诉调优器要搜索的参数的值集。在本例中，选项设置为[1e-1, 1e-2, 1e-3, 1e-4]。

```
def hp_model(hp):
    ''' hp is passed in by the tuner '''
    model = tf.keras.models.load_model('numeric')
```
加载保存在磁盘上的模型
```
    model.compile(loss='sparse_categorical_crossentropy', metrics=['acc'],
                  optimizer=Adam(hp.Choice('learning_rate',
                                           values=[1e-1, 1e-2, 1e-3, 1e-4])))
    return model
```
重新编译模型以重置学习率

使学习率成为可调优参数

接下来，准备执行超参数调优。这里使用 tuner 的 search()方法启动搜索。该方法采用与 Keras 模型的 fit()方法相同的参数。注意，批大小在 search()中显式指定，因此不可自动调优。在示例中，训练数据是 CIFAR-10 训练数据。

```
tuner.search(x_train, y_train, batch_size=32, validation_data=(x_test, y_test))
```

现在可看到结果。首先，使用 results_summary()方法查看试验总结。

```
tuner.results_summary()
```

以下是输出，显示 0.1 是最佳学习率。

```
Results summary
|-Results in ./untitled_project
|-Showing 10 best trials
|-Objective(name='val_acc', direction='max')
Trial summary
|-Trial ID: 0963640822565bfc03280657d5350d26
|-Score: 0.4927000105381012
|-Best step: 0
Hyperparameters:
|-learning_rate: 0.0001
Trial summary
|-Trial ID: 9c6ed7a1276c55a921eaf1d3f528d64d
|-Score: 0.28610000014305115
|-Best step: 0
Hyperparameters:
|-learning_rate: 0.01


Trial summary
|-Trial ID: d269858c936c2b6a2941e66f880304c7
|-Score: 0.10599999874830246
|-Best step: 0
Hyperparameters:
|-learning_rate: 0.1       ◀———— 选定的最佳学习率
```

然后使用 get_best_models()方法获取相应的模型。此方法根据参数 num_models 按降序返回最佳模型的列表。在本例中，只需要最好的一个模型，因此将其设置为 1。

```
models = tuner.get_best_models(num_models=1)
model = models[0]
```

最后，结果和模型存储在一个文件夹中(在实例化调优器时，通过参数 project_name 指定该文件夹)。如果未指定，则文件夹名称默认为 untitled_project。若要在试验后进行清理，则删除此文件夹。

10.3 学习率调度器

到目前为止，在示例中，整个训练过程都保持学习率不变。可以通过恒定的学习率获得良好的效果，但它不如在训练期间调整学习率那样有效。

通常情况下，在训练期间，你会从较高的学习率转为较低的学习率。最初，你希望以尽可能大的学习率开始，而不会导致数值不稳定。较大的学习率允许优化器探索不同的路径(局部最优)以实现收敛，并且在最小化损失以加快训练的过程中获得一些初始的较大收益。

但是，一旦朝着一个好的局部最优方向取得了良好的进展，如果继续使用高学习率，可能会在没有收敛的情况下开始来回摇摆，或者无意中跳出好的局部最优并开始收敛到一个不太好的局部最优。

因此，当接近收敛时，我们开始降低学习率，使步数越来越小，这样就不会振荡，并且在局部最优中找到最佳路径来收敛。

那么，"学习率调度器"一词是什么意思呢？这意味着我们将有一种方法来监控训练过程，并且根据特定条件改变学习率，以找到并收敛于最佳或接近局部最优的情况。本节将介绍几种常见的方法，包括时间衰减、Ramp、恒定步长和余弦退火。我们将从描述时间衰减方法开始，该方法内置于 TF.Keras 优化器集中，用于在训练期间逐步降低学习率。

10.3.1　Keras 衰减参数

TF.Keras 优化器支持使用 decay 参数逐步降低学习率。优化器使用时间衰减方法。时间衰减的数学公式如下所示，其中 lr 是学习率，k 是衰减，t 是迭代次数(例如训练时期)。

$$lr = lr0 \, / \, (1 + kt)$$

在 TF.Keras 中，时间衰减的实现如下。

$$lr = lr \times (1.0/(1.0+衰减 \times 迭代次数))$$

下面是在 compile()方法中指定优化器时设置学习率的时间衰减的示例。

```
model.compile(optimizer=SGD(lr=0.1, decay=1e-3))
```

表 10-1 显示了在上述设置下 10 个训练时期的学习率变化情况；典型衰减值介于 1e-3 和 1e-6 之间。

表 10-1　不同训练时期学习率的衰减过程

迭代(时期)	学习率
1	0.0999
2	0.0997
3	0.0994
4	0.0990
5	0.0985
6	0.0979
7	0.0972
8	0.0964
9	0.0955
10	0.0945

10.3.2　Keras 学习率调度器

如果使用时间衰减不能产生最佳结果，可以使用 LearningRateScheduler 回调实现自定义方法以逐步降低学习率。通常在生产环境中，随着时间的推移，机器学习团队会进行试验并找到特定的调整，使训练更具时间效率，并且在目标方面产生更好的结果，例如部署到生产中时分类的准确度。

以下代码是一个示例实现，其步骤如下所述。

(1) 为学习率调度器回调定义一个函数。

(2) 在训练期间(通过 fit()方法),传递给回调函数的参数是当前的训练时期数(epoch)和学习率(lr)。

(3) 对于第一个训练时期，返回当前(初始)学习值。

(4) 否则，逐步降低学习率。

(5) 实例化学习率调度器的回调。

(6) 将回调传递给 fit()方法。

```
from tensorflow.keras.callbacks import LearningRateScheduler

def lr_scheduler(epoch, lr):
    ''' Set the learning rate at the beginning of epoch
        epoch: The epoch count (first epoch is zero)
        lr: The current learning rate
    '''
    if epoch == 0:
        return lr

    return n_lr

model.compile(loss='categorical_crossentropy', optimizer=Adam(lr=0.01))

lr_callback = LearningRateScheduler(lr_scheduler)

model.fit(x_train, y_train, epochs=epochs, batch_size=batch_size,
          callbacks=[lr_callback])
```

步骤(3): 对于第一个(0)训练时期，从初始学习率开始

步骤(1): 设置初始学习率

步骤(4): 添加逐步降低学习率的实现

步骤(5): 为学习率调度器创建回调

步骤(2)和(6): 为训练启用学习率调度器

10.3.3 Ramp

现在完成了数值稳定性的预训练步骤，以及批大小和初始学习率的超参数调优。你已经准备好去实现学习率调度器的算法。通常，使用 Ramp 算法来实现这一点，该算法将在指定数量的时期中重置学习率。通常情况下，此时我会做一次延长的训练。从 50 个时期开始，对估计损失设置早停条件(patience 为 2)。不管数据集是什么，我倾向于看到以下两件事之一。

● 在过去(50)个时期内，验证损失稳步减少。

● 在最后一个时期之前，验证损失出现一个平稳期，并且提前停止。

如果我看到验证损失稳步减少，则将继续重复 50 个训练时期，直到提前停止。

一旦提前停止，我会查看它发生在哪个时期。假设是在第 40 个时期，那么我将减去若干个时期，通常为 5(在本例中，结果为 35)。然后，我强行使得学习率调度器在一个新的时期在学习率方面下降一个量级。在几乎 100%的时间里，训练达到更低的验证损失和

更高的验证准确度。图 10-7 显示了降低的学习率。

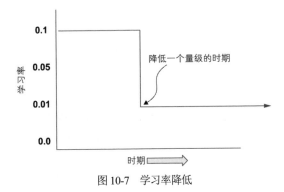

图 10-7　学习率降低

以下是 Ramp 学习率调度器的示例实现。

```
epoch_ramp = 35          ◄─────── 设定降低一个量级的时期

def lr_scheduler(epoch, lr):
    if epoch == epoch_ramp:        当处于 Ramp 时期时，将学习率
        return lr / 10.0           降低一个量级
    return lr
```

这通常不是最后一步，但我用它来了解这个数据集损失的情况可能是什么样子。之后，我规划了完整的训练学习率调度器。这时要解释一个损失的情况太具有挑战性。因此，我将介绍可以尝试的各种学习率调度器策略。

10.3.4　恒定步长

在恒定步长方法中，我们希望在最后一个时期中以偶数增量的方式将初始学习率变为零。这个方法很简单。取初始学习率并将其除以时期的数量。图 10-8 说明了该方法。

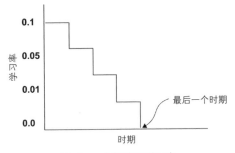

图 10-8　恒定步长学习率

以下是学习率调度器的恒定步长方法的示例实现。

```
step = lr / epochs
def lr_scheduler(epochs, lr):
    ''' step learning rate '''
    return lr - step
```
← 每个时期后步长衰减的大小

10.3.5 余弦退火

余弦退火法在研究人员中很流行，并且经常出现在消融实验有关的论文中，也被称为循环学习率。这里的概念是，不是在整个训练过程中逐步降低学习率，而是在循环周期中进行。

更简单地说，从初始学习率开始，逐步降低到较低的学习率，然后再逐步提高。我们不断重复这个循环，但每次循环开始(高)和结束(低)的速率都较低，因此整个循环中的速率越来越低。

那么优势是什么呢？它提供了周期性探索其他局部最优解(跳出)和逃离鞍点的机会。对于局部最优解，这就像进行集束搜索。训练很可能会跳出当前的局部最优，开始跳入另一个局部最优。虽然起初没有任何迹象表明新的局部最优更好，但最终证明它会更好。原因在于随着训练的进行，我们将深入研究更好而不是次优的优化方案。随着较上层学习率的下降，我们跳出良好局部最优解的可能性越来越小。另一种方式是将这种循环行为视为探索与利用：在循环的高端，训练是探索新的路径，而在循环的低端，训练是利用好的路径。随着训练方面的进展，探索越来越少，利用越来越多。

另一个优势是，当我们在深入学习率周期的较低端后，可能会被困在鞍点上。图10-9解释了什么是鞍点。

如果特征(自变量)与标签(因变量)呈线性关系，一旦发现变化的斜率，无论学习率如何(如第一条曲线所示)，都将潜入全局最优。

另一方面，如果关系是多项式的，会看到更像一条凸曲线，全局最优值是曲线的最低点。原则上，只要不断降低学习率，就会下降到最低点，避免在曲线两侧之间来回反弹(如第二条曲线所示)。

但是深度学习的力量在于与标签具有非线性(非多项式)关系的特征(如第三条曲线所示)。这种情况下，考虑由低谷、峰值和鞍点组成的损失空间，其中一个低谷就是全局最优解。当然，目标是找到那个低谷，因此探索多个局部最优解(低谷)是有优势的。

鞍点是有一个平稳阶段的低谷中损失空间的一部分；它在继续下降之前会平稳下来。如果学习率很低，我们将无休止地在平稳阶段跳跃。因此，虽然我们希望在训练接近尾声时学习率变得很小，但也希望它偶尔上升，把我们从鞍点推到最低点。

图10-9对比了线性/多项式与非线性关系之间的损失面，其中显示了峰值、低谷和可以成为鞍点的平稳阶段。

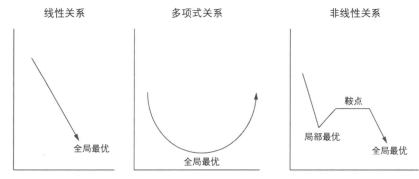

图 10-9　梯度下降和变化的斜率

当将余弦衰减与早停结合使用时，重新考虑停止的目标(验证准确度)。如果我们用非循环衰减进行训练，可能会在停止之前使用一个非常小的训练时期间的差值阈值。但对于循环行为，可能会在探索(循环的高端)时看到差值的突然增加(验证损失增加)。因此，需要在提前停止时使用更宽的间隙。另一种方法是使用定制的提前停止，随着循环高端的减少逐渐减少差值。

下面是使用余弦衰减的学习率调度器的示例实现。这个函数有点复杂。我们使用余弦函数 np.cos()生成 0~1 的正弦波。例如，π 的余弦值为 -1，2π 的余弦值为 1，因此要传递给 np.cos()的值的计算是 π 的倍数。如果该值为正，则将 1 添加到计算中，结果将在 0~2 的范围内。然后将该值减少一半(0.5 倍)，结果将在 0~1 的范围内。之后，衰减用 alpha 进行调整，alpha 设置了最小学习率的下限。

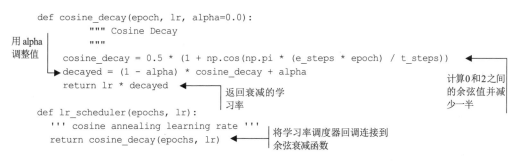

在 TF 2.x 中，添加了余弦衰减作为内置学习率调度器。

```
from tf.keras.experimental import CosineDecay          导入内置的学习率调度器 CosineDecay

lrate = CosineDecay(initial_learning_rate, decay_steps, alpha)   实例化 CosineDecay
                                                                  学习率调度器
model.fit(x_train, y_train, epochs=epochs, batch_size=batch_size,
          callbacks=[lrate])                           在训练期间添加学习率调度
                                                        器作为回调
```

10.4 正则化

下一个重要的超参数是正则化。这是指在训练中加入噪声的方法,这样模型就不会记忆训练数据。延迟记忆的时间越长,在预测未经训练的数据(如测试数据)时,获得更高准确度的机会就越大。

简单地说,我们希望模型学习基本特征(泛化),而不是数据(记忆)。

另外有一点关于丢弃正则化的说明:再也没有人这样做了,因为它很晦涩难懂。

10.4.1 权重正则化

目前最广泛使用的正则化形式是权重正则化,也称为权重衰减。权重正则化在每层的基础上应用。其目的是在反向传播过程中对权值的更新添加与权值大小相关的噪声。这种噪声通常被称为惩罚,权重较大的层比权重较小的层的惩罚更大。

在不深入研究梯度下降和反向传播的情况下,可以说损失计算是更新各层权重计算的一部分。例如,在回归模型中,通常使用预测值($\hat{y}$)和实际值(y)之间的损失的均方误差,可表示如下。

$$损失 = MSE(\hat{y}, y)$$

为增加每层的噪声,我们希望根据权重的大小稍增加一点作为惩罚。

$$损失 = MSE(\hat{y}, y) + 惩罚$$
$$惩罚 = 衰减 \times R(w)$$

这里的衰减是权重衰减,其值<<1。$R(w)$是应用于该层权重 w 的正则化函数。TF.Keras支持以下正则化函数。

- L1——绝对权重之和,也称为拉索正则化或拉索回归。
- L2——平方权重之和,也称为岭正则化或岭回归。
- L1L2——绝对权重和平方权重之和,也称为弹性网络正则化。

现代 SOTA 的研究论文中引用的消融实验使用 L2 权重正则化,其值范围为 0.0005~0.001。根据我的经验,我发现 0.001 以上的值在权重正则化方面过于激进,训练也不收敛。

在 TF.Keras 中,关键字参数 kernel_regularizer 用于设置每层的权重正则化。如果使用 kkernel_regularizer,则应在已学习参数的所有层上指定它(例如 Conv2D、Dense)。下面是为卷积层(Conv2D)指定 L2 权重衰减正则化的示例实现。

```
from tensorflow.keras.regularizers import L2

inputs = Input((128, 128, 3))
x = Conv2D(16, (3, 3), strides=(1, 1), kernel_regularizer=L2(0.001))(inputs)
```

10.4.2　标签平滑

标签平滑从不同的方向实现正则化。到目前为止，我们讨论了添加噪声以防止记忆的技术，这样模型将泛化到相同分布中的示例，而这些示例是模型在训练过程中未见过的。

然而，我们发现，即使惩罚这些权重更新以防止记忆，这些模型也往往对其预测过分自信(高概率值)。

当模型过于自信时，真实值标签和非真实值标签之间的距离可能会有很大的差异。绘制图像时，它更倾向于显示散点图而不是簇；如果真实值标签聚集在一起，即使置信度较低，也更可取。图 10-10 描述了使用硬目标作为标签的过分自信模型。

标签平滑有助于通过降低预测的置信度来泛化模型，从而使真实值和非真实值之间的距离靠近。

在标签平滑中，将独热编码标签(真实值)从绝对确定性(1 和 0)更改为小于绝对确定性的值，记为 α(alpha)。例如，对于真实值标签，没有将该值设置为 1(100%)，而是将其设置为稍小的值，例如 0.9(90%)。然后将所有非真实值从 0(0%)更改为与我们降低"真实值"标签的量相同的值(例如 10%)。

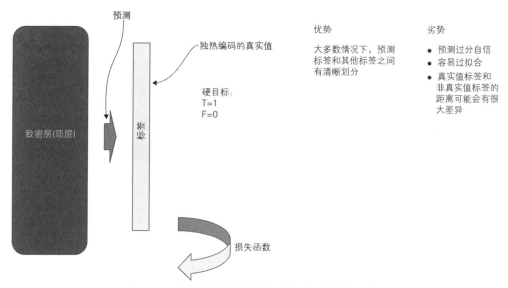

图 10-10　训练时作为独热编码标签的硬目标标签(0 或 1)

图 10-11 说明了标签平滑。在此描述中，将输出致密层的预测与标签平滑后的真实值标签(称为软目标)进行比较。实践证明，用软目标代替硬目标计算损失使得真实值和非真实值之间的距离更一致。这些距离更有可能形成簇，有助于模型更加泛化。

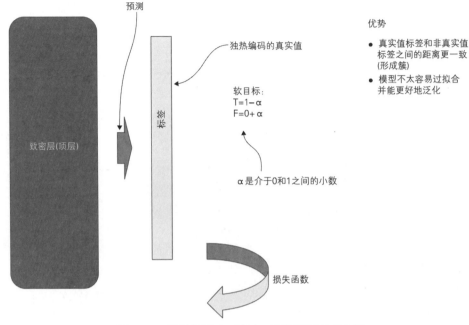

图 10-11　当标签不完全可信时，标签平滑作为软目标

在 TF 2.x 中，标签平滑内置于损失函数中。要使用标签平滑，可显式实例化相应的损失函数并设置关键字参数 label_smoothing。实际上，α 因子较小，0.1 是最广泛使用的值。

```
from tensorflow.keras.losses import CategoricalCrossentropy

model.compile(loss=CategoricalCrossentropy(label_smoothing=0.1),
              optimizer='adam', metrics=['acc'])
```

在编译模型时设置标签平滑

下面总结关于超参数的所有内容，以及它们在训练期间实现最佳训练时间和目标(例如准确度)方面如何产生影响。

10.5　超越计算机视觉

无论数据类型或领域如何，所有深度学习模型架构都具有可调优的超参数。调优的策略是相同的。无论使用计算机视觉、自然语言理解还是结构化数据，四大超参数都存在于所有深度学习领域：学习率、学习率衰减、批大小和正则化。

用于正则化的超参数在不同模型架构和领域中的类型可能不同。但很多时候是相同的。例如，权重衰减可以应用于任何具有可学习权重的层，而无论它是计算机视觉、NLU还是结构化数据模型。

一些模型架构(如深度神经网络和提升树)具有一些历史上独特的超参数。例如，对于DNN，你可能会看到层数和每层单元数的调优。对于提升树，你可能会看到调优树和叶子的数量。但是，由于划分为超参数(用于训练模型)和元参数(用于配置模型架构)，因此这些可调优的参数现在被称为元参数。如果你在深度神经网络上结合学习率来调优层和单元的数量，实际上是在并行地进行宏观架构搜索和超参数调优。

10.6 本章小结

- 在训练过程中，不同的权重分布和抽取会影响收敛性。
- 搜索最佳权重初始化(彩票原则)与学习最佳权重初始化(预热)之间的区别在于，模型学习的是最佳初始化，而不是靠经验找到它。
- 当数据集较小时，最好使用手动的超参数搜索方法，其缺点是你可能会在训练期间忽略获得更好结果的超参数值。
- 在较小的搜索空间中一般使用网格搜索，而在较大的搜索空间中使用随机搜索进行超参数调优的效率更高。
- 使用 KerasTuner 进行超参数搜索可以使搜索自动化，但缺点是无法手动引导搜索。
- 各种算法可用于学习率衰减，如时间衰减、恒定步长、Ramp 步长和余弦退火。
- 设置学习率调度器涉及定义回调函数，在回调函数中实现自定义学习率算法，并且将回调函数添加到 fit()方法。
- 常规的正则化方法是权重衰减和标签平滑。

第*11*章

迁 移 学 习

本章主要内容
- 使用 TF.Keras 和 TensorFlow Hub 的预构建和预训练模型
- 在相似和不同领域的任务之间执行迁移学习
- 为迁移学习初始化具有特定域权重的模型
- 确定何时重用高维或低维潜在空间

    TensorFlow 和 TF.Keras 支持广泛的预构建和预训练模型。预训练模型可以按原样使用，而预构建模型可以从头开始训练。通过替换任务组，还可以重新配置预训练模型以执行任意数量的任务。用再训练取代或重新配置任务组的过程称为迁移学习。

    从本质上讲，迁移学习意味着将解决一项任务的知识迁移到解决另一项任务。与从头开始训练模型相比，迁移学习的好处在于新任务训练速度更快，数据更少。可将其视为一种重用形式：重用具有已学习权重的模型。

    你可能会问，是否可以将为一个模型架构学习的权重重新用于另一个模型架构？答案是否定的，这两个模型的架构必须相同，例如从 ResNet50 到 ResNet50。另一个常见的问题是：可以在任何不同的任务中重复使用学习的权重吗？可以，但结果将根据预训练模型域和新数据集之间的相似程度而有所不同。因此，我们所说的学习的权重实际上是学习的基本特征、相应的特征提取以及潜在空间表征(表征学习)。

    让我们看两个例子，其中迁移学习可能会也可能不会产生理想的结果。假设有一个水果类型和品种的预训练模型和一个蔬菜类型和品种的新数据集。学习到的水果表征很有可能也适用于蔬菜，我们只需要训练任务组。但如果新数据集由卡车和货车的品牌和型号组成，会怎么样呢？这种情况下，数据集域彼此非常不同，因此针对水果学习的表征不太可能用于卡车和货车。在类似域的情况下，新模型可在与原始模型训练数据相似的域上执行任务。

　　表征学习的另一种方法是使用在大量不同类别图像上训练过的模型。许多人工智能公司提供这种类型的迁移学习服务。通常情况下，他们的预训练模型已在数万个图像类上训练过。这里的假设是，由于具有如此广泛的多样性，学习到的表征的某些部分可以在任意新数据集上重用。缺点是，要覆盖如此广泛的多样性，潜在空间必须非常大，因此在任务组中最终会得到一个非常大(过度参数化)的模型。

　　第三种方法是在这两种方法(即参数高效的窄域训练模型和大规模训练模型)之间找到一个最佳平衡点。像 ResNet50 这样的模型架构以及最近的 EffcientNet-B7 都是用一个由 1000 个类组成的 ImageNet 数据集进行预训练的。DIY 迁移学习项目通常使用这些模型。例如，ResNet50 在任务组件之前有一个相当有效但足够大的潜在空间，用于将学习迁移到各种图像分类数据集；潜在空间由 2048 个 4×4 特征图组成。

　　这 3 种方法可总结如下。

- 类似域迁移
  - ♦ 参数高效的窄域预训练模型
  - ♦ 重新训练新任务组件
- 不同域迁移
  - ♦ 参数产能过剩的窄域预训练模型
  - ♦ 通过微调其他组件重新训练新任务组件
- 通用迁移
  - ♦ 参数产能过剩的通用域预训练模型
  - ♦ 重新训练新任务组件

　　预训练模型也可以在迁移学习中重用，以从预训练模型中学习不同类型的任务。例如，假设有一个经过预训练的模型，该模型根据房屋正面外部的图片对建筑风格进行分类。现在要学习预测房子的售价。基本特征、特征提取和潜在空间很可能会迁移到不同类型的任务中，例如回归器——一种输出单个实数(如房屋售价)的模型。如果其他任务类型也可以使用原始数据集进行训练，则这种类型的迁移学习通常是可能的。

　　本章将首先介绍从公共资源(TF.Keras 和 TensorFlow Hub)获取预构建和预训练的 SOTA 模型，然后介绍使用这些开箱即用的模型。最后，将学习使用预训练模型进行迁移学习的各种方法。

11.1　TF.Keras 预构建模型

　　TF.Keras 框架附带了预构建的模型，你可以按原样使用这些模型来训练新模型，或者修改和/或微调以进行迁移学习。这些模型基于一流的图像分类模型，它们在诸如 ImageNet 的竞赛中屡获殊荣，且在深度学习研究论文中经常被引用。

　　有关预构建 Keras 模型的文档可在 Keras 网站上找到(https://keras.io/api/applications/)。表 11-1 列出了 Keras 预构建模型架构。

表 11-1 Keras 预构建模型

模型类型	SOTA 模型架构
序贯 CNN	VGG16、VGG19
残差 CNN	ResNet、ResNet v2
宽残差 CNN	ResNeXt、Inception v3、InceptionResNet v2
可替代连接 CNN	DenseNet、Xception、NASNet
移动 CNN	MobileNet、MobileNet v2

预构建的 Keras 模型从 keras.applications 模块导入。以下是可以导入的预构建 SOTA
模型的示例。例如，如果你想使用 VGG16，只需要将 VGG19 替换为 VGG16 即可。有
些模型架构(例如 VGG、ResNet、ResNeXt 和 DenseNet)可以选择不同数量的层。

```
from tensorflow.keras.applications import VGG19
from tensorflow.keras.applications import ResNet50
from tensorflow.keras.applications import InceptionV3
from tensorflow.keras.applications import InceptionResNetV2
from tensorflow.keras.applications import DenseNet121
from tensorflow.keras.applications import DenseNet169
from tensorflow.keras.applications import DenseNet201
from tensorflow.keras.applications import Xception
from tensorflow.keras.applications import NASNetLarge
from tensorflow.keras.applications import NASNetMobile
from tensorflow.keras.applications import MobileNet
```

11.1.1 基础模型

默认情况下，TF.Keras 预构建模型是完整但未经训练的，这意味着权重和偏差是随
机初始化的。每个未经训练的预构建 CNN 模型都针对特定的输入形状(请参阅文档)和输
出类的数量进行配置。大多数情况下，输入形状是(224, 224, 3)或(299, 299, 3)。模型还接
收通道在前格式的输入，例如(3, 224, 224)和(3, 299, 299)。输出类的数量通常为 1000，这
意味着模型可以识别 1000 个常见的图像标签。这些预构建但未经训练的模型暂时还不会
对你很有用，因为你必须在具有相同数量标签(1000)的数据集上对它们进行完全训练。了
解这些预构建模型中的内容很重要，这样就可以使用预训练权重、新任务组件或两者进
行重新配置。本章将介绍这 3 种重新配置。

图 11-1 描述了预构建 CNN 模型的架构。该架构包括为输入形状预设的 stem 卷积组、
多个卷积组(学习器)、瓶颈层和为 1000 个类预设的分类器层。

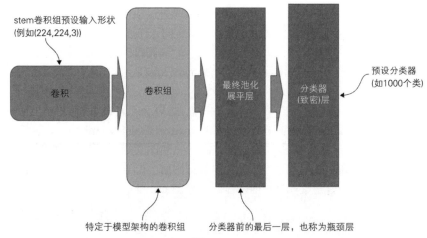

stem卷积组预设输入形状
(例如(224,224,3))

卷积

卷积组

最终池化
展平层

分类器
(致密)层

预设分类器
(如1000个类)

特定于模型架构的卷积组   分类器前的最后一层,也称为瓶颈层

图 11-1   预构建 CNN 模型的架构,其中任务组各层为深灰色

预构建模型没有指定的损失函数和优化器。在使用它们之前,必须用 compile()方法来分配损失、优化器和性能度量。在下面的代码示例中,首先导入并实例化一个 ResNet50 预构建模型,然后编译该模型。

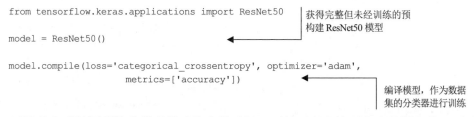

```
from tensorflow.keras.applications import ResNet50

model = ResNet50()

model.compile(loss='categorical_crossentropy', optimizer='adam',
              metrics=['accuracy'])
```

获得完整但未经训练的预
构建 ResNet50 模型

编译模型,作为数据
集的分类器进行训练

以这种方式使用预构建模型其功能非常受限,不仅要考虑输入大小是固定的,而且要考虑分类器的类别数也是固定的,即 1000。无论你需要做什么,都不可能使用默认配置。下面将探索配置预构建模型以执行各种任务的方法。

11.1.2   用于预测的预训练 ImageNet 模型

所有预构建的模型都带有从 ImageNet 2012 数据集预训练获得的权重和偏差,该数据集包含 1000 个类的 120 万张图像。如果你只需要预测图像是否在 ImageNet 数据集的 1000 个类内,则可以按原样使用预训练的预构建模型。标签标识符到类名称的映射可以在 GitHub 上找到(https://gist.github.com/yrevar/942d3a0ac09ec9e5eb3a)。分类包括秃鹰、卫生纸、草莓和气球。

接下来使用预构建的 ResNet 模型,用 ImageNet 权重预训练,对大象的图像进行分类(或预测)。以下是每步的过程。

(1) preprocess_input()方法将根据预构建的 ResNet 模型使用的方法对图像进行预处理。

(2) decode_predictions()方法将把标签标识符映射为类名称。

(3) 预构建的 ResNet 模型使用 ImageNet 权重进行实例化。

(4) OpenCV 读取大象的图像,然后将其大小调整为(224, 224)以适合模型的输入形状。

(5) 使用模型的 preprocess_input()方法对图像进行预处理。

(6) 将图像重塑为一批次。

(7) 使用 predict()方法根据模型对图像进行分类。

(8) 使用 decode_predictions()将前三个预测标签映射到它们的类名称并进行输出。在本例中,可能会把非洲象视为最首位的预测。

图 11-2 描述了 TF.Keras 预训练模型及其附带的预处理输入和后处理输出的功能。

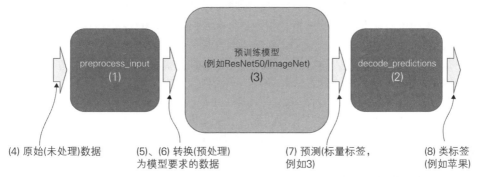

图 11-2 TF.Keras 预训练模型,其具有用于预处理输入和后处理输出的模型特定功能

以下是为此过程编写的代码。

```
获取 ResNet50 模型,在 ImageNet 上进行预训练
    from tensorflow.keras.applications import ResNet50
    from tensorflow.keras.applications.resnet import preprocess_input,
                                                    decode_predictions

    model = ResNet50(weights='imagenet')

    image = cv2.imread('elephant.jpg', cv2.IMREAD_COLOR)

    image = cv2.resize(image, (224, 224), cv2.INTER_LINEAR)

    image = preprocess_input(image)

    image = image.reshape((-1, 224, 224, 3))

    predictions = model.predict(image)

    print(decode_predictions(predictions, top=3))
```

将图像作为 NumPy 数组读取到内存中

调整图像大小以适应预训练模型的输入形状

使用与预训练模型相同的图像处理方法对图像进行预处理

将单个图像形状(224,224,3)重塑为一批次图像(1,224,224,3)以用于 predict()方法

调用 predict()方法对图像进行分类

使用预训练模型的解码功能根据预测的标签显示类名称

11.1.3 新分类器

所有预构建模型中的最终分类器层都可以删除,并且用新分类器以及其他任务(如回

归器)替换。然后，可以使用新分类器为新数据集和类集训练预构建的模型。例如，如果你有一个包含 20 类面食的数据集，只需要删除现有的分类器层，将其替换为新的 20 节点的分类器层。然后，编译模型并使用面食数据集对其进行训练。

在所有预构建的模型中，分类器层称为顶层。对于 TF.Keras 预构建模型，输入形状默认为(224, 224, 3)，输出层中的类数量为 1000。当实例化 TF.Keras 预构建模型的实例时，将参数 include_top 设置为 False，以获得没有分类器层的模型实例。此外，当 include_top=False 时，可使用参数 input_shape 指定模型的不同输入形状。

现在，在 20 种面食的分类器中描述这个过程及其用法。假设你有一家面馆，烹饪人员不断地在点餐台上摆放各种新鲜烹制的面食。顾客可以选择任何一道面食，为简单起见，假设所有面食都是相同的价格。收银员只需要清点面食的数量。但你还有一些问题要解决。有时，烹饪人员把一道面食或多道面食准备过多了。如果面食变凉了，就不得不扔掉，因此你会损失收入。还有一些情况是，烹饪人员准备的一道或多道面食太少，顾客选择去另一家餐馆——这是一种失去机会的情况。

为解决这两个问题，你计划在收银台放置一个摄像头，在烹调区放置另一个摄像头(在烹调区将冷的面食扔掉)。你想让摄像机实时对购买的面条和扔掉的面条进行分类，并且将这些信息显示给烹饪人员，以便他们更好地估计要准备哪些面食。

现在开始实施计划。首先，因为你有一家面馆，你雇了一个人来为摆在点餐台上的面食拍照。拍照时，厨师喊出面食名并将其记录在照片中。例如，一个工作日可以卖出 500 份面食。假设你有一个相当均匀的面食分布，平均每份面食有 25 张图片。这似乎是每个类的一个小数目，但因为它们都是你提供的食物，而且背景总是一样的，这可能足够了。你只需要给录像中的图片贴上标签。

现在你准备好进行训练。从 TF.Keras 获得一个预构建的模型，指定 include_top=False 以删除 1000 个类的分类器致密层，随后将其替换为 20 节点的致密层。你希望模型能够快速预测，因为你移动了许多份面食，所以希望减少参数的数量，但不会对模型的准确度产生负面影响。通过指定 input_shape=(100, 100, 3)将模型的输入向量更改为(100, 100, 3)大小，而不是从大小为(224, 224, 3)的 ImageNet 进行预测。

还可以在预构建模型中删除最终的展平/池化层(瓶颈层)，通过设置参数 pooling=None 替换为自己所需的层。

图 11-3 描述了可重配置的预构建 CNN 模型架构。它由输入大小可配置的 stem 卷积组、一个或多个卷积组(学习器)和可选的可配置瓶颈层组成。

至于输入形状，预构建模型的文档对最小输入形状大小有限制。对于大多数模型，大小是(32,32,3)。通常不建议以这种方式使用预构建的模型，因为对于大多数这样的架构，在全局平均池化层(瓶颈层)之前的最终特征图将是 1×1(单像素)，基本上会丢失所有空间关系。然而，研究人员发现，当与 CIFAR-10 和 CIFAR-100(它们是(32, 32, 3)图像)一起使用时，它们能够在进阶到竞赛级别(如 ImageNet)图像数据集(224, 224, 3)之前找到良好的超参数设置。

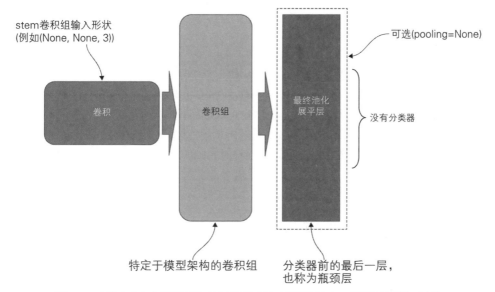

stem卷积组输入形状
(例如(None, None, 3))

可选(pooling=None)

卷积

卷积组

最终池化
展平层

没有分类器

特定于模型架构的卷积组

分类器前的最后一层，
也称为瓶颈层

图 11-3　在这个没有分类器层的可重配置的预构建模型架构中，保留池化层是可选的

在下面的代码中，实例化一个预构建的 ResNet50 模型并用一个新分类器替换它，以用于 20 道面食的示例。

(1) 使用参数 include_top=False 删除现有的 1000 节点的分类器。

(2) 使用参数 input_shape 将输入形状设置为(100,100,3)，以用于较小的输入大小。

(3) 保留最终池化/展平层(瓶颈层)作为带有参数池化的全局平均池化层。

(4) 添加一个具有 20 节点的替换致密层(对应面食的数量)，并且将 softmax 激活函数作为顶层。

- ◆　预构建的 ResNet50 模型中的最后一层(输出层)为 model.output。这对应瓶颈层，因为删除了默认分类器。

- ◆　将预构建的 ResNet50 model.output 作为输入绑定到替换致密层。

(5) 构建模型。输入是 ResNet 模型的输入，即 model.input。

(6) 最后，编译模型进行训练，并且将损失函数设置为 categorical_crossentropy 和将优化器设置为 adam，作为图像分类模型的最佳实践。

```
from tensorflow.keras.applications import ResNet50
from tensorflow.keras.layers import Dense

model = ResNet50(include_top=False, input_shape=(100, 100, 3), pooling='avg')

outputs = Dense(20, activation='softmax')(model.output)
model = Model(model.input, outputs)

model.compile(loss='categorical_crossentropy', optimizer='adam',
              metrics=['accuracy'])
```

获取输入形状为(100,100,3)的预构建模型且不包含最终分类器

为 20 个类添加分类器

编译模型进行训练

对于大多数 TF.Keras 预构建模型来说，瓶颈层是一个全局平均池化层。该层既是特征图的最终池化层，也是将特征图转换为一维向量的展平操作。某些情况下，我们可能希望用自定义的最终池化/展平层替换此层。在本例中，要么指定参数 pooling=None，要么不指定参数(这是默认设置)。为什么要这样做呢？

为回答这个问题，回到面食示例。假设当你训练模型时，获得了92%的准确度，并且希望做得更好。首先，你决定添加图像增强。我们可能不会为水平翻转而烦恼，因为面食不存在倒置。同样，垂直翻转可能也没有帮助，因为盛面食的碗相当均匀(没有镜像)。我们可以跳过旋转，因为盛面食的碗是相当均匀的；也可以跳过缩放，因为镜头在面食上的位置是固定的。那么还剩下什么？

切换碗的位置会怎么样(因为碗在收银台和点餐台都会移动)？这样做可以获得 94%的准确度，但你想要更高准确度。我们凭直觉推测，当每个最终的特征图被减少到单个像素，以便通过默认的 GlobalAveragePooling2D 池化展平为一维向量时，特征图中可能没有足够的保留信息。如果查看模型摘要，可看到最终特征图的大小为 4×4。因此，你决定放弃默认池化并将其替换为步幅为 2 的 MaxPooling2D，这样每个特征图将减少到 2×2(即 4 个像素)，然后将其展平为一维向量。

在这个代码示例中，将瓶颈层替换为最大池化层(outputs=MaxPooling2D(model.outputs))和展平层(outputs=Flatten(outputs))，以用于 20 类面食的分类器。

```
from tensorflow.keras.applications import ResNet50
from tensorflow.keras.layers import Dense, Flatten
from tensorflow.keras import Model

model = ResNet50(include_top=False, input_shape=(100, 100, 3), pooling=None)

outputs = MaxPooling2D(model.output)
outputs = Flatten()(ouputs)

outputs = Dense(20, activation='softmax')(outputs)

model = Model(model.input, outputs)
model.compile(loss='categorical_crossentropy', optimizer='adam',
              metrics=['accuracy'])
```

获取输入形状为(100,100,3)的预构建模型且不包含分类器组

将特征图池化并展平为一维向量

为20个类添加分类器

本节介绍了 TF.Keras 中的预构建和预训练模型。总之，预构建模型是一种现有模型，通常基于 SOTA 架构，其输入形状和任务组是可重新配置的，权重没有训练过。预构建的模型通常用于从头开始训练模型，具有重用的优势，并且可以重新配置以适合其他数据集和任务。缺点是，该架构可能无法根据数据集/任务进行调优，因此最终得到的模型在大小上效率较低，并且准确度较低。

预训练的模型本质上是相同的，只是权重已经用另一个数据集(例如 ImageNet 数据集)进行了预训练。预训练模型可用于开箱即用的预测或迁移学习，并且具有表征学习重用的优势，以更快的速度和更少的数据训练新的数据集/任务。缺点是，预训练的表征学习可能不适合其他数据集/任务域。

下一节将使用 TensorFlow Hub 存储库中的预构建模型介绍相同的概念。

11.2 TF Hub 预构建模型

TensorFlow Hub(或 TF Hub)是一个预构建和预训练模型的开源公共存储库,其内容比 TF.Keras 要广泛得多。TF.Keras 预构建/预训练模型有助于学习和实践迁移学习,但在用于生产目的的产品中功能过于有限。TF Hub 由以下部分组成: 大量预构建的 SOTA 架构、广泛的任务类别、特定域的预训练权重以及 TensorFlow 组织直接提供的模型之外的大众上传的内容。

本节介绍用于图像分类的预构建模型。TF Hub 为每个模型提供两个版本,描述如下。

- 使用自己训练过的特定类进行图像分类的模块。此过程与预训练模型相同。
- 提取图像特征向量(瓶颈值)以用于自定义图像分类器的模块。这些分类器与我们为 TF.Keras 描述的新分类器相同。

我们将使用两个预构建的模型: 一个进行开箱即用的分类,另一个进行迁移学习。我们从 www.tensorflow.org/hub 处的 TensorFlow Hub 预构建模型开源存储库中下载这些模型。

要使用 TF Hub,首先需要安装 Python 模块 tensorflow_hub。

```
pip install tensorflow_hub
```

在 Python 脚本中,通过导入 tensorflow_hub 模块访问 TF Hub。

```
import tensorflow_hub as hub
```

现在可以下载那两个模型了。

11.2.1 使用 TF Hub 预训练模型

与 TF.Keras 相比,TF-Hub 提供的可加载的模型格式类型也是非常多样的。

- TF 2.x SavedModel——用作云、台式机/笔记本电脑或工作站上的本地、REST 或微服务。
- TF Lite——在移动或内存受限的物联网设备上用作应用程序服务。
- TF.js——在客户端浏览器应用程序中使用。
- Coral——经过优化可作为 Coral Edge/IoT 设备上的应用程序服务使用。

本节只介绍 TF 2.x SavedModel 模型。要加载模型,可执行以下操作。

- 获取 TF Hub 存储库中图像分类器模型的 URL。
- 使用 hub.KerasLayer() 从 URL 指定的存储库中检索模型数据。
- 使用 TF.Keras 序贯式 API 从模型数据构建 TF.Keras SavedModel。
- 将输入形状指定为(224, 224, 3),该形状与预训练模型为 ImageNet 数据库训练所依据的输入形状相匹配。

```
model_url = "https://tfhub.dev/google/imagenet/resnet_v2_50/classification/4"

model = tf.keras.Sequential([hub.KerasLayer(model_url,
```

ResNet50 v2 的模型数据在 TF Hub 存储库中的位置

```
                        input_shape=(224,224,3))])  ◄────  检索模型数据并构建
                                                           SavedModel 格式的模型
```

执行 model.summary()时，输出将如下所示。

```
Layer (type)                    Output Shape         Param #
=================================================================
keras_layer_7 (KerasLayer)      (None, 1001)         25615849
=================================================================
Total params: 25,615,849
Trainable params: 0
Non-trainable params: 25,615,849
```

现在使用该模型进行预测，这称为推断。图 11-4 描述了使用 TF Hub ImageNet 预训练模型进行预测的步骤。

(1) 获取 ImageNet 的标签(类名称)信息，以便将预测的标签(数值索引)转换为类名称。

(2) 预处理图像以预测以下内容。

♦ 调整图像输入的大小以匹配模型的输入：(224, 224, 3)。

♦ 标准化图像数据：除以 255。

(3) 为图像调用 predict()。

(4) 使用 np.argmax()返回概率最高的标签索引。

(5) 将预测的标签索引转换为相应的类名称。

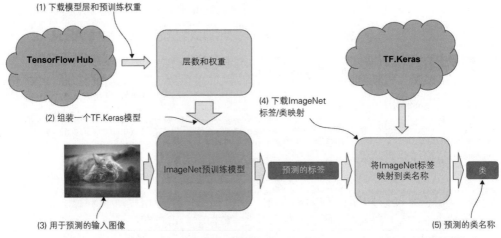

图 11-4　使用 TF Hub 的 ImageNet 预训练模型预测标签，然后使用 ImageNet 映射显示预测的类名称

下面是这 5 个步骤的示例实现。

```
path = tf.keras.utils.get_file('ImageNetLabels.txt',      获取从 ImageNet 标签
'https://storage.googleapis.com/download.tensorflow.org/data/   索引到类名称的转换
ImageNetLabels.txt')
imagenet_labels = np.array(open(path).read().splitlines()) ◄─

import cv2
import numpy as np
```

```
data = cv2.imread('apple.png')
data = cv2.resize(data, (224, 224))          预处理用于预测的图像
data = (data / 255.0).astype(np.float32)

p = model.predict(np.asarray([data]))
y = np.argmax(p)                              利用模型进行预测

print(imagenet_labels[y])    ◄──────── 将预测的标签索引转换为类名称
```

11.2.2 新分类器

为预训练模型构建新分类器时，可加载相应的模型 URL，其表示为模型的特征向量版本。此版本加载没有模型顶部(或称为分类器)的预训练模型。这允许我们添加自己的模型顶部或任务组。模型的输出是输出层。我们还可以指定不同于 TF Hub 模型的默认输入形状的新输入形状。

下面是加载预训练的 ResNet50 v2 模型的特征向量版本的示例实现，我们将添加自己的任务组件以用于训练 CIFAR-10 模型。由于 CIFAR-10 的输入大小不同于 TF Hub 的 ResNet50 v2 版本，因此还可以选择指定输入形状。

(1) 获取 TF Hub 存储库中图像分类器模型的 URL。

(2) 使用 hub.KerasLayer()从 URL 指定的存储库中检索模型数据。

(3) 为 CIFAR-10 数据集指定新的输入形状(32,32,3)。

ResNet50 v2 的特征向量版本模型数据
在 TF Hub 存储库中的位置

将模型数据作为 TF.Keras 层进
行检索并设置输入形状

```
    f_url = "https://tfhub.dev/google/imagenet/resnet_v2_50/feature_vector/4"

    f_layer = hub.KerasLayer(f_url, input_shape=(32,32,3))    ◄───────
```

以下是以 SavedModel 格式为 CIFAR-10 构建新分类器的示例实现。

(1) 使用序贯式 API 创建 SavedModel。

♦ 指定预训练的 ResNet v2 的特征向量版本作为模型底部。

♦ 指定一个由 10 个节点(每个 CIFAR-10 类一个节点)组成的致密层作为模型顶部。

(2) 编译模型。

```
model = tf.keras.Sequential([
                            f_layer,
                            Dense(10, activation='softmax')
                            ])
model.compile(loss='sparse_categorical_crossentropy', optimizer='adam',
                metrics=['acc'])
```

执行 model.summary()时，输出如下所示。

```
Layer (type)                Output Shape        Param #
=================================================================
keras_layer_4 (KerasLayer)  (None, 2048)        23561152

dense_2 (Dense)             (None, 10)          20490
```

```
===========================================================
Total params: 23,581,642
Trainable params: 20,490
Non-trainable params: 23,561,152
```

到目前为止，我们已经介绍了如何使用预训练模型进行开箱即用的预测，以及如何使用可重配置的预构建模型来更方便地训练新模型。下面将介绍如何使用和重新配置预训练模型，以实现更有效的训练并为新任务使用更少的数据。

11.3 域间的迁移学习

在迁移学习中，我们对一个任务使用预训练模型，然后对一个新任务重训练分类器和/或微调层。这类似于之前在一个预构建的模型上构建新分类器的过程，但它是完全从零开始训练模型。

迁移学习一般有两种方法。

- 类似的任务——预训练数据集和新数据集来自类似的域(例如从水果到蔬菜)。
- 不同的任务——预训练数据集和新数据集来自不同的域(例如水果和卡车/货车)。

11.3.1 类似的任务

正如本章前面所讨论的，在确定方法时，我们会查看图像的源(预训练)域和目标(新)域的相似性。越相似，在不进行重训练的情况下重用的现有底层就越多。例如，如果有一个关于水果的模型，那么很可能预训练模型的所有底层都可以重用，无须重训练来构建一个新的模型来识别蔬菜。

假设在底层学习到的粗糙和详细特征对于新分类器是相同的，并且在进入最顶层进行分类之前可以按原样重用。为什么我们可以推测水果和蔬菜来自非常相似的域？因为两者都是天然食物。水果一般生长在地上，蔬菜一般生长在地下，但它们在形状和质地以及茎叶等方面具有相似的物理特征。

当源域和目标域具有如此高的相似性时，通常可以用新的分类器层替换现有的最顶层分类器层，冻结较低的层，并且仅训练分类器层。由于我们不需要了解其他层的权重/偏差，因此通常可以使用更少的数据和训练时期来训练新域的模型。

虽然拥有更多数据总是更好，但类似源域和目标域之间的迁移学习提供了使用更小数据集进行训练的能力。将数据集尺寸最小化的两种最佳做法如下所示。

- 每个类(标签)都是源数据集中的10%。
- 每个类(标签)至少有100个图像。

与新分类器的方法不同，我们修改代码，在训练之前冻结最顶层分类器层前面的所有层。冻结可以防止在分类器层(最顶层)的训练期间更新(重训练)这些层的权重/偏差。在TF.Keras中，每个层都有属性trainable，默认为True。

图11-5描述了预训练模型分类器层上的重训练，以下是步骤。

(1) 使用带有预训练权重/偏差的预构建模型(ImageNet 2012)。

(2) 从预构建模型(最顶层)中删除现有分类器。

(3) 冻结其余层。

(4) 添加一个新的分类器层。

(5) 通过迁移学习训练模型。

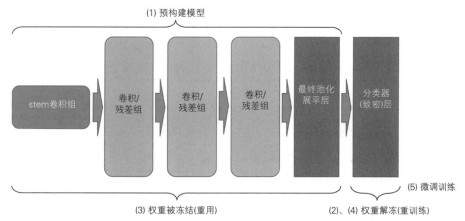

图 11-5 当源域和目标域相似时，仅重训练分类器权重，冻结剩余的模型底部权重

下面是一个示例实现。

```
from tensorflow.keras.applications import ResNet50
from tensorflow.keras.layers import Dense
from tensorflow.keras import Model
```
获得一个没有分类器
的预训练模型，并且
保留全局平均池化层

```
model = ResNet50(include_top=False, pooling='avg', weights='imagenet')
```

```
for layer in model.layers:
    layer.trainable = False
```
冻结剩余层的权重

为 20 个类添加
分类器

```
output = Dense(20, activation='softmax')(model.output)
```

```
model = Model(model.input, output)
model.compile(loss='categorical_crossentropy', optimizer='adam',
              metrics=['accuracy'])
```
编译模型以进行
训练

注意，在这个代码示例中，保留了原始的输入形状(224, 224, 3)。实际上，如果改变输入形状，先前存在的训练权重/偏差将与训练它们的特征提取的分辨率不匹配。这种情况下，最好将其作为不同的任务案例处理。

11.3.2 不同的任务

当图像数据集的源域和目标域不同时(例如水果和卡车/货车示例)，从与前面类似的任务方法中的相同步骤开始，但随后微调底层。图 11-6 所示的步骤一般如下。

(1) 添加一个新的分类器层并冻结其余的底层。

(2) 训练新的分类器层以获得训练时期的目标数。

(3) 重复以下步骤进行微调。
- ♦ 解冻下一个最底部的卷积组(沿从上到下的方向移动)。
- ♦ 训练几个时期来进行微调。

(4) 微调卷积组后进行以下操作。
- ♦ 解冻 stem 卷积组。
- ♦ 训练几个时期来进行微调。

在图11-6中，可以看到步骤(2)到(4)的训练周期：分类器在周期1中重训练，卷积组在周期2~4中按顺序微调，stem 在周期5中微调。注意，这与源域和目标域相似时不同，我们只微调分类器。

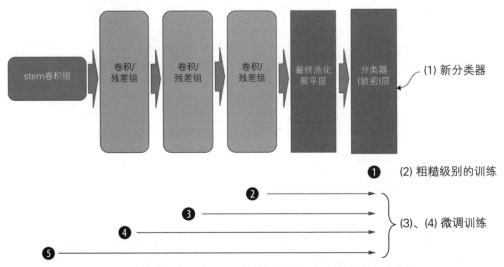

图 11-6　在这种不同的源域到目的域的迁移学习中，卷积组被逐步微调

下面是一个示例实现，演示了新分类器级别的粗糙训练(周期1)，然后是每个卷积组的微调(周期2~4)，最后是 stem 卷积组的微调(周期5)。具体步骤如下。

(1) 模型底部的层被冻结(layer.trainable=False)。
(2) 添加一个针对20个类的分类器层作为模型顶部。
(3) 分类器层使用50个时期进行训练。

```
from tensorflow.keras.applications import ResNet50
from tensorflow.keras.layers import Dense
from tensorflow.keras import Model

model = ResNet50(include_top=False, pooling='avg', weights='imagenet')

for layer in model.layers:          冻结所有预训练层的权重
    layer.trainable = False
                                                              添加新的未经训练的分类器
output = Dense(20, activation='softmax')(model.output)  ◄

model = Model(model.input, output)
model.compile(loss='categorical_crossentropy', optimizer='adam',
```

```
                    metrics=['accuracy'])
```
← 编译模型以进行训练

```
model.fit(x_data, y_data, batch_size=32, epochs=50, validation_split=0.2)
```
← 粗糙训练新的分类器

训练完分类器后，对模型进行微调(周期 2~4)。

(1) 从下到上遍历各层，识别 stem 卷积和每个 ResNet 组的末端，由 Add()层检测。

(2) 对于每个卷积组，构建组中每个卷积层的列表。

(3) 按相反顺序(groups.insert(0, conv2d))从上到下构建组列表。

(4) 从上到下遍历卷积组并逐步训练组，共训练 5 个时期。

下面是这 4 个步骤的示例实现。

```
stem = None
groups = []
conv2d = []

first_conv2d = True
for layer in model.layers:
```
在 ResNet50 中，第一个 Conv2D 是 stem 卷积层

```
    if type(layer) == layers.convolutional.Conv2D:
        if first_conv2d == True:
            stem = layer
            first_conv2d = False
```
保留每个卷积组的卷积层列表
```
        else:
            conv2d.append(layer)
    elif type(layer) == layers.merge.Add:
        groups.insert(0, conv2d)
        conv2d = []
```
残差网络中的每个卷积组以 Add()层结束

```
for i in range(1, len(groups)):
    for layer in groups[i]:
        layer.trainable = True
```
一次解冻一个卷积组(从上到下)

```
    model.compile(loss='categorical_crossentropy', optimizer='adam',
                  metrics=['accuracy'])
```
对该层进行微调(训练)
```
    model.fit(x_data, y_data, batch_size=32, epochs=5)
```
以相反的顺序维护列表(最顶端的卷积组位于列表顶部)

最后，对 stem 卷积以及整个模型进行额外 5 个时期的训练(周期 5)。下面是最后一步的示例实现。

解冻 stem 卷积
```
stem.trainable = True
model.compile(loss='categorical_crossentropy', optimizer='adam',
              metrics=['accuracy'])
```
进行最终微调
```
model.fit(x_data, y_data, batch_size=32, epochs=5, validation_split=0.2)
```

在本例中，当解冻层以进行微调时，必须在发出下一个训练会话之前重新编译模型。

11.3.3 特定域权重

在前面的迁移学习示例中，使用从 ImageNet 2012 数据集学习的权重来初始化模型的冻结层。但现在假设你希望使用来自特定域(而非 ImageNet 2012)的预训练权重，如水果示例中所示。

例如，如果要为植物构建域迁移模型，可能需要树木、灌木、花朵、杂草、树叶、树枝、水果、蔬菜和种子的图像。但我们并不需要每一种可能的植物类型，学习基本特征和特征提取就足够了，只要这些特征可以泛化到更具体、更全面的植物域。你还可以考虑要泛化到的背景。例如，目标域可能是室内植物，因此你有室内背景；也可能是农产品，因此需要一个货架背景。在源域中应该有一定数量的背景，因此源模型已经学会从潜在空间中过滤它们。

在下一个代码示例中，首先为特定域训练 ResNet50 预构建架构；本例中是水果产品。然后，使用预训练的、特定域的权重和初始化在类似域(如蔬菜)中训练另一个 ResNet50 模型。

图 11-7 描述了从水果到类似域(蔬菜)迁移特定域权重并微调进行重训练的过程，如下所示。

(1) 实例化一个没有分类器和池化层的未初始化 ResNet50 模型，将其指定为基础模型。

(2) 保存基础模型架构(produce-model)以便在迁移学习中重用。

(3) 添加一个分类器(Flatten 层和 Dense 层)并针对特定(源)域进行训练。

(4) 保存已训练模型的权重(produce-weights)。

(5) 加载基础模型架构，它不包含分类器层。

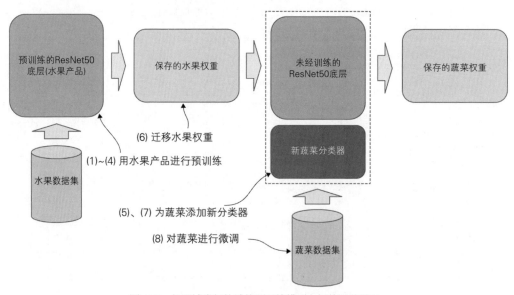

图 11-7 与源域类似的域的预训练模型之间的迁移学习

(6) 使用源域的预训练权重对基础模型架构进行初始化。

(7) 为新的类似域添加分类器。

(8) 为新的类似域训练模型/分类器。

下面是一个将用于迁移学习的水果域特定权重迁移到类似的蔬菜域的示例实现。

```
from tensorflow.keras.applications import ResNet50
from tensorflow.keras import Model
from tensorflow.keras.layers import Dense, Flatten
from tensorflow.keras.models import load_model

model = ResNet50(include_top=False, pooling=None, input_shape=(100, 100, 3))

model.save('produce-model')          ◄──┤ 保存基础模型

output = Flatten(name='bottleneck')(model.output)
output = Dense(20, activation='softmax')(output)    │ 添加分类器

model.save_weights('produce-weights')  ◄───── 保存经过训练的模型权重

model = load_model('produce-model')
model.load_weights('produce-weights')  │ 训练模型

output = Flatten(name='bottleneck')(model.output)   │ 重用基础模型和经过
output = Dense(20, activation='softmax')(output)    │ 训练的权重

model = Model(model.input, output)
model.compile(loss='categorical_crossentropy', optimizer='adam',
              metrics=['accuracy'])  ◄──┐
                                        │ 添加一个分类器
            为新数据集编译和训
            练新模型
```

11.3.4 域迁移权重初始化

迁移学习的另一种形式是迁移特定域的权重作为我们将完全重新训练的模型中的权重初始化。这种情况下,我们试图改进使用基于随机权重分布算法(例如 ReLU 激活函数的 He-normal)的初始化器,而不是使用彩票假设或数值稳定。再次查看农产品示例,假设我们已经为一个数据集实例(如水果)完全训练了一个模型。我们没有从一个经过完全训练的模型实例中迁移权重,而是使用一个早期的检查点,在那里已建立了数值稳定性。我们将重用这个早期的检查点,作为用来完全重训练类似域数据集(如蔬菜)的初始化器。

迁移特定域的权重是一种一次性权重初始化方法。假设生成一组足够泛化的权重初始化,可使模型训练达到局部(或全局)最优。理想情况下,在初始训练期间,模型的权重将执行以下操作。

● 一般在正确方向上设置点用于收敛。

● 为防止陷入任意的局部最优而过度泛化。

● 用作单个(一次性初始化)训练会话的初始化权重,该训练会话将收敛到局部最优。图 11-8 展示了权重初始化的域迁移。

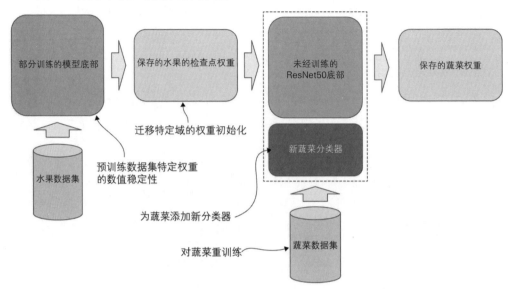

图 11-8 将类似域中的早期检查点作为用于完全重训练新模型的权重初始化

这种形式的权重初始化的预训练步骤如下所示。

(1) 实例化具有随机权重分布(例如 Xavier 或 He-normal)的 ResNet50 模型。

(2) 使用高级别的正则化(l2(0.001))来防止数据拟合和小的学习率。

(3) 运行几个时期(未显示)。

(4) 使用模型方法 save_weights()保存权重。

```
from tensorflow.keras.regularizers import l2                           使用默认权重初始化(He-normal)
                                                                       实例化基础模型
model = ResNet50(include_top=False, pooling='avg', input_shape=(100, 100, 3))

model.save('base_model')            保存模型

output = layers.Dropout(0.75)(model.output)
output = layers.Dense(20, activation='softmax',
                      kernel_regularizer=l2(0.001))(output)            向基础 ResNet 模型添加
model = Model(model.input, output)                                     一个丢弃层和分类器,并
                                                                       且使用高级别的正则化
                                    预训练后保存
                                    模型和权重
model.save_weights('weights-init')
```

在下一个代码示例中,使用保存的预训练权重开始一个完全训练会话。首先,加载未初始化的基础模型(base_model),它不包括最顶层。然后,将保存的预训练权重(weights-init)加载到模型中。接下来,添加一个新的最顶层,它是一个致密层,20 个类有 20 个节点。构建新模型并进行编译,然后开始完全训练。

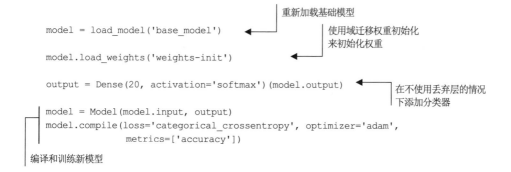

```
model = load_model('base_model')                    ← 重新加载基础模型

                                                    使用域迁移权重初始化
                                                    来初始化权重
model.load_weights('weights-init')            ←

output = Dense(20, activation='softmax')(model.output)    ←
                                                    在不使用丢弃层的情况
                                                    下添加分类器
model = Model(model.input, output)
model.compile(loss='categorical_crossentropy', optimizer='adam',
              metrics=['accuracy'])

编译和训练新模型
```

11.3.5 负迁移

某些情况下，我们会发现迁移学习的准确率低于从头开始的训练：当使用预训练模型训练新模型时，训练期间的总体准确度低于未预训练模型的准确度(这被称为负迁移)。

这种情况下，源域和目标域非常不同，以至于源域的学习权重不能在目标域上重用。此外，当权重被重用时，模型将不会收敛，并且很可能会离散。一般来说，通常会在 5~10 个训练时期内发现负迁移。

11.4 超越计算机视觉

本章讨论的计算机视觉的迁移学习方法适用于 NLU 模型。除一些术语外，其过程是相同的。在 NLU 模型中，移除顶部有时称为移除头部。

这两种情况下，你都将删除全部或部分任务组件并将其替换为新任务。你所依赖的就像是计算机视觉中的潜在空间；中间表征具有学习新任务的基本上下文(特征)。类似任务和不同任务的方法对于计算机视觉和 NLU 来说是相同的。

然而，结构化数据的情况并非如此。事实上，跨域(数据集)的预训练模型不可能实现迁移学习。你可以在同一数据集上学习不同类型的任务(例如回归与分类)，但不能在具有不同特征的不同数据集上重用学习的权重。目前还没有一个潜在空间的概念。

11.5 本章小结

- 来自 TF.Keras 和 TF Hub 模型存储库的预构建和预训练模型既可原样重用，也可用于新分类器的迁移学习。
- 预训练模型的分类器组可以被替换(被泛化或使用类似的域)，并且可以用更少的训练时间和更小的数据集对新域进行重训练。

- 在迁移学习中，如果新域与先前训练的域相似，则冻结除新任务层外的所有层并进行微调训练。
- 在迁移学习中，如果新域与先前训练的域不同，则在重新训练时从模型底部开始向顶部移动，依次冻结和解冻层。
- 在域迁移权重中，使用已训练模型的权重作为初始权重并完全训练新模型。

第*12*章

数 据 分 布

本章主要内容
- 统计分布原理在机器学习中的应用
- 了解精选数据集和非精选数据集之间的差异
- 使用总体、抽样和子总体分布
- 在训练模型时应用分布概念

作为一名数据科学家和教育家，我从软件工程师那里听到了很多关于如何提高模型准确度的问题。为提高模型的准确度，我可以给出以下 5 个基本答案。

- 增加训练时间；
- 增加模型的深度(或宽度)；
- 添加正则化；
- 使用数据增强扩展数据集；
- 增加超参数调优。

这些是最有可能解决的 5 个方面，通常处理其中之一就可提高模型的准确度。但重要的是要理解，准确度的限制最终在于用于训练模型的数据集。这就是我们将讨论的内容，即数据集的细微差别以及它们如何和为什么影响准确度。这里所说的细微差别是指数据的分布模式。

本章将深入研究 3 种类型的数据分布：总体、抽样和子总体。特别是，我们将研究这些分布如何影响模型准确地泛化到现实世界中数据的能力。你将看到，模型的准确度通常与训练或评估数据集生成的预测不同，这种差异称为服务偏差和数据漂移。

在本章的后半部分，我们将通过一个在训练期间将不同的数据分布应用于同一模型的实际示例，在推断过程中看到在实际服务偏差和数据漂移方面的不同结果。

为理解分布以及它们如何影响结果和准确度，我们需要回到基础统计学(你可能在高中或大学学习过此内容)。模型这个术语并不是源于人工智能、机器学习或任何其他计算机技术的新发展，而是源于统计学。作为一名软件工程师，你习惯于编写一种算法，该算法通常在输入和输出之间具有多对一的关系。我们将其称为与输出具有线性关系的输入，或者换句话说，输出是确定的。

在统计学中，输出不是确定的，而是概率分布的。思考掷硬币的示例，你无法编写一个算法来输出任何一次抛硬币正面或反面的正确结果，因为它不是确定的。但是你可以对一次、十次或数千次抛硬币的概率分布进行建模。

12.1　分布类型

统计学领域处理的算法不是确定的，但其结果是概率分布的。就像掷硬币，如果掷两次，结果是不确定的。相反，有 50%的概率一次正面，一次反面；两次正面和两次反面的概率分别为 25%。这些算法称为模型，它们对一种行为进行建模，这种行为根据概率分布给出预测的输出(或结果)。这听起来像是统计学，对吗？

本节将研究在机器学习建模中最常用的 3 种分布：总体分布、抽样分布和子总体分布。目标是了解每个分布如何影响深度学习模型的训练，尤其是其准确度。

利用神经网络开发模型的深度学习是人工智能领域的一种发展。近年来，统计建模和深度学习这两个独立的领域已经融合在一起，现在将这两个领域归为机器学习。无论你是在做我所说的经典机器学习(统计学)还是神经网络深度学习，你可以建模或学习的内容的局限性都归结于数据集。

为查看这 3 种分布，我们将使用 MNIST 数据集(https://keras.io/datasets/)。这个数据集足够小，因此我们用它来演示这些概念，同时会有一些代码示例。你可以复制和使用这些示例，了解为什么数据是限制所在。

12.1.1　总体分布

若你建立了一个模型，但结果并没有像预期的那样在生产中泛化，原因之一通常是你没有理解正在建模的对象的总体分布。

假设你在构建一个模型，根据身体特征(身高、头发颜色等)预测美国成年男性的鞋子尺寸。该模型的总体分布将是美国所有成年男性。需要强调的是，当我们提到总体分布时，它包含总体中的每一个样例，也就是整体。通过总体分布，我们可以知道鞋子尺寸以及相应特征(身高、头发颜色等)的完整分布。

当然，问题是你没有美国所有成年男性的数据。你拥有的是一个子集数据：通过随机抽取数据批次(即随机样本)，以确定批次内的分布(你希望该分布与总体分布接近)。

图 12-1 描述了总体分布中的随机抽样。外圆标记为"总体"，代表总体中的所有样例，例如在本例中代表美国所有成年男性的鞋码。内圈标记为 "随机样本"，表示随机选择的样例子集，例如随机选择的美国成年男性数量。对于总体分布，我们知道确切的大小(成年男性数量)、均值(平均鞋码)和标准差(不同鞋码尺寸的百分比)。在统计学中，这些参数被称为总体的参数，是一种确定性分布。假设没有总体分布，我们希望使用随机样本来估计参数(这被称为统计)。样本越大、越随机，估计就越接近参数。

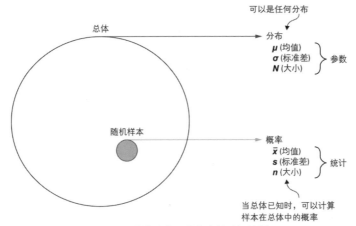

图 12-1 总体分布和总体内的随机抽样

12.1.2 抽样分布

抽样分布的目标是拥有足够多的总体随机样本，这样样本中的分布可用于预测总体中的分布，从而将模型泛化到总体中。这里的关键词是预测，意味着从样本中确定概率分布，而不是获得总体中的确定性分布。

以鞋码为例。如果只有一个样例，可能无法充分模拟分布的参数。但是如果有一千个样例，也许可以大大提高建模参数的能力。如果这一千人不是真正随机的，例如他们来自专业运动鞋店的购买数据，那么这些样例可能会偏向于非随机样例的某些特征。因此，抽样分布中的样例需要随机选择。

图 12-2 描述了总体的抽样分布。抽样分布包括随机选择的样本集合，样本大小通常相同。例如，我们可能雇用了不同的调查公司来收集鞋码数据，它们都使用自己的选择标准。每个公司根据其选择标准收集 100 个随机样本的数据。

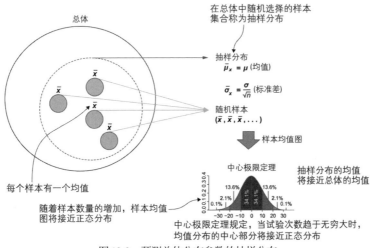

图 12-2 预测总体分布参数的抽样分布

假设这些独立的随机样本都是总体参数的弱预测器。我们将它们视为一个整体。例如，如果取每个随机样本的均值，给定足够大的随机样本，则可以更有力地预测总体均值。

通常情况下，用于训练模型的数据集是抽样分布。样本量越大，样例越随机，模型就越有可能泛化到总体参数。

12.1.3 子总体分布

你需要知道，无论数据集有多大、多全面，它都可能是一个子总体的抽样分布，而不是总体。子总体是由一组特征定义的总体的子集，其概率分布与总体不同。在前面的成人男鞋示例中，假设样本都来自专门向专业运动员销售运动鞋的连锁店。有了足够的样本，我们可以建立一个具有代表性的样本分布，从而预测职业运动员的子总体，但它不太可能代表整个群体。

这与偏差不同，因为我们的目的是对该子总体而不是总体进行建模。当我们从一批批随机样本中抽样时会出现偏差，但无论抽取多少样本，相应的样本分布都不会代表正在建模的总体，因为我们从一个子总体中抽取了随机样本。图 12-3 显示了子总体分布。

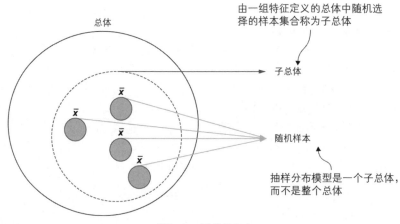

图 12-3　子总体分布

12.2　分布外样本

假设你已经训练了一个模型并将其部署到数据集上，但它并不能泛化到它在生产中所看到的内容以及评估数据。该模型看到的样例分布可能与该模型训练的样例分布不同。这被称为分布外样本，也称为服务偏差。换句话说，模型是在子总体分布中进行训练的，该分布与部署的模型所看到的分布不同。

本节将使用 MNIST 数据集演示如何在部署模型时检测分布外总体。然后探索改进模型的方法，以泛化到分布外总体。第 2 章中已讨论过 MNIST 数据集，下面简要介绍这个数据集。

12.2.1　MNIST 精选数据集

MNIST 是一个包含 70 000 张手写数字图像的数据集。训练模型在数据集上获得接近 100%的准确度非常容易。但几乎所有训练模型的"广泛"应用都将失败,因为 MNIST 中的图像分布是一个子总体。

MNIST 是一个精选数据集。数据精选器选择了特征符合特定定义的样本。换句话说,精选数据集足以代表一个子总体,它可以对该子总体的参数进行建模,但在其他方面可能无法代表整个总体(例如所有数字)。

在 MNIST 示例中,每个样本是一个 28×28 像素的图像,数字绘制在中间。数字为白色,背景为灰色,数字周围至少有 4 个像素的填充。图 12-4 显示了 MNIST 图像的布局。数字 7 这个实例只是数据集中的任意随机选择,仅用于演示目的。

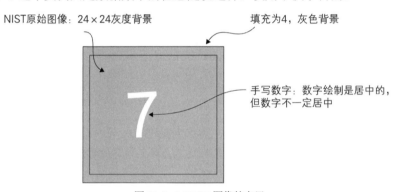

图 12-4　MNIST 图像的布局

12.2.2　建立环境

首先进行"内务处理"。下面是将在整个示例中使用的代码片段。它包括导入用于设计和训练模型的 TF.Keras API 以及将使用的各种 Python 库,并且最后加载预构建到 TF.Keras API 中的 MNIST 数据集。

```
from tensorflow.keras import Sequential
from tensorflow.keras.layers import Flatten, Dense, Activation, ReLU,
from tensorflow.keras.layers import MaxPooling2D, Conv2D, Dropout

import numpy as np
import random
import cv2

from tensorflow.keras.datasets import mnist

(x_train, y_train), (x_test, y_test) = mnist.load_data()
```
获取 MNIST 的
内置数据集

来自 Keras 的数据集是通用格式的,因此需要做一些初始数据准备,以便使用它来训练 DNN 或 CNN。该准备工作包括以下内容。

- 像素数据(x_train 和 x_test)包含原始 INT8 值(0~255)。将像素数据归一化为从 0 到 1 的 32 位浮点数。
- 图像数据矩阵的形状为高度×宽度(H×W)。Keras 期望张量的形状为高度×宽度×通道。这些是灰度图像,因此我们将对训练和测试数据进行重塑,使其为(H×W×1)。

在准备测试和训练数据(12.2.3 节中讨论)之前留出一份副本。

```
x_test_copy = x_test        保留一份原始训练和测试数据
x_train_copy = x_train      的副本

x_train = (x_train / 255.0).astype(np.float32)
x_test = (x_test / 255.0).astype(np.float32)    将像素数据归一化并强制转换
                                                为 32 位浮点数

x_train = x_train.reshape(-1, 28, 28, 1)     将 TF.Keras 模型 API 重塑为
x_test = x_test.reshape(-1, 28, 28, 1)       H×W×1

print("x_train", x_train.shape, "x_test", x_test.shape)

print("y_train", y_train.shape, "y_test", y_test.shape)
```

12.2.3 挑战分布外数据

除了从精选数据集中随机选择测试数据(称为保留集),我们还将创建另外两个测试数据集,作为训练模型在分布外可能看到的样例。这两个额外的数据集(称为反转集和移位集)将包含训练数据未能表示的样例。换句话说,原始 MNIST 数据集是数字总体的一个子总体,而两个新数据集是不同的数字子总体。反转集和移位集的分布与 MNIST 数据集的分布不同,因此将它们归为相对于 MNIST 数据集的分布外样本。

我们使用这两个附加测试数据集来演示模型将如何失败并找到可能修改训练和数据集以克服此问题及限制的方法。这两个数据集是由什么组成的?

- 反转集——反转像素数据,使图像变成白色背景上的灰色数字。
- 移位集——图像向右移位 4 个像素,因此不再居中。因为至少有 4 个像素的填充,所以不会剪裁任何数字。

图 12-5 是来自原始测试数据、反转测试数据和移位测试数据的单个测试图像的示例。

图 12-5　原始样例和分布外样例

在下列这段代码中，从原始测试数据集的副本创建另外两个测试数据集。

```
x_test_invert = np.invert(x_test_copy)                          分布外的反转数据
x_test_invert = (x_test_invert / 255.0).astype(np.float32)

x_test_shift = np.roll(x_test_copy, 4)
x_test_shift = (x_test_shift / 255.0).astype(np.float32)        分布外的移位数据

x_test_invert = x_test_invert.reshape(-1, 28, 28, 1)
x_test_shift = x_test_shift.reshape(-1, 28, 28, 1)
```

12.2.4 作为 DNN 进行训练

我们从训练一个基于原样 MNIST 子总体的模型开始，将准确度与来自同一子总体的保留集进行比较，最后将其与分布外的数据进行测试和比较。

MNIST 非常简单，我们可以用 DNN 构建一个准确度达到 97% 以上的分类器。下一个代码示例是用于构建简单 DNN 的函数，包括以下内容。

- 参数 nodes 是一个列表，指定每层的节点数。
- DNN 的输入是形状为 28×28×1 的图像。
- 输入被展平为长度为 784 的一维向量。
- 每个层后都有一个可选的丢弃层(用于正则化)。
- 最后一个由 10 个节点组成的致密层(具有 softmax 激活函数)是分类器。

图 12-6 说明了该示例的可配置 DNN 架构。

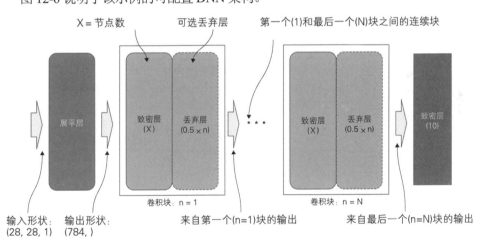

图 12-6 MNIST 模型的可配置 DNN 架构

```
def DNN(nodes, dropout=False):                        构建简单 DNN 的函数
    model = Sequential()
    model.add(Flatten(input_shape=(28, 28, 1)))
    for n_nodes in nodes:
        model.add(Dense(n_nodes))
        model.add(ReLU())
```

```
      if dropout:
        model.add(Dropout(0.5))
        dropout /= 2.0
    model.add(Dense(10))
    model.add(Activation('softmax'))

    model.compile(optimizer='adam', loss='sparse_categorical_crossentropy',
                  metrics=['accuracy'])
    model.summary()                               ←── 为多类分类器编译 DNN
    return model
```

对于第一个测试，在 512 个节点的单层(不包括输出层)上训练数据集。图 12-7 描述了相应的架构。

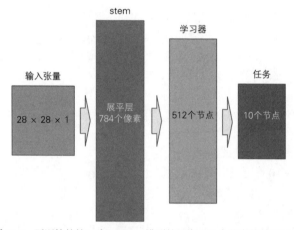

图 12-7　要训练的第一个 MNIST 模型的具有 512 个节点的单层 DNN

为第一次测试构建、训练和评估模型的代码如下所示。

```
model = DNN([512])
model.fit(x_train, y_train, epochs=10, batch_size=32, shuffle=True,
          verbose=2)                              ←── 在 MNIST 上训练模型
score = model.evaluate(x_test, y_test, verbose=1)
print("test", score)
```

评估训练后的模型

summary()方法的输出如下所示。

Layer (type)	Output Shape	Param #
flatten_1 (Flatten)	(None, 784)	0
dense_1 (Dense)	(None, 512)	401920
re_lu_1 (ReLU)	(None, 512)	0
dense_2 (Dense)	(None, 10)	5130

```
activation_1 (Activation)   (None, 10)            0
=====================================================================
Total params: 407,050
```

可训练参数的数量是模型复杂性的度量，即 408 000 个参数。我们总共对它训练了 10 个时期(将整个训练数据输入模型 10 次)。以下是训练的输出结果。训练准确度迅速达到 99%+，测试(保留)数据上的准确度接近 98%。

```
Epoch 1/10
2019-02-08 12:14:59.065963: I
    tensorflow/core/platform/cpu_feature_guard.cc:141] Your CPU supports
    instructions that this TensorFlow binary was not compiled to use: AVX2
    AVX512F FMA
 - 5s - loss: 0.2007 - acc: 0.9409
Epoch 2/10
 - 5s - loss: 0.0897 - acc: 0.9743
Epoch 3/10
 - 5s - loss: 0.0651 - acc: 0.9817
Epoch 4/10
 - 5s - loss: 0.0517 - acc: 0.9853
Epoch 5/10
 - 5s - loss: 0.0419 - acc: 0.9887
Epoch 6/10
 - 5s - loss: 0.0341 - acc: 0.9913
Epoch 7/10
 - 5s - loss: 0.0273 - acc: 0.9928
Epoch 8/10
 - 5s - loss: 0.0236 - acc: 0.9939
Epoch 9/10
 - 5s - loss: 0.0188 - acc: 0.9953
Epoch 10/10
 - 5s - loss: 0.0163 - acc: 0.9961
10000/10000 [==============================] - 0s 21us/step

test [0.11250439590732676, 0.9791]
```

到目前为止，看起来不错。现在，在反转和移位的测试数据集上尝试该模型。

```
score = model.evaluate(x_test_invert, y_test, verbose=1)     ◄─── 在分布外的反转数据
print("inverted", score)                                          集上评估模型
score = model.evaluate(x_test_shift, y_test, verbose=1)      ◄─── 在分布外的移位数据
print("shifted", score)                                           集上评估模型
```

以下是输出。在反转数据集上的准确度仅为 2%，在移位数据集上的准确度更好，但也仅为 41%。

```
inverted [15.660332287597656, 0.0206]
shifted [7.46930496673584, 0.4107]
```

怎么回事？对于反转数据集，模型似乎学习了灰色背景和数字的白度作为数字识别的一部分。因此，当我们反转数据时，模型完全无法对其进行分类。

对于移位数据集，致密层不会保留像素之间的空间关系。每个像素都是一个独特的特征。因此，即使是几个像素的移动也足以显著降低准确度。

因此，为提高准确度，可尝试增加输入层中的节点数(节点越多，学习效果越好)。对 1024 个节点重复相同的测试，图 12-8 描述了相应的架构。

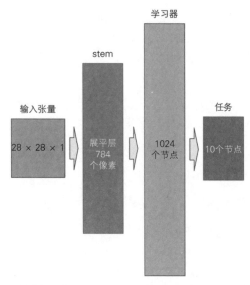

图 12-8　要训练的第二个 MNIST 模型的具有 1024 个节点的更宽单层 DNN

为第二次测试构建、训练和评估模型的代码如下所示。

```
model = DNN([1024])
model.fit(x_train, y_train, epochs=10, batch_size=32, shuffle=True,
verbose=2)
score = model.evaluate(x_test, y_test, verbose=1)
print("test", score)
```

节点数量加倍(加宽)

model.summary()的输出如下所示。

```
Layer (type)                Output Shape          Param #
=================================================================
flatten_2 (Flatten)         (None, 784)           0
_____
dense_3 (Dense)             (None, 1024)          803840
_____
re_lu_2 (ReLU)              (None, 1024)          0
_____
dense_4 (Dense)             (None, 10)            10250
_____
activation_2 (Activation)   (None, 10)            0
=================================================================
Total params: 814,090
Trainable params: 814,090
```

可以看到，通过将输入层上的节点数量增加一倍，计算复杂度(可训练参数的数量)也增加了一倍。这是否提高了备用测试数据的准确度？

我们看到反转数据集上的准确度略微增加到 5%左右，但它太低了，可能只是噪声，而移位数据集上的准确度为相同的40%。因此，增加输入层中的节点数(加宽)无助于过滤数字的背景和白度，也无助于学习空间关系。

```
inverted [15.157325344848633, 0.0489]
shifted [7.736222146606445, 0.4038]
```

可以尝试的另一种方法是增加层数(加深)。这次使用两个具有512个节点的层来创建DNN。图12-9描述了模型架构。

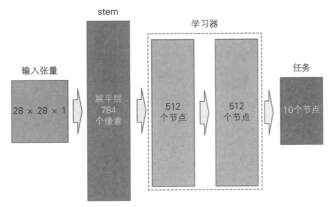

图 12-9　要训练的第三个 MNIST 模型的更深的两层 DNN(512+512 个节点)

为第三次测试构建、训练和评估模型的代码如下所示。

```
model = DNN([512, 512])
model.fit(x_train, y_train, epochs=10, batch_size=32, shuffle=True,
verbose=2)
score = model.evaluate(x_test, y_test, verbose=1)
print("test", score)
```

增加层数(加深)

model.summary()的最终输出如下。

```
Total params: 669,706
Trainable params: 669,706
```

同样查看这是否提高了备用测试数据的准确度。

```
inverted [14.464950880432129, 0.1025]
shifted [8.786513813018798, 0.3887]
```

我们看到移位数据集的准确度再次略微增加到10%。但它真的改善了吗？我们有10个类(数字)。如果随机猜测，有10%的概率是对的。这仍然是一个纯粹的随机结果，我们没有学到任何东西。添加层看起来也无助于学习空间关系。

还一种方法是添加一些正则化，以防止将模型过拟合到训练数据并使其更泛化。我们将使用相同的两层DNN，每层有512个节点，并且在第一层之后添加50%的丢弃，在第二层之后添加25%的丢弃。通常的做法是，在第一层使用较高的丢弃(学习粗糙特征)，在后续层使用较小的丢弃(学习更精细的特征)。图12-10展示了模型架构。

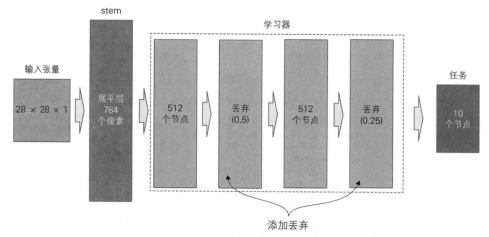

图 12-10 添加丢弃以提高泛化的 DNN

为第四次测试构建、训练和评估模型的代码如下所示。

```
model = DNN([512, 512], True)
model.fit(x_train, y_train, epochs=10, batch_size=32, shuffle=True,
        verbose=2)
score = model.evaluate(x_test, y_test, verbose=1)
print("test", score)
```

为正则化添加丢弃

现在查看这是否会提高备用测试数据的准确度。

```
inverted [15.862942279052735, 0.0144]
shifted [8.341207506561279, 0.3965]
```

结果是没有任何改进。因此，加宽层、加深层和正则化都不能帮助训练模型来识别分布外测试数据集中的数字。也许问题在于，DNN 不是一种适合泛化到分布外模型的模型架构类型。接下来，让我们尝试使用 CNN，查看会发生什么。

12.2.5 作为 CNN 进行训练

现在在卷积神经网络中测试 3 个数据集的准确度。通过卷积层，至少应该学习空间关系。也许卷积层会过滤掉背景以及数字的白度。

以下代码构建了 CNN，如下所示。

- 参数 filters 是一个列表，指定每个卷积的过滤器数量。
- CNN 的输入是形状为 28×28×1 的图像。
- 最大池化在每次卷积后将特征图大小减少 75%。
- 在每个卷积/最大池化层之后会出现 25%的丢弃(正则化)。
- 最后一个由 10 个节点组成的致密层(具有 softmax 激活函数)是分类器。

```
def CNN(filters):
  model = Sequential()
  first = True
  for n_filters in filters:
```

构建简单 CNN 的函数

```
    if first:
        model.add(Conv2D(n_filters, (3, 3), strides=1, input_shape=(28, 28, 1)))
    else:
        model.add(Conv2D(n_filters, (3, 3), strides=1))
    model.add(ReLU())
    model.add(MaxPooling2D((2, 2), strides=2))
    model.add(Dropout(0.25))
  model.add(Flatten())
  model.add(Dense(10))
  model.add(Activation('softmax'))

  model.compile(optimizer='adam', loss='sparse_categorical_crossentropy',
                metrics=['accuracy'])
  model.summary()          ◀────────────────    为多类分类器编译 CNN
  return model
```

让我们从一个有 16 个过滤器的单卷积层 CNN 开始。图 12-11 说明了模型架构。

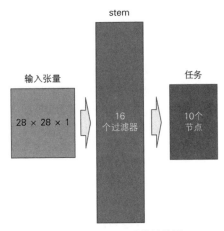

图 12-11　用于 MNIST 训练的单层 CNN

使用 CNN 进行第一次测试时用于构建、训练和评估模型的代码如下所示。

```
model = CNN([16])
model.fit(x_train, y_train, epochs=10, batch_size=32, shuffle=True,
          verbose=2)                                    构建具有 16 个过滤器的
score = model.evaluate(x_test, y_test, verbose=1)       CNN
print("test", score)
```

model.summary()的输出如下。

Layer (type)	Output Shape	Param #
conv2d_1 (Conv2D)	(None, 26, 26, 16)	160
re_lu_1 (ReLU)	(None, 26, 26, 16)	0
max_pooling2d_1 (MaxPooling2	(None, 13, 13, 16)	0

```
dropout_1 (Dropout)          (None, 13, 13, 16)        0
flatten_1 (Flatten)          (None, 2704)              0
dense_1 (Dense)              (None, 10)                27050
activation_1 (Activation)    (None, 10)                0
==============================================================
Total params: 27,210
Trainable params: 27,210
```

以下是对 CNN 的训练结果。

```
test [0.05741905354047194, 0.9809]
```

可以看到，通过 CNN 使用更少的可训练参数在测试数据上获得了相当的准确度(98%)。

现在查看这是否会提高备用测试数据的准确度。

```
inverted [2.1893138484954835, 0.5302]
shifted [2.231996842956543, 0.5682]
```

它产生了可衡量的影响，在反转数据集上的准确度从 10%提高到了 50%。因此，卷积层似乎确实有助于过滤数字的背景或白度。

但它的准确度仍然太低。对于移位数据集，准确度增加到 57%。这也低于目标，但可以看到，现在卷积层正在学习空间关系。那么，我们在这里学到了什么？如果采用错误的模型架构，不管你的模型有多深或多宽，也不管添加了多少正则化，该模型都不会泛化到分布外的测试数据。我们还了解到，CNN 不仅可以更好地泛化，而且在参数方面也更有效。在第一次测试中，只使用了 stem，而没有学习器组件。

如果一个卷积层可改善情况，那么两个卷积层是否可以做得更好？这里尝试使用两层：第一层有 16 个过滤器，第二层有 32 个过滤器。当不断深入 CNN 时，通常会将过滤器的数量增加一倍。图 12-12 描述了模型架构。

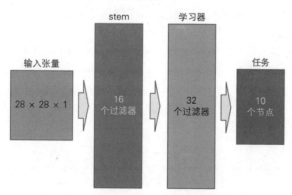

图 12-12　用于 MNIST 训练的更深的两层 CNN

使用 CNN 进行第二次测试时用于构建、训练和评估模型的代码如下所示。

```
model = CNN([16, 32])     ◀──── 构建一个双层 CNN
```

```
model.fit(x_train, y_train, epochs=10, batch_size=32, shuffle=True,
verbose=2)
score = model.evaluate(x_test, y_test, verbose=1)
print("test", score)
```

以下是对 CNN 的训练结果。

```
test [0.03628469691830687, 0.9882]
```

我们在测试数据上得到了相当的准确度,达到约 99%。然后查看添加卷积层是否会提高备用测试数据上的准确度。

```
inverted [1.2761547603607177, 0.6332]
shifted [0.6951200264453888, 0.7679]
```

我们确实看到了一些改进。反转数据集的准确度上升到 63%。因此,它正在学习更好地过滤掉背景和数字的白度,但这仍然不够。移位数据集的准确度跳升至 76%。因此,卷积层正在学习数字与图像中位置的空间关系。

12.2.6 图像增强

最后,使用图像增强来尝试提升对分布外备用测试数据的泛化。图像增强是一个通过微小修改从现有样本生成新样本的过程。这些修改不会改变图像的分类,并且图像仍会被人眼识别为其本来的类。

图 12-13 描述了一个图像增强的示例,其中随机旋转猫的图像,然后将其裁剪并调整回原始形状。这幅画仍能被人眼认出是一只猫。

除了向训练集中添加更多样本外,某些类型的增强还可以帮助泛化模型,以便对测试(保留)数据集之外的图像准确地进行分类。

正如在 CNN 上看到的那样,移位图像的准确度仍然不够;因此,模型没有完全学会数字与图像中位置和背景的空间关系。通过添加更多的过滤器和卷积层,可用来提高移位图像的准确度。这将使模型在计算上更复杂,训练时间更长,并且在部署进行预测(推断)时会有更大的内存输出和更长的延迟。

初始图片　　　　　　　　　　　　随机旋转并裁剪和调整大小后的图片

图 12-13　使用随机选择的变换生成示例的图像增强管线

或者通过使用图像增强来改进模型，将图像随机向左或向右移动20%。因为图像是28像素宽，20%意味着图像在两个方向上最多移动6像素。我们有一个最小的4像素边界，因此将几乎没有数字会受到剪切。

使用 TF.Keras 中的 ImageDataGenerator 类来进行图像增强。在下面的代码示例中，执行以下操作。

- 创建与以前相同的 CNN 模型。
- 实例化一个 ImageDataGenerator 生成器对象，其参数 width_shift_range=0.2 将在训练期间通过随机移位图像+/-20%来增强数据集。
- 调用 fit_generator()方法，使用图像增强生成器和现有的训练数据来训练模型。
- 将生成器中 steps_per_epoch 的数量指定为训练样本数除以批大小；否则，生成器将在第一个训练时期无限循环。

```
from tensorflow.keras.preprocessing.image import ImageDataGenerator

model = CNN([16, 32])                                    实例化随机移位图像+/-20%的生成器
datagen = ImageDataGenerator(width_shift_range=0.2)  ◄
model.fit_generator(datagen.flow(x_train, y_train, batch_size=32),
                    steps_per_epoch= 60000 // 32 , epochs=10)  ◄
score = model.evaluate(x_test, y_test, verbose=1)       使用图像增强训练模型
print("test", score)
```

以下是对 CNN 的训练结果。

```
test [0.046405045648082156, 0.986]
```

查看这是否提高了分布外测试数据的准确度。

```
inverted [4.463096208190918, 0.2338]
shifted [0.06386796866590157, 0.9796]
```

移位数据的准确度现在接近98%。因此，我们能够训练模型来学习数字在图像中移动时的空间关系，而不会增加模型的复杂性。但反转数据还没有看到任何提高。

现在，训练模型过滤掉背景和数字的白度，以提高模型泛化到分布外反转测试数据的能力。在下面的代码中，获取10%的训练数据(x_train_copy[0:6000])并将其反转(就像我们对测试数据所做的那样)。为什么是10%而不是整个训练数据？当我们想要训练一个模型来过滤掉一些东西时，通常可以用整个训练数据分布的10%来完成。

接下来，通过将两个训练集 x_train(数据)和 y_train(标签)附加在一起，将原始训练数据与附加的反转训练数据结合起来。

```
x_train_invert = np.invert(x_train_copy[0:6000])
x_train_invert = (x_train_invert / 255.0).astype(np.float32)   选择 10%的(副本)训练数
x_train_invert = x_train_invert.reshape(-1, 28, 28, 1)          据并进行反转

y_train_invert = x_train[0:6000]  ◄      选择相同的 10%训练
                                         数据对应的标签
                                                              将两个训练数据集合并
x_combine = np.append(x_train, x_train_invert, axis=0)         为一个训练集
y_combine = np.append(y_train, y_train_invert, axis=0)
```

```
model = CNN([16, 32])
datagen = ImageDataGenerator(width_shift_range=0.2)
datagen.fit(x_train_combine)
model.fit_generator( datagen.flow(x_combine, y_combine, batch_size=32),
                     steps_per_epoch= 66000 // 32 , epochs=10)    ◄─────┐
score = model.evaluate(x_test, y_test, verbose=1)              使用组合的训练数据
print("test", score)                                          集训练模型
```

以下是对 CNN 的训练结果。

```
test [0.04763028650498018, 0.9847]
```

查看这是否提高了备用测试数据的准确度。

```
inverted [0.13941174189522862, 0.9589]
shifted [0.06449916120804847, 0.979]
```

反转图像上的测试准确率接近 96%。

12.2.7 最终测试

作为最终测试，我从谷歌图片搜索中随机选择了一些手写的单个数字的"分布外"的图片。其中包括用毛毡笔、油漆和蜡笔绘制的彩色图像。测试之后发现，我们刚刚在本章中训练的 CNN 的准确率只有 40%。

为什么只有 40%，如何诊断原因？是因为模型学习了某些子总体分布吗？该模型是否学习了泛化数字的轮廓，而不依赖于背景对比度，还是说模型仅学习了数字是白色还是黑色？如果我们在灰色背景(而不是白色)上使用黑色数字进行测试，会发生什么情况？

MNIST 的训练和测试数据是用钢笔或铅笔画的数字，因此线条很细。我选择的一些"分布外"的图像线条更粗，是用毛毡笔、油漆或蜡笔制作的。模型学过泛化线条的粗细吗？纹理呢？蜡笔和油漆绘制的数字纹理不均匀；这些纹理的差异在卷积层中是作为边缘来学习的吗？

最后一个例子是，假设你开发了一个用于检测工厂零件缺陷的模型。摄像机处于固定位置，其视角位于灰色传送带上方，传送带向下延伸。所有的工作都很好，直到有一天，业主用一条光滑的黄色皮带更换了传送带，为工厂增添了一些颜色，现在缺陷检测模型失效了。怎么回事？因为灰色传送带出现在所有的训练图像中，在进入任务学习器(分类器)之前，它会成为潜在空间中学习特征的一部分。这类似于狗与狼的经典案例，所有狼的照片都是在冬天拍摄的。在这个经典案例中，当训练过的模型得到一张背景中有雪的狗的照片时，会预测图中为狼。这种情况下，模型只是学习到雪意味着狼。

12.3 本章小结

- 抽样分布对总体分布的参数进行建模。
- 子总体分布对整个总体分布的偏差(即子部分)进行建模。

- 如果你在子总体分布上进行了训练，并且模型不能泛化到生产中见到的样例，那么生产数据可能处于训练的子总体分布之外。这也被称为服务偏差。
- 增加更深或更宽的层和/或更多的正则化通常无助于泛化到分布外的总体。
- 某些情况下，从图像增强生成训练样本有助于泛化到分布外总体。
- 当图像增强不足以泛化时，你需要从分布外的子总体中添加训练样例。

第*13*章

数 据 管 线

本章主要内容

- 了解训练数据集的常见数据格式和存储类型
- 使用 TensorFlow TFRecord 格式和 tf.data 进行数据集表征和转换
- 在训练期间构建数据管线以馈送模型
- 使用 TF.Keras 预处理层、层子类化和 TFX 组件进行预处理
- 使用数据增强来训练模型的平移、尺度和视口不变性

你已经构建了模型，并且根据需要使用可组合的模型。你对它进行了训练和重训练以及测试和重测试。现在你已经准备好启动它。本书最后两章将介绍如何启动模型。更具体地说，你将使用 TensorFlow 2.x 生态系统和 TensorFlow Extended(TFX)将模型从准备和探索阶段迁移到生产环境。

在生产环境中，训练和部署等操作作为管线执行。管线具有可配置、可重用、版本控制和留存历史的优点。由于生产管线的内容很广泛，因此我们需要两章的篇幅来介绍它。本章重点介绍构成生产管线前端的数据管线组件。下一章将介绍训练和部署组件。

这里从一个图表开始，这样你就可以从头到尾看到整个过程。图 13-1 显示了基本的端到端(e2e)生产管线的总体视图。

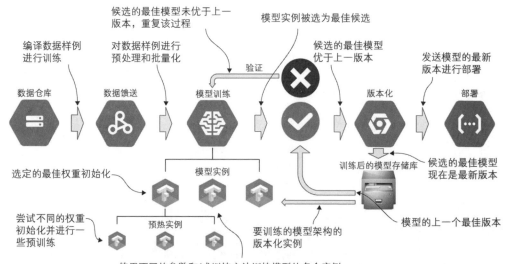

图 13-1　基本的 e2e 生产管线从数据管线开始，然后转移到训练和部署管线

现代的基本机器学习 e2e 管线从数据仓库开始，该仓库是所有生产模型的训练数据的存储库。较大规模的企业训练的模型数量各不相同。以下是我 2019 年经历中的一些例子。生产模型的(新版本)重训练的间隔时间从每月减少到每周，某些情况下是以日为周期。谷歌(我的雇主)每天重训练超过 4000 个模型。如此规模的数据仓库是一项巨大的项目。

在数据仓库中，我们需要高效地为模型训练馈送数据，并且数据的提供要及时，不能存在输入/输出(I/O)瓶颈。编译和组装训练批次的上游进程必须实时且足够快，以避免GPU/CPU 训练硬件停滞。

在企业范围内，数据仓库通常分布在大量计算实例上，无论是分布在本地、云中还是混合分布，都使得在训练期间高效地馈送数据变得更具挑战性。

接着是模型训练。我们并没有训练模型的单个实例，而是并行训练多个实例以找到最佳版本。我们分多个阶段进行，包括从数据收集、准备、增强、预训练到超参数搜索的完全训练。

如果我们把时间倒退几年，则这个管线过程始于领域专家进行有根据的猜测并使之自动化。如今，这些阶段正在进行自学。我们已经从自动化(由专家设定规则)发展到自动学习，机器在专家的指导下不断学习并自我完善。这就是要训练多个模型实例的原因，可以自动知道哪个模型实例将成为最好的训练模型。

然后是版本控制。我们需要一种用过去的版本评估新训练实例的方法来回答新实例是否比上一个好。如果是，则版本化它；否则，重复该过程。对于新版本，将模型部署到生产中使用。

本章将介绍从存储器中获取数据、预处理数据以及在训练期间对数据进行批量化，进而馈送给模型实例。下一章中将介绍训练、重训练和持续训练，以及候选模型验证、版本化、部署和部署后测试。

13.1　数据格式和存储

首先研究为机器学习存储图像数据的各种格式。一般图像数据以如下格式存储。

● 压缩图像格式(例如 JPG)。

● 未压缩的原始图像格式(例如 BMP)。

● 高维格式(例如 HDF5 或 DICOM)。

在 TensorFlow 2.x 中，以 TFRecord 格式存储图像数据。下面详细了解这 4 种格式。

13.1.1　压缩图像格式和原始图像格式

当深度学习开始在计算机视觉中流行时，我们通常直接从原始图像数据进行训练，然后对图像数据进行解压。准备此图像数据有两种基本方法：以 JPG、PNG 或其他压缩格式从磁盘抽取训练批次；从 RAM 中的压缩图像里抽取批次。

1. 从磁盘抽取批次

在第一种方法中，当我们构建用于训练的批时，以压缩格式(如 JPG 或 PNG)从磁盘读取图像的批次。然后，在内存中解压，调整大小并进行图像预处理，如归一化像素数据。

图 13-2 描述了这一过程。在本例中，由批大小指定的 JPG 图像子集被读入内存，然后解压并最终调整为要训练模型的输入形状。

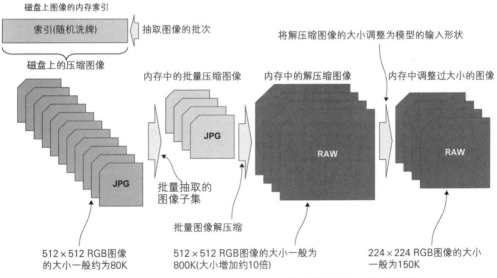

图 13-2　从磁盘抽取压缩图像很容易，但为训练而持续重新处理的成本很高

让我们查看这种方法的优缺点。首先，这很容易做到，步骤如下。

(1) 为磁盘上图像的所有路径和相应标签创建索引(例如 CSV 索引文件)。

(2) 将索引读入内存并随机洗牌索引。

(3) 使用无序索引文件将一批图像和相应的标签提取到内存中。

(4) 解压缩图像。

(5) 将解压缩图像的大小调整为要训练的模型的输入形状。

最大的缺点是，在训练模型时，必须对每个训练时期重复前面的步骤。可能会有问题的步骤是从磁盘提取数据。此步骤可能会受到 I/O 限制，具体取决于磁盘存储的类型和数据的位置。理想情况下，我们希望数据的存储像读访问磁盘操作一样快，并且尽可能靠近(通过限制网络带宽)进行训练的计算设备。

为了对磁盘和内存之间的这种折中进行比较，假设你使用的是 SOTA 模型，ImageNet 输入形状为(224, 224, 3)。该大小是一般图像分类的典型大小，而对于图像目标检测或分割，则使用大尺寸(512, 512, 3)。

形状为(224, 224, 3)的图像需要 150 000 字节内存(224×224×3=150 000)。为了在 ImageNet 输入形状的内存中连续保存 50 000 张训练图像，需要 8 GB(50 000×150 000)的 RAM，高于操作系统、后台应用程序和模型训练所需的容量。现在假设你有 10 万张训练图像，那么将需要 16 GB 的 RAM。如果你有一百万张图像，则需要 160 GB 的 RAM。

这将占用大量内存，并且将所有图像以未压缩格式存储在内存中通常只适用于较小的数据集。出于学术和其他教学的目的，训练数据集通常足够小，可以将解压和大小调整后的图像完全存储在内存中。但在生产环境中，数据集太大，无法完全保存在内存中，我们需要使用一种策略，将从磁盘中提取图像的操作包含在内。

2. 从 RAM 中的压缩图像里抽取批次

在第二种策略中，我们消除了磁盘 I/O，但每次图像成批出现时仍在内存中解压和调整大小。通过消除磁盘 I/O，可避免 I/O 限制，否则它会降低训练速度。例如，如果训练包含 100 个时期，则每个图像将被解压并调整大小 100 次，但所有压缩的图像都保留在内存中。

JPEG 的平均压缩率约为 10:1。图像压缩的大小取决于图像源。例如，如果图像来自一部 350 万像素的手机，则压缩后的图像大约为 35 万字节。如果图像针对浏览器加载进行了 Web 优化，则未压缩的图像通常在 15~20 万字节的范围内。

假设你有 10 万个经过 Web 优化的训练图像，2 GB 的 RAM 就足够(100K×15K=1.5 GB)。如果你有一百万张训练图像，16GB 的 RAM 就足够(1M×15K=15GB)。

图 13-3 说明了这第二种方法，如下所示。

(1) 将所有压缩图像和相应标签作为列表读入内存。

(2) 为内存中图像的所有列表标记和相应标签创建索引。

(3) 随机洗牌索引。

(4) 使用随机的索引文件从内存中提取一批图像和相应的标签。

(5) 解压缩图像。

(6) 调整解压缩图像的大小。

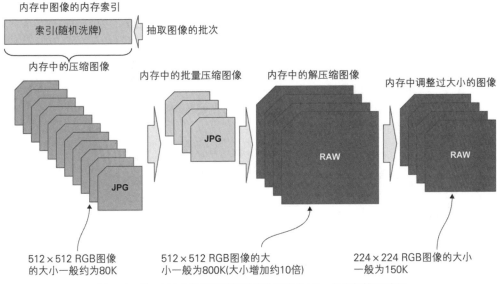

图 13-3　从 RAM 中提取压缩图像消除了磁盘 I/O，从而加快了过程

对于中等规模的数据集，这种方法往往是一种合理的折中。假设有 20 万张图像在大小上进行了 Web 优化。我们只需要 4GB 内存就可以保存所有压缩图像，而无须重复读取磁盘。即使批量很大(如 1024 张 Web 优化的图像)，我们也只需要额外的 150MB 内存来保存解压缩图像，平均每张图像 15 万个字节。

以下是我的通常做法。

(1) 如果训练数据的解压缩大小小于或等于 RAM，我将使用内存中的解压缩图像进行训练。这是最快的选择。

(2) 如果训练数据的压缩大小小于或等于 RAM，我将使用内存中的压缩图像进行训练。这是下一个最快的选择。

(3) 否则，我将使用从磁盘提取的图像进行训练或者使用混合法(下面会进行讨论)。

3. 混合法

下面思考一种同时从磁盘和内存中馈送训练图像的混合法。为什么要这样做？因为我们希望在可用内存空间和不断从磁盘重新读取图像而受到 I/O 限制之间找到一个平衡点。

为此，我们将重新讨论第 12 章中介绍的抽样分布概念，它近似于总体分布。假设你有 16 GB 的内存来保存数据，而调整大小后预处理的数据集是 64 GB。在混合馈送中，我们一次获取一大部分已分层的预处理数据(示例与训练数据类分布相匹配)，本例中为 8GB。然后，在每个时期重复地将同一片段馈送到神经网络。但每一次，我们都会进行图像增强，使得每个训练时期都是整个预处理图像数据集的唯一抽样分布。

我建议在非常大的数据集(例如一百万张图像)上使用这种方法。有了 16GB 的内存，你可以拥有数据集的非常大的子分布，并且与重复从磁盘读取数据相比，能够在同等的训练批次中获得收敛，同时减少训练时间或计算实例需求。

下面是执行混合的内存/磁盘馈送的步骤。图13-4展示了此流程。

(1) 为磁盘上预处理的图像数据创建分层索引。

(2) 根据可用内存将分层索引划分为多个分区，以在内存中保存片段。

(3) 对于每个片段，在指定的时期内重复。

- ◆ 每个训练时期随机洗牌一个片段。
- ◆ 随机应用图像增强以创建每个训练时期的唯一抽样分布。
- ◆ 将迷你批馈送到神经网络。

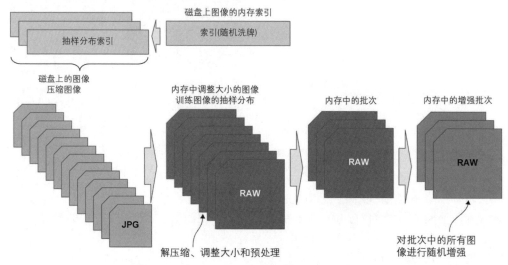

图13-4 从磁盘混合提取图像作为训练数据的抽样分布

13.1.2 HDF5格式

分层数据格式5(Hierarchical Data Format 5，HDF5)一直是存储高维数据(如高分辨率卫星图像)的常用格式。你可能会问，什么是高维？我们可以将此术语与以下数据相关联，该数据对于单个维度在信息上非常致密，或者说具有多个维度(称为多维数据)。与前面的讨论一样，这些格式本身并没有显著减少存储的磁盘空间量。相反，它们的目的是实现快速读访问，以减少I/O开销。

HDF5是存储和访问大量多维数据(如图像)的有效格式。其规范可在HDF5 for Python网站(www.h5py.org/)上找到。该格式支持数据集和组对象，以及每个对象的属性(元数据)。

使用HDF5存储图像训练数据的好处包括如下。

- 具有广泛的科学用途，例如NASA使用的卫星图像(参见http://mng.bz/qevJ)。
- 针对高速数据切片访问进行了优化。
- 与NumPy语法兼容，允许像在内存中一样从磁盘进行访问。
- 具有多维表征、属性和分类的分层访问权限。

Python的HDF5包可以按如下方式安装。

```
pip install h5py
```

　　首先创建一个具有最基本的 HDF5 表征的数据集，该表征由原始(解压缩)图像数据和相应的整数标签数据组成。在此表征中，创建两个数据集对象：一个用于图像数据，另一个用于相应的标签。

```
dataset['images'] : [...]
dataset['labels'] : [...]
```

　　下面的代码是一个示例实现。训练数据和标签采用 NumPy 格式。打开一个 HDF5 文件进行写访问，创建两个数据集(一个用于图像，一个用于标签)。

将训练图像存储为名为 images 的数据集

```
from tensorflow.keras.datasets import cifar10
(x_train, y_train), (x_test, y_test) = cifar10.load_data()

with h5py.File('myfile.h5', 'w') as hf:
    hf.create_dataset("images", data=x_train)
    hf.create_dataset("labels", data=y_train)
```

打开 HDF5 文件进行写访问

将训练标签存储为名为 labels 的数据集

　　现在，当我们想要读回图像和标签时，首先打开 HDF5 进行读访问。然后，为数据集的图像和标签创建一个迭代器。HDF5 文件句柄是一个字典对象，通过将数据集名称作为键引用命名数据集。

　　下面重新打开 HDF5 文件进行读访问，然后使用键 images 和 labels 为数据集的图像和标签创建 HDF5 迭代器。这里，x_train 和 y_train 是 HDF5 迭代器的别名。数据实际上尚未在内存中。

为图像数据集创建 HDF5 迭代器

打开 HDF5 文件进行读访问

```
hf = h5py.File('myfile.h5', 'r')
x_train = hf['images']
y_train = hf['labels']
```

为 labels 数据集创建 HDF5 迭代器

　　由于 HDF5 迭代器使用 NumPy 语法，因此通过使用 NumPy 数组切片直接访问数据，该切片将数据从磁盘提取到内存中的 NumPy 数组。在下面的代码中，使用图像(x_batch)和相应标签(y_batch)的数组切片获得单个批。

前 100 幅图像现在以 NumPy 数组的形式存储在内存中

```
x_batch = x_train[0:100]
y_batch = y_train[0:100]
```

前 100 个标签现在以 NumPy 数组的形式存储在内存中

　　接下来，以批次的形式迭代整个数据集并将每个批次提供给模型进行训练。假设 HDF5 数据集中存储了 50 000 张图像(例如在 CIFAR-10 数据集中)。

　　我们以批大小 50 迭代 HDF5 数据集。每一次迭代都引用下一个连续的数组切片。然后迭代器每次从磁盘提取 50 张图像并将它们作为内存中的 NumPy 数组加载到 x_batch。

我们对相应的标签执行相同的操作，它们作为 NumPy 数组加载到 y_batch 中。然后，将该批次的图像和相应的标签传递给 TF.Keras 方法 train_on_batch()，该方法对模型进行单批更新。

```
examples = 50000
batch_size = 50
batches = examples / batch_size
for batch in range(batches):
    x_batch = x_train[batch*batch_size:(batch+1)*batch_size]
    y_batch = y_train[batch*batch_size:(batch+1)*batch_size]
    model.train_on_batch(x_batch, y_batch)
```

从 HDF5 文件中提取下一批作为内存中的 NumPy 切片

为单批次更新模型

HDF5 组

接下来研究另一种存储表征，该表征使用组以 HDF5 格式存储数据集。这种替代方法具有更高效的存储，避免了存储标签，并且可以存储分层数据集。在此表征中，为每个类(标签)和相应的数据集创建一个单独的组。

下面的示例描述了此表征。我们有两个类(cats 和 dogs)，分别为它们创建一个组。在这两个组中，为相应的图像创建一个数据集。注意，我们不再需要存储标签数组，因为它们由组名称说明。

```
Group['cats']
    Dataset['images']: [...]
Group['dogs']
    Dataset['images']: [...]
```

以下代码是一个示例实现，其中 x_cats 和 x_dogs 是对应猫和狗图像的内存中的 NumPy 数组。

```
with h5py.File('myfile.h5', 'w') as hf:
    cats = hf.create_group('cats')
    cats.create_dataset('images', data=x_cats)
    dogs = hf.create_group('dogs')
    dogs.create_dataset('images', data=x_dogs)
```

为猫类创建一个组并在组内创建相应的数据集用于存储猫的图像

为狗类创建一个组并在组内创建相应的数据集用于存储狗的图像

接着从组中读取一批猫和狗的图像。在本例中，打开猫组和狗组的 HDF5 组句柄。然后使用字典语法引用 HDF5 组句柄。例如，为获得猫图像的迭代器，将其引用为 cats['images']。接着使用 NumPy 数组切片，从猫数据集中提取 25 幅图像，从狗数据集中提取 25 幅图像，作为 x_batch 放入内存。最后，在 y_batch 中生成相应的整数标签。将 0 分配给 cats，将 1 分配给 dogs。

打开猫组和狗组的 HDF5 组手柄

```
hf = h5py.File('myfile.h5', 'r')
cats = hf['cats']
dogs = hf['dogs']
x_batch = np.concatenate([cats['images'][0:25], dogs['images'][0:25]])
```

从相应组内的猫狗数据集中提取一批图像

```
y_batch = np.concatenate([np.full((25), 0), np.full((25), 1)])
```
创建相应的标签

当图像以分层方式进行多重标记时，该格式支持组的分层存储。如下所述，如果图像是分层标记的，则每个组将进一步划分为子组的层次。此外，使用 Group 属性将唯一整数值显式分配给相应的标签。

```
Group['cats']
        Attribute: {label: 0}
        Group['persian']:
                Attribute: {label: 100}
                Dataset['images']: [...]
        Group['siamese']:
                Attribute: {label: 101}
                Dataset['images']: [...]
Group['dogs']
        Attribute: {label: 1}
        Group['poodles']:
                Attribute: {label: 200}
                Dataset['images']: [...]
        Group['beagle']:
                Attribute: {label: 201}
                Dataset['images']: [...]
```

为实现这种分层存储，创建顶级组和子组。在本例中，为猫创建一个顶级组。使用猫的 HDF5 组句柄，为每个品种创建子组，例如波斯猫和暹罗猫。然后，对于每个品种子组，为相应的图像创建一个数据集。此外，使用 attrs 属性显式指定唯一的标签值。

为猫创建顶级组并将标签 0
指定为属性

```
with h5py.File('myfile.h5', 'w') as hf:
    cats = hf.create_group('cats')
    cats.attrs['label'] = 0

    breed = cats.create_group('persian')
    breed.attrs['label'] = 100
    breed.create_dataset('images', data=x_cats['persian'])
    breed = cats.create_group('siamese')
    breed.attrs['label'] = 101
    breed.create_dataset('images', data=x_cats['siamese'])
```

在猫的类别下创建一个二级子组(波斯猫品种)，分配标签并为波斯猫添加图像

在猫的类别下创建一个二级子组(暹罗猫品种)，分配标签并为暹罗猫添加图像

总之，HDF5 组特征是访问分层标记数据的一种简单有效的存储方法，特别是对于标签也具有分层关系的多标签数据集。另一个常见的多标签分层示例是农产品。在该层次结构的顶部，有两个类：fruit 和 vegetable。在这两个类的下面是类别(例如苹果、香蕉、橘子)，在类别下面是品类(例如青苹果、嘎啦苹果、金冠苹果)。

13.1.3 DICOM 格式

HDF5 格式广泛应用于卫星图像，而医学数字成像和通信(Digital Imaging and Communications in Medicine，DICOM)格式则用于医学成像。事实上，DICOM 是 ISO 12052 国际标准，用于存储和访问医学成像数据，例如 CT 扫描和 X 射线以及患者信息。这种格式早于 HDF5，广泛用于拥有大量公共去标识化的健康成像数据集的医学研究和医疗保健系统。如果你使用的是医学影像数据，则需要熟悉此格式。

这里介绍一些使用该格式的基本准则以及一个演示示例。但是，如果你正在或计划专门从事医学成像，建议在 DICOM 网站(www.dicomstandard.org/)上阅读 DICOM 规范和培训教程。

Python 的 DICOM 包可以按如下方式安装。

```
pip install pydicom
```

通常情况下，DICOM 数据集非常大，以数百吉字节为单位。这是因为该格式仅用于医学成像，通常包括用于分割的极高分辨率图像，并且还可能包括每个图像的三维切片层。

Pydicom 是一个用于 DICOM 格式医学图像的 Python 开源软件包，它提供了一个用于演示的小数据集。我们将使用此数据集进行编码。首先导入 Pydicom 包并获取测试数据集 CT_small.dcm。

```
import pydicom
from pydicom.data import get_testdata_files          此 Pydicom 方法返回演示数
                                                     据集的文件名列表
dcm_file = get_testdata_files('CT_small.dcm')[0]  ◄
```

在 DICOM 中，标记的数据还包含表格数据，例如患者信息。图像、标签和表格数据可用于训练多模态模型(具有两个或多个输入层的模型)，每个输入层具有不同的数据类型(例如图像或数字)。

如何从 DICOM 文件格式读取图像和标签？我们将读取演示数据集(它模拟了患者医学成像数据的真实示例)并从获取数据集的一些基本信息开始。每个数据集都包含大量患者信息，可以作为字典访问。本示例仅显示了几个字段，其中大部分已取消标识。研究日期表明拍摄图像的时间，方式为成像类型(在本例中为 CT 扫描)。

```
dataset = pydicom.dcmread(dcm_file)
for key in ['PatientID', 'PatientName', 'PatientAge', 'PatientBirthDate',
            'PatientSex', 'PatientWeight', 'StudyDate', 'Modality']:
    print(key, dataset[key])

PatientID (0010, 0020) Patient ID                          LO: '1CT1'
PatientName (0010, 0010) Patient's Name                    PN:
       'CompressedSamples^CT1'
PatientAge (0010, 1010) Patient's Age                      AS: '000Y'
PatientBirthDate (0010, 0030) Patient's Birth Date         DA: ''
PatientSex (0010, 0040) Patient's Sex                      CS: 'O'
PatientWeight (0010, 1030) Patient's Weight                DS: "0.0"
```

```
StudyDate (0008, 0020) Study Date                    DA: '20040119'
Modality (0008, 0060) Modality                       CS: 'CT'
```

最后，提取图像数据并显示，如图 13-5 所示。

```
rows = int(dataset.Rows)
cols = int(dataset.Columns)
print("Image size.......: {rows:d} x {cols:d}, {size:d} bytes".format(
        rows=rows, cols=cols, size=len(dataset.PixelData)))


plt.imshow(dataset.pixel_array, cmap=plt.cm.bone)
plt.show()
```

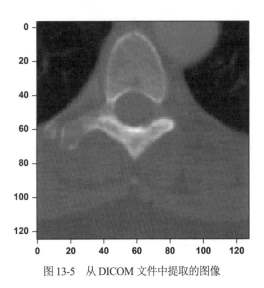

图 13-5　从 DICOM 文件中提取的图像

有关访问和解析 DICOM 图像的更多详细信息，请参见相关标准以及 Pydicom 教程
(https://pydicom.github.io/)。

13.1.4　TFRecord 格式

TFRecord 是用于存储和访问数据集的 TensorFlow 标准，以方便使用 TensorFlow 进行
训练。这种二元格式最初是为结构化数据的高效序列化而设计的，它使用谷歌的协议缓
冲区定义，但 TensorFlow 团队为高效序列化非结构化数据(如图像、视频和文本)对其进
一步进行了开发。除了作为 TensorFlow 机构推荐的训练数据格式外，该格式还无缝集成
到整个 TF 生态系统中，包括 tf.data 和 TFX。

这里，再次尝试如何将该格式用于训练 CNN 的图像。有关该标准的详细信息，请查
看教程(www.tensorflow.org/tutorials/load_data/tfrecord)。

图 13-6 是将 TFRecord 用于训练数据集作为 tf.data 表征层次结构的图示概述。其 3
个步骤如下。

(1) 顶层是 tf.data.Dataset。这是训练数据集的内存表征形式。

(2) 下一级是一个或多个 TFRecord 的序列。这些是数据集的磁盘存储。

(3) 底层是 tf.Example 记录；每个都包含一个数据样例。

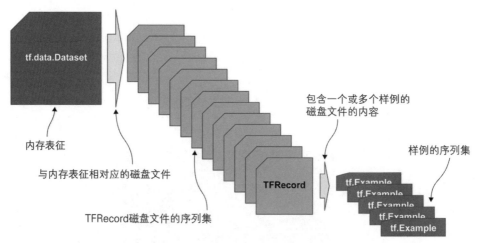

图 13-6 tf.data、TFRecord 和 tf.Example 的层次关系

现在自下而上描述这种关系。我们把训练数据中的每个数据样例转换为 tf.Example 对象。例如，如果有 5 万张训练图像，就有 5 万个 tf.Example 记录。接下来，将这些记录序列化，以便它们可以作为 TFRecord 文件在磁盘上快速读取。这些文件被设计为顺序访问，而不是随机访问，以最大限度地减少读访问，因为它们将被写入一次但读取多次。

对于大量数据，记录通常被划分为多个 TFRecord 文件，以进一步减少特定于存储设备的读访问次数。每个序列化的 tf.Example 条目的大小、样例数、存储设备类型和分布可最好地确定分区大小；但一般来说，TensorFlow 团队推荐使用 100~200 MB。

1. tf.Example：特征

tf.Example 的格式与 Python 字典和 JSON 对象有相似之处。样例(例如图像)和相应的元数据(例如标签)封装在 tf.Example 类对象中。此对象由一个或多个 tf.train.Feature 条目的列表组成。每个特征条目可以是以下数据类型之一。

● tf.train.ByteList

● tf.train.FloatList

● tf.train.Int64List

tf.train.ByteList 类型用于字节序列或字符串。字节示例包括图像的编码字节或原始字节，字符串示例包括自然语言处理模型的文本字符串或标签的类名称。

tf.train.FloatList 类型用于 32 位(单精度)或 64 位(双精度)浮点数。例如，结构化数据集中各列的连续实值。

tf.train.Int64List 类型用于 32 位和 64 位有符号/无符号整数以及布尔值。例如，对于整数，此类型用于结构化数据集中各列的分类值或用于标签的标量值。

可使用几种常见做法将图像数据编码为 tf.Example 格式。

- 用于编码图像数据的特征条目；
- 用于图像形状的特征条目(以进行重建)；
- 用于相应标签的特征条目。

以下是定义 tf.train.Example 用于编码图像的通用示例；/entries here/是图像数据和相应元数据的字典条目的占位符(后面会讨论)。注意，TensorFlow 将格式引用为 tf.Example，数据类型引用为 tf.train.Example。

```
example = tf.train.Example(features = { /entries here/ })
```

2. tf.Example：压缩图像

在下一个示例中，为一个尚未解码的图像(它是压缩磁盘格式)创建一个 tf.train.Example 对象。这种方法的好处是，当存储为 TFRecord 的一部分时，使用的磁盘空间最少。缺点是，每次在训练期间馈送神经网络而从磁盘读取 TFRecord 时，图像数据必须解压；这是时间与空间的折中。

在下面的代码示例中，我们定义一个用于转换磁盘图像文件(参数 path)和相应标签(参数 label)的函数，如下所示。

- 首先使用 OpenCV 方法 cv2.imread()读入磁盘图像并将其解压为原始位图，以获得图像的形状(行、列、通道)。
- 使用 tf.io.gfile.GFile()以原始压缩格式再次读取磁盘图像。注意，tf.io.gfile.GFile()相当于文件的 open()方法，但如果图像存储在 GCS 桶中，则该方法会针对 I/O 的读/写性能进行优化。
- tf.train.Example()实例被实例化为特征对象的 3 个字典条目。
  - image——针对未压缩(原始磁盘)图像数据的 BytesList。
  - label——针对标签值的 Int64List。
  - shape——针对图像的元组形状的 Int64List。

在示例中，假设磁盘图像的大小为 24 000 字节，那么 TFRecord 文件中 tf.train.Example 条目的大小大约为 25 000 字节。

```
import tensorflow as tf
import numpy as np
import sys
import cv2

def TFExampleImage(path, label):
    ''' The original compressed version of the image '''

    image = cv2.imread(path)          使用 OpenCV 获取图
    shape = image.shape               像的形状

    with tf.io.gfile.GFile(path, 'rb') as f:    使用 TensorFlow 从 GCS
        disk_image = f.read()                   桶中读取压缩图像

    return tf.train.Example(features = tf.train.Features(feature = {
```

```
'image': tf.train.Feature(bytes_list = tf.train.BytesList(value=
                  [disk_image])),
'label': tf.train.Feature(int64_list = tf.train.Int64List(value =
                  [label])),
'shape': tf.train.Feature(int64_list = tf.train.Int64List(value =
                  [shape[0], shape[1], shape[2]]))
}))
```

为压缩图像字节数据创建特征条目

为相应标签创建特征条目

为相应形状创建特征条目，即 H×W×C

```
example = TFExampleImage('example.jpg', 0)
print(example.ByteSize())
```

3. tf.Example：未压缩图像

在下一个代码示例中，创建 tf.train.Example 条目，用于将图像的未压缩版本存储在 TFRecord 中。这样做的好处是只从磁盘读取一次图像，并且在训练期间，每次从磁盘上的 TFRecord 读取条目时，都不需要解压缩图像。

缺点是条目的大小远远大于图像的磁盘版本。在前面的示例中，假设使用 95%的 JPEG 压缩，TFRecord 中条目的大小将为 50 万字节。注意，在图像数据的 BytesList 编码中，保留 np.uint8 数据格式。

```
def TFExampleImageUncompressed(path, label):
    ''' The uncompressed version of the image '''

    image = cv2.imread(path)        使用 OpenCV 读取未压
    shape = image.shape             缩图像

    return tf.train.Example(features = tf.train.Features(feature = {
    'image': tf.train.Feature(bytes_list = tf.train.BytesList(value =
                  [image.tostring()])),
    'label': tf.train.Feature(int64_list = tf.train.Int64List(value =
                  [label])),
    'shape': tf.train.Feature(int64_list = tf.train.Int64List(value =
                  [shape[0], shape[1], shape[2]]))
    }))
```

为未压缩的图像字节数据创建特征条目

为相应标签创建特征条目

为相应形状创建特征条目，即 H×W×C

```
example = TFExampleImageUncompressed('example.jpg', 0)
print(example.ByteSize())
```

4. tf.Example：机器学习就绪

在最后的代码示例中，首先对像素数据进行归一化(除以 255)并存储归一化的图像数据。这种方法的优点是，在训练期间，每次从磁盘上的 TFRecord 读取条目时，不需要对像素数据进行归一化。缺点是现在像素数据存储为 np.float32，比相应的 np.uint8 大 4 倍。假设是相同的图像样例，TFRecord 的大小现在将为 200 万字节。

```
def TFExampleImageNormalized(path, label):
    ''' The normalized version of the image '''

    image = (cv2.imread(path) / 255.0).astype(np.float32)   使用 OpenCV 读取未压缩的图像
    shape = image.shape                                     并对像素数据进行归一化
```

```
return tf.train.Example(features = tf.train.Features(feature = {
    'image': tf.train.Feature(bytes_list = tf.train.BytesList(value=
                          [image.tostring()])),
    'label': tf.train.Feature(int64_list = tf.train.Int64List(value =
                          [label])),
    'shape': tf.train.Feature(int64_list = tf.train.Int64List(value =
                          [shape[0], shape[1], shape[2]]))
}))

example = TFExampleImageNormalized('example.jpg', 0)
print(example.ByteSize())
```

为未压缩的图像字节数据创建特征条目

为相应标签创建特征条目

为相应形状创建特征条目，即 H×W×C

5. TFRecord：写记录

目前已在内存中构建一个 tf.train.Example 条目，下一步是将其写入磁盘上的 TFRecord 文件。这样做是为了以后在训练模型时从磁盘馈送训练数据。

为了最大限度地提高磁盘存储的读写效率，这些记录被序列化为字符串格式，以谷歌的协议缓冲区格式存储。在下面的代码中，tf.io.TFRecordWriter 是一个函数，用于将序列化记录写入 TFRecord 格式的文件。将 TFRecord 写入磁盘时，在文件名中使用后缀.tfrecord 是一种常规约定。

创建一个 TFRecord 文件写入器对象
```
with tf.io.TFRecordWriter('example.tfrecord') as writer:
    writer.write(example.SerializeToString())
```
将单个序列化 tf.train.Example 条目写入文件

磁盘上的 TFRecord 文件可能包含多个 tf.train.Example 条目。以下代码将多个序列化 tf.train.Exampl 条目写入 TFRecord 文件。

创建一个 TFRecord 文件写入器对象
```
with tf.io.TFRecordWriter('example.tfrecord') as writer:
    for example in examples:
        writer.write(example.SerializeToString())
```
将每个 tf.train.Example 条目顺序写入 TFRecord 文件

6. TFRecord：读记录

下一个代码示例演示如何按顺序从 TFRecord 文件中读取每个 tf.train.Example 条目。假设 example.tfrecord 文件包含多个序列化的 tf.train.Example 条目。

tf.compat.v1.io.record_interator()创建一个迭代器对象，当在 for 语句中使用该迭代器对象时，按顺序将每个序列化的 tf.train.Example 读入内存。方法 ParseFromString()用于将数据反序列化为内存中的 tf.train.Example 格式。

```
iterator = tf.compat.v1.io.tf_record_iterator('example.tfrecord')
for entry in iterator:
    example = tf.train.Example()
    example.ParseFromString(entry)
```
迭代每个条目并将序列化字符串转换为 tf.train.Example

创建一个迭代器，按顺序迭代 tf.train.Example 条目

或者，使用 tf.data.TFRecordDataset 类从 TFRecord 文件中读取并迭代一组 tf.train.Example 条目。在下一个代码示例中，执行以下操作。

- 实例化 tf.data.TFRecordDataset 对象作为磁盘上记录的迭代器。
- 定义字典 feature_description，以指定如何将序列化的 tf.train.Example 条目反序列化。
- 定义辅助函数 _parse_function()，用于获取序列化的 tf.train.Example(proto)并使用字典 feature_description 对其进行反序列化。
- 使用 map()方法迭代反序列化每个 tf.train.Example 条目。

为磁盘数据集创建迭代器

创建字典描述，用于反序列化 tf.train.Example

```
dataset = tf.data.TFRecordDataset('example.tfrecord')

feature_description = {
    'image': tf.io.FixedLenFeature([], tf.string),
    'label': tf.io.FixedLenFeature([], tf.int64),
    'shape': tf.io.FixedLenFeature([3], tf.int64),
}
```

顺序解析 tf.train.Example 的函数

```
def _parse_function(proto):
    ''' parse the next serialized tf.train.Example using the feature
    description '''
    return tf.io.parse_single_example(proto, feature_description)
```

使用 map()解析数据集中的每个条目

```
parsed_dataset = dataset.map(_parse_function)
```

如果输出 parsed_dataset，结果如下所示。

```
<MapDataset shapes: {image: (), shape: (), label: ()},
types: {image: tf.string, shape: tf.int64, label: tf.int64}>
```

13.2　数据馈送

上一节讨论了如何在内存和磁盘中构建和存储用于训练的数据。本节介绍使用 tf.data 将数据摄取到管线中，tf.data 是用于构建数据集管线的 TensorFlow 模块。它可以从各种源构建管线，例如内存中的 NumPy 和 TensorFlow 张量以及磁盘上的 TFRecord。

数据集管线被创建成类为 tf.data.Dataset 的生成器。因此，tf.data 指的是 Python 模块，而 tf.data.Dataset 指的是数据集管线。数据管线可以预处理和馈送用于训练模型的数据。

首先介绍如何从内存中的 NumPy 数据构建数据管线，然后介绍如何从磁盘上的 TFRecord 构建数据管线。

13.2.1　NumPy

为了从 NumPy 数据创建内存中的数据集生成器，可使用 tf.data.Dataset 方法 from_tensor_slices()。该方法将训练数据作为参数，将其指定为元组(images, labels)。

在下面的代码中，从 CIFAR-10 NumPy 数据创建 tf.data.Dataset，并且将其指定为参数值(x_train, y_train)。

```
from tensorflow.data import Dataset
from tensorflow.keras.datasets import cifar10
(x_train, y_train), (x_test, y_test) = cifar10.load_data()

dataset = Dataset.from_tensor_slices((x_train, y_train))
```
◄ 为内存中的NumPy训练数据创建数据集生成器

注意，dataset 是一个生成器，因此它不能有下标。我们不能执行 dataset[0]并期望获取第一个元素。这将引发异常。

接下来将迭代数据集。我们希望按批完成这项工作，就像我们在 TF.Keras 中使用 fit()方法输入数据时所做的那样，并且指定批大小。在下一个代码示例中，使用 batch()方法将数据集的批大小设置为 128。注意，batch 不是一个属性。它不会更改现有数据集的状态，但会创建一个新的生成器。这就是将 dataset.batch(128)分配回原始的 dataset 变量的原因。TensorFlow 将这些类型的数据集方法称为数据集转换。

下面迭代数据集并为每个批(x_batch, y_batch)输出形状。对于每个批，这将输出图像数据(128, 32, 32, 3)和相应的标签(128, 1)。

将数据集转换为以 128 批次迭代

```
dataset = dataset.batch(128)
for x_batch, y_batch in dataset:
    print(x_batch.shape, y_batch.shape)
```
以 128 批次迭代数据集

如果再次重复同样的 for 循环迭代，我们不会得到任何输出。为什么？默认情况下，数据集生成器仅在数据集上迭代一次。为了不断重复(就像有多个训练时期一样)，可使用 repeat()方法作为一种数据集转换。因为我们希望每个训练时期都能看到不同的批次随机排序，所以使用 shuffle()方法作为另一种数据集转换。此数据集转换序列如下所示。

```
dataset = dataset.shuffle(1024)
dataset = dataset.repeat()
dataset = dataset.batch(128)
```

数据集转换方法也是可链接的且很常见。下列这一行的功能与前面 3 行的序列相同。

```
dataset = dataset.shuffle(1024).repeat().batch(128)
```

应用转换的顺序很重要。如果先使用 repeat()，然后使用 shuffle()进行转换，那么在第一个训练时期，批次将不会被随机分配。

还要注意，我们为 shuffle()转换指定了一个值。该值指示每次从数据集拉入内存并进行随机洗牌的样例数。例如，如果有足够的内存将整个数据集保存在内存中，则将该值设置为训练数据中的样例总数(例如 CIFAR-10 为 50 000)。这将一次洗牌整个数据集，即完全洗牌。如果不这样做，则需要计算可以空出多少内存，然后除以每个内存中样例的大小。假设我们有 2GB 的空闲内存，每个内存中样例有 20 万字节。在本例中，将大小设置为 10 000(2GB/200K)。

在下一个代码示例中，使用 tf.data.Dataset 作为数据管线，通过 CIFAR-10 数据训练一个简单的 ConvNet。fit()方法与 tf.data.Dataset 生成器兼容。我们不传递原始图像数据和相应的标签，而是传递由变量 dataset 指定的数据集生成器。

因为是一个生成器，所以 fit() 方法不知道一个训练时期中有多少批。因此，需要额外指定 steps_per_epoch 并将其设置为训练数据中的批次数量。在本例中，将其计算为训练数据中的样例数量除以批大小(50000//128)。

```
from tensorflow.keras import Sequential
from tensorflow.keras.layers import Conv2D, ReLU, Activation,
from tensorflow.keras.layers import BatchNormalization, Dense, Flatten

model = Sequential()
model.add(Conv2D(16, (3,3), strides=1, padding='same', input_shape=(32, 32,
    3)))
model.add(BatchNormalization())
model.add(ReLU())
model.add(Conv2D(32, (3,3), strides=1, padding='same'))
model.add(BatchNormalization())
model.add(ReLU())                                    使用数据集生成器和
model.add(Flatten())                                 fit()方法进行训练
model.add(Dense(10, activation='softmax'))
model.compile(loss='sparse_categorical_crossentropy', optimizer='adam',
            metrics=['acc'])
                              计算数据集中的批次数
batches = 50000 // 128
model.fit(dataset, steps_per_epoch=batches, epochs=5, verbose=1)
```

本节介绍了如何从内存中的数据源(例如 NumPy 或 TensorFlow 张量格式)构建数据管线。下面介绍从磁盘上的 TFRecord 数据源构建数据管线。

13.2.2　TFRecord

要从 TFRecord 文件创建磁盘上的数据集生成器，可使用 tf.data 方法 TFRecordDataset()。该方法将单个 TFRecord 文件的路径或多个 TFRecord 文件的路径列表作为参数。如前一节所述，每个 TFRecord 文件可能包含一个或多个训练示例(例如图像)，并且出于 I/O 性能的目的，训练数据可能跨越多个 TFRecord 文件。

下列代码为单个 TFRecord 文件创建数据集生成器。

```
dataset = tf.data.TFRecordDataset('example.tfrecord')
```

当数据集跨越多个 TFRecord 文件时，下列代码示例为多个 TFRecord 文件创建数据集生成器。

```
dataset = tf.data.TFRecordDataset(['example1.tfrecord', 'example2.tfrecord'])
```

接下来，必须告诉数据集生成器如何解析 TFRecord 文件中的每个序列化条目。我们使用 map() 方法，它允许定义一个函数来解析特定于 TFRecord 的样例，每次从磁盘读取样例时，该函数都将应用(映射)到每个样例。

在下面的示例中，首先定义 feature_description 来描述如何解析特定于 TFRecord 的条目。继续使用前面的示例，假设条目的布局是字节编码的图像键/值、整数标签键/值和三

元素整数形状键/值。然后，使用方法 tf.io.parse_single_example()根据特征描述解析
TFRecord 文件中的序列化样例。

```
feature_description = {
    'image': tf.io.FixedLenFeature([], tf.string),
    'label': tf.io.FixedLenFeature([], tf.int64),
    'shape': tf.io.FixedLenFeature([3], tf.int64),
}

def _parse_function(proto):
    ''' parse the next serialized tf.train.Example using the feature
     description '''
    return tf.io.parse_single_example(proto, feature_description)

dataset = dataset.map(_parse_function)
```

为反序列化 tf.train.Example
创建字典描述

顺序解析 tf.train.Example
的函数

使用 map()解析数据
集中的每个条目

现在再进行一些数据集转换，然后查看在迭代磁盘上的 TFRecord 时得到了什么。在
这个代码示例中，将转换应用于随机洗牌并将批大小设置为 2。然后，通过两个样例的批
量迭代数据集，并且显示相应的 label 和 shape 键/值。

```
dataset = dataset.shuffle(4).batch(2)
for entry in dataset:
    print(entry['label'], entry['shape'])
```

为磁盘上的数据集创
建一个迭代器

用两个样例的批量迭
代磁盘上的 TFRecord

以下输出显示每个批由两个样例组成，第一批中的标签为 0 和 1，第二批中的标签为
1 和 0，所有图像的大小为(512, 512, 3)。

```
tf.Tensor([0 1], shape=(2,), dtype=int64) tf.Tensor(
[[512 512 3]
 [512 512 3]], shape=(2, 3), dtype=int64)
tf.Tensor([1 0], shape=(2,), dtype=int64) tf.Tensor(
[[512 512 3]
 [512 512 3]], shape=(2, 3), dtype=int64)
```

1. TFRecord：压缩图像

到目前为止，我们还没有讨论序列化图像数据的编码格式。通常来讲，图像以压缩
格式(如 JPEG)或未压缩格式进行编码。下一个代码示例在_parse_function()中添加一个步
骤，使用 tf.io.decode_jpg()将图像数据从压缩格式(JPEG)解码为未压缩格式。因此，当每
个样例从磁盘读取并进行反序列化时，会对图像数据进行解码。

```
dataset = tf.data.TFRecordDataset(['example.tfrecord'])

feature_description = {
    'image': tf.io.FixedLenFeature([], tf.string),
    'label': tf.io.FixedLenFeature([], tf.int64),
    'shape': tf.io.FixedLenFeature([3], tf.int64),
}

def _parse_function(proto):
    ''' parse the next serialized tf.train.Example
```

```
         using the feature description
    '''
    example = tf.io.parse_single_example(proto, feature_description)
    example['image'] = tf.io.decode_jpg(example['image'])
    return example
```
解码压缩的
JPEG 图像

```
dataset = dataset.map(_parse_function)
```

2. TFRecord：未压缩的图像

在下一个代码示例中，编码的图像数据在 TFRecord 文件中是未压缩格式。因此，我们不需要解压它，但仍然需要使用 tf.io.decode_raw() 将编码的字节列表解码为原始位图格式。

此时的原始解码数据是一个一维数组，因此需要将其重塑为原始形状。在获得原始解码数据后，可从 shape 键/值中获得原始形状，然后使用 tf.reshape() 对原始图像数据进行重塑。

```
dataset = tf.data.TFRecordDataset(['tfrec/example.tfrecord'])

feature_description = {
    'image': tf.io.FixedLenFeature([], tf.string),
    'label': tf.io.FixedLenFeature([], tf.int64),
    'shape': tf.io.FixedLenFeature([3], tf.int64),
}

def _parse_function(proto):
    ''' parse the next serialized tf.train.Example using the
            feature description
    '''
    example = tf.io.parse_single_example(proto, feature_description)
    example['image'] = tf.io.decode_raw(example['image'], tf.uint8)
    shape = example['shape']
    example['image'] = tf.reshape(example['image'], shape)
    return example

dataset = dataset.map(_parse_function)
```
获取原始图像形状

将图像数据解码为未压缩的原始格式

将解码的图像重塑为原始形状

13.3 数据预处理

到目前为止，我们已经介绍了数据格式、存储和从内存或磁盘读取训练数据，以及一些数据预处理。本节将详细介绍预处理。首先了解如何将预处理移出上游数据管线并移入预 stem 模型组件，然后了解如何使用 TFX 设置预处理管线。

13.3.1 使用预 stem 进行预处理

TensorFlow 2.0 发布时的一个推荐是将预处理移到图中。我们可以采取两种方法。首先，将其硬连接到图中。其次，使预处理独立于模型，但可以是现成的，这样预处理发生在图上且可以互换。这种现成预 stem 方法的好处如下。

● 在训练和部署管线中可重用和可互换组件。
● 在图上运行，而不是在 CPU 上游运行，从而消除了在为训练馈送模型时可能受到 I/O 限制的情况。

图 13-7 描述了使用现成的预 stem 进行预处理。它显示了在训练或部署模型时可供选择的现成预 stem 组件的集合。附加预 stem 的要求是其输出形状必须与模型的输入形状匹配。

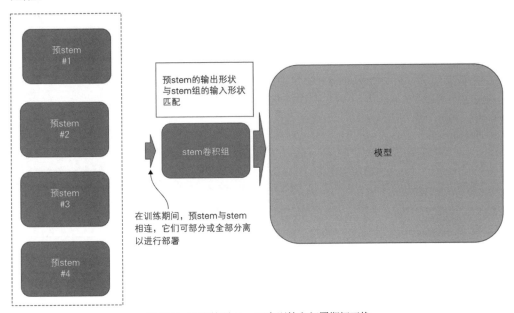

图 13-7　现成的预 stem 可在训练和部署期间互换

要使预 stem 适用于现有的经过训练的和未经训练的模型，有两个要求。

● 预 stem 的输出必须与模型的输入相匹配。例如，如果模型采用(224, 224, 3)作为输入，那么预 stem 的输出也必须是(224, 224, 3)。
● 预 stem 的输入形状必须与输入源匹配(无论是用于训练还是预测)。例如，输入源的大小可能与模型训练时的大小不同，而预 stem 经过训练后可以学习调整图像大小的最佳方法。

现成的预 stem 通常分为两种类型。

● 部署后保留在模型中以进行预测。例如，当预测请求由来自未压缩图像的原始字节组成时，预 stem 处理输入源的大小调整和归一化。
● 仅在训练期间使用，部署后不使用。例如，预 stem 在训练期间进行随机图像增强以学习平移和尺度不变性，从而无须配置数据管线来进行图像增强。

我们将介绍两种构建预 stem 的方法，以将数据预处理移到图中。第一种方法将层添加到 TF.keras 2.x 中，第二种方法使用子类化创建自定义预处理层。

1. TF.Keras 预处理层

为进一步帮助和鼓励将预处理移到图中，TF.keras 2.2 及其后续版本引入了新的预处理层。这样就不需要使用子类化来构建公共预处理步骤。本节介绍其中 3 个层: Rescaling、Resizing 和 CenterCrop。有关完整列表请参阅 TF.Keras 文档(http://mng.bz/7jqe)。

图 13-8 描述了使用包装器技术将现成的预 stem 连接到现有模型中。这里创建了第二个模型实例，它被称为包装器模型。假设使用序贯式 API，包装器由两个组件组成: 首先添加预 stem，然后添加现有模型。要将现有模型连接到预 stem，预 stem 的输出形状必须与现有模型的输入形状匹配。

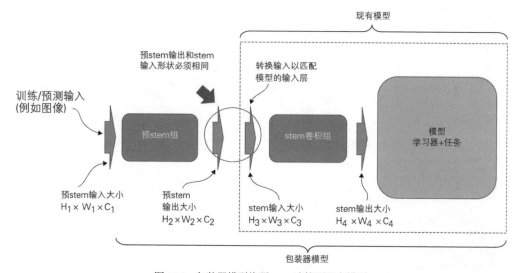

图 13-8　包装器模型将预 stem 连接到现有模型

下一个代码示例实现了一个现成的预 stem，在训练之前将其添加到现有模型中。首先，创建一个未经训练的 ConvNet，它有两个卷积(Conv2D)层，分别有 16 个和 32 个过滤器。然后，将特征图展平(Flatten)为一维向量，不进行降维，作为瓶颈层。之后是最终的 Dense 层进行分类。我们使用这个 ConvNet 模型作为想要训练和部署的模型。

接下来，实例化另一个空模型，我们将其称为 wrapper 模型。包装器由两部分组成: 预 stem 和未经训练的 ConvNet 模型。对于预 stem，添加预处理层 Rescaling，以在浮点值 0 和 1 之间将整数像素数据归一化。由于预 stem 将是包装器模型中的输入层，因此添加参数(input_shape=(32,32,3))来指定输入形状。由于 Rescaling 不会更改输入的大小，因此预 stem 的输出与模型输入的输出相匹配。

最后，训练包装器模型并使用包装器模型进行预测。因此，对于训练和预测，整数像素数据的归一化现在是包装器模型的一部分，它在图上执行，而不是在 CPU 上执行。

```
from tensorflow.keras import Sequential
from tensorflow.keras.layers import Conv2D, ReLU, Activation,
from tensorflow.keras.layers import BatchNormalization, Dense, Flatten
from tensorflow.keras.layers.experimental.preprocessing import Rescaling
```

导入预处理层进行
Rescaling

构建一个简单的 ConvNet

```
model = Sequential()
model.add(Conv2D(16, (3,3), strides=1, padding='same', input_shape=(32, 32, 3)))
model.add(BatchNormalization())
model.add(ReLU())
model.add(Conv2D(32, (3,3), strides=1, padding='same'))
model.add(BatchNormalization())
model.add(ReLU())
model.add(Flatten())
model.add(Dense(10, activation='softmax'))

wrapper = Sequential()
wrapper.add(Rescaling(scale=1.0/255, input_shape=(32, 32, 3)))

wrapper.add(model)
wrapper.compile(loss='sparse_categorical_crossentropy', optimizer='adam',
                metrics=['acc'])

from tensorflow.keras.datasets import cifar10
(x_train, y_train), (x_test, y_test) = cifar10.load_data()
wrapper.fit(x_train, y_train, epochs=5, batch_size=32, verbose=1)
wrapper.evaluate(x_test, y_test)
```

构建具有 Rescaling 的
预 stem

将预 stem 添加
到 ConvNet

使用预 stem 对 ConvNet 进行训练和测试

　　现成的预 stem 可以有多个预处理层，如图 13-9 所示，例如先调整图像输入的大小，然后重新缩放像素数据。在此图中，由于重新缩放不会更改输出形状，因此前面的调整大小层的输出形状必须与 stem 组的输入形状匹配。

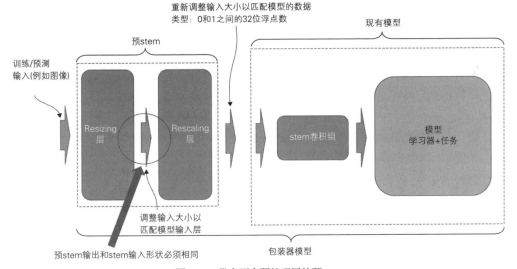

图 13-9　带有两个预处理层的预 stem

　　下面的代码实现了一个现成的预 stem，它执行两个功能：调整输入大小和归一化像素数据。首先创建与上一个示例相同的 ConvNet。然后创建具有两个预处理层的包装器模型：一个用于调整图像大小(Resizing)，另一个用于进行归一化(Rescaling)。在本例中，ConvNet 的输入是形状(28, 28, 3)。使用预 stem 将输入从(32,32,3)调整为(28,28,3)，以匹配 ConvNet 并归一化像素数据。

```
from tensorflow.keras import Sequential
from tensorflow.keras.layers import Conv2D, ReLU, BatchNormalization,
from tensorflow.keras.layers import Dense, Flatten
from tensorflow.keras.layers.experimental.preprocessing import Rescaling
from tensorflow.keras.layers.experimental.preprocessing import Resizing

from tensorflow.keras.datasets import cifar10
(x_train, y_train), (x_test, y_test) = cifar10.load_data()

model = Sequential()
model.add(Conv2D(16, (3,3), strides=1, padding='same', input_shape=(28, 28, 3)))
model.add(BatchNormalization())
model.add(ReLU())
model.add(Conv2D(32, (3,3), strides=1, padding='same'))
model.add(BatchNormalization())
model.add(ReLU())
model.add(Flatten())
model.add(Dense(10, activation='softmax'))          创建包装器模型

wrapper = Sequential()  ◄                                        将预 stem 添加
wrapper.add(Resizing(height=28, width=28, input_shape=(32, 32, 3)))  到包装器模型中
wrapper.add(Rescaling(scale=1.0/255))

wrapper.add(model)  ◄                                            将 ConvNet 添
wrapper.compile(loss='sparse_categorical_crossentropy', optimizer='adam',  加到模型中并
metrics=['acc'])                                                 对其进行训练

wrapper.fit(x_train, y_train, epochs=5, batch_size=32, verbose=1)
wrapper.evaluate(x_test, y_test)
```

既然已经训练了模型，就可以去掉预 stem 并使用模型进行推断。在下一个示例中，假设图像测试数据的大小(28,28,3)已经与 ConvNet 匹配，并且对模型上游的像素数据进行了归一化。包装器模型的前两层是预 stem，这意味着底层训练模型从第三层开始；因此，将 model 设置为 wrapper.layers[2]。现在，可以在不使用预 stem 的情况下使用底层模型进行推断。

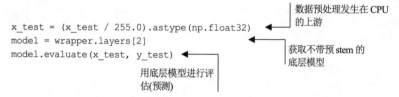

```
x_test = (x_test / 255.0).astype(np.float32)  ◄     数据预处理发生在 CPU
                                                    的上游
model = wrapper.layers[2]  ◄
                                                    获取不带预 stem 的
model.evaluate(x_test, y_test)  ◄                   底层模型

          用底层模型进行评
          估(预测)
```

2. 将预 stem 链接在一起

图 13-10 描述了将预 stem 链接在一起的情况；一个预 stem 将保留在模型部署中，另一个将在部署模型时移除。这里创建两个包装器模型：内部包装器模型和外部包装器模

型。内部包装器模型包含一个预处理预 stem，该预 stem 在部署时将保留在模型中；而外部包装器模型包含一个图像增强预 stem，该预 stem 在部署时将从模型中删除。对于训练，我们训练外部包装器模型；对于部署，我们部署内部包装器模型。

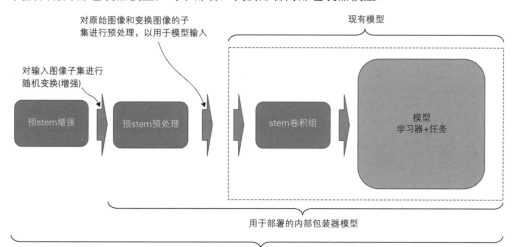

图 13-10　链接在一起的预 stem(内部预 stem 在部署后与模型放在一起，外部预 stem 则被移除)

在最后一个示例中，把两个预 stem 链接在一起。第一个预 stem 用于训练，然后移除以进行推断，第二个预 stem 保留在模型中。在第一个(内部)预 stem 中，对整数像素数据进行归一化(Rescaling)。在第二个(外部)预 stem 中，对输入图像进行中心裁剪(CenterCrop)以进行训练。我们还将第二个预 stem 的输入大小设置为任意高度和宽度，即(None, None, 3)。因此，在训练过程中，可将不同大小的图像输入第二个预 stem，它将把图像中心裁剪为(32,32,3)，然后作为输入传递到第一个预 stem 并进行归一化。

训练好之后，移除第二个(外部)预 stem，并且在不进行中心裁剪的情况下进行推断。

```
from tensorflow.keras import Sequential
from tensorflow.keras.layers import Conv2D, ReLU, BatchNormalization,
from tensorflow.keras.layers import Dense, Flatten
from tensorflow.keras.layers.experimental.preprocessing import Rescaling,
from tensorflow.keras.layers.experimental.preprocessing import CenterCrop

from tensorflow.keras.datasets import cifar10          构建 ConvNet 模型
(x_train, y_train), (x_test, y_test) = cifar10.load_data()

model = Sequential()
model.add(Conv2D(16, (3,3), strides=1, padding='same', input_shape=(32, 32, 3)))
model.add(BatchNormalization())
model.add(ReLU())
model.add(Conv2D(32, (3,3), strides=1, padding='same'))
model.add(BatchNormalization())
model.add(ReLU())
model.add(Flatten())
model.add(Dense(10, activation='softmax'))
model.compile(loss='sparse_categorical_crossentropy',
```

```
                    optimizer='adam', metrics=['acc'])

wrapper1 = Sequential()
wrapper1.add(Rescaling(scale=1.0/255, input_shape=(32, 32, 3)))
wrapper1.add(model)
wrapper1.compile(loss='sparse_categorical_crossentropy',
                 optimizer='adam', metrics=['acc'])

wrapper2 = Sequential()
wrapper2.add(CenterCrop(height=32, width=32, input_shape=(None, None, 3)))
wrapper2.add(wrapper1)
wrapper2.compile(loss='sparse_categorical_crossentropy',
                 optimizer='adam', metrics=['acc'])

wrapper2.fit(x_train, y_train, epochs=5, batch_size=32, verbose=1)

wrapper2.layers[1].evaluate(x_test, y_test)
```

附加第一个预 stem，用于在训练和推断期间归一化图像数据

附加第二个预 stem，用于在训练期间对图像数据进行中心裁剪

使用第一个和第二个预 stem 训练模型

仅使用第一个预 stem 进行推断

3. TF.Keras 子类化层

除了使用 TF.Keras 内置的预处理层外，还可以通过使用层子类化创建自定义预处理层。当你需要一个自定义的预处理步骤，而该步骤并没有预构建到 TF.Keras 预处理层中时，这非常有用。

TF.Keras 中的所有预定义层都是 TF.Keras.Layer 类的子类。要创建自定义层，需要执行以下操作。

(1) 创建一个能够子类化(继承)TF.Keras.Layer 类的类。

(2) 重写初始化器 __init__()以及 build()和 call()方法。

现在使用子类化来构建预处理层 Rescaling 版本。在下一个示例代码实现中，定义类 Rescaling，它继承自 TF.Keras.Layer。然后重写初始化器 __init__()。在底层的 Layer 类中，初始化器设定两个参数。

- input_shape——当用作模型中的第一层时指的是模型输入的输入形状。
- name——此层实例的用户可定义的名称。

通过 super()调用将这两个参数向下传递给底层 Layer 初始化器。

__init__()的任何剩余参数都是特定于层的(自定义)参数。对于 Rescaling，添加参数 scale 并将其值保存在类对象中。

接下来重写 build()方法。当通过 compile()编译模型或使用函数式 API 将一层绑定到另一层时，调用此方法。底层方法采用参数 input_shape，该参数指定层的输入形状。底层参数 self.kernel 设置层的核形状；核形状指定参数的数量。如果我们有可学习的参数，则设置核形状以及如何初始化它。因为 Rescaling 没有可学习的参数，所以将其设置为 None。

最后，重写 call()方法。在执行图以进行训练或推断时调用此方法。底层方法将层的输入张量作为参数 inputs，该方法返回输出张量。在示例中，把输入张量中的每个像素值乘以层初始化时设置的 scale 因子，然后输出重新缩放的张量。

添加装饰器@tf.function 来告诉 TensorFlow AutoGraph(www.tensorflow.org/api_docs/python/tf/autograph)将此方法中的 Python 代码转换为模型中的图操作。AutoGraph 是 TensorFlow 2.0 中引入的一种工具，它是一种预编译器，可以将各种 Python 操作转换为静态图操作。这允许可转换为静态图操作的 Python 代码从 CPU 上的上游移到图中执行。虽然许多 Python 构造都支持转换，但这种转换仅限于非 eager 张量上的图操作。

```python
import tensorflow as tf
from tensorflow.keras import Sequential
from tensorflow.keras.layers import Conv2D, ReLU, Activation,
from tensorflow.keras.layers import BatchNormalization, Dense, Flatten
from tensorflow.keras.layers import Layer

class Rescaling(Layer):                                    使用 Layer 子类化
    """ Custom Layer for Preprocessing Input """          定义自定义层
    def __init__(self, scale, input_shape=None, name=None):   重写初始化器并添
        """ Constructor """                                   加输入参数 scale
        super(Rescaling, self).__init__(input_shape=input_shape, name=name)
        self.scale = scale
将缩放因子
保存在层对
象实例中                                                    重写 build()方法
    def build(self, input_shape):
没有可学         """ Handler for building the layer """
习(可训练)       self.kernel = None
的参数
                                           告诉 AutoGraph 将方法转换
                                           为放入模型中的图操作           重写 call()方法
    @tf.function
    def call(self, inputs):
        """ Handler for layer object is callable """       缩放输入张量中的
        inputs = inputs * self.scale                       每个像素(元素)
        return inputs
```

有关 Layer 和 Model 子类化的详细信息，请参阅 TensorFlow 团队提供的各种关于子类化的教程和 Notebook 示例，例如 Making New Layers and Models via Subclassing (http://mng.bz/my54)。

13.3.2　使用 TF Extended 进行预处理

到目前为止，我们已经讨论了从低级组件构建数据管线。下面将看到如何使用更高级别的组件构建数据管线，这些组件使用 TensorFlow Extended 封装了更多的步骤。

TensorFlow Extended(TFX)是一条 e2e 生产管线。如图 13-11 所示，本节介绍 TFX 的数据管线部分。

在高级别上，ExampleGen 组件从数据集源摄取数据。StatisticsGen 组件分析数据集中的样例并生成数据集分布的统计信息。SchemaGen 组件通常用于结构化的数据，它从数据集统计信息中派生数据模式。例如，它可以推断特征类型(如分类或数值)、数据类型、范围，并且设置数据策略(例如如何处理缺失的数据)。ExampleValidator 组件根据数据模式监控训练和服务数据的异常情况。这 4 个组件共同组成 TFX 数据验证库。

Transform 组件进行数据转换，例如特征工程、数据预处理和数据增强。此组件构成 TFX 转换库。

TFX 包不是 TensorFlow 2.x 版本的一部分，因此需要单独安装，如下所示。

```
pip install tfx
```

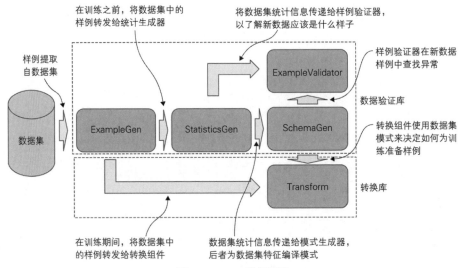

图 13-11　TFX 数据管线

本小节的其余部分仅从较高的层次介绍这些组件。有关详细的参考资料和教程，请参阅 TFX 的 TensorFlow 文档(www.tensorflow.org/tfx)。

接下来创建一个代码段，导入所有后续代码示例中将使用的模块和类。

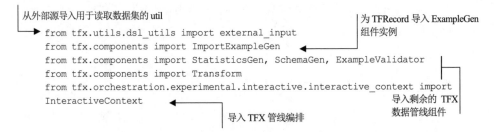

我们将在后续代码示例中使用 TFX 管线编排模块进行交互式演示。这些代码序列设置了一个管线，但在执行管线时，在编排之前不会发生任何事情。

```
context = InteractiveContext()  ◀——— 实例化交互式管线编排
```

1. ExampleGen

ExampleGen 组件是 TFX 数据管线的入口点。它的目的是从数据集中提取成批次的样例。它支持多种数据集格式，包括 CSV 文件、TFRecord 和 Google BigQuery。ExampleGen 的输出是 tf.Example 记录。

下一个代码示例以 TFRecord 格式(例如图像)为磁盘上的数据集实例化 ExampleGen

组件。它包括两个步骤。

我们从第二步开始，将 ExampleGen 组件实例化为子类 ImportExampleGen，其中初始化器把样例的输入源作为参数(input=examples)。

然后后退一步并定义一个连接输入源的连接器。由于输入源是 TFRecord，因此使用 TFX 实用程序方法 external_input()在磁盘上的 TFRecord 和 ImportExampleGen 实例之间映射连接器。

```
examples = external_input('tfrec')
example_gen = ImportExampleGen(input=examples)
context.run(example_gen)
```

实例化一个 ExampleGen，其中 TFRecord 是输入源

执行管线

2. StatisticsGen

StatisticsGen 组件从样例的输入源生成数据集统计信息。这些样例可以是训练/评估数据，也可以是服务数据(此处未涉及后者)。在下一个代码示例中，为训练/评估数据生成数据集统计信息。实例化 StatisticsGen()的一个实例并将样例的源传递给初始化器。这里，样例的源是上一个代码示例中 example_gen 实例的输出。通过 ExampleGen 属性 outputs 指定输出，该输出是一个用于键/值对 examples 的字典。

使用来自 ExampleGen 输出的输入实例化 StatisticsGen　　执行管线

```
statistics_gen = StatisticsGen(
    examples=example_gen.outputs['examples'])
context.run(statistics_gen)
statistics_gen.outputs['statistics']._artifacts[0]
```

显示统计信息的交互输出

最后一行代码的输出如下所示。uri 属性是存储统计信息的本地目录。split_names 属性表示两组统计信息：一组用于训练，一组用于评估。

```
Artifact of type 'ExampleStatistics' (uri: /tmp/tfx-interactive-2020-05-
    28T19_02_20.322858-8g1v59q7/StatisticsGen/statistics/2) at
    0x7f9c7a1414d0
```

.type	<class 'tfx.types.standard_artifacts.ExampleStatistics'>
.uri	/tmp/tfx-interactive-2020-05-28T19_02_20.322858-8g1v59q7/StatisticsGen/statistics/2
.span	0
.split_names	["train", "eval"]

3. SchemaGen

SchemaGen 组件从数据集统计信息生成模式。在下一个代码示例中，我们根据数据集统计信息为训练/评估数据生成一个模式。实例化 SchemaGen()的一个实例并将数据集统计信息的源传递给初始化器。在示例中，统计信息的源是前面代码示例中 statistics_gen 实例的输出。通过 StatisticsGen 属性 outputs 指定输出，该输出是一个用于键/值对 statistics 的字典。

```
schema_gen = SchemaGen(
    statistics=statistics_gen.outputs['statistics'])  ◀── 使用来自 ExampleGen 输出的
context.run(schema_gen)                                     输入实例化 SchemaGen
schema_gen.outputs['schema']._artifacts[0]  ◀──┐
                                                └── 显示模式的交互输出
```

最后一行代码的输出如下所示。uri 属性是存储模式的本地目录。模式的文件名将为
schema.pbtxt。

```
Artifact of type 'Schema' (uri: /tmp/tfx-interactive-2020-05-28T19_02_20
➥   .322858-8g1v59q7/SchemaGen/schema/4) at 0x7f9c500d1790
```

.type	`<class 'tfx.types.standard_artifacts.Schema'>`
.uri	`/tmp/tfx-interactive-2020-05-28T19_02_20.322858-` `8g1v59q7/SchemaGen/schema/4`

对于示例，schema.pbtxt 的内容如下所示。

```
feature {
  name: "image"
  value_count {
    min: 1
    max: 1
  }
  type: BYTES
  presence {
    min_fraction: 1.0
    min_count: 1
  }
}
feature {
  name: "label"
  value_count {
    min: 0
    max: 1
  }
  type: INT
  presence {
    min_fraction: 1.0
    min_count: 1
  }
}
feature {
  name: "shape"
  value_count {
    min: 3
    max: 3
  }
  type: INT
  presence {
    min_fraction: 1.0
    min_count: 1
```

```
    }
}
```

4. ExampleValidator

ExampleValidator 组件识别数据集中的异常，它使用数据集统计信息和模式作为输入。在下一个代码示例中，我们根据数据集统计信息和模式为训练/评估数据识别异常。实例化 ExampleValidator()的一个实例并将数据集统计信息和模式的源传递给初始化器。在示例中，统计信息和模式的源分别是前面代码示例中 statistics_gen 实例和 schema_gen 实例的输出。

```
example_validator = ExampleValidator(        实例化 ExampleValidator
    statistics=statistics_gen.outputs['statistics'],
    schema=schema_gen.outputs['schema'])
context.run(example_validator)                显示异常的交互输出
example_validator.outputs['anomalies']._artifacts[0]
```

最后一行代码的输出如下所示。uri 属性是一个本地目录，用于存储异常信息。

Artifact of type **'ExampleAnomalies'** (uri:) at 0x7f9c780cbdd0

.type	<class 'tfx.types.standard_artifacts.ExampleAnomalies'>
.type	
.span	0

5. Transform

在训练或推断过程中，当样例被分批提取时，Transform 组件执行数据集转换。数据集转换通常是结构化数据的特征工程和数据预处理。

在下面的代码示例中，我们转换数据集中的成批样例。这里实例化 Transform()的一个实例。初始化器采用 3 个参数：要转换 examples 的输入源、数据 schema 和执行转换的自定义 Python 脚本(例如 my_preprocessing_fn.py)。我们将不介绍如何编写用于转换的自定义 Python 脚本；更多详细信息请查看有关 TFX 组件的 TensorFlow 教程(http://mng.bz/5Wqa)。

```
transform = Transform(
    examples=example_gen.outputs['examples'],
    schema=schema_gen.outputs['schema'],
    module_file='my_preprocessing_fn.py')
context.run(transform)
```

下一节将介绍如何将图像增强合并到现有的数据管线中，例如使用 tf.data 和/或使用预 stem 构建的管线。

13.4 数据增强

多年以来，图像(数据)增强已经有多种用途。起初，它被视为一种扩展(添加)到现有数据集的方法，通过对现有图像进行一些随机变换来训练更多的图像。随后，研究人员发现某些类型的增强可以扩展模型的检测能力，例如在不变性和目标遮挡方面。

本节介绍如何将图像增强添加到现有的数据管线中。我们将从图像增强背后的基本概念开始，并介绍它如何帮助模型泛化到未经训练的样例。然后，转向集成到 tf.data 管线中的方法。最后，介绍如何使用预处理层将其集成到一个预 stem 中，该预 stem 在训练期间连接到模型，然后为推断而进行分离。

本节重点介绍扩展模型不变性检测能力的常用增强技术和实现。下面介绍什么是不变性以及说明它为什么重要。

13.4.1 不变性

如今，我们并不认为图像增强的目的只是向训练集中添加更多样例。相反，它是一种训练模型的平移、尺度和视口不变性的方法，具有从现有图像生成附加图像的特定目的。

这一切意味着什么？这意味着我们要识别图像(或视频帧)中的目标，而不考虑图像中的位置(平移)、目标大小(尺度)和查看视角(视口)。图像增强使我们能够训练模型保持不变，而不需要额外的真实世界的人工标记数据。

图像增强通过随机变换训练数据中不同平移、尺度和视口的图像来发挥作用。在研究论文中，通常会执行以下 4 种图像增强类型。

- 随机中心裁剪；
- 随机翻转；
- 随机旋转；
- 随机移位。

下面详细了解这 4 种类型。

1. 随机中心裁剪

裁剪是指截取图像的一部分。通常，裁剪是矩形的。中心裁剪为方形，在原始图像中居中(见图 13-12)。裁剪的大小随机变化，因此某些情况下，它是图像的一小部分，而另一些情况下，它是图像的一大部分。然后将裁剪图像的大小调整为模型的输入大小。

这种转换有助于训练模型的尺度不变性，因为随机放大图像中目标的大小。你或许想知道这些随机裁剪是否会剪切掉所有或过多感兴趣的目标，从而生成一幅无用的图像。通常情况下，情况并非如此，原因如下。

- 重要目标(感兴趣的目标)往往出现在图片的中心或附近。
- 为裁剪设置最小尺寸，以防止裁剪太小而不包含可用数据。

● 切割目标的边缘有助于训练遮挡模型。在遮挡模型中，其他目标会遮挡感兴趣目标的一部分。

初始图像　　　　　　　随机中心裁剪图像　　　　　　调整大小后的图像

图 13-12　随机中心裁剪

2. 随机翻转

翻转是指在水平轴或垂直轴上翻转图像。如果在垂直轴上翻转，会得到镜像图像。如果在水平轴上翻转，会得到倒置图像。此转换有助于训练模型的视口不变性。

你可能会认为，某些情况下，镜像或倒置图像在实际应用中毫无意义。例如，你可能会说停车标志的镜像或者说一辆倒置的卡车没有意义。可能是这样的。但也许停车标志是在后视镜中看到的；也许车翻了，卡车真的从视野里翻过来了。

随机翻转的另一个作用是学习目标的基本特征，而这些目标与背景分离，即在部署模型进行真实世界预测时与实际视口无关。

3. 随机旋转

旋转是指沿着中心点旋转图像。最多可以旋转 360°，但由于随机变换的常见做法是将它们链接起来，因此当与随机翻转结合使用时，+/－30°的范围就足够。此转换有助于训练模型的视口不变性。

图 13-13 是两个链接在一起的随机变换的示例。第一个是随机旋转，然后是随机中心裁剪。

随机旋转的图像　　　　　　　　　　　　　　　　　　调整大小后的图像

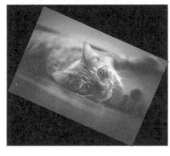  

随机中心裁剪的图像

图 13-13　随机转换链

4. 随机移位

随机移位是指垂直或水平移动图像。如果水平移动，将从左侧或右侧删除像素，并且在另一侧用相同数量的黑色像素(无信号)替换它们。如果垂直移动，将从顶部或底部删除像素，并且在另一侧用相同数量的黑色像素(无信号)替换它们。一般的经验法则是将移位限制在图像宽度/高度的+/－20%以内，以防止剪切过多感兴趣的目标。这种转换有助于训练模型的平移不变性。

除了这里介绍的 4 种变换技术外，还有大量其他变换技术用于不变性。

13.4.2　使用 tf.data 进行增强

可以使用 map()方法将图像变换添加到 tf.data.Dataset 管线中。在本例中，将变换编码为 Python 函数，该函数将图像作为输入并输出变换后的图像。然后，将该函数指定为 map()方法的参数，该方法将该函数应用于批中的每个元素。

在下一个示例中，定义一个函数 flip()，该函数将在每次将图像提取到批次时对数据集中的每个图像执行随机翻转变换。在本例中，从图像训练数据和相应标签的 NumPy 元组创建 tf.data.Dataset，如(x_train, y_train)。然后，将 flip()函数应用于数据集，如 dataset.map(flip)。由于批中的每个图像都是图像和标签的元组，因此变换函数需要两个参数，即(image, label)。同样，返回相应的元组，但输入图像替换为变换的图像，即(transform, label)。

```
import tensorflow as tf
from tensorflow.keras.datasets import cifar10
(x_train, y_train), (x_test, y_test) = cifar10.load_data()          执行图像变换的函数，将图像
                                                                    和相应标签作为输入
def flip(image, label):
    transform = tf.image.random_flip_left_right(image)
    transform = tf.image.random_flip_up_down(transform)            随机翻转输入图像

    return transform, label         返回变换后的图像和相应的标签
dataset = tf.data.Dataset.from_tensor_slices((x_train, y_train))
dataset = dataset.map(flip)
                                    为每个图像/标签对应用翻转变换函数
```

下面为 tf.data.Dataset 链接多个变换。在下面的代码示例中，添加第二个变换函数来进行随机裁剪。注意，tf.image.random_crop()方法不是中心裁剪。与具有随机大小且始终居中的中心裁剪不同，此 TensorFlow 方法设置固定的大小，由 shape 指定，但裁剪位置在图像中是随机的。然后，将两个变换链接起来，先进行随机翻转，然后进行随机裁剪：dataset.map(flip).map(crop)。

```
                                        执行图像变换并将图像和相应标签作为输入的函数
def crop(image, label):
    shape = (int(image.shape[0] * 0.8), int(image.shape[1] * 0.8),
             image.shape[2])
    transform = tf.image.random_crop(image, shape)           根据原始图像大小的 80%选择裁剪大小

    return transform, label

随机裁剪输入图像
```

```
dataset = tf.data.Dataset.from_tensor_slices((x_train, y_train))
dataset = dataset.map(flip).map(crop)  ◄─────┐
                                             应用变换链
```

13.4.3　预 stem

TF.Keras.layers.experimental.preprocessing 模块提供了几个预处理层，这些层提供了在模型中作为预处理组件执行图像增强的方法。因此，这些操作将发生在 GPU(或类似设备)上，而不是 CPU 的上游。由于预 stem 是现成的，因此训练完成后，可以在将模型部署到生产中之前分离它。

在 TensorFlow 2.2 中，支持平移、尺度和视口不变性的预处理层如下所示。

- CenterCrop
- RandomCrop
- RandomRotation
- RandomTranslation
- RandomFlip

在下面的示例中，将两个预处理层(RandomFlip()和 RandomTranslation())结合起来，作为现成的预 stem 实现不变性。创建一个空的 wrapper 模型，添加现成的预 stem，然后添加 model。对于部署，如本章前面所示，分离现成的预 stem。

```
wrapper = Sequential()  ◄─────── 创建包装器模型
wrapper.add(RandomFlip())
wrapper.add(RandomTranslation(fill_mode='constant', height_factor=0.2,    添加不变性
                             width_factor=0.2))                           预 stem

wrapper.add(model)  ◄────── 添加底层模型
```

13.5　本章小结

- 数据管线的基本组件是数据存储、数据检索、数据预处理和数据馈送。
- 为获得最佳的 I/O 性能，如果整个数据集可放入内存，则在训练期间使用内存中的数据馈送；否则使用磁盘上的数据馈送。
- 根据数据是压缩存储还是未压缩存储在磁盘上，会存在额外的空间和时间性能权衡。你可以使用基于子总体抽样分布的混合法进行权衡。
- 如果工作中使用卫星数据，则需要了解 HDF5 格式。如果工作中使用医学成像数据，则需要了解 DICOM 格式。
- 图像增强的主要目的是训练模型的平移、尺度和视口不变性，以便更好地将其泛化到训练过程中未见过的样例。
- 使用 tf.data 或 TFX 可在模型的上游构建数据管线。
- 通过子类化 TF.Keras 预处理层可在模型的下游构建数据管线。
- 预 stem 可设计成预处理的现成组件并在训练和服务期间保持连接。
- 预 stem 可设计成一个现成的增强，在训练过程中连接，在推断过程中分离。

第*14*章

训练和部署管线

本章主要内容
- 在生产环境中馈送模型训练数据
- 持续重训练的调度
- 在部署前后使用版本控制和评估模型
- 在整体式和分布式部署中为大规模按需请求和批请求部署模型

上一章介绍了端到端机器学习生产管线的数据管线部分。本章介绍端到端管线的最后部分：训练、部署和服务。

为直观地进行介绍，图 14-1 借用了第 13 章给出的整个管线。我已经圈出了本章要讨论的系统部分。

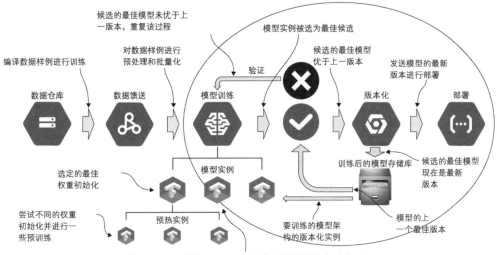

图 14-1 突出显示本章重点的 e2e 生产管线

你可能会问，管线到底是什么？为什么要使用管线，是用于机器学习生产还是用于由编排管理的任何程式化生产操作？当作业(例如由作业编排处理的训练或其他操作)具有多个按顺序发生的步骤时，通常使用管线执行步骤A、执行步骤B等。

将这些步骤放到机器学习生产管线中可以提供多种好处。首先，管线可用于后续训练和部署作业。其次，管线可以容器化，因此可以作为异步批作业运行。第三，管线可以分布在多个计算实例上，其中管线中的不同任务在不同的计算实例上执行，或者相同任务的部分在不同的计算实例上并行执行。最后，跟踪与管线执行相关的所有任务并将状态/结果保存为历史记录。

本章首先介绍在生产环境中为训练馈送模型的步骤，包括序贯式系统和分布式系统，以及使用 tf.data 和 TensorFlow Extended(TFX)的示例实现。然后，我们学习如何安排训练和提供计算资源，将介绍可重用管线、元数据如何用于将管线集成到生产环境中，以及用于跟踪和审核的历史记录和版本控制。

接着介绍如何评估模型，以便发布到生产环境中。现在，我们不再简单地将来自测试(保留)数据的指标与模型先前版本的测试指标进行比较。相反，我们识别生产环境中不同的子总体和分布并构建额外的评估数据(通常称为评估切片)。然后，在模拟的生产环境(通常称为沙箱)中评估模型，以查看它在响应时间和扩展方面的性能。我通过实现 TFX 示例来评估沙箱环境中的候选模型。

然后，将模型部署到生产中，为按需预测和批预测提供服务。你将找到针对当前流量需求的伸缩和负载平衡方法。你还将看到服务平台是如何配置的。最后，我们讨论在使用 A/B 测试方法将模型部署到生产环境中之后，如何根据以前的版本对模型进行进一步评估，以及如何通过持续评估方法用生产过程中获得的见解进行后续重训练。

14.1 模型馈送

图 14-2 是训练管线内模型馈送过程的概念性描述。前端是数据管线，它执行提取和准备训练数据的任务(图中的步骤 1)。如今我们会在生产环境中处理大量数据，这里假设数据是按需从磁盘提取的。因此，模型馈送器充当生成器，执行以下操作。

- 向数据管线发出请求以获取样例(步骤 2)。
- 从数据管线接收这些样例(步骤 3)。
- 将收到的样例组装成批格式以供训练(步骤 4)。

模型馈送器将每个批次交给训练方法，训练方法依次将每个批次前馈到模型(步骤 5)，计算前馈结束时的损失(步骤 6)，并且通过反向传播更新权重(步骤 7)。

因为位于数据管线和训练函数之间，所以模型馈送器可能会是训练过程中的 I/O 瓶颈，因此重要的是考虑实现，使得馈送器能够以训练方法消耗的速度快速生成批次。例如，如果模型馈送器作为单个 CPU 线程运行，数据管线是多 CPU 或 GPU，并且训练过程是多 GPU，则可能会导致馈送器无法以接收到的速度处理样例或者以训练 GPU 可以消耗的速度生成批次。

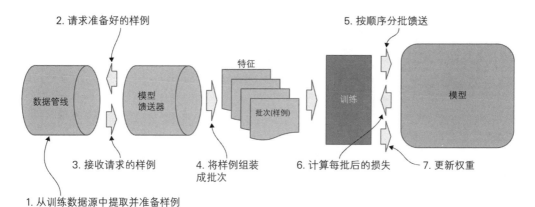

图 14-2　数据管线和训练方法之间的模型馈送过程交互

　　鉴于模型馈送器与训练方法的关系，它必须在训练方法消耗当前批次时或之前在内存中准备好下一批次。生产中的模型馈送器通常是在多个 CPU 核上运行的多线程进程。有两种方法可以在训练期间将训练样例提供给模型：序贯式和分布式。

1. 用于序贯式训练的模型馈送器

图 14-3 显示了序贯式馈送器。从共享内存区域开始，然后经过 4 个步骤，如下所示。

● 　为模型馈送器保留一个共享内存区域，用于在内存中保存两个或多个批次(步骤 1)。

● 　在共享内存中实现先进先出(FIFO)队列(步骤 1)。

● 　第一个异步进程将就绪批次发布到队列中(步骤 2 和 3)。

● 　当训练方法请求时，第二个异步进程将下一批次从队列中拉出(步骤 3 和 4)。

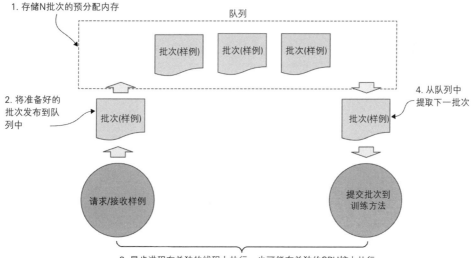

图 14-3　用于序贯式训练的模型馈送器

通常，对于计算资源来说，序贯式方法是最具成本效益的，当完成训练的时间段在训练需求时间之内时使用此方法。好处很简单：没有计算开销，就像在分布式系统中一样，CPU/GPU 可以满负荷运行。

2. 用于分布式训练的模型馈送器

在分布式训练中，例如在多个 GPU 上，模型馈送器处的 I/O 瓶颈的影响可能更严重。如图 14-4 所示，它不同于单实例、非分布式序贯方法，因为多个异步提交进程从队列中抽取批次，以并行地为模型的多个实例提供训练馈送。

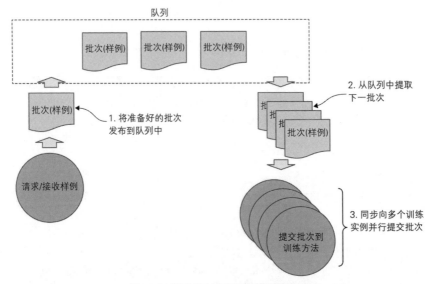

图 14-4   用于分布式训练的模型馈送器

虽然分布式方法会带来一些计算效率低下的问题，但当时间范围不允许使用序贯式方法来完成训练时，可以使用分布式方法。通常情况下，时间需求是基于业务需求的，不满足业务需求的成本要高于计算效率低下的成本。

在分布式训练中，第一个异步进程必须将多个批次提交到队列中(步骤 1)，提交速度等于或大于其他多个异步进程提取批次(步骤 2)。每个分布式训练节点都有一个异步进程，用于从队列中提取批次。最后，第三个异步进程协调从队列中提取批次并等待完成(步骤 3)。在这种形式的分布式训练中，每个分布式训练节点都有第二个异步进程(步骤 2)，其中的节点可以是如下事物。

- 通过网络连接在一起的单独的计算实例。
- 同一计算实例上的单独的硬件加速器(如 GPU)。
- 多核计算实例(如 CPU)上的单独的线程。

你可能会问，当每个实例只看到批次的一个子集时，如何训练模型？在这种分布式方法中，我们使用权重的批平滑。

可以这样想：每个模型实例都从训练数据的子抽样分布中学习，我们需要一种方法来合并从每个子抽样分布中学习到的权重。每个节点在完成一个批次后，将向其他节点发送其权重更新。当接收方节点接收到权重更新时，它将使用自己批次的权重更新对其进行平均，从而实现权重的批平滑。

发送权重有两种常见的网络方法。一种是在所有节点连接到的子网上广播权重。另一种是使用环形网络，其中每个节点将其权重更新发送到下一个连接的节点。

无论是广播还是使用环形网络，这种形式的分布式训练有两个后果。首先，有一个全员参与的网络活动。第二，你不知道什么时候会出现带有权重更新的消息。这完全是不协调和临时的。因此，权重的批平滑具有固有的低效性，与序贯式方法相比，将需要更多的时间来训练模型。

3. 带有参数服务器的模型馈送器

另一个版本的分布式训练使用参数服务器。参数服务器通常在另一个节点上运行，该节点通常是 CPU。例如，在谷歌的 TPU Pods 中，每组 4 个 TPU 都有一个基于 CPU 的参数服务器。其目的是解决异步更新对权重进行批平滑的低效性问题。

在这种形式的分布式训练中，权重更新的批平滑同步进行。参数服务器(见图 14-5)将不同的批次分配给每个训练节点，然后等待每个节点完成其相应批次的消耗(步骤 1)并将损失计算发送回参数服务器(步骤 2)。在从每个训练节点接收到损失计算后，参数服务器对损失进行平均并更新参数服务器维护的主副本上的权重，然后将更新后的权重发送给每个训练节点(步骤 3)。接着，参数服务器向模型馈送器发送信号，以分派下一组并行批次(步骤 4)。

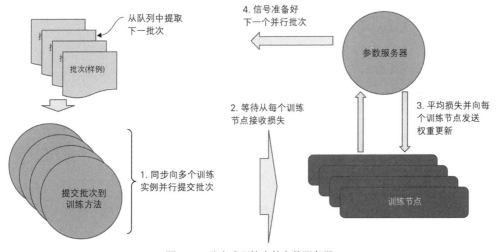

图 14-5　分布式训练中的参数服务器

这种同步方法的优点是，它不需要像前面提到的异步方法那样多的时期进行训练。但缺点是每个训练节点必须等待参数服务器发出接收下一批次的信号，因此训练节点可能在 GPU 或其他计算能力以下运行。

还有几件事需要指出。对于每一轮，每个分布式训练节点从另一个节点接收不同的批次。由于训练节点之间的损失可能存在显著差异以及等待参数更新权重的开销，分布式训练通常使用较大的批大小。

较大的批次可以消除或减少并行批次之间的差异并减少训练过程中的 I/O 瓶颈。

14.1.1 使用 tf.data.Dataset 进行模型馈送

第 13 章介绍了如何使用 tf.data.Dataset 构建数据管线。这种方式可以作为模型馈送的机制。本质上，tf.data.Dataset 实例是一个生成器。它可以集成到序贯式和分布式训练中。但是，在分布器馈送器中，实例不充当参数服务器的角色，因为该功能由底层分发系统执行。

tf.data.Dataset 的一些主要好处是设置批大小、对随机批的数据随机洗牌，以及在馈送当前批次的同时预取下一批。

下面的代码是使用 tf.data.Dataset 在训练期间为模型提供数据的示例，它使用虚拟模型——一种具有单层(Flatten)且无须训练参数的 Sequential 模型。为进行演示，这里使用 TF.Keras 内置数据集中的 CIFAR-10 数据。

由于本例中的 CIFAR-10 数据已经在内存中，因此当通过 cifar10.load_data()加载时，会创建一个生成器，从内存中的源为批次提供数据。第一步是为内存数据集创建生成器。我们使用 from_tensor_slices()实现这一点，它将内存中训练样例和相应标签的元组(x_train, y_train)作为参数。注意，此方法不会复制训练数据。相反，它构建一个指向训练数据源的索引并使用该索引随机洗牌、迭代和获取样例。

```
from tensorflow.keras.datasets import cifar10
import numpy as np
from tensorflow.keras import Sequential
from tensorflow.keras.layers import Flatten

(x_train, y_train), (x_test, y_test) = cifar10.load_data()
x_train = (x_train / 255.0).astype(np.float32)
x_test = (x_test / 255.0).astype(np.float32)

model = Sequential([ Flatten(input_shape=(32, 32, 3))] )
model.compile(loss='sparse_categorical_crossentropy', optimizer='adam')

dataset = tf.data.Dataset.from_tensor_slices((x_train, y_train))
dataset = dataset.batch(32).shuffle(1000).repeat().prefetch(2)

model.fit(dataset, epochs=10, steps_per_epoch=len(x_train//32))
```

创建 tf.data.Dataset 作为 CIFAR-10 训练数据模型馈送的生成器

设置模型馈送属性

训练时使用生成器作为模型馈送器

现在，前面的代码示例中有了一个生成器，可以添加一些属性使其成为模型馈送器。

- 将批大小设置为 32(batch(32))。
- 在内存中设置一次随机洗牌 1000 个样例(shuffle(1000))。

- 重复迭代整个训练数据(repeat())。如果不使用 repeat()，生成器将只遍历训练数据一次。
- 与馈送批次同步，在馈送器队列中最多预取两个批次(prefetch(2))。

接下来，将生成器作为训练输入源传递给 fit(dataset，epochs=10，steps_per_epoch=len(x_train//32))命令进行训练。此命令将生成器视为迭代器，对于每个交互，生成器将执行模型馈送任务。

因为我们使用生成器进行模型馈送，repeat()将导致生成器永远迭代，所以 fit()方法不知道它何时消耗了一个训练时期的全部训练数据。因此我们需要告诉 fit()方法有多少批次组成一个训练时期，用关键字参数 steps_per_epoch 设置。

动态更新批大小

第 10 章介绍了批大小如何与学习率成反比。在训练期间，这种反向关系意味着传统的模型馈送技术将随着学习率的降低而按比例增加批次。虽然 TF.Keras 有一个内置的方法，可以使用 LearningRateScheduler 回调动态更新学习率，但它目前对于批大小没有相同的功能。相反，我将展示 DIY 版本，即在训练期间动态更新批大小，同时降低学习率。

我将在描述实现 DIY 的代码时解释其过程。这种情况下，添加一个外部训练循环来动态更新批大小。前面提到，在 fit()方法中，批大小被指定为一个参数。因此，为更新批大小，对训练时期进行分区并多次调回 fit()。在循环内部，对模型进行指定时期数的训练。对于循环，每次迭代时，更新学习率和批大小，并且设置循环中要训练的时期。在 for 循环中，使用一个元组列表，每个元组将指定学习率(lr)、批大小(bs)和训练时期数(epochs)，例如(0.01,32,10)。

重置循环中的训练时期数很简单，因为我们可以将其指定为 fit()方法的参数。对于学习率，通过(重新)编译模型来重置它，并且在指定优化器参数 Adam(lr=lr)时重置学习率。在训练中重新编译模型是可以的，因为它不影响模型的权重。换句话说，重新编译不会撤销以前的训练。

重置 tf.data.Dataset 的批大小并不是那么简单，因为一旦设置了它，就无法重置。相反，必须为每个循环迭代中的训练数据创建一个新生成器，其中使用 batch()方法指定当前的批大小。

```python
from tensorflow.keras.datasets import cifar10
import numpy as np
from tensorflow.keras import Sequential
from tensorflow.keras.layers import Flatten, Dense, Conv2D, MaxPooling2D
from tensorflow.keras.optimizers import Adam

(x_train, y_train), (x_test, y_test) = cifar10.load_data()
x_train = (x_train / 255.0).astype(np.float32)
x_test = (x_test / 255.0).astype(np.float32)

model = Sequential([ Conv2D(16, (3, 3), activation='relu',
                            input_shape=(32, 32, 3)),
                     Conv2D(32, (3, 3), strides=(2, 2), activation='relu'),
                     MaxPooling2D((2, 2), strides=2),
```

创建新生成器以重置
批大小

训练时动态重置超参
数的外部循环

```
                            Flatten(),
                            Dense(10, activation='softmax')
                        ])

    for lr, bs, epochs in [ (0.01, 32, 10), (0.005, 64, 10), (0.0025, 128, 10) ]:
        print("hyperparams: lr", lr, "bs", bs, "epochs", epochs)
        dataset = tf.data.Dataset.from_tensor_slices((x_train, y_train))
        dataset = dataset.shuffle(1000).repeat().batch(bs).prefetch(2)

        model.compile(loss='sparse_categorical_crossentropy',
                      optimizer=Adam(lr=lr),
                      metrics=['acc'])
        model.fit(dataset, epochs=epochs, steps_per_epoch=200, verbose=1)
```

重新编译模型以重置
学习率

使用重置的时期数
训练模型

以下是运行训练时动态重置超参数的 DIY 版本后的缩略版输出。我们可以在外部循环的第一次迭代中看到，第 10 个时期的训练准确度是 51%。在第二次迭代中，学习率减半，批大小增加一倍，第 10 个时期的训练准确度为 58%。第三次迭代达到 61%。正如从输出中观察到的那样，在 3 次迭代中，随着损失空间的缩小，我们能够保持损失的持续减少和准确度的提高。

```
hyperparams: lr 0.01 bs 32 epochs 10
Epoch 1/10
200/200 [==============================] - 1s 3ms/step - loss: 1.9392 - acc: 0.2973
Epoch 2/10
200/200 [==============================] - 1s 3ms/step - loss: 1.6730 - acc: 0.4130
...
Epoch 10/10
200/200 [==============================] - 1s 3ms/step - loss: 1.3809 - acc: 0.5170


hyperparams: lr 0.005 bs 64 epochs 10
Epoch 1/10
200/200 [==============================] - 1s 3ms/step - loss: 1.2248 - acc: 0.5704
Epoch 2/10
200/200 [==============================] - 1s 3ms/step - loss: 1.2740 - acc: 0.5510
...
Epoch 10/10
200/200 [==============================] - 1s 3ms/step - loss: 1.1876 - acc: 0.5853

hyperparams: lr 0.0025 bs 128 epochs 10
Epoch 1/10
200/200 [==============================] - 1s 4ms/step - loss: 1.1186 - acc: 0.6063
Epoch 2/10
200/200 [==============================] - 1s 3ms/step - loss: 1.1434 - acc: 0.5997
...
Epoch 10/10
200/200 [==============================] - 1s 3ms/step - loss: 1.1156 - acc: 0.6129
```

14.1.2　使用 tf.Strategy 进行分布式馈送

　　TensorFlow 模块 tf.distribute.Strategy 提供了一个方便的封装接口，它为你完成了所有工作，用于在同一计算实例上跨多个 GPU 或跨多个 TPU 进行分布式训练。如本章前面所述，它实现了一个同步参数服务器。该 TensorFlow 模块针对 TensorFlow 模型的分布式训练以及并行 Google TPU 上的分布式训练进行了优化。

　　在具有多个 GPU 的单个计算实例上进行训练时，使用 tf.distribute.MirrorStrategy；在 TPU 上进行训练时，使用 tf.distribute.TPUStrategy。本章将不介绍跨机器的分布式训练，只说明你将使用 tf.distribute.experimental.ParameterServerStrategy，它跨网络实现异步参数服务器。跨多台机器进行分布式训练的设置有些复杂。如果你正在构建 TensorFlow 模型，并且在训练过程中需要大量并行性来实现业务目标，建议你使用这种方法并学习 TensorFlow 文档。

　　以下是使用多个 CPU 或 GPU 在一台机器上设置分布式训练的方法。

　　(1) 实例化一个分布策略。

　　(2) 在分布策略范围内做两件事。

　　◆　创建模型。

　　◆　编译模型。

　　(3) 训练模型。

　　这些步骤似乎违反直觉，因为我们是在构建和编译模型时设置分布策略，而不是在训练模型时设置分布策略。TensorFlow 中的一项要求是，模型的构建需要意识到它将使用分布式训练策略进行训练。在撰写本文时，TensorFlow 团队最近发布了一个新的实验版本，可以独立于编译模型来设置分布策略。

　　下面是实现前面 3 个步骤和两个子步骤的代码，如下所述。

　　(1) 定义函数 create_model() 来创建要训练的模型实例。

　　(2) 实例化分布策略：strategy=tf.distribute.MirroredStrategy()。

　　(3) 通过 with strategy.scope() 设置分布上下文。

　　(4) 在分布上下文中，创建模型的一个实例：model=create_model()。然后编译它：model.compile()。

　　(5) 最后训练模型。

```
def create_model():
    model = Sequential([ Conv2D(16, (3, 3), activation='relu',    创建模型实例的函数
                             input_shape=(32, 32, 3)),
                        Conv2D(32, (3, 3), strides=(2, 2),
                             activation='relu'),
实例化分布策略           MaxPooling2D((2, 2), strides=2),
                        Flatten(),
                        Dense(10, activation='softmax')
                        ])
    return model

strategy = tf.distribute.MirroredStrategy()
```

```
with strategy.scope(): bbbb          在分布策略范围内
    model = create_model()           创建并编译模型
    model.compile(loss='sparse_categorical_crossentropy', optimizer='adam')

model.fit(dataset, epochs=10, steps_per_epoch=200)    ◄─────── 训练模型
```

你可能会问，可以使用一个已经建成的模型吗？答案是否定的；必须在分布策略的范围内构建模型。例如，以下代码将导致一个错误，表明模型未在分布策略的范围内构建。

```
model = create_model()               ◄─────
with strategy.scope():                     模型未在分布策略范围内构建
    model.compile(loss='sparse_categorical_crossentropy', optimizer='adam')
```

你可能还会问：已经有了一个预构建或预训练的模型，它不是为分布策略而构建的，我还能做分布式训练吗？答案是肯定的。如果已将现有的 TF.Keras 模型保存到磁盘，则当你使用 load_model()将其加载回内存时，它会隐式地构建该模型。以下是从预训练模型设置分布策略的示例实现。

```
with strategy.scope():                           从磁盘加载时隐式地重建模型
    model = tf.keras.models.load_model('my_model')  ◄────
    model.compile(loss='sparse_categorical_crossentropy', optimizer='adam')
```

同样，当从模型存储库加载预构建模型时，会有一个隐式加载和相应的隐式构建。以下代码序列是从 tf.keras.applications 内置模型存储库加载模型的示例，其中隐式地重建模型。

```
with strategy.scope():                        从存储库加载时隐式重建模型
    model = tf.keras.applications.ResNet50()   ◄────
    model.compile(loss='sparse_categorical_crossentropy', optimizer='adam')
```

默认情况下，镜像策略将使用计算实例上的所有 GPU。可以获取将与属性 num_replicas_in_sync 一起使用的 GPU 或 CPU 内核数，还可以显式设置要使用的 GPU 或内核。在下面的代码示例中，将分布策略设置为使用两个 GPU。

```
strategy = tf.distribute.MirroredStrategy(['/gpu:0', '/gpu:1'])
print("GPUs:", strategy.num_replicas_in_sync)
```

前面的代码示例生成以下输出。

```
INFO:tensorflow:Using MirroredStrategy with devices
    ('/job:localhost/replica:0/task:0/device:GPU:0',
     '/job:localhost/replica:0/task:0/device:GPU:1')
GPUs:2
```

14.1.3　使用 TFX 进行模型馈送

第 13 章介绍了 TFX 端到端生产管线的数据管线部分。本节将介绍训练管线组件的相应 TFX 模型馈送方面以作为替代实现。图 14-6 描述了训练管线组件及其与数据管线的

关系。训练管线由以下部分组成。

- 训练器——训练模型。
- 调优器——调优超参数(例如学习率)。
- 评估器——评估模型的目标(例如准确度)并将结果与基线(例如以前的版本)进行比较。
- infra 评估器——在部署之前在沙箱服务环境中测试模型。

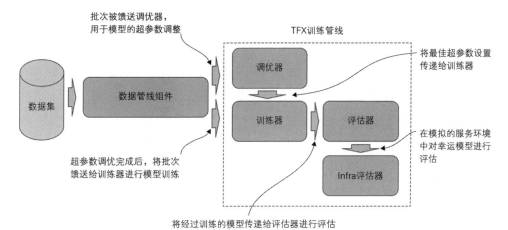

图 14-6　组成训练管线的 TFX 组件包括调优器、训练器、评估器和 infra 评估器

1. 编排

让我们大致回顾 TFX 和管线的好处。如果单独执行训练/部署模型的每个步骤,则将其称为任务感知架构。每个组件都知道自己,但不知道连接的组件或以前执行的历史记录。

TFX 实现编排。在编排中,管理界面监督每个组件的执行,记住过去组件的执行并维护历史记录。正如第 13 章所述,每个组件的输出都是工件;这些是执行的结果和历史记录。在编排中,这些工件或对它们的引用被存储为元数据。对于 TFX,元数据以关系格式存储,因此可以通过 SQL 数据库存储和访问。

这里将深入了解编排的好处,然后介绍 TFX 模型馈送是如何运作的。通过使用编排(见图 14-7),可执行以下操作。

- 在另一个组件完成后安排一个组件的执行。例如,在完成从训练数据生成特征模式后安排数据转换的执行。
- 当组件的执行互不依赖时,安排并行执行组件。例如,在完成数据转换后并行安排超参数调优和训练。
- 如果没有任何更改,则重用组件先前执行的工件。例如,如果训练数据没有更改,则可以重用来自转换组件的缓存的工件(即转换图),而无须重新执行。
- 为每个组件提供不同的计算引擎实例。例如,在 CPU 计算实例上提供数据管线组件,在 GPU 计算实例上提供训练组件。

- 如果任务支持分布(例如调优和训练)，则可以跨多个计算实例分布该任务。
- 将组件的工件与组件先前执行的数据进行比较。例如，评估器组件可以将模型的目标(例如准确度)与以前训练过的模型版本进行比较。
- 通过能够在生成的工件中前后移动来调试和审核管线的执行。

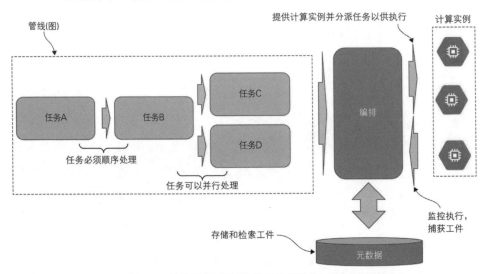

图 14-7 编排接收以图表示的管线并提供实例和分派任务

2. 训练器组件

Trainer 组件支持训练 TensorFlow 评估器、TF.Keras 模型和其他自定义训练循环。由于 TensorFlow 2.x 建议逐步淘汰评估器，因此我们将只关注为 TF.Keras 模型配置训练器组件并为其提供数据。训练器组件采用以下参数。

- module_file——这是用于自定义模型训练的 Python 脚本。它必须包含一个 run_fn() 函数作为训练的入口点。
- examples——训练模型的示例，来自 ExampleGen 组件的输出，即 example_gen.outputs ['examples']。
- schema——数据集模式，来自 SchemaGen 组件的输出，即 schema_gen['schema']。
- custom_executor_spec——自定义训练的执行器，它调用 module_file 中的 run_fn() 函数。

```
from tfx.components import Trainer
from tfx.components.base import executor_spec          用于自定义训练的导入
from tfx.components.trainer import GenericExecutor

                                              用于自定义训练的 Python 脚本
trainer = Trainer(
     module_file=module_file,                         在训练期间向模型馈
     examples=example_gen.outputs['examples'],        送数据的训练数据源
     schema=schema_gen.outputs['schema'],
     custom_executor_spec=executor_spec.ExecutorClassSpec(GenericExecutor)
)                                                  用于自定义训练的自定义执行器
从数据集推断出的模式
```

如果训练数据要由 Transform 组件进行预处理，则需要设置以下两个参数。

- transformed_examples——设置为 Transform 组件的输出，即 Transform.outputs
['transformed_examples']。
- transform_graph——由 Transform 组件生成的静态转换图，即 transform.outputs
['transformed_graph']。

```
trainer = Trainer(
    module_file=module_file,
    transformed_examples=transform.outputs['transformed_examples'],    将训练数据从
    transform_graph=transform.outputs['transform_graph'],              Transform 组件馈送
    schema=schema_gen.outputs['schema'],                               到静态转换图中
    custom_executor_spec=executor_spec.ExecutorClassSpec(GenericExecutor)
)
```

通常，我们希望将其他超参数传递到训练模块中。这些参数可以作为附加参数
train_args 和 eval_args 传递给 Trainer 组件。这些参数设置为键/值对列表，转换为 Google
的 protobuf 格式。以下代码传递了训练和评估的步骤数。

```
from tfx.proto import trainer_pb2          导入用于传递超参数的
trainer = Trainer(                         TFX protobuf 格式
    module_file=module_file,
    transformed_examples=transform.outputs['transformed_examples'],
    transform_graph=transform.outputs['transform_graph'],
    schema=schema_gen.outputs['schema'],
    custom_executor_spec=executor_spec.ExecutorClassSpec(GenericExecutor),
    train_args=trainer_pb2.TrainArgs(num_steps=10000),
    eval_args=trainer_pb2.EvalArgs(num_steps=5000)
)                                          超参数作为 protobuf 消息传
                                           递给训练器组件
```

现在查看自定义 Python 脚本中 run_fn()函数的基本要求。run_fn()的参数由传递到
Trainer 组件的参数构建并作为属性访问。在示例实现中，执行以下操作。

- 提取训练步骤总数：training_args.train_steps。
- 提取每个训练时期后验证的步骤数量：training_args.eval_steps。
- 获取训练和评估数据的 TFRecord 文件路径：training_args.train_files。注意，
ExampleGen 不是馈送内存中的 tf.Examples，而是馈送包含 tf.Examples 的磁盘上
的 TFRecord。
- 获取转换图(training_args.transform_output)并构建一个转换执行函数 tft.TFTransform-
Output()。
- 调回内部函数 _input_fn()来创建用于训练和验证数据集的数据集迭代器。
- 使用内部函数 _build_model()构建或加载 TF.Keras 模型。
- 使用 fit()方法训练模型。
- 获取服务目录以存储经过训练的模型(training_args.output)，该目录可指定为
Trainer 组件的参数 output。
- 将经过训练的模型保存到指定的服务输出位置：model.save(serving_dir)。

```
from tfx.components.trainer.executor import TrainerFnArgs
import tensorflow_transform as tft
```

```
BATCH_SIZE = 64                    超参数设置为常量
STEPS_PER_EPOCH = 250


def run_fn(training_args: TrainerFnArgs):
    train_steps = training_args.train_steps      作为参数传递给 Trainer 组件的
    eval_steps = training_args.eval_steps         训练/验证步骤

    train_files = training_args.train_files       作为参数传递给 Trainer 组件
    eval_files = training_args.eval_files          的训练/验证数据

    tf_transform_output = tft.TFTransformOutput(training_args.transform_output)
    train_dataset = _input_fn(train_files, tf_transform_output, BATCH_SIZE)
    eval_dataset = _input_fn(eval_files, tf_transform_output, BATCH_SIZE)
                                构建或加载模型进行训练
    model = _build_model()                                           为训练和验证数据
                                                                     创建数据集迭代器
    epochs = train_steps // STEPS_PER_EPOCH

    model.fit(train_dataset, epochs=epochs, validation_data=eval_dataset,
              validation_steps=eval_steps)
  计算时期数                                       训练模型
    serving_dir = training_args.output       以 SavedModel 格式将模型保存
    model.save(serving_dir)                   到指定的服务目录
```

在构建自定义 Python 训练脚本时，有很多细节和各种方向。更多详细信息和指导建议查看 TFX 指南以了解 Trainer 组件(www.tensorflow.org/tfx/guide/trainer)。

3. 调优器组件

Tuner 组件是训练管线中的可选任务。可以在自定义 Python 训练脚本中强行使得超参数用于训练，或者使用调优器查找超参数的最佳值。

Tuner 的参数与 Trainer 非常相似，即 Tuner 将进行短期训练，以找到最佳超参数。但与返回训练后的模型的 Trainer 不同，Tuner 的输出是经过调优的超参数值。通常不同的两个参数是 train_args 和 eval_args。由于这些将是较短的训练运行，因此调优器的步骤数通常比完全训练的步骤数少 20%。

另一个要求是自定义 Python 训练脚本 module_file 包含函数入口点 tuner_fn()。典型的做法是使用一个同时具有 run_fn()和 tuner_fn()函数的 Python 训练脚本。

```
tuner = Tuner(
    module_file=module_file,
    transformed_examples=transform.outputs['transformed_examples'],
    transform_graph=transform.outputs['transform_graph'],
    schema=schema_gen.outputs['schema'],
    train_args=trainer_pb2.TrainArgs(num_steps=2000),    调优时较短训练运行
    eval_args=trainer_pb2.EvalArgs(num_steps=1000)        的步数
)
```

接下来查看 tuner_fn()的示例实现。我们将使用 KerasTuner 进行超参数调优，但也可以使用与模型框架兼容的任何调优器。第 10 章中介绍了如何使用 KerasTuner。它是

TensorFlow 的一个独立软件包,因此需要按如下方式安装。

```
pip install keras-tuner
```

与 Trainer 组件一样,Tuner 组件的参数和默认值作为参数 tuner_args 的属性传递给 tuner_fn()。注意,该函数的启动方式与 run_fn()相同,但在进入训练步骤时有所不同。我们不调用 fit()方法并保存经过训练的模型,而是执行以下操作。

(1) 实例化 KerasTuner。
- ♦ 使用 build_model()作为超参数模型参数。
- ♦ 调回内部函数_get_hyperparameters()来指定超参数搜索空间。
- ♦ 最大试验次数设置为 6 次。
- ♦ 将目标设定为选择超参数的最佳值。这里是验证准确度。

(2) 将用于训练的调优器和其余参数传递给 TunerFnResult()的实例,该实例将执行调优器。

(3) 返回调优试验的结果。

```
import kerastuner

def tuner_fn(tuner_args: FnArgs) -> TunerFnResult:        用于超参数调优的入
    train_steps = tuner_args.train_steps                  口点函数
    eval_steps = tuner_args.eval_steps

    train_files = tuner_args.train_files
    eval_files = tuner_args.eval_files

    tf_transform_output = tft.TFTransformOutput(tuner_args.transform_output)
    train_dataset = _input_fn(train_files, tf_transform_output, BATCH_SIZE)
    eval_dataset = _input_fn(eval_files, tf_transform_output, BATCH_SIZE)

    tuner = kerastuner.RandomSearch(_build_model(),          实例化 KerasTuner 用
                           max_trials=6,                     于 RandomSearch
                           hyperparameters=_get_hyperparameters(),
                           objective='val_accuracy'
用指定的调优器实例进行      )                                  检索超参数搜索空间
实例化并执行调优试验
    result = TunerFnResult(tuner=tuner,
                           fit_kwargs={
               调优期间用于短期训        'x': train_dataset,
               练运行的训练参数        'validation_data': eval_dataset,
                                      'steps_per_epoch': train_steps,
                                      'validation_steps': eval_steps
                           })
    return result
```

现在查看 Tuner 和 Trainer 组件是如何链接在一起并形成一个可执行管线的。在下面的示例实现中,通过添加可选参数 hyperparameters 并将输入连接到 Tuner 组件的输出,对 Trainer 组件的实例化进行了一次修改。现在,当我们使用 context.run()执行 Trainer 实例时,编制器将看到对 Tuner 的依赖,并且将在 Trainer 组件进行完全训练之前安排其执行。

```
tuner = Tuner(
    module_file=module_file,
    transformed_examples=transform.outputs['transformed_examples'],
    transform_graph=transform.outputs['transform_graph'],
    schema=schema_gen.outputs['schema'],
    train_args=trainer_pb2.TrainArgs(num_steps=2000),
    eval_args=trainer_pb2.EvalArgs(num_steps=1000)
)
trainer = Trainer(
    module_file=module_file,
    transformed_examples=transform.outputs['transformed_examples'],
    transform_graph=transform.outputs['transform_graph'],
    schema=schema_gen.outputs['schema'],
    custom_executor_spec=executor_spec.ExecutorClassSpec(GenericExecutor),
    hyperparameters=tuner.outputs['best_hyperparameters'],       ◀
    train_args=trainer_pb2.TrainArgs(num_steps=10000),
    eval_args=trainer_pb2.EvalArgs(num_steps=5000)                  从 Tuner 组件获取已
)                                                                  调优的超参数
context.run(trainer)   ◀━━━━━   执行 Tuner/Trainer 管线
```

与训练器一样，可以自定义 Python 超参数调优脚本。关于 Tuner 组件的内容请参阅
TFX 指南(www.tensorflow.org/tfx/guide/tuner)。

14.2   训练调度器

在研究或开发环境中，训练管线通常是手动启动的；管线中的每个任务都是手动启
动的，以便在必要时可以观察和调试每个任务。在生产方面，它们是自动化的；自动化
使管线的执行更高效，人工参与度更低，可扩展性更强。本节将介绍调度在生产环境中
是如何工作的，因为大量的训练作业要排队等待训练和/或模型被不断地重新训练。

生产环境的需求与研发不同，如下所示。

- 在生产环境中，计算和网络 I/O 的数量可能会有很大的变化，其中大量的模型要
  并行地连续重新训练。
- 训练作业可能有不同的优先级，因为它们必须在部署的交付时间表内完成。
- 训练作业可能会有按需需求，例如按每次使用情况(如云实例)配置的特殊硬件。
- 由于重新启动和超参数调优，训练作业的长度可能会有所不同。

图 14-8 描述了端到端生产管线的作业调度器，这对于具有上述需求的大规模生产
环境是很典型的。我们使用一个概念性的观点，即生产环境中的作业调度还没有得到
开源机器学习框架的充分支持，但在不同程度上受到付费机器学习服务(如云提供商)的
支持。

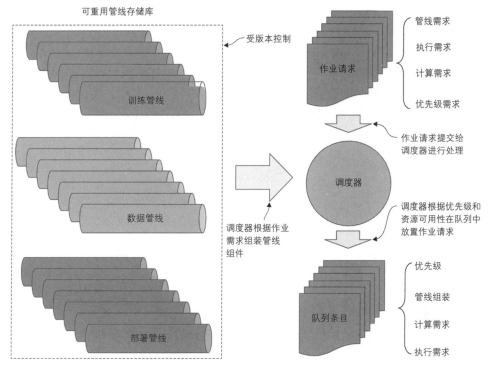

图 14-8　大规模生产环境中的管线作业调度

让我们深入了解生产环境的一些假设，这些是企业环境中的典型情况。

- 没有自定义作业。尽管在模型开发过程中可能有自定义作业，但一旦模型进入生产环境，就会使用版本控制的预定义管线对其进行训练和部署。
- 管线定义了依赖项。例如，用于图像输入模型的训练管线有一个依赖项，该依赖项只能与特定于图像数据的数据管线组合。
- 管线可能具有可配置属性。例如，数据管线的源输入和输出形状是可配置的。
- 如果对管线进行升级，它将成为下一个版本。以前的版本和执行历史记录会被保留。
- 作业请求指定管线需求。可以参考特定管线和版本或通过属性指定管线需求，调度器据此确定最佳匹配管线。需求还可以指定可配置的属性，例如数据管线的输出形状。
- 作业请求指定执行需求。例如，如果正在使用类似 AutoML 的服务，它可以指定计算时间的最大训练预算。它也可以指定提前停止条件或者热启动或重新启动训练作业的条件。
- 作业请求指定计算需求。例如，如果是分布式训练，它可以指定计算实例的数量和类型。需求通常包括操作系统和软件需求。

- 作业请求指定优先级需求。通常情况下，分为按需请求或批请求。按需作业通常在计算资源可供调配时进行分派。批请求通常延迟到特定条件得到满足。例如，它可以指定执行的时间窗口或者等待计算实例最经济的时刻。
- 按需作业可以选择设置优先级条件。如果不设置，则通常以 FIFO 方式分派。指定优先级的作业可更改其在 FIFO 分派队列中的位置。例如，估计时间长度为 X 且在时间 Y 之前完成的作业可能会在队列中上移以满足需求。
- 一旦从队列中分派作业，其管线组装、执行和计算需求将传递给编排器。

14.2.1 管线版本控制

在生产环境中，管线是受版本控制的。除版本控制外，管线的每个版本都将具有用于跟踪目的的元数据。该元数据可能包括以下内容。

- 管线创建和上次更新的时间；
- 上次使用管线的时间以及作业是什么；
- 虚拟机(VM)依赖项；
- 平均执行时间；
- 故障率。

图 14-9 描述了版本控制下的数据管线和相应的可重用组件的存储库。本例中有两个可重用组件的存储库。

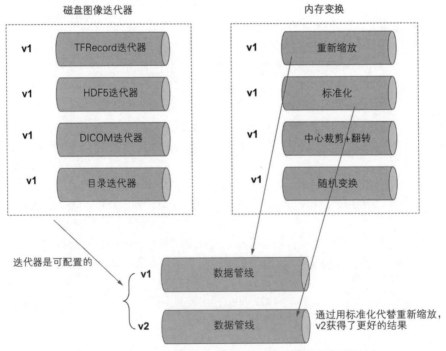

图 14-9 使用不同内存变换可重用组件的同一数据管线的不同版本

- 磁盘图像迭代器——用于构建特定于数据集存储格式的数据集迭代器的组件。
- 内存变换——用于数据预处理和不变性变换的组件。

本例中展示了一个具有两个版本的数据管线；v2 配置为使用标准化来代替 v1 中的重新缩放。此外，v2 的历史记录比 v1 具有更好的训练结果。数据管线由一个磁盘图像迭代器和一个内存变换可重用组件以及特定于管线的代码组成。版本 v1 使用重新缩放来对数据进行归一化。假设后来我们发现，在对图像数据集进行训练时，标准化为数据管线提供了更好的结果，例如验证准确度。因此，用标准化取代重新缩放，这将创建管线的新版本 v2。

现在查看一个不太明显的版本控制系统(见图 14-10)。继续使用数据管线的现有示例，但这次 TFRecord 的磁盘图像迭代器已更新为 v2，v2 的性能比 v1 提高了 5%。

既然这是数据管线的一个可配置属性，为什么要更新相应数据管线的版本号，而它本身并没有改变？如果想复制或审核使用管线的训练作业，我们需要知道作业完成时可重用组件的版本号。在示例中，有如下要求。

- 具有可重用组件的清单和相应的版本号。
- 更新数据管线以包括更新的清单。
- 更新数据管线上的版本号。

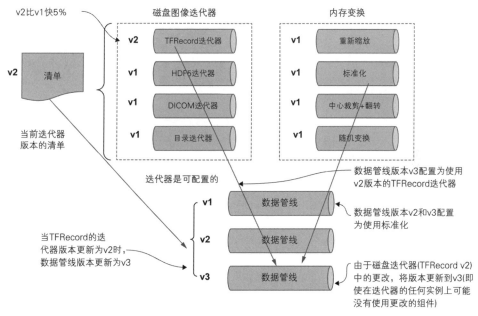

图 14-10　使用版本清单为特定版本的管线标识可用的可重用组件的版本

14.2.2　元数据

现在介绍如何使用管线和其他资源(如数据集)存储元数据，以及它如何影响训练作业的组装、执行和调度。那么什么是元数据，它与工件和历史记录有什么不同呢？历史记

录是关于保留有关管线执行的信息，而元数据是关于保留有关管线状态的信息。工件是
历史记录和元数据的组合。

　　参考前面的数据管线示例，假设我们使用 v3 版本，但将其与新的数据集资源一起使
用。此时，对数据集资源的唯一统计是数据集中的样例数。我们不知道样例的均值和标
准差。因此，当 v3 数据管线与新数据集组装时，底层管线管理将查询数据集状态以获取
均值和标准差。由于它们未知，管线管理将在标准化组件之前添加一个组件，以计算标
准化组件所需的值。图 14-11 的上半部分描述了均值和标准差未知时的管线构造。

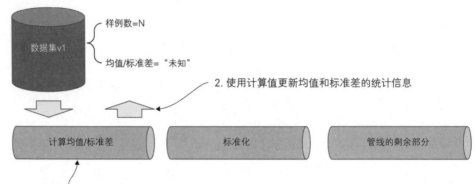

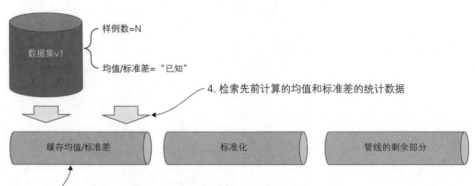

图 14-11　管线管理根据数据集的状态信息选择计算均值/标准差或使用缓存值

　　现在，假设再次运行此管线，而不对数据集进行任何更改。是否重新计算均值和标
准差？答案为否；当管线管理查询数据集并发现值已知时，它将添加一个组件以使用缓
存的值。图 14-11 的下半部分描述了均值和标准差未知时的管线构造。

　　接下来，通过添加一些新样例来更新数据集，我们把这称为数据集的 v2 版本。因
为样例被更新，它使之前的均值和标准差计算变得无效，所以会将统计数据重新变回
"未知"。

　　由于统计信息恢复为未知，当数据管线的 v3 版本与数据集的 v2 版本一起使用时，
管线管理将再次添加组件以计算均值和标准差。图 14-12 描述了数据管线的重构。

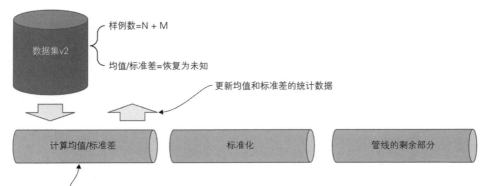

图 14-12　在向数据集添加新样例后，管线管理添加了重新计算均值和标准差的任务

14.2.3　历史记录

历史记录是指管线实例的执行结果。例如，思考一个训练管线，它在完全模型训练之前执行超参数搜索。超参数搜索空间和搜索中的选定值将成为管线执行历史记录的一部分。

图 14-13 描述了管线实例的执行，该实例包括以下内容。

- 管线组件的版本 v1；
- 训练数据和相应的状态(统计数据)；
- 经过训练的模型资源和相应的状态(指标)；
- 执行实例的版本 v1.1 和相应的历史记录(超参数)。

图 14-13　管线实例的执行历史记录，其中工件是状态、历史记录和资源

现在，如何将历史记录合并到同一管线的后续执行实例中？图 14-14 描述了与图 14-13 相同的管线配置，但使用了新版本的数据集 v2。v2 数据集与 v1 数据集的不同之处在于包含了少量新样例；新样例的数量大大少于样例总数。

在管线实例的组装过程中，管线管理可以使用上一个执行实例的历史记录。在示例中，新样例的数量非常少，以至于管线管理重用以前执行历史记录中选定的超参数值，从而消除了重新执行超参数搜索的开销。

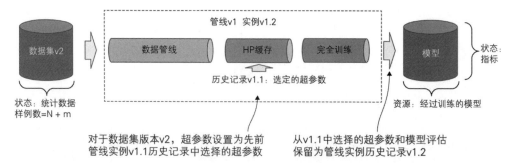

图 14-14　当新样例的数量非常少时，管线管理重用以前执行历史记录中选定的超参数

图 14-15 描述了示例中管线管理的替代方法。在此备选方案中，管线管理继续配置在第二个执行实例中执行超参数搜索的任务，但不同之处如下所示。

- 假设第二个执行实例的新超参数值将在第一个执行实例的选定值附近。
- 将搜索空间缩小到第一个执行实例历史记录中选定的参数周围的小范围内。

到目前为止，我们已经介绍了 e2e 生产线和调度的数据和训练部分。下一节将介绍在部署到生产环境之前如何评估模型。

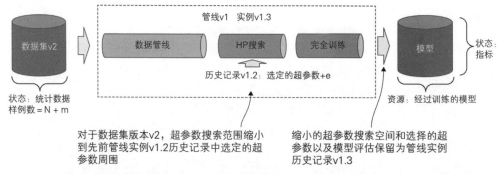

图 14-15　当新样例的数量非常少时，管线管理将超参数搜索空间缩小到先前执行历史记录的附近

14.3　模型评估

在生产环境，模型评估的目的是在部署到生产环境之前确定其相对于基线的性能。如果是第一次部署模型，基线由生产团队指定，通常称为机器学习操作。否则，基线是当前部署的生产模型，通常被称为幸运模型。根据基线进行评估的模型称为候选模型。

14.3.1　候选模型与幸运模型

之前，我们在实验和开发环境中介绍了模型评估，其中评估基于测试(保留)数据集的目标指标。然而，在生产中，评估是基于一组扩展的因子，例如资源消耗、缩放和生产中幸运模型看到的样本集(这些不是测试数据集的一部分)。

例如，假设我们要评估生产模型的下一个候选版本并作同类比较。为此，根据相同的测试数据评估幸运模型和候选模型，确保测试数据与用于训练的数据集具有相同的抽样分布。我们还希望使用相同的生产请求子集测试这两个模型；这些请求应该有相同的抽样分布，这种抽样分布是指幸运模型能够在生产过程中实际看到的。为了让候选模型代替幸运模型并成为下一个要部署的版本，测试和生产样本的指标值(例如分类的准确度)必须更好。图 14-16 展示了如何设置此测试。

因此，你可能会问，为什么不根据与幸运模型相同的测试数据来评估候选模型呢？事实是，一旦模型被部署，它做出预测的样例中的分布可能与它所训练的不一样。我们还希望根据部署后可能看到的情况对模型进行评估。下面讨论训练和生产中的两种分布变化：服务偏差和数据漂移。

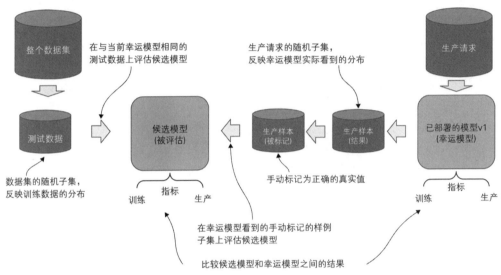

图 14-16　候选模型的评估包括来自训练和生产数据的分布

1. 服务偏差

现在深入探讨为什么要根据生产数据评估候选模型。第 12 章讨论了训练有可能是一个子总体的抽样分布，而不是总体的抽样分布。首先假设对已部署模型的预测请求属于相同的子总体。例如，假设该模型经过训练后可以识别 10 种水果，并且已部署模型的所有预测请求都属于相同的 10 种水果，即有相同的子总体。

但现在假设没有相同的抽样分布。生产模型看到的每类的频率与训练数据不同。例如，假设训练数据与 10 种水果的每种类型的 10%样例完全平衡，测试数据的总体分类准确度为 97%。但对于 10 类中的一类(如桃子)，准确度为 75%。现在假设对已部署的幸运模型做出的 40%的预测请求都是桃子。这种情况下，子总体保持不变，但训练数据和生产请求之间的抽样分布发生了变化。这就是所谓的服务偏差。

如何做到这一点呢？首先，配置一个系统来捕获随机选择的预测和相应的结果。假设你想收集所有预测的 5%。创建一个 1~20 之间整数的均匀随机分布，并且为每个预测从分布中提取一个值。如果提取的值为 1，则保存预测和相应的结果。抽样期结束后，手

动检查保存的预测/结果，并且确定每个预测的正确的真实值。然后将手动标记的真实值
与预测结果进行比较，从而确定已经部署的生产模型上的指标。

接着使用同一生产样本的手动标记版本评估候选模型。

2. 数据漂移

现在假设生产抽样分布不是来自训练数据的同一子总体，而是不同的子总体。继续
10 种水果的例子，假设训练包括新鲜采摘和成熟的水果。但模型被部署在果园的农用拖
拉机上，在那里水果可能处于不同的成熟阶段：绿色、成熟、腐烂。水果的绿色和腐烂
版本与训练数据不同。这种情况下，抽样分布保持不变，但子总体在训练数据和生产请
求之间发生变化。这就是所谓的数据漂移。

此时我们希望将生产样本分离并划分为两个分区。一个分区与训练数据具有相同的
子总体(例如成熟)，另一个分区与训练数据具有不同的子总体(例如绿色和腐烂)。然后，
对生产样本的每个分区进行单独的评估。

测试、服务偏差和数据漂移样本统称为评估切片，如图 14-17 所示。一个机构可能有
特定于其生产的评估切片的自定义，而测试、服务偏差和数据漂移的集合是一种惯例。

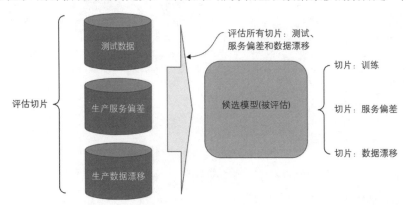

图 14-17　生产中的评估切片包括来自生产请求的训练数据、服务偏差和数据漂移的样本

3. 扩展

现在假设候选模型至少在一个指标上等于或优于来自幸运模型的所有评估切片。我
们可以对候选版本进行版本控制并将其部署为幸运模型的替代品吗？还不可以，因为我
们还不知道候选模型与幸运模型相比在计算上的表现如何。有可能候选模型占用更多内
存，或者候选模型具有更长的延迟。

在做出最终决定之前，将模型部署到一个沙箱环境中，该环境复制已部署幸运模型
的计算环境。我们还希望确保在评估期间，实时复制生产环境中的预测请求，并且将其
发送到生产环境和沙箱环境。沙箱模型的目标是收集利用率指标，例如计算和内存资源
消耗以及预测结果的延迟时间。图 14-18 展示了这个沙箱。

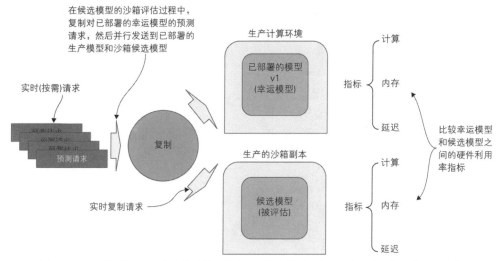

图 14-18 部署前的最后一步是在沙箱环境中运行候选模型，使用与幸运模型相同的预测请求

你可能会问为什么需要在沙箱环境中测试候选模型。因为我们想知道新模型是否在服务性能方面继续满足业务需求。可能候选模型的矩阵乘法运算方面大幅增加，因此返回预测的延迟时间更长，不符合业务需求；也可能内存占用增加了，因此模型在高服务负载下启动内存到页面的缓存。

现在思考一些场景。首先，你可能会说，即使内存占用或计算扩展更大，或者延迟更长，也可以简单地添加更多的计算和/或内存资源。但是，有很多原因使你无法添加更多资源。如果模型部署在受约束的环境中(例如移动设备)，则无法更改内存或计算设备。或者，环境拥有丰富的资源，但无法进一步改善，例如发射到太空中的航天器。又或者，该模型可能被一个学区使用，该学区在计算费用方面具有固定分配预算。

无论原因是什么，都必须执行最终的扩展评估以确定其使用的资源。对于受限环境，例如移动电话或物联网设备，你希望了解候选模型是否会继续满足已部署模型的操作要求。如果环境不受约束(例如自动扩展的云计算实例)，那么你需要知道新模型是否满足ROI 的成本要求。

14.3.2　TFX 评估

现在查看如何使用 TFX 来评估当前训练的模型，以便决定它是否将成为下一个幸运模型。本质上，我们使用 Evaluator 和 InfraValidator 组件。

1. Evaluator 组件

Evaluator 组件是在 Trainer 组件完成后执行的，它根据基线评估模型。我们从 ExampleGen 组件向 Evaluator 馈送评估数据集，并且从 Trainer 组件馈送经过训练的模型。

我们还为它提供以前的幸运模型(如果存在)。如果之前没有幸运模型，则跳过与幸运模型的基线进行比较。

Evaluator 组件使用 TensorFlow Model Analysis Metrics 库。因此，除 TFX 外，还需要导入该库，如下所示。

```
from tfx.components import Evaluator, ResolverNode
import tensorflow_model_analysis as tfma
```

下一个代码示例演示了使用以下参数将 Evaluator 组件构建到 TFX 管线中的最低要求。

- examples——ExampleGen 的输出，生成用于评估的成批样例。
- model——Trainer 的输出，即要评估的经过训练的模型。

```
evaluator = Evaluator(examples=example_gen.output['examples'],   参数的最低要求
                      model=trainer.output['model'],
                      baseline_model=None,
                      eval_config=None   ◄─── 要评估的默认数据集切片
          没有可比较的基   )
          线模型
```

在前面的示例中，参数 eval_config 设置为 None。这种情况下，Evaluator 将使用整个数据集进行评估并使用模型训练时指定的指标，例如分类模型的准确度。

指定参数 eval_config 时，该参数采用 tfma.EvalConfig 的实例，该实例有以下 3 个参数。

- model_specs——模型输入和输出的规范。默认情况下，假定输入是默认的服务签名。
- metrics_specs——用于评估的一个或多个指标的规范。如果未指定，则使用训练模型时指定的指标。
- slicing_specs——数据集中用于评估的一个或多个切片的规范。如果未指定，则使用整个数据集。

```
eval_config = tfma.EvalConfig(model_specs=[],
                              metrics_specs=[],
                              slicing_specs=[]
                 )
```

EvalConfig 的参数变化很大，建议阅读 TensorFlow TFX 教程中的 Evaluator 组件的相关内容(www.tensorflow.org/tfx/guide/evaluator)以获得更深入的理解。

如果有一个以前的幸运模型可供比较，那么 baseline_model 参数将设置为 TFX 组件 ResolverNode 的实例。

以下代码示例是 ResolverNode 的最低规范，其参数如下所示。

- instance_name——这是要分配给下一个幸运模型的名称，该模型存储为元数据。
- resolver_class——这是要使用的解析对象的实例类型。在本例中，我们指定实例类型以支持最新的幸运模型。
- model——这指定要创建的模型类型。在本例中，Channel(type=Model)可以是 TensorFlow 评估器或 TF.Keras 模型。
- model_blessing——这指定如何将幸运模型存储在元数据中。

```
from tfx.dsl.experimental.lastest_blessed_model_resolver import
    LatestBlessedModelResolver
from tfx.types import Channel
from tfx.types.standard_artifacts import Model, ModelBlessing

baseline_model = ResolverNode(instance_name='blessed_model',
                              resolver_class=LatestBlessedModelResolver,
                              model=Channel(type=Model),
                              model_blessing=Channel(type=ModelBlessing)
                              )
```

在前面的代码示例中，如果这是第一次为模型调用 ResolverNode()实例，那么当前模型将成为幸运模型，并且以 blessed_model 这个实例名称存储在元数据中。

否则，将根据先前的幸运模型对当前模型进行评估，该模型被标识为 blessed_model 并相应地从元数据存储中检索。这种情况下，根据相同的评估切片评估两个模型并比较其相应的指标。如果新模型在指标上有所改进，它将成为下一个版本的 blessed_model 实例。

2. InfraValidator 组件

管线中的下一个组件是 InfraValidator 组件。infra 指的是 infrastructure(基础设施)。仅当目前训练的模型成为新的幸运模型时，才会调用此组件。此组件的目的是确定是否可以在模拟生产环境的沙箱环境中加载和查询模型。一般由用户定义沙箱环境。换句话说，由用户决定沙箱环境与生产环境的相似度，从而确定 InfraValidator 测试的准确度。

下一个代码示例显示 InfraValidator 的最低参数要求。

- model——经过训练的模型(本例中是来自 Trainer 组件的当前训练的模型)。
- serving_spec——沙箱环境的规范。

```
from tfx.components import Evaluator, ResolverNode        ← 部署到沙箱环境的已
                                                            训练的模型
infra_validator = InfraValidator(model=trainer.outputs['model'],  ←
                                 serving_spec=serving_spec
                                 )
           沙箱环境的规范 ┘
```

服务规范由两部分组成。

- 服务二进制文件的类型。从 TFX 0.22 版本开始，仅支持 TensorFlow Serving。
- 服务平台的类型，它可以是如下两种。
  - ◆ Kubernetes；
  - ◆ 本地 Docker 容器。

下列示例显示了使用 TensorFlow Serving 和 Kubernetes 簇指定服务规范的最低要求。

```
from tfx.proto.infra_validator_pb2 import ServingSpec

serving_spec =
    ServingSpec(tensorflow_serving=TensorflowServing(tags=['latest']),
                kubernetes=KubernetesConfig()
                )
```

有关 ServingSpec 的 TFX 文档目前很少，建议阅读 GitHub 存储库中的 protobuf 定义以获取更多相关信息(http://mng.bz/6NqA)。

14.4　预测服务

现在我们有了新的幸运模型，接下来查看如何将模型部署到生产中以服务于预测。生产模型通常用于按需(实时)预测或批预测。

已部署模型的批预测与按需(实时)预测有何不同？有一个关键区别，但就结果而言，它们基本相同。

- 按需(实时)服务——对整个实例集(一个或多个数据项)进行按需预测并实时返回结果。
- 批预测服务——在后台对整个实例集执行队列(批)预测并在准备就绪时将结果保存在云存储桶中。

14.4.1　按需(实时)服务

对于按需预测，例如通过交互式网站提交的在线请求，模型被部署到一个或多个计算实例并以 HTTP 请求形式接收预测请求。预测请求可以由一个或多个单独的预测组成；每个预测通常被称为实例。你可以有单实例请求，其中用户只想对一个图像进行分类；也可以有多实例请求，其中模型将返回对多个图像的预测。

假设模型接收单实例请求：用户提交一张图像并希望返回一个预测，例如分类或图像说明。这些是通过互联网发出的实时、按需请求。例如，它们可能来自在用户的 Web 浏览器中运行的 Web 应用程序，也可能来自服务器上作为微服务获取预测的后端应用程序。

图 14-19 显示了这一过程。在此描述中，模型包含在服务二进制文件中，该二进制文件由 Web 服务器、服务函数和幸运模型组成。Web 服务器以 HTTP 请求包形式接收预测请求，提取请求内容并将内容传递给服务函数。然后，服务函数将内容预处理为幸运模型的输入层所期望的格式和形状，之后输入幸运模型。该模型将预测返回给服务函数，服务函数为最终交付执行所有后处理工作，然后将其传递回 Web 服务器，Web 服务器将后处理的预测作为 HTTP 响应包返回。

如图 14-19 所示，在客户端，一个或多个预测请求被传递到 Web 客户端。然后，Web 客户端将创建单个或多实例预测 HTTP 请求数据包。预测请求通常被编码为 base64，以便在互联网上安全传输并放入 HTTP 请求包的内容部分。

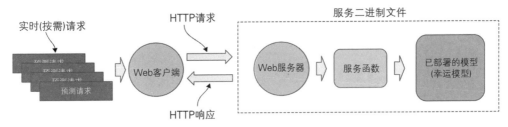

图 14-19　服务二进制文件中的生产模型，通过互联网接收按需预测请求

Web 服务器接收 HTTP 请求，解码内容部分并将单个或多个预测请求传递给服务函数。

现在更深入地了解服务函数的目的和构建。通常，在客户端，内容(例如图像、视频、文本和结构化数据)以原始格式发送到服务二进制文件，而无需任何预处理。Web 服务器在接收到请求后，从请求包中提取内容并将其传递给服务函数。在传递服务函数之前，可以解码内容(例如 base64 解码)，也可以不解码内容。

假设内容是由压缩图像(如 JPG 或 PNG 格式)组成的单实例请求。模型的输入层是多维数组格式的未压缩图像字节，例如 TensorFlow 张量或 NumPy 数组。服务函数至少必须执行不属于模型的任何预处理(例如预 stem)。假设模型没有预 stem，则服务函数将需要执行以下操作。

- 确定图像数据的压缩格式，例如 MIME 类型。
- 将图像解压为原始字节。
- 将原始字节重塑为高度×宽度×通道(例如 RGB)。
- 重新调整图像大小以匹配模型的输入形状。
- 重新缩放像素数据以进行归一化或标准化。

接下来是用于图像分类模型的服务函数的示例实现，其中图像数据的预处理发生在模型的上游，无需预 stem。在本例中，通过将 serving_fn()方法指定为模型的签名 serving_default，在服务二进制文件中向 Web 服务器注册该方法。我们为服务函数添加装饰器@tf.function，它指示 AutoGraph 编译器将 Python 代码转换为静态图，然后在 GPU 上与模型一起运行。在本例中，假设 Web 服务器将从预测请求中提取的内容(本例中为 JPG 压缩字节)作为 TensorFlow 字符串传递。调用 tf.saved_model.save()将把服务函数保存到与模型相同的存储位置，该位置由参数 export_path 指定。

现在查看这个服务函数的主体。在下面的代码示例中，假设服务二进制文件中的 Web 服务器从 HTTP 请求包中提取内容，解码 base64 编码，并且将内容(压缩的 JPG 图像字节)作为 TensorFlow 字符串数据类型 tf.string 进行传递。然后，服务函数执行以下操作。

- 调用预处理函数 preprocess_fn()将 JPG 图像解码为原始字节并重新调整大小和像素以匹配底层模型的输入层(作为多维 TensorFlow 数组)。
- 将多维 TensorFlow 数组传递给底层模型 m_call()。
- 将预测 prob 从底层模型返回到 Web 服务器。
- 服务二进制文件中的 Web 服务器将预测结果打包到 HTTP 响应包中，并且返回给 Web 客户端。

定义服务函数，该服务函数通过服务二进制文件的 Web
服务器接收预测请求的内容

将内容转换为与底层模型的输
入层匹配的方法

```
@tf.function(input_signature=[tf.TensorSpec([None], tf.string)])
def serving_fn(bytes_inputs):
    images = preprocess_fn(bytes_inputs)
    prob = m_call(**images)
    return prob

tf.saved_model.save(model, export_path, signatures={
    'serving_default': serving_fn,
})
```

预处理后的数据传递给底层
模型进行预测

将服务函数作为静态图与底层
模型一起保存

预测结果返回到服务二进制文件的 Web
服务器，以作为 HTTP 响应返回

下面是服务函数的预处理步骤的示例实现。在本例中，函数 preprocess_fn()从 Web 服务器获取 base64 解码的 TensorFlow 字符串作为输入并执行以下操作。

- 调用 TensorFlow 静态图形操作 tf.io.decode_jpeg()将输入解压缩为多维 TensorFlow 数组形式的解压图像。
- 调用 TensorFlow 静态图形操作 tf.image.convert_image_dtype()将整数像素值转换为 32 位浮点值，并且将值重新调整为 0~1 的范围(归一化)。
- 调用 TensorFlow 静态图形操作 tf.image.resize()调整图像大小以适合模型的输入形状。在本例中，这将是(192, 192, 3)，其中值 3 是通道数。
- 将预处理的图像数据传递到底层模型的输入层，由该层的签名 numpy_inputs 指定。

将编码为 JPG 的 TensorFlow 字符串解码
为 TensorFlow 多维解压图像原始字节

将像素转换并重新调整为
32 位浮点值

```
def _preprocess(bytes_input):
    decoded = tf.io.decode_jpeg(bytes_input, channels=3)
    decoded = tf.image.convert_image_dtype(decoded, tf.float32)
    resized = tf.image.resize(decoded, size=(192, 192))
    return resized

@tf.function(input_signature=[tf.TensorSpec([None], tf.string)])
def preprocess_fn(bytes_inputs):
    with tf.device("cpu:0"):
        decoded_images = tf.map_fn(_preprocess, bytes_inputs,
        dtype=tf.float32)
    return {"numpy_inputs": decoded_images}
```

根据底层模型的输入形
状重新调整图像大小

预处理请求中的每个图像

将预处理后的图像传递到底
层模型的输入层

下面是底层模型调用的示例实现，如下所述。

- 参数 model 是编译后的 TF.Keras 模型，其中 call()是模型前馈预测的方法。
- get_concrete_function()方法围绕底层模型构建一个包装器以供执行。包装器提供了一个接口，将执行从服务函数中的静态图切换到底层模型中的动态图。

```
m_call = tf.function(model.call).get_concrete_function([tf.TensorSpec(shape=
        [None, 192, 192, 3], dtype=tf.float32, name="numpy_inputs")])
```

14.4.2 批预测服务

批预测不同于部署用于按需预测的模型。在按需预测中，会创建一个服务二进制文件和服务平台，用于将模型部署到其中(我们称之为端点)。然后将模型部署到该端点。最后，用户向端点发出按需(实时)预测请求。

相反，批预测从为预测创建批作业开始。然后，作业服务为批预测请求提供资源并将结果返回给调用者。接着，作业服务为请求取消资源配置。

批预测通常在不需要立即响应时使用，因此响应可以延迟；要处理的预测数量非常巨大(以百万计)，并且只需要为批处理分配计算资源。

例如有一个金融机构，在每个银行日结束时有一百万个交易，它有一个模型预测未来 10 天内存款和现金的数额。因为预测是采用时间序列，所以在实时预测服务上一次发送一个交易是没有意义的，也很低效。相反，在银行工作日结束时，交易数据被提取(例如从 SQL 数据库中提取)并作为单个批作业提交。然后为服务二进制文件和平台提供计算资源，处理作业，之后服务二进制文件和平台被取消服务(释放资源)。

图 14-20 显示了批预测服务。这个过程有 5 个主要步骤。

(1) 累积的数据被提取并打包到批请求中，例如来自 SQL 数据库。

(2) 批请求排队，队列管理器确定计算资源需求和优先级。

(3) 批作业准备就绪后，将被发给分派器。

(4) 分派器提供服务二进制文件和平台，然后提交批作业。

(5) 批作业完成后，将结果进行存储，分派器将取消分配的计算资源。

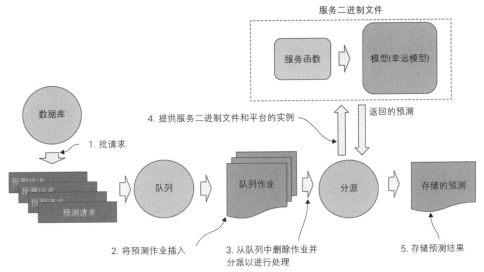

图 14-20 队列和分派器在每个作业的基础上协调提供和取消提供服务二进制文件和平台

下面介绍如何在 TFX 中部署模型以进行按需预测和批预测。

14.4.3 用于部署的 TFX 管线组件

在 TFX 中,部署管线包括组件 Pusher 和 BulkInferrer,以及服务二进制文件和平台。服务平台可以是基于云、基于本地、基于浏览器的或边缘设备。对于基于云的模型,建议使用 TensorFlow Serving 服务平台。

图 14-21 描述了 TFX 部署管线的组件。Pusher 组件部署模型以用于按需预测或批预测。BulkInferrer 组件处理批预测。

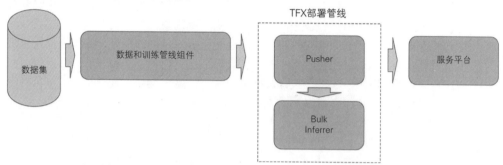

图 14-21 TFX 部署管线可以部署用于按需服务和/或批预测的模型

1. Pusher

下面是一个示例实现,它显示了实例化 Pusher 组件以将模型部署到服务二进制文件的最低要求。

- model——要部署到服务二进制文件和平台的经过训练的模型(本例中是来自 Trainer 组件的当前训练的模型实例)。
- push_destination——服务二进制文件中用于安装模型的目录位置。

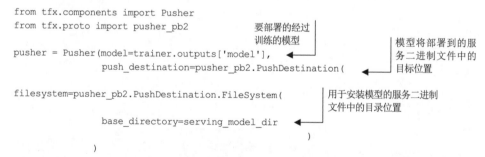

在生产环境中,通常将模型合并到部署管线中,仅当模型是幸运模型时才部署它。以下是最小参数的示例实现,其中仅当模型是幸运模型时才部署该模型。

- model——来自 Trainer 组件的当前训练的模型。
- model_blessing——来自 Evaluator 组件的当前幸运模型。

在以下示例中,仅当模型和幸运模型是相同的模型实例时,才会部署模型。

```
pusher = Pusher(model=trainer.outputs['model'],          当前训练的模型
```

```
                        model_blessing=evaluator.outputs['blessing'],
                        push_destination=pusher_pb2.PushDestination(
                        filesystem=pusher_pb2.PushDestination.FileSystem(

                        base_directory=serving_model_dir
                                                                      )
                                                                    )
                        )
```

当前的幸运模型
实例

下面介绍在 TFX 中进行批预测。

2. BulkInferrer 组件

BulkInferrer 组件执行批预测服务，TFX 文档将其称为批推断。以下代码是使用当前训练模型执行批预测的最小参数的示例实现。

- examples——要进行预测的样例。在本例中，它们来自 ExampleGen 组件的实例。
- model——用于批预测的模型(本例中为当前训练的模型)。
- inference_result——存储批预测结果的位置。

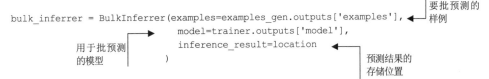

```
from tfx.components import BulkInferrer

bulk_inferrer = BulkInferrer(examples=examples_gen.outputs['examples'],
                        model=trainer.outputs['model'],
                        inference_result=location
                        )
```

用于批预测
的模型

要批预测的
样例

预测结果的
存储位置

以下是最小参数的示例实现,仅当当前训练的模型是幸运模型(由参数 model_blessing 指定)时才使用该模型执行批预测。在本例中，仅当当前训练的模型和幸运模型实例相同时，才执行批预测。

```
from tfx.components import BulkInferrer

bulk_inferrer = BulkInferrer(examples=examples_gen.outputs['examples'],
                        model=trainer.outputs['model'],
                        model_blessing=evaluator.outputs['blessing'],
                        inference_result=location
                        )
```

当前的幸运
模型实例

14.4.4　A/B 测试

现在已完成对新训练模型的两项测试，以查看它是否准备好成为下一个生产版本，即幸运模型。我们使用预先确定的评估数据直接比较两个模型之间的模型指标，并且在沙箱模拟的生产环境中测试了候选模型。

然而，在没有实际部署候选模型的情况下，仍然不能确定它是否是更好的模型。我们需要评估候选模型在实时生产环境中的表现。为此，我们将实时预测的子集馈送给候选对象，并且测量候选模型和当前生产模型之间每个预测的结果。然后，分析测量数据或指标，以查看候选模型是否实际上是一个更好的模型。

图 14-22 展示了这种在机器学习生产环境中进行的 A/B 测试。如你所见，这两个模

型都部署到相同的实时生产环境中,预测流量在当前幸运模型(A)和候选幸运模型(B)之间分配。每个模型都会看到随机选择的预测,这是基于百分比的。

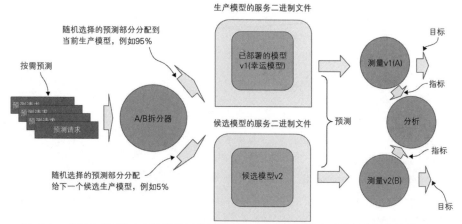

图 14-22 实时生产环境中当前模型和候选模型的 A/B 测试,其中候选模型获得实时预测的一小部分

如果候选模型不如当前模型好,那么我们不希望在生产中产生不良结果。因此,通常将流量百分比保持在尽可能小的范围内,但足以测量候选模型与当前模型之间的差异。预测流量的分配比例为:5%用于候选模型,95%用于生产模型。

下一个问题是你要测量什么?你已经测量并比较了模型的目标指标,因此重复这些指标没有多大价值,特别是在评估切片同时包含服务偏差和数据漂移的情况下。这里要衡量的是结果对业务目标的影响程度。

例如,假设模型是一个图像分类模型,部署到制造装配线,用于查找缺陷。对于每个模型,有两个 bin:一个用于存放好的零件,另一个用于存放有缺陷的零件。在指定的时间段后,质量工程师手动检查生产模型和候选模型的 bin 中的抽样分布,然后比较两者。他们特别想解决两个问题。

- 候选模型检测到的缺陷数量是否等于或大于生产模型检测到的缺陷数量?这些才是真阳性。
- 候选模型是否检测到相同或更少的无缺陷数量?这些都是假阳性。

在该示例中,必须确定业务目标:增加真阳性,减少假阳性,或两者兼而有之。

再思考一个例子。假设我们正在为一个电子商务网站开发一个语言模型,它可以执行图像描述的任务。该语言模型有一个用于回答交易问题的聊天机器人,可以通过语言翻译回复用户。这种情况下,衡量的指标可能是已完成交易的总额或每笔交易的平均收入。换句话说,候选模型是否能吸引更多的受众和/或获得更多的收益?

14.4.5 负载平衡

一旦将模型部署到按需生产环境中,预测请求的数量随着时间的推移可能会发生很大的变化。理想情况下,该模型将在延迟限制内满足最高峰值水平的需求并将计算成本降至最低。

如果模型是整体式的(这意味着它被部署为单模型实例)，可以通过增加计算资源或GPU 的数量来满足第一个要求。但这将破坏第二个要求，即最小化计算成本。

和其他同时期的云应用程序一样，当请求流量变化很大时，可使用自动伸缩和负载平衡来分布式处理请求。下面了解自动伸缩是如何为机器学习工作的。

自动伸缩和负载平衡这两个术语似乎可以互换使用，但它们实际上是两个同时工作的相互独立的过程。在自动伸缩中，过程是配置(添加)和取消配置(删除)计算实例，以响应当前的总体预测请求负载。在负载平衡中，过程是确定如何在现有已配置的计算实例之间分配当前预测请求负载，并且确定何时指示自动伸缩过程来进行配置或取消配置计算实例。

图 14-23 描述了机器学习生产环境的负载平衡场景。本质上，负载平衡计算节点接收预测请求，然后将它们重新路由到服务二进制文件，服务二进制文件接收预测响应并将它们路由回客户端调用方。

让我们深入了解图 14-23。负载平衡器监控流量负载，例如每单位时间的预测请求的频率、网络流量的入站和出站量以及对预测请求返回响应的延迟时间。

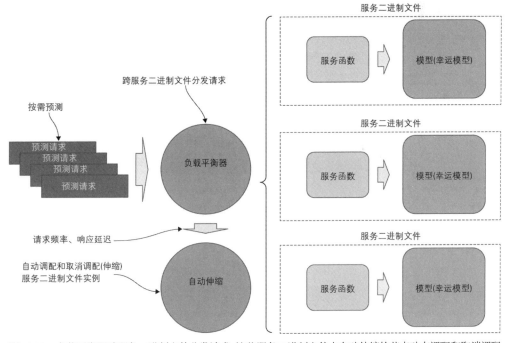

图 14-23 负载平衡器跨服务二进制文件分发请求,这些服务二进制文件由自动伸缩的节点动态调配和取消调配

该监控数据实时馈送至自动伸缩节点。自动伸缩节点由 MLOps 人员配置，以满足性能标准。如果性能低于预先指定的阈值和时间长度，自动伸缩器将动态提供服务二进制

文件的一个或多个新复制实例。同样，如果性能高于预先指定的阈值和时间长度，自动伸缩器将动态取消提供服务二进制文件的一个或多个现有复制实例。

当自动伸缩器添加服务二进制文件时，它会向负载平衡器注册服务二进制文件。同样，当它删除服务二进制文件时，它会从负载平衡器中注销服务二进制文件。这会告诉负载平衡器哪些服务二进制文件处于活跃状态，以便负载平衡器可以分发预测结果。

通常情况下，负载平衡器配置一个运行状况监控器，用于监控每个服务二进制文件的运行情况。如果确定服务二进制文件运行状况不正常，运行状况监控器将指示自动伸缩节点取消提供服务二进制文件并提供新的服务二进制文件作为替代。

14.4.6 持续评估

持续评估(CE)是软件开发过程持续集成(CI)和持续部署(CD)的机器学习生产扩展。此扩展通常表示为 CI/CD/CE。持续评估意味着我们监控模型部署到生产环境后收到的预测请求和响应并对预测响应执行评估。这类似于使用现有测试、服务偏差和数据漂移切片评估模型时所做的操作。这样做是为了检测在生产中可以看到的由于预测请求随时间的变化而导致的模型性能恶化。

持续评估的一般过程如下。

- 预配置百分比(例如 2%)的预测请求和响应将被保存以供手动评估。
- 保存的预测请求和响应是随机选择的。
- 在某个周期性的基础上，根据模型的目标指标手动审查和评估保存的预测请求和响应。
- 如果评估确定模型的性能低于模型部署前对目标指标的评估，手动评估器会识别由于服务偏差、数据漂移和任何意外情况导致的性能不佳样例。这些都是反常样例。
- 识别出的样例被手动标记并添加到训练数据集中，并且留出一部分作为相应的评估切片。
- 模型可以逐渐重训练，也可以完全重训练。

图 14-24 描述了将已部署生产模型的持续评估集成到模型开发过程中的 CI/CD/CE 方法。

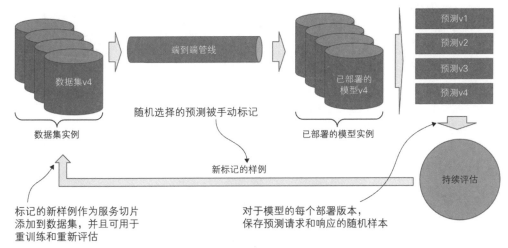

图 14-24　持续评估生产部署模型以确定表现不佳的样例，然后将这些样例添加到数据集中以重新训练模型

14.5　生产管线设计的演变

下面讨论当机器学习从研究走向全面生产时管线的概念和必要性是如何演变的。你可能会发现模型合并部分特别有趣，因为它是深度学习的下一前沿领域之一。

机器学习方法的演变是如何影响实际进行机器学习的方式的？实际上，深度学习模型的开发已从实验室的实验发展到全面生产环境中的部署和服务。

14.5.1　机器学习作为管线

你可能已经知道，成功的机器学习工程师需要将机器学习解决方案分解为以下步骤。

(1) 确定问题的模型类型。

(2) 设计模型。

(3) 为模型准备数据。

(4) 训练模型。

(5) 部署模型。

机器学习工程师将这些步骤组织成两阶段 e2e 管线。第一段 e2e 管线包括前三个步骤，如图 14-25 所示，即建模、数据工程和训练。一旦机器学习工程师成功完成此阶段，它将与部署步骤结合起来，形成第二段 e2e 管线。通常，模型被部署到容器环境中并通过基于 REST 的接口或微服务接口进行访问。

这是 2017 年的普遍做法。我称之为发现阶段。这些部件是什么？它们是如何装配在一起的？

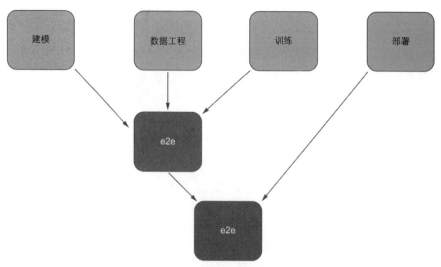

图 14-25　2017 年流行的端到端机器学习管线

14.5.2　机器学习作为 CI/CD 生产流程

2018 年，各企业在业务上正式确定了 CI/CD 生产流程，我称之为探索阶段。图 14-26 是 2018 年末我在谷歌所使用的一张幻灯片，用于向业务决策者介绍相关情况。生产流程不再只是一个技术流程，而是包括计划和质量保证的集成。数据工程更多地定义为提取、分析、转换、管理和服务步骤。模型设计和训练包括特征工程，部署扩展为包括持续学习。

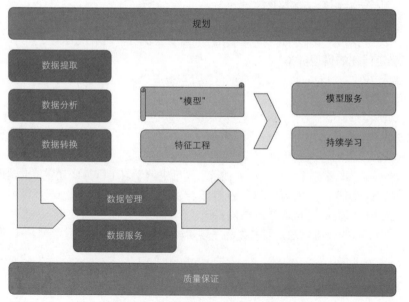

图 14-26　到 2018 年，谷歌和其他大型企业规范了业务生产流程，包括规划和质量保证阶段以及技术流程

14.5.3　生产中的模型合并

目前生产中的模型没有单一的输出层。相反，它们有多个输出层，包括基本特征提取(公共层)、表征空间、潜在空间(特征向量、编码)和概率分布空间(软标签和硬标签)。现在的模型是整个应用程序，即没有后端。

这些模型学习接口和数据通信的最佳方式。2021 年，企业机器学习工程师开始引导模型合并中的搜索空间，图 14-27 中描述了一个通用示例。

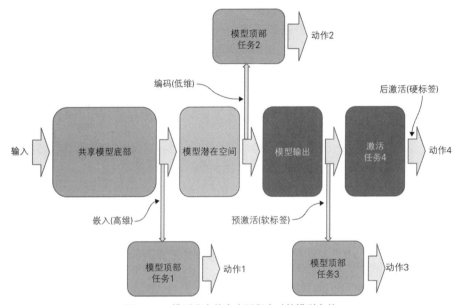

图 14-27　模型成为整个应用程序时的模型合并

图中左侧是合并的输入。输入由一组共同的卷积层处理到共享模型底部中。共享模型底部的输出具有 4 种学习的输出表征：高维潜在空间、低维潜在空间、预激活条件概率分布和后激活独立概率分布。

每一个学习的输出表征都被特定的下游学习任务重用，这些任务执行一个动作，例如状态改变或转换。图中表示为任务 1、任务 2、任务 3 和任务 4 的每个任务都重用对于任务目标而言最优的输出表征(大小、速度、准确度)。然后，这些单独的任务可能会生成多个学习的输出表征，或者将多个任务(致密嵌入)中的学习表征组合起来，用于进一步的下游任务，例如第 1 章中的体育转播示例。

服务管线不仅支持这些类型的解决方案，而且支持对管线中的组件进行版本控制和重新配置。它使得这些组件可以重用(这是现代软件工程的基本原则)。

14.6 本章小结

- 训练管线的基本组件是模型馈送、模型评估和训练调度器。
- 模型的每个实例的目标指标都保存为元数据。当模型实例的目标指标优于当前的幸运模型时，该模型实例成为幸运模型。
- 每个幸运模型都在模型存储库中进行跟踪和版本控制。
- 当一个模型用于分布式训练时，可以增加批大小，以消除并行馈送的不同批之间的差异。
- 在编排中，管理接口监督每个组件的执行，记住过去组件的执行并维护历史记录。
- 评估切片由与训练数据分布相同的样例以及在生产中看到的分布外样例组成。其中包括服务偏差和数据漂移。
- 部署管线的基本组件是部署、服务、扩展和持续评估。
- A/B 测试用于实时生产环境，以确定候选模型是否优于当前生产模型(例如，如果出现意外情况，不中断生产)。
- 在实时生产环境中使用持续评估来识别服务偏差、数据漂移和反常情况，从而可以向数据集添加新的标记数据并进一步重新训练模型。